U1007049

当代中国人类学民族学文库（第二辑）
主编　尹绍亭　刘大伟

《中南民族大学学报》人类学民族学文存

何海涛　程 苹　马 旭 编

云南出版集团
云南人民出版社

图书在版编目（CIP）数据

《中南民族大学学报》人类学民族学文存 / 何海涛，程苹，马旭编．
—昆明：云南人民出版社，2017.10
（当代中国人类学民族学文库．第 2 辑）
ISBN 978-7-222-15887-0

Ⅰ．①中… Ⅱ．①何… ②程… ③马… Ⅲ．①人类学－中国－文集 ②民族学－中国－文集 Ⅳ．① Q98-53 ② K28-53

中国版本图书馆 CIP 数据核字（2016）第 325292 号

总 策 划：尹 杰
出 品 人：赵石定

责任编辑：高 专 马跃武
装帧设计：王曦云
责任校对：霍 红 周 彦 胡国泉
责任印制：洪中丽

书 名	《中南民族大学学报》人类学民族学文存
作 者	何海涛 程苹 马旭 编
出 版	云南出版集团 云南人民出版社
发 行	云南人民出版社
社 址	昆明市环城西路 609 号
邮 编	650034
网 址	http://www.ynpress.yunshow.cm
E-mail	ynrms@sina.com
开 本	787mm × 1092mm 1/16
印 张	26.75
字 数	450千
版 次	2017年10月第 1 版第1次印刷
印 刷	云南国方印刷有限公司
书 号	ISBN 978-7-222-15887-0
定 价	98.00元

云南人民出版社公众微信号

如有图书质量问题或相关问题请与我社联系。
审核部电话：0871—64164626 印制科电话：0871—64191534

总 序

尹绍亭

人类思想、知识、科学、艺术和物质等的交流和共享，自古而然。中国5000年来向世界输出了大量“国粹”，同时也输入和接受了来自世界各地许许多多的“舶来品”。如今人们耳熟能详的横贯东、中、西亚及欧洲的丝绸之路，如蛛网般密布于中国西南和东南亚、南亚的茶马古道以及郑和下西洋代表的众多的海上之路等，便是古代中外交通、交流的明证。有学者说中国是世界上唯一保持文明延续不断的国家。此说不妥，世界上任何事物均不可避免兴衰交替、更新再生的演化规律，文明亦然；而事物之演化并非特立独行，而是其所处系统内外共生事物相互作用和影响的结果。试想，如果世界上没有各种持续发展的文明及文化的存在和互动，很难想象世界和中国会是怎样的状况。

既然世界是一个文明和文化多样性的“万花筒”，那么人们自然会对作为不同地域、国度、族群的“外界”和“他者”发生兴趣。人类很早便发明了探险和旅行，那便是以了解“外界”和“他者”信息为目的的活动。到了资本主义发达鼎盛的时代，为了满足获取资源、开拓市场和殖民主义的欲望，欧洲人传统的旅行和探险也随之变化，不再仅仅追求时空变化所带来的精神愉悦和刺激，而是把科学考察和学术研究摆在了重要的位置，其结果孕育和形成了多种崭新的学问。现代人类学和民族学便是其中之一。

文化人类学和民族学于20世纪20年代传入中国，这两个名称不同但在中国却无实质差异的学科被认为是研究不同人类集团的行为和不同地域社会文化的学问。在中国，仅就研究对象而言，该学科其实算不上陌生和新奇。众所周知，成书于2000多年前的《史记》，便编纂记述了大汉王朝统治之下众多民族（所谓“蛮”“夷”“狄”等）社会历史文化的“列传”。如果借用人类学民族学的术语，那么“列传”也可以叫作“民族志”。除《史记》之外，数千年来，中华民族在其悠久历史长河中所创造积累的社会、经济、政治、伦理、宗教、礼仪、生产、生活、习俗等博大精深的文化的记述研究，举不胜举，洋洋大观，足令西方世界相形见绌、望洋兴叹。既然如此，人们不禁要问，中国为什么产生不了现代科学意义的人类学和民族学呢？原因不难追究，中国封建社会5000年，社会只有改朝换代而无实质性的变迁、进化与飞跃；王朝一统，儒学至上，王朝和中原中心主义根深蒂固，“蛮”“夷”“狄”“戎”被视为未开化的附庸而历遭歧视成为天经地义；自认为所谓“中国”便是世界的中心，唯我独尊、独大，世界各地均被想象为只能仰视天朝而必须朝觐进贡的属国异邦。如此保守、封闭的社会，自然难以产生像相对论和文化多样性那样的视角并注重文化差异性解释的现代人类学和民族学了。

对于文化多样性的关怀、尊重和解释，是人类学和民族学最突出的学科特点，亦是其最具价值和意义之所在，而这恰恰是中国传统文化中十分缺失的内涵。1949年中华人民共和国成立之后，情况发生了翻天覆地的变化，各民族破天荒实现了一律平等，民族不分大小均能充分享受民族区域自治的权利，千百年来少数民族遭受歧视与压迫的历史被彻底改写了。然而，上述巨变乃是社会主义革命的产物，而非国家和民族“文化自觉”的结果。正因为如此，所以60年来中国的民族文化处境尴尬：一方面在批判和摒弃封建王朝的权利和文化中心主义的过程中得以肯定和弘扬，而另一方面则又在主流意识形态的审视下被作为封建糟粕和原始落后习俗而频遭改造和消解。其间的“文化大革命”，一切走向极端，文化的践踏达到了登峰造极的地步；改革开放后拨乱反正，然而在全球化和市场经济大潮的冲击下，文化又遭到了扭曲和庸俗化。60年来中国文化的命运何以如此曲折多舛？理由很多，而我们始终缺乏人类学民族学所提倡的理性、包容的文化观，恐怕才是真正的原因。

目前，我国正在为实现现代化与建立和谐社会而努力，然而在发展的过程中却面临种种严峻的挑战，诸如国民素质问题、贫困问题、教育问题、人口问题、环境问题、民族问题、东西部差异问题、社会不平等和不公正问题、文化遗产保护问题等等。对于这些问题，如果就事论事，无视文化的原因，缺乏深层的文化解释，都将难以有效解决。显然，时代不仅需要物质文明，还需要精神文明；不仅必须重视经济发展，同时还必须重视文化建设。人类学、民族学并非实用性显著而直接的学科，然而对于民族和文化多样性极其丰富、民族和文化问题极其复杂的中国来说，它的价值和意义绝对不可小视。所幸的是，这门学科已越来越受到关注和重视。

人类学、民族学在中国经过近百年的发展，如今可谓人才济济、成果斐然。为了使该学科的优秀研究成果充分发挥影响和作用，为了促进该学科和学术的进一步发展和繁荣，为了使学术研究更好地服务于国家的现代化建设事业，乘2008年世界人类学、民族学大会在昆明召开的东风，云南人民出版社高瞻远瞩，策划制订了大型的“当代中国人类学民族学文库”出版计划，这无疑是出版界和学术界的一大盛事。作为“当代中国人类学民族学文库”的主编，我们深感荣幸！为了编好“当代中国人类学民族学文库”，对学界和读者负责，“当代中国人类学民族学文库”选稿主要遵循以下三个原则：第一，需具备学科的前沿性和理论观点的原创性；第二，必须是长期田野调查研究的力作；第三，需是遵循学术道德规范的严谨之作。2006年“当代中国人类学民族学文库”计划启动，得到学界的响应和支持，国内外许多学者积极参与并贡献出自己的代表之作。第一批著作出版之后，广受好评，并且荣获了国家级、省级多种奖项。今后数年，我们将继续努力，不断推出佳作，把“当代中国人类学民族学文库”进一步做大、做精，打造文化盛宴，以飨中外读者。

目　录

序 言

《中南民族大学学报》（人文社会科学版，下同）是由国家民委主管、中南民族大学主办的综合性学术理论研究期刊，1960 年创刊，双月刊，全面刊载民族学、人类学、社会学、哲学、政治学、法学、经济学、文学、历史学等各学科优秀科研成果，年刊载学术研究论文 260 篇左右，是展示国内人文社科学界与中南民族大学学术研究成果的平台与窗口。近些年来，《中南民族大学学报》连续被有关权威机构认定为 CSSCI 来源期刊、全国中文核心期刊、中国人文社会科学核心期刊等。据有关统计，每年均有 25 篇以上的文章被《新华文摘》《中国社会科学文摘》《高等学校文科学术文摘》《人大复印报刊资料》等有关报刊全文转载或摘要转载。本刊所发表的许多论文在各级各类评奖中获得奖励，在学术界和期刊界拥有良好的声誉。目前，《中南民族大学学报》已经成为中南民族大学的一个学术品牌，成为国内学术界的知名期刊，是多学科尤其是民族学、人类学学科发表学术研究成果的重要阵地。民族学是中南民族大学创建最早、实力最雄厚的特色学科。1951 年，中南民族大学前身——中南民族学院成立伊始，即建立了以我国著名民族学家岑家梧先生为学科带头人的民族研究室。1981 年，经国家民委批准，成立了委属民族研究所，在著名民族学家吴泽霖先生带领下，形成了老、中、青相结合的民族学研究群体，并逐渐成为国内民族学研究的重镇。为了宣传和展示本校在民族学研究方面的优秀科研成果，《中南民族大学学报》（当时名称为《中南民族学院学报》）从 1981 年复刊伊始，就把民族学作为学报发文的重点。随着学校民族学科的发展，学报与国内民族学界交往、交流的日益密切，在民族学界的影响力和凝聚力日增，高水平的稿件越来越多。尽管民族学一直是《中南民族大学学报》的优势和特色，但以往的民族学栏目设立有重复、布局不尽合理、发文较分散的情况。经过研究，决定从 2004 年第 5 期开始，将原来大民族学学科的各类栏目整合为《民族学人类学论坛》，下设《民族社会学》《民族理论》《民族文化》《人类学》《民族历史》《民族法学》《民族经济》《民族教育》《民族文学》等分栏目。论坛为定期主栏目，《民族社会学》《民族文化》《人类学》《民族经济》等为常设分栏目，其他为不定期分栏目。论坛每期发文占总发文数的40%左右，全年民族学类文章占发文总数的40%以上，确保了本学报的民族学特色。论坛的设立，使长期困扰高校学报的专业性与综合性的矛盾问题，得到较完善的解决，可称高校学报界的首创。而《民族学人类学论坛》的形式也是众多民族高校学报的首创，在众多民族高校学报均以民族学作为特色的同行竞争中，初步实现了“人有我特，人特我强”。在此基础上，《中南民族大学学报》将努力通过论坛的整合，使本刊的民族学特色独树一帜，成为国内民族学、人类学研究不可或缺的重要阵地，使论坛成为学术界高知名度的品牌。为了在众多高校学报特别是民族高校的同行竞争中突出特色和优势，自2003年第1期开始，《中南民族大学学报》在原有大民族学研究框架中，着力打造《民族理论与政策》栏目，至今已有10年的历史。栏目名称最初为《民族理论》，从2008年第1期开始正式确定为《民族理论与政策》，并从此固定下来。随着刊物和栏目影响力的与日俱增，以及学科研究的发展，栏目的发文量从最初每年的10多篇，后逐渐增加，至2012年每年发文达26篇，2013年更增至30篇。栏目依托本校国家民委重点学科的民族学和湖北省人文社科重点研究基地南方少数民族研究中心，将《民族理论与政策》栏目打造为《中南民族大学学报》的精品、民族学界的品牌。在“繁荣学术，服务现实，创新理论，培育人才”的办刊理念和“立足特色，突显热点，聚焦前沿，鼓励创新”的编辑思想指导下，《中南民族大学学报》关心社会现实问题，尤其是现实中的热点问题，注意理论联系实际，理论指导实际。作为民族大学的高校学报，特别关心和关注我国广大少数民族地区的社会经济文化发展，每期均发表不少这方面的文章。在栏目的设置上，也有专门的《民族经济》《民族法学》《民族文化》《民族教育》等栏目。许多文章对少数民族地区的社会经济文化发展进行了深入的研究，在社会上产生了良好反响。同时，《中南民族大学学报》也积极推动重大理论问题和学术前沿问题的研究，对推动相关学术领域的研究做出了积极的贡献。

在栏目的设置上，《中南民族大学学报》还结合每个时期的社会热点问题，专门开设了《人类学与乡土中国》《边疆民族问题》《非物质文化遗产保护》《生态美学》《民族民间文学研究》《民族文化保护与发展》《非物质文化遗产保护》《民族地区新农村建设研究》《欠发达地区公共政策研究》《民族区域自治制度研究》《城市化与城市民族问题》《民族村寨保护》等专题栏目，凸显对现实问题的关注。2012 年，《中南民族大学学报》在第二届民族地区期刊评优中被评为民族地区“名刊”，特色栏目《民族学人类学论坛》被评为“名栏”；2013 年特色栏目《民族理论与政策》获评“第三批教育部高校哲学社会科学学报名栏”称号；2014 年《中南民族大学学报》被评为“全国高校精品社科期刊”“湖北精品期刊”。

《中南民族大学学报》编辑部

2016 年 12 月 15 日

试论民族理论的对象、地位和意义

唐　鸣

马克思列宁主义的民族理论是历史上唯一科学的民族理论。但是，在我国学术界，对马克思列宁主义民族理论能否作为一门独立学科存在的问题，仍存在着较大的意见分歧。这种情况不能不说在一定程度上妨碍了民族理论的发展和充分发挥其作用。本文试对民族理论的研究对象、它在各门社会科学中所占的地位以及它的理论和实际意义，谈一些看法。

一

毛泽东同志曾对科学门类的区分、科学对象的构成有过精辟的论述："科学研究的区分，就是根据科学对象所具有的特殊的矛盾性。因此，对于某一现象的领域所特有的某一种矛盾的研究，就构成某一门科学的对象。"① 每门科学都有自己独特的研究对象。那么，哪一现象领域所特有的哪一种矛盾构成了民族理论这门科学特定的研究对象呢？民族理论，顾名思义，就是关于民族的理论。然而，这样讲只是字面上的解释，或者说是同义反复，丝毫不能告诉我们更多的东西。事实上，关于民族，需要研究和可以研究的东西很多，诸如民族的历史和现状，民族的政治、经济和文化等，都可构成民族研究的种种不同的侧面。

而在对这种种不同侧面研究的基础上，就形成了民族研究的各个不同的学科门类。研究民族历史的是民族历史学，研究民族社会的是民族社会学，研究民族语言的是民族语言学，研究民族经济的是民族经济学……民族理论是研究什么的呢？如果认为民族理论既然是关于民族的理论，那么它就是民族研究的总称，是研究民族各方面问题的理论，那就大错特错了。民族理论

① 毛泽东：《毛泽东选集》（第一卷），人民出版社，1951，第297页。

既不是研究民族所有方面问题的大杂烩，也不是包罗万象的关于民族的百科全书。民族理论仅仅是民族研究中的一个学科门类，它所担负的任务是揭示民族和民族问题发展的一般规律及无产阶级解决民族问题的具体途径。换句话说，民族理论是研究民族和民族问题发展的一般规律及无产阶级解决民族问题的具体途径的科学。

研究民族发展的一般规律。在当今世界，民族是一种普遍存在的社会现象。据统计，现在世界上大约有两千个民族，在一百五十多个国家里面，有两个以上民族的多民族国家占绝大多数。在所有这些国家中，人们分属于不同的民族或同属于一个民族，民族似乎构成了人们之间的一种“自然界限”。那么，究竟什么是民族，民族具有哪些特征；民族与其他许多社会历史现象，如氏族、部落、阶级、国家等等，有些什么关系；民族与种族、人口数量、地理环境有些什么关系；为什么人类会划分为不同的民族，民族形成的原因、动力、时间、进程是怎样的；民族形成之后，它是怎样发展的，发展的原因是什么；在发展中，它又有哪些变化，为什么会有这些变化；在历史上，民族有哪些不同的类型，划分民族类型的标准或尺度又是什么；今后，民族发展有些什么趋势，民族是一直发展下去呢，还是会在一定的历史阶段、在一定社会条件下消亡；民族消亡的过程和途径是怎样的……所有这些问题都是民族理论所要研究的。应当指出的是，民族理论不负责回答某一个具体民族何时形成、怎么发展、如何消亡等具体问题，它所要回答的只是一般民族何时形成、怎么发展、如何消亡的一般问题。也就是说，民族理论并不肩负着研究某个或某些民族产生、发展的具体过程及其规律的任务，它只是要揭示民族这一社会现象发展的一般规律。

研究民族问题发展的一般规律。自有民族存在，民族之间发生一定的关系，也就产生了民族问题。在当今世界，由于民族是一种普遍存在的社会现象，因此，民族问题也就成为一种普遍存在的社会问题。那么，究竟什么是民族问题，为什么会产生民族问题，或者说，产生民族问题的根源是什么，民族问题是怎样产生的；民族问题产生之后又是怎样发展的，发展的原因是什么；在各个不同的社会历史阶段，民族问题的内容和性质有些什么不同；民族问题与其他一些社会问题，如阶级问题、革命问题、语言文字问题、风俗习惯问题、宗教信仰问题、经济发展问题等等，有些什么关系；民族问题在所有社会问题中处于一个什么样的地位，对社会发展有些什么影响；民族问题在资本主义社会和社会主义社会的发展趋势有些什么不同……凡此种种，也都是民族理论所要研究的问题。这里也应当指出的是，民族理论不可能对所有的各种具体的民族问题个个都做专门的研究，它所要研究的只是民族问题发展的一般规律。

研究无产阶级解决民族问题的具体途径。在我所从事民族理论研究和教学工作的同志中间，普遍存在着这样一种看法，那就是把民族理论仅仅看作是研究民族和民族问题发展的一般规律的科学。这种看法忘记了或至少是忽略了对于无产阶级解决民族问题的具体途径的研究是民族理论研究的一个极其重要的方面，忘记了或至少是忽略了民族理论的研究对象应当将无产阶级解决民族问题的具体途径包括在内；这种把无产阶级解决民族问题的具体途径排除在民族理论研究对象之外的观点和做法，是不正确的。因为马克思列宁主义的民族理论不仅仅是说明民族和民族问题的理论科学，而且更重要的是指导无产阶级正确对待、处理和解决民族问题的锐利的思想武器，所以，它不仅要阐明民族和民族问题发展的一般规律，而且要为无产阶级解决民族问题指明正确的途径。因此，对无产阶级的解放斗争与民族问题之间到底有着什么样的关系，无产阶级应当以什么样的态度来对待民族问题，无产阶级处理民族问题的一般原则是什么等问题的研究，是民族理论义不容辞的责任。事实上，无产阶级革命导师在研究民族问题的时候，都是把主要精力放在对无产阶级解决民族问题的途径的研究上面的。例如，马克思对如何解决爱尔兰问题进行了长期的研究，在多年研究之后，修改了曾经坚持了十多年的主张（即认为爱尔兰的解放必须通过英国无产阶级革命才能实现，爱尔兰和英国的分离是不可能的），得出了新的结论，从而指明了解决爱尔兰问题的正确途径："不是在英国，而只有在爱尔兰才能给英国统治阶级以决定性的打击（而这对全世界的工人运动来说是有决定意义的）。"① 爱尔兰从英国分离出去

① 马克思、恩格斯：《马克思恩格斯选集》（第4卷），人民出版社，1975，第378页。

"是不可避免的，即使分离以后还会成立联邦"①。列宁、斯大林和俄国布尔什维克党根据俄国历史发展和革命发展的实际情况，不断探索解决俄国民族问题的正确途径，转变了对国家联邦制的态度，从坚决反对联邦制到表示对联邦制的容许，最终确定以联邦制的形式来解决俄国的民族问题。中国共产党和毛泽东同志等老一辈无产阶级革命家，对中国的民族和民族问题的实际情况进行了深入的研究，决定采用民族区域自治的形式来解决我国的民族问题。新中国成立三十五年来的实践证明，民族区域自治是解决我国民族问题的正确途径。所有这些都说明，对无产阶级解决民族问题的具体途径的研究，在民族理论的整个研究中占有极其重要的地位。

上述民族理论研究的各个方面是紧密联系、相辅相成的。对民族和民族问题的一般规律进行研究，是为了进一步揭示无产阶级解决民族问题的具体途径；对无产阶级解决民族问题具体途径的研究必须建立在对民族和民族问题发展一般规律深刻了解的基础上。而这两个方面的研究又都必须从实际出发。对民族和民族问题发展一般规律的研究，固然需要占有古今中外民族和民族问题的大量实际材料；对无产阶级解决民族问题的具体途径的研究，则更离不开对各国具体情况的考察。列宁讲得好："在分析任何一个社会问题时，马克思主义理论的绝对要求，就是要把问题提到一定的历史范围之内；此外，如果谈到某一国家（例如，谈到这个国家的民族纲领），那就要估计到在同一历史时代这个国家不同于其他各国的具体特点。"② "各个国家还因民族的发展速度、居民的民族成分、居民的分布等等差异而各不相同，如果不估计到一个国家的所有这些一般历史条件和具体国家条件，就根本无法考察这个国家的马克思主义者的民族纲领。"③ 因此，我国的民族理论研究，必须紧密地结合中国的实际进行：一方面，应当结合中国民族和民族问题的发展情况，来阐明民族和民族问题发展的一般规律；另一方面，应当联系中国共产党的民族政策，来阐明无产阶级解决民族问题的具体途径。这是建设具有

① 马克思、恩格斯：《马克思恩格斯全集》（第 31 卷），人民出版社，1965，第 381 页。

② 列宁：《列宁选集》（第 2 卷），人民出版社，1963，第 512 页。

③ 列宁：《列宁选集》（第 2 卷），人民出版社，1963，第 513 页。

中国特色的马克思主义民族理论的需要。

二

在马克思主义诞生以前，没有也不可能有真正严格意义上的社会科学。正如毛泽东同志所说："在很长的历史时期内，大家对于社会的历史只能限于片面的了解，这一方面是由于剥削阶级的偏见经常歪曲社会的历史，另一方面，则由于生产规模的狭小，限制了人们的眼界。人们能够对于社会历史的发展做全面的历史的了解，把对于社会的认识变成了科学，这只是到了伴随巨大生产力大工业而出现近代无产阶级的时候，这就是马克思主义的科学。"① 对于民族理论来说，情况一样。在马克思主义诞生之前，尽管人们对于民族和民族问题有着这样或那样的理论观点和具体看法，但这些观点和看法从根本上说来都是非科学的。只有马克思主义，才把民族理论奠定在真正科学的基础上。然而，这并不意味着民族理论自从马克思主义诞生就成为了一门独立的学科。就我国的情况看，民族理论在各门社会科学中逐渐取得自己独立的席位，应当讲，这还是一件开始不久并正在进行的事情。因此，对民族理论在各门社会科学中的地位问题存在着种种不同的看法，是可以理解的。

民族理论算得上一门独立的学科吗？许多同志对此持否定的态度。个别同志认为民族理论属于历史唯物主义的一个组成部分；大多数同志认为民族理论应当包括在科学社会主义之中；还有的同志虽然承认民族理论是一门独立的学科，但又认为它是民族学的一个分支学科。我认为，民族理论与历史唯物主义、民族学以及科学社会主义既有联系又有区别，现在已经到了把它当作一门独立的学科来对待的时候了。

民族理论并不是历史唯物主义的一个组成部分。历史唯物主义是关于人类社会发展最一般规律的科学，它所研究的是人类社会中最普遍的现象和最基本的结构。历史唯物主义对民族这一社会历史现象并不做专门的全面的系统的研究，更不涉及民族问题发展的一般规律及无产阶级解决民族问题的具

---

① 毛泽东：《毛泽东选集》（第一卷），人民出版社，1951，第 272 页。

体途径等问题。诚然，历史唯物主义研究人们共同体的基本类型及其发展规律的问题，与民族理论对于民族这一人们共同体的研究有某些交叉的情形，并且民族理论的研究需要以历史唯物主义做指导，但绝不能由此得出结论，说民族理论就是历史唯物主义的一个组成部分。

民族理论也不是民族学的一个分支学科。从历史传统和现实状况来看，民族学是一门主要用田野调查方法研究各民族物质文化和精神文化的科学。民族学与民族理论有着严格的区别。在研究方法上，民族学主要用田野调查法，民族理论主要用抽象概括法。在研究的对象上，民族学主要是对世界上的一个个民族进行具体的研究，民族理论主要是对世界上的各个民族进行总体的概括的研究；民族学研究的重点在于各个民族乃至于整个人类社会物质文化和精神文化发展的规律，它不研究或不着重研究民族作为一种社会历史现象发展的一般规律，更不涉及民族问题发展的一般规律和无产阶级解决民族问题的具体途径，而民族理论的基本任务就是揭示民族和民族问题发展的一般规律，指明无产阶级解决民族问题的具体途径。当然民族学与民族理论的联系还是很紧密的，民族学的研究，离不开民族理论提供的理论观点的指导，民族理论也需要从民族学的研究中吸取大量的实际材料。但民族学与民族理论的关系毕竟不是整体与部分的关系。那种认为民族理论是民族学的一个分支学科的观点，显然是把民族学与民族研究等同起来了。其实民族学与民族理论一样，同是整个民族研究中的独立学科。

的确，民族理论和科学社会主义之间存在着非常密切乃至于不可分割的关系，但这并不意味着不能把民族理论当作一门独立的学科来对待。毋庸讳言，长期以来，民族理论在我国的社会科学界没有取得自己独立的席位，民族理论的研究一直是包括在科学社会主义的研究当中的，而且这种状况还有其一定的合理性。科学社会主义是研究无产阶级解放运动发展规律的科学，是关于无产阶级解放斗争的性质、条件和一般目的的学说；正确地对待和处理民族问题是无产阶级争取自身及全人类解放斗争胜利的一个非常重要的条件；从马克思主义的民族理论的根本目的即指明无产阶级解决民族问题的具体途径方面来讲，它就是关于这一条件的学说。因此，在这个意义上，无论过去、现在和未来，民族理论都可说是科学社会主义的一个重要组成部分。

然而，我们不要忘记，马克思主义并不是一个作茧自缚、固步自封的封闭的体系。随着实践的发展，人们的认识必然也要发展，作为人类思想最伟大的成果，马克思主义当然也不例外。现代科学突飞猛进，发展迅速，出现了两种不同的趋势：一个是随着研究的深入和扩展，许多原来属于某一学科中的一个方面的研究逐渐独立出来，形成新的独立的学科，学科的门类越来越多，学科的划分越来越细；再一个就是各门学科互相渗透，彼此协作。对同一现象进行多学科综合研究的情况也越来越多，出现了许多边缘学科和综合学科。民族理论在现代科学的发展中处于一个什么样的状况呢？我们认为，从理论的发展来讲，它要求人们把它当作一门独立的学科来对待；从我国目前的情况看，它也已经开始并正在取得自己独立的地位。从理论上来讲，尽管马克思主义的民族理论与科学社会主义之间有着不可分割的联系，在对无产阶级解决民族问题的具体途径问题的研究上，二者还存在着交叉的情况，但民族理论与科学社会主义的对象及任务毕竟有所不同：科学社会主义主要研究的是无产阶级的解放运动，民族理论主要研究的是民族和民族问题，科学社会主义为无产阶级的整个解放斗争提供直接的理论武器，民族理论只是为无产阶级正确地解决民族问题提供理论原则。虽然对无产阶级解放运动的研究离不开对民族问题的研究，对民族问题的研究也离不开对无产阶级解放运动的研究，但对民族和民族问题发展一般规律的探讨，始终都不是科学社会主义完全包容得了的。因此，为使科学社会主义能够更加集中地研究无产阶级解放运动中带根本性的重大问题，为使民族理论的研究能够在更加广阔的范围内进行，随着理论研究的逐步深入，理论本身的不断成熟，民族理论必然要求人们把它当作一门独立的学科来对待，来进行研究。

三

我国是一个统一的多民族国家。“民族团结民族平等和各民族的共同繁荣，对于我们这个多民族的国家来说，是一个关系到国家命运的重大问题。”① 因此，民族理论在我国具有重大的理论和实际意义。

---

① 胡耀邦：《胡耀邦在中国共产党第十二次全国代表大会上的报告》（1982 年 9 月 1 日）. ［2009 - 09 - 14］. http：//www. chinagate. cn.

民族理论是系统化的民族观。民族观是人们对于民族和民族问题的基本观点，它一方面表现为人们对民族和民族问题的看法，另一方面反映在人们对待、处理和解决民族问题的态度及方法上面。随着民族的形成、民族问题的出现，人们就开始产生对民族、民族问题的认识，并用这种认识再去观察和处理民族问题。由于在阶级社会里，人们所处的社会历史条件和阶级地位的不同，决定了人们观察、分析和解决问题的立场、观点、方法的不一致，因此在各个不同的社会历史时代各个不同的阶级有各种不同的民族观。资产阶级有资产阶级的民族观，无产阶级有无产阶级的民族观。在不同民族观的指导下，不同阶级解决民族问题的方法和结果是有本质区别的。资产阶级的民族观总的说来是极端错误、非常反动的民族观，以资产阶级民族观来对待和处理民族问题，民族问题不但不能得到根本解决，民族之间的矛盾、隔阂反而会越来越加深。无产阶级的民族观是历史上唯一科学、彻底革命的民族观，以无产阶级的民族观来对待和处理民族问题，民族之间的矛盾、隔阂才会逐步消除，民族问题才能得到根本解决。马克思列宁主义的民族理论集中体现了无产阶级的民族观，是无产阶级民族观的系统化和理论化。因此，加强马克思列宁主义民族理论的研究、宣传和教育，对于帮助人们清除资产阶级民族观的思想影响，逐步树立无产阶级民族观；对于加强民族团结，坚持民族平等，促进各民族的共同繁荣，有着重要的作用。

民族理论是民族研究的理论基础。民族研究包括有许多学科门类，民族理论只是其中的一门学科。但是，民族理论对民族研究的其他所有的学科有普遍的指导意义，是这些学科的理论基础。首先，马克思列宁主义的民族理论为所有这些学科的研究指明了正确的方向。一方面，对民族的任何方面的研究，都是在一定的世界观和民族观指导下进行的，不是在无产阶级的世界观和民族观指导下进行，就是在资产阶级的世界观和民族观指导下进行。由于无产阶级的阶级本性和社会发展方向的一致，无产阶级的阶级利益和各民族人民根本利益的一致，因此保证了无产阶级世界观及民族观的革命性与科学性的统一。为使民族研究沿着正确的轨道前进，民族研究的各个学科就必须在马克思主义的哲学和民族理论的指导下进行。另一方面，我国的民族研究工作的根本任务是为社会主义现代化事业服务，是为民族团结、民族平等和各民族共同繁荣服务，而民族团结、民族平等和各民族共同繁荣在理论上也就是马克思列宁主义民族理论的理论原则，这也决定了民族研究的各个学科必须坚持以马克思列宁主义的民族理论作为研究工作的指针，一刻也不能背离马克思列宁主义民族理论所指明的正确方向。其次，民族理论揭示的许多一般规律对所有这些学科都有效。民族研究的各门具体学科都只是从某一个侧面对民族进行具体的研究，所揭示的都只是民族发展的某一个方面的规律。如民族语言学专门研究民族的语言，所揭示的是民族语言发展的规律；民族经济学专门研究民族的经济，所揭示的是民族经济发展的规律；民族风俗学专门研究民族的风俗，所揭示的是民族风俗发展的规律。民族理论则不然，民族理论是从总体上对民族进行概括性的研究，它所揭示的是民族和民族问题发展的最一般的规律。因此，民族理论所揭示的许多规律对民族研究的各门具体学科来讲都适用。正因为民族理论在民族研究的各门学科中占有极其重要的地位，所以加强民族理论的研究，对推进其他各门学科的研究都有很大意义。

民族理论是民族工作的行动指南。民族工作的范围很广泛，包括政治、经济和文化等各个方面，大到实行民族区域自治等带有根本性的问题，小到开展一些民族文娱体育活动等具体事情。这些工作无论巨细，都离不开民族理论的指导。首先，民族理论通过党的民族政策的贯彻执行而在实际民族工作中发挥重大的指导作用。我们做民族工作的过程，实际上也就是贯彻落实党的民族政策的过程。我们党各个方面的政策，都是马克思列宁主义的普遍真理和中国革命的具体实践相结合的产物。党的民族政策也是这样，它是党根据马克思列宁主义民族理论的基本原理，结合我国民族和民族问题的实际情况制定的。党的民族政策闪耀着马克思列宁主义民族理论的光辉，马克思列宁主义的民族理论是党的民族政策的理论依据。因此，贯彻执行党的民族政策的过程，同时也就是发挥民族理论指导作用的过程。其次，民族理论的理论问题对实际民族工作还会产生直接影响。我国解放后的民族工作取得了巨大的成绩，但也受到过一些挫折，原因当然有许多，但这也不是与民族理论问题上的正确或错误毫无任何关系的。就拿几次大的失误来看，在50年代后期，曾经刮起过一股“民族融合风”，这除与当时党在指导思想上出现了

"左"的错误以及当时出现的"共产风"有关外，还有一个重要原因，那就是在一部分人的心目中错误地认为社会主义社会不是民族发展繁荣的时期，而是民族融合消亡的时期。60 年代初，由于把"在阶级社会里民族问题的实质是阶级问题"这个本来是马克思主义的命题抬高到不应有的高度，扩大了这一命题的范围，把社会主义时期民族问题的实质也归结为阶级问题，并把它作为民族工作的根本指导思想，结果给民族工作造成了许多不应有的损害。"文化大革命"中，林彪、江青两个反革命集团把"民族问题的实质是阶级问题"的理论更是推到了极端，把民族问题说成就是阶级问题，结果党的民族政策遭到全面的破坏，民族工作被取消，给少数民族人民群众带来了严重的灾难。这些事情，从反面告诉我们，坚持用正确的民族理论来指导我们的民族工作，坚决与那些违背或篡改马克思列宁主义民族理论的行为作斗争，是多么重要啊！最后，民族理论在新时期的民族工作中将会发挥越来越大的作用。粉碎了江青反革命集团以后，特别是党的十一届三中全会以来，由于党中央在根本指导思想上完成了拨乱反正，民族理论和民族工作中的"左"倾错误也从根本上得到了纠正。党中央对民族问题给予高度的重视，不仅在理论上阐明了民族团结、民族平等和各民族共同繁荣的极端重要性，而且恢复和发展了党的一系列行之有效的民族政策，在实际上做了大量的工作。党在新时期民族工作任务的基本点，一方面是促使各民族人民更加紧密地团结起来，为建设社会主义现代化强国而奋斗；另一方面是大力帮助各少数民族的政治、经济和文化的全面发展，逐步实现各民族事实上的平等，使各民族共同发展繁荣。这是一个具有伟大历史意义的重要战略任务。在完成这一任务的过程中，必将出现许多新的课题等待着理论工作者去研究，去解答；民族理论也必将发挥越来越大的作用；民族理论作为一门独立的学科，也必将以更加成熟的面貌出现在我们面前。

中华民族理论

孙振玉

中华民族既是一个古老的民族，也是一个崭新的民族。古老的是文化或心理意识意义上的，指包括海外全体华人在内的人们共同体，崭新的是指当今中国人这个人们共同体。中华民族以汉族为凝聚核心，联合其他各少数民族为一个整体；中华民族多元一体格局既承认中华民族一体，也尊重各组成民族的多元与个性。中华民族近代以来是一个多灾多难的民族，观念上直至抗战前主要指汉族，是反抗外来压迫才使之具有了今天的意涵。民族复兴是百多年来中华儿女的伟大梦想，中华民国无力实现，却开启了民族复兴的进程；只有在中国共产党的领导下，依靠中国特色社会主义，这个伟大梦想才正逐步得以实现，也将最终会实现。

一、中华民族释义

当今世界的政治格局，是各种国际势力，尤其是各种大的国际势力长期博弈的均衡产物，是得到国际社会承认并予以维护，而不允许被破坏的。1945 年成立的联合国是一个由主权国家组成的国际组织，鉴于两次世界大战给人类造成的巨大破坏，其创建的目的就是要在战后建立一个拥有广泛普遍安全的世界秩序。中国本来是联合国的创始会员国之一，中华人民共和国成立后，中国在联合国的合法权利曾遭到无理剥夺。1971 年 10 月 25 日，第 26 届联合国大会以压倒性多数通过决议，恢复中华人民共和国在联合国的一切合法权利，台湾当局的代表则从联合国及其所属一切机构中被驱逐出去。《联合国宪章》第二条一款规定："本组织系基于各会员国主权平等之原则。"四款规定："各会员国在其国际关系上不得使用威胁或武力，或以与联合国宗旨不符之任何其他方法，侵害任何会员国或国家之领土完整或政治独立。""国土完整”是当今国际秩序的一项根本原则，特定国土之上的全体人民即是一个独立的政治共同体（体现了“政治独立”原则）。本着这一国际法，享有共同主权的中华人民共和国国土之上的全体人民即组成了“中华民族”这个大家庭，这是一个统一的多民族的大家庭。在文化或心理意识上，中华民族这个大家庭则更大，还包括海外华人。

一般而言，每个国家共同体的民族（nation）可以有自己的专有名称，比如美国的“美利坚民族”、英国的“大不列颠民族”、法国的“法兰西民族”、德国的“德意志民族”、日本的“大和民族”、韩国的“大韩民族”等（这些民族同样不仅是政治归属意义上的，也是文化或心理意识上的），中国人也有自己专有的名称，即“中华民族”。“中华民族”这一名称有着久远的历史意涵，可以上溯至先秦中国境内一个人们共同体名称“华”“夏”或“华夏”，也与古代“中国”概念有关。“夏”这个古代名称的来源大体上可以确定，即来源于中国历史上的第一个朝代——夏，是因国名而族名，进一步向前追溯，还应跟传说时代禹的封地有关。《史记·夏本纪》正义载：“夏者，帝禹封国号也。《帝王纪》云：‘禹受封为夏伯，在豫州外方之南，今河南阳翟是也。’”[①]“华”这一名称有学者讲跟帝舜的名字有关，跟华山有关，这恐怕只是一些说法，难以作为实据[②]。不管华或夏的名称实证结果如何，古人对其解释是值得关注的。《春秋左传正义》记载，鲁定公会齐侯于夹谷，有人出谋让齐侯以俘获的莱人劫持鲁侯，未得逞。孔子当时陪伴鲁侯与齐君相会，便道：“两君合好，而裔夷之俘，以兵乱之，非齐君所以命诸侯也。裔不谋夏，夷不

---

① 司马迁：《史记：帝王纪》，中华书局，1959，第49页。

② 传说时代的帝舜，有一名字叫作“重华”，有学者据此认为“重”是古代部落名称，“华”是舜的名字，“华后衍为族称，称为华族”。参见田晓岫：《中华民族发展史》，华夏出版社，2001，第80页。清末民初学者章太炎主张“华山”说，认为：“我国民族旧居雍、梁二州之地，东南华阴，东北华阳，就华山以定限，名其国土曰华，其后人迹所至，遍及九州，华之名始广。华本国名，非种族之号，夏之名实因夏水而得，本在雍、梁之际，因水以名族，非邦国之号。汉家建国自受封汉中始，于夏水则为同地，于华阳则为同州，用为通称，适与本名符合，是故华云、夏云、汉云。随举一名，互摄三义，建汉名以为族，而邦国之义斯在，建华名以为国，而种族之义亦在此。”参见《辞海》，中华书局，1980，第2469页。章太炎也提出了“夏”之得名“夏水”说。

乱华。”对于“裔不谋夏，夷不乱华”，“正义曰：‘夏也，中国有礼仪之大故称夏，有服章之美谓之华，华夏一也。’”① “华”和“夏”两个名称都有对中国相对先进的典章礼仪制度的赞美之义，应没有什么疑义，而正是这些突出而明显的文化因素成了古人区别裔夏、夷华（华夷之辨）的关键之所在，后来亦然。

所谓“华夏一也”，并不是指两个名称没有什么区别，而是随着词义的演变，两词之间的区别已不再具有实质性的含义，实质性的是它们的内在一致性，这样便有了“华夏”这个显然是合并而来的名称。“华”“夏”“华夏”三个名称，若不做考据学式的研究，大体上可以当作同义词来理解，其含义既指以其命名的一个古代人们共同体，也指主要由这个共同体所建立的国家——中国。先秦（周代，主要是春秋战国时期）古籍中，已有“国”和“中国”等概念②，用来描述“五帝”以来直至春秋战国时期的政治发展。司马迁的《史记》也以同样的方式书写了上溯至“三皇”与“五帝”时期的历史。先秦古籍中提到“国”字的，如《孟子注疏·离娄》载：“孟子曰：‘人有恒言，皆曰天下国家。’注：……天下谓天子所主，国谓诸侯之国，家谓卿大夫之家。天下之本在国，国之本在家”；《尚书·大传》载：“武丁侧身修行三年之后，诸侯以重译来朝者六国”；《礼记注疏·学记》载：“国有学”；等等。提到中国的，如《礼记注疏·中庸》载：“是以声名洋溢乎中国，施及蛮貊”；《孟子注疏·公孙丑》载：“我欲中国而授孟子室”；《礼记注疏·王制》载：“中国戎夷，五方之民，皆有性也，不可推移。东方曰夷，被发文身，有不火食者矣；南方曰蛮，雕题交趾，有不火食者矣；西方曰戎，被发衣皮，有不粒食者矣；北方曰狄，衣羽毛穴居，有不粒食者矣。中国、夷、

---

① 《十三经注疏》（下册），阮元校刻，中华书局，1980，第2147—2148页。

② 据于省吾的研究，商代甲骨文中没有发现“或”与“国”字，金文有“或”字，与“国”字通，亦与“邑”字通。1963年，陕西宝鸡贾村出土的何尊铭文称：“唯王初迁宅于成周，复禀武王礼，福自天。在四月丙戌，王诰宗小子京室曰：‘……惟武王既克大邑商，则廷告于天曰，余其宅兹中国，自之辟民……’”参见陈连开：《中国·华夷·蕃汉·中华·中华民族：一个内在联系发展被认识的过程》一文，载费孝通等：《中华民族多元一体格局》，中央民族学院出版社，1989，第72—73、77页。

蛮、戎、狄，皆有安居、和味、宜服、利用、备器。五方之民，语言不通……"①《孟子注疏·离娄》载："得志行乎中国"；等等。先秦古籍中的"国"字是一个普通概念，泛指建立了类似国家政权的政治实体，"五帝"所在之"国"曰国，"三代"所在之国曰国，它们分封的诸侯及其域外之国等亦是国；"中国"则是一个专属概念，限于华人或夏人势力范围，即"华夏为中国也"。《尚书注疏·周书》载："华夏蛮貊，罔不率俾。传：冕服采章曰华，大国曰夏。疏：……夏，大也，故大国曰夏，华夏为中国也。"

从现有史料发掘成果看，"中华"一词是在魏晋南北朝时出现的。此前汉朝高诱所注《吕氏春秋·简选》曾提到过"中国诸华"②，算是"中国"与"华"的组合，从中大概亦能看出由"华""夏""华夏""中国"等概念向"中华"演化的某种路径。无论如何，"中华"这个名称的确是出现了。如晋桓温《请还都洛阳疏》载："自强胡凌暴，中华荡覆，狼狈失据"；《北齐书》卷二一载："鲜卑共轻中华朝士，唯惮服于昂"。值得注意的是，唐代法律文献《唐律疏义》卷三"名例"中也提到了"中华"一词："荒服绝其根本，故虽妇人亦须投窜，纵令嫁向中华，事发还从配遣"；"在蕃有犯，断在中华或边州，犯脏当处无，估平脏定罪"。卷四中载"中华"分别与"荒服"和"蕃"相对而言，其主要含义是指"中国"这个地域无疑。至于"中华"与"民族"之文字组合——中华民族——却是穿越历史时空到了近代。"中华民国"和"中华人民共和国"国名的出现只不过是这一文字组合有趣而庄严的继续。有必要指出的是，"中华民族"一词早在清末或中华民国建国之前就已出现。学界认为，最早提出这一概念的是梁启超，他的《论中国学术思想变迁之大势》③ 和《历史上中国民族之观察》④ 两文中都有"中华民族"一词，

---

① 《十三经注疏》（上册），阮元校刻，中华书局，1979，第 1338 页。

② 田晓岫：《中华民族发展史》，华夏出版社，2001，第 2 页。

③ 梁启超讲道："上古时代，我中华民族之有海思想者厥惟齐。故于其间产出两种观念焉：一曰国家观，二曰世界观。"梁启超：《饮冰室合集·文集之七》，中华书局，1989。

④ 梁启超讲道："今之中华民族，即普通俗称所谓汉族者"，"中华民族混成之后，尚有他族加入"，"中华民族，号称同化力最大"等。梁启超：《饮冰室合集·专集之四十一》，中华书局，1989。

不过梁启超所使用的这个概念当时还是指的汉族。

先秦时期中国的疆域，帝禹“开九州”，大致可作为参考。帝禹开九州的目的在于政治治理，贡赋是其基本考虑。九州包括冀、兖、青、徐、扬、荆、豫、梁和雍。有人认为早在黄帝时就已“割地布九州”①，《史记》则称始于帝舜：“肇十有二州。”② 商周沿用禹的定制，划分方式和名称却有所不同③。无论如何，夏商周三代华夏版图似乎基本保持没变，总的看是以黄河和长江中下游流域为中心，东南扬州扩展至闽地，西北雍州扩展至今青海和宁夏各部分地区。至秦朝越过南岭，汉代扩展到西域（新疆包含在内）。西藏在元代时被纳入版图，明朝有所收缩，清代一度达到史上版图最大。北方万里长城、西部青藏高原（河湟谷地除外），以及东南面广阔海洋所限定的这个地域空间，曾是汉族历史上长期驻守的主体家园，其核心是中原。清代民国（抗战前）时期仍将“中国本部”与西藏、蒙古、新疆（还包括东北）区别开来，清廷还专设理藩院治理三地事务。无论如何，在形成中国今天版图的历史过程中确实充满博弈，其最终结果则是势力均衡的产物。然而，毫无疑问的是，只有在这个地域空间内的各民族，历史上的交往互动才是最多的，联系也是最紧密的。而这个地域空间的西面是高山，东面是大海，北面越来越寒冷，南面越来越酷热，也只有这个温热空间适于中华民族生存，适于中华文化繁荣，这就是中华文明历经数千年不衰的秘密所在。

在民族这个人们共同体的意义上，“中华”在先秦时期与“华”“夏”“华夏”同义，汉代以后与“汉人”同义，这一点至清末民国初期基本未变。

---

① 参见《辞海》（上册），中华书局，1980，第106页。“九州”词条载：“据孔传，谓黄帝时割地布九州。”

② 司马迁：《史记》，中华书局，1959，第24页。

③ “（2）《尔雅》九州，为冀、幽、兖、营、徐、扬、荆、豫、雍，此为殷制，系将《禹贡》九州之青合于徐，梁合于豫，而分冀为冀、幽二州也。（舜时曾分冀为冀、幽、并三州……）（3）《周礼》九州，为冀、幽、并、兖、青、扬、荆、豫、雍，此为周制，系将《禹贡》之徐合于荆，梁合于雍，而分冀为冀、幽、并三州也。”参见《辞海》（上册），中华书局，1980，第106页。

梁启超在1922年讲道："今之中华民族，即普通俗称所谓汉族者。"① 又讲："民族之正确分类，非吾学力所能及，但据东西学者所研究索而略成定说者，则现在中国境内及边徼之人民，可大别为六族：一、中华族，二、蒙古族，三、突厥族（即土耳其族），四、东胡族（《东籍》所称通古斯族即东胡之译音），五、氐羌族，六、蛮越族。此六者皆就现在而言……即如我中华族，本已由无数支族混成，其血统与外来诸族杂糅者亦不少。"② 孙中山领导中国资产阶级革命时提出的"驱除鞑虏，恢复中华"的"中华"也指汉族。然而，中华民国建立并冠以"中华"之名，却极大地推动了人们对中华民族新的关注与新的认知。及至抗日战争爆发后，中华民族基本上已不再是汉民族的代名词，而是中国全体国人的代名词。1938年7月的《康藏民众代表慰问前线将士书》讲道："中国是包括固有之二十八省、蒙古、西藏而成之整个国土，中华民族是由我汉族、满族、蒙族、回族、藏族及其他各民族而成的整个大民族。"③ 蒋介石虽然称国内各民族为宗族，却讲："我们中华民族乃是联合我们汉族、满族、蒙族、回族、藏族五个宗族组成一个整体的总名词。"④ 只是蒋介石还保留了梁启超中华民族以汉族为本位（融合其他民族而不断壮大）的立场，坚称"中华民族固有的德性"就是儒家思想所宣扬的"忠孝仁爱信义和平"和"礼义廉耻"⑤。只有到中华人民共和国建立后，各族人民才真正平等地做了国家主人，中华民族这个概念才比较全面正确地与世界接轨，指享有国家主权的全体国人，包括所有民族。中华民族除此政治意义外，还保留有历史以来的文化意义，也包括由中国走出去的海外华人。

---

① 梁启超：《史上中国民族之观察》，载梁启超：《饮冰室合集·专集之四十一》，中华书局，1989。

② 梁启超：《中国历史上民族之研究》，载梁启超：《饮冰室合集·专集之四十二》，中华书局，1989。

③ 《康藏群众慰问前线战士书》，《新华日报》1938年7月12日。

④ 蒋中正：《中华民族整个的共同责任》，载国立编译馆三民主义大辞典编审委员会《三民主义大辞典》总集卷十九，台北幼狮文化事业公司，1998，第216页。

⑤ 中华民国时期将中华民族等同于汉族的历史影响至今仍留有痕迹，如2013年，马英九重新当选中国国民党主席，在回应习近平的贺电时仍将中华民族视为炎黄子孙："两岸人民同属中华民族，都是炎黄子孙，希望贵我两党在现有基础上，继续扩大与深化两岸的交流合作，以进一步发扬中华文化，复兴中华民族，促进两岸永续的和平与繁荣。"

二、中华民族多元一体

“中华民族多元一体”这个概念是费孝通于1988年在香港中文大学发表Tanner演讲时提出来的。所谓“多元”是指56个民族，“一体”是指中华民族。“它所包括的五十多个民族单元是多元，中华民族是一体，它们虽则都称‘民族’，但层次不同。”① 费孝通讲的是政治意义上的中华民族，这是一个由全体中国人组成的人们共同体，与民国时期的“国族”同义。追溯起来，早在中华民国时期，“国族”一词就曾作为热门话题被讨论，当时人们关心的是国族的整体性与国家的统一性，提出的口号有“中华民族是整个”（傅斯年，1935）、“中华民族是一个”（顾颉刚，1939）。所不同者，民国时期从蒋介石到某些学者都表现出了一种倾向，即强调一体而抹杀多元。蒋介石把国内各民族都视为宗族已是众所周知，即使某些著名学者如顾颉刚也有类似思想。顾颉刚出于维护国家政治统一考虑，反对“民族自决”“中国本部”与民族划分等主张或提法，认为“中国之内绝没有五大民族和许多小民族，中国也没有分为若干种族的必要”，他还建议用“文化集团”来取代“民族”，“逐渐消除国内各种各族的界限”，“绝对郑重使用‘民族’二字”，“对外只有一个中华民族”②。费孝通提出的“中华民族多元一体”概念，是既强调中华民族的一体性，也承认56个民族的独立性，从根本上体现了我国党和政府认真贯彻落实民族平等原则的精神。

中华民国在实现国族整体化与一体化的途径上，基本的选择是民族融合，暗含的意思是要用汉族融合其他各民族。中华民族在历史上长期以来曾指汉族，梁启超当年就抱有这一根深蒂固的认识。他以史实为据，认为战国时期的楚人、魏晋以后的越人，以及后来的满洲人都先后“自觉”并加入了“中华民族”（华夏或汉族），相反，蒙古人则自始至终都“自觉彼为蒙人而我为

---

① 费孝通：《中华民族的多元一体格局》，载费孝通等：《中华民族多元一体格局》，中央民族学院出版社，1989，第1页。

② 顾颉刚：《中华民族是一个》，《益世报·边疆周刊》1939年第9期。

汉人"，所以未加入"中华民族"①。中华民国的融合说，来源于他们对于国内各族同祖同源、婚姻融合（蒋介石的思想）的历史认知。孙中山在上海中国国民党本部演讲时曾说道："现在说五族共和，实在这五族的名词很不切当。我们国内何止五族呢？我的意思应该把我们中国所有各民族融合成一个中华民族；并且要把中华民族造成一个很文明的民族，现在实还没有做到。"② 孙中山强调"先有家族，再有宗族，再有国族"的实现路径。费孝通有关中华民族多元一体格局之形成的思想，强调各民族长期的必然的交往融合，强调对抗列强压迫的促成作用，他讲道："中华民族作为一个自觉的民族实体，是近百年来中国和西方列强对抗中出现的，但作为一个自在的民族实体则是几千年的历史过程所形成的，……它的主流是由许许多多分散孤立存在的民族单位，经过接触、混杂、联结和融合，同时也有分裂和消亡，形成一个你来我往、我来你往，我中有你、你中有我，而又各具个性的多元统一体。这也许是世界各地民族形成的共同过程。"③

费孝通强调，早在新石器时期，我国黄河与长江中下游就出现了多元文化存在，这是中国古代不同群体创造的，"他们具有特色的文化。这是中华民族格局中多元的起点"④。在此基础上，汉族的出现是"中华民族形成中的一个重要阶段，在多元一体的格局中产生了一个凝聚核心"，并经过地区性的多元统一，中原地区民族的大混杂大融合，北方民族不断为汉族输入新鲜血液，汉族补充其他民族并南向扩张，以及西部的民族流动等，这就构成了一幅中华民族多元一体格局之形成的动态而生动的历史画面。对于汉族这个凝聚核心及其作用，费孝通讲道："汉族主要聚居在农业地区，除了西北和西南外，可以说凡是宜耕的平原几乎全是汉族的聚居区。同时在少数民族地区的交通要道和商业据点一般都有汉人长期定居。这样汉人就大量深入到少数民族聚

---

① 梁启超：《中国历史上民族之研究》，载梁启超：《饮冰室合集·专集之四十二》，中华书局，1989。

② 孙中山：《孙中山全集》，中华书局，1981，第392—394页。

③ 费孝通：《中华民族的多元一体格局》，载费孝通等：《中华民族多元一体格局》，中央民族学院出版社，1989，第1页。

④ 费孝通：《中华民族的多元一体格局》，载费孝通等：《中华民族多元一体格局》，中央民族学院出版社，1989，第5页。

居地区，形成一个点线结合、东密西疏的网络，这个网络正是多元一体格局的骨架。”① 关于中华民族多元一体格局的特点，费孝通总结道：汉族是这个格局的凝聚核心，少数民族聚居区在这个格局中占全国一半以上国土且从事与汉族农业不同的牧业（还有其他不发达的各种经济形态），少数民族有自己的语言但通用汉语，民族融合的条件复杂但社会经济需要是主要的因素，组成中华民族的成员众多因而结构多元，以及形成多元一体格局的过程是逐步完成的等等②。

目前，中华民族无疑是世界上人口最多的政治与文化共同体，如何将这么多的人口团结在一起，形成一个稳固的具有向心力的人们共同体，其凝聚力是什么呢？这是一个非常值得探讨的课题。必须指出，民族凝聚力属于历史范畴，不同时空条件下表现不同，不能仅仅从历史中去寻找，还要更多地关注现实。这是因为，中华民族（政治意义的）作为一个稳固的人们共同体，虽经历了长期的历史发展过程，但中华人民共和国成立却是关键环节，而改革开放又使得这个共同体变得越来越稳固，越来越具有向心力。因此，结合历史与现实因素进行分析的结果，笔者认为，中华民族的凝聚力主要表现在下述方面。

第一，各民族在特定的地域空间中长期亲密交往联系是强有力的社会纽带。中国的政治版图是在历史的发展过程中固定下来的，随着主政中国的王朝或国家实力的强弱变化，所辖疆域的大小也在变化，总的看来，近代以前大体上是一步步地在扩大，之后又减少到了今天的大小。变化都发生在边疆地区，广阔的内陆虽然也不断上演政治的统一与割据，但从未被今天中国之外的人所割占，这就是我们中华民族基本的生存空间。毛泽东讲道：“在这个广大的领土之上，有广大的肥田沃地，给我们以衣食之源；有纵横全国的大小山脉，给我们生长了广大的森林，贮藏了丰富的矿产；有很多的江河湖泽，给我们以舟楫和灌溉之利；有很长的海岸线，给我们以交通海外各民族的方

① 费孝通：《中华民族的多元一体格局》，载费孝通等：《中华民族多元一体格局》，中央民族学院出版社，1989，第29页。

② 费孝通：《中华民族的多元一体格局》，载费孝通等：《中华民族多元一体格局》，中央民族学院出版社，1989，第29—33页。

便。从很早的古代起，我们中华民族的祖先就劳动、生息、繁殖在这块广大的土地之上。”① 这块大地也是中国古今各民族人民长期亲密交往的地域空间，经济开发、商业贸易、工程建设、移民流徙、学习交流、观光旅行、族际通婚、政治斗争、军事战争、自然灾害等等，亦恒久地为人们创造着各式各样的亲密交往联系机会，由此形成了各民族你中有我、我中有你的血浓于水的情谊。历史与现实中的各民族之间的交往联系植根于人们的生产、生活与生存、发展需要，是必然的、客观的、深刻的，由此而筑就的联结他们的社会纽带也是强有力的。

第二，各民族均致力于开发他们自己的和共有的家园是强有力的经济纽带。中华民族是一个勤劳的民族，各组成民族也都是勤劳的民族。我国地域辽阔，地形地貌复杂多样，有高山、高原、山地、河谷、盆地、平原，有草原、森林、海洋、河流、湖泊，各民族的家园分布其间，人们适应环境，因地制宜，以自己的勤劳智慧，发展出了多种多样的经济形态。总的看来，包括黄河与长江流域在内的广大平原，由汉族开发了灌溉农业，少数民族分布在草原的开发了牧业，分布在高山峡谷、森林湖泊地区的开发了各具特色的民族家园经济。在传统经济开发过程中，包括农牧渔林业在内的各民族经济具有互补性，再加上直至新中国成立初期各民族尚处在不同的社会发展形态中，便以此为基础在各民族间建立了如下联系：一是发展商贸互通有无，如中原汉族为包括牧民在内的各少数民族提供粮食、茶叶和相对先进的手工业产品，少数民族为中原汉族提供牲畜和各色土特产品。二是各民族间相互学习适用的生产知识和技术，少数民族向汉族学习先进的农业和手工业，汉族尤其是分布在民族聚居区内的汉族也向少数民族学习放牧、纺织等。各民族家园经济的开发，是伟大祖国这一各民族共有家园开发的前提与基础，也是他们共有家园开发的不竭的动力源泉。新中国成立后，尤其是改革开放以来，各民族均又全面致力于发展现代经济，在此过程中，少数民族不仅得到了国家的大力帮助，也得到了发达地区汉族的无私支援，以往联结各族的经济纽带也因而变得更加强而有力。

---

① 毛泽东：《毛泽东选集》，中国人民解放军战士出版社，1966，第584页。

第三，各民族努力繁荣他们自己的文化但又相互学习是强有力的文化纽带。在传统经济时代，民族文化与所处自然地理和生态环境有着直接的联系，各民族赖以生存的生产方式对于民族文化起到了首要的决定作用。我国地理和生态环境的多样性，也决定了民族文化的多元性。当然，民族文化的多元性，也与各民族的历史发展过程有着紧密的联系，如全民性的信仰宗教的藏族以及各穆斯林民族，他们的文化就与他们在历史上皈依佛教和伊斯兰教有关。相互学习和采借也是文化传播的重要途径，不仅汉族与少数民族杂居地区的人们在相互学习，建立过地方或全国政权的少数民族也积极主动地学习汉族文化，并为汉族文化的传播和发展做出了贡献，这样的例子在历史上绝不是少数，绝不是小规模，绝不是可以磨灭的。汉族文化“有容乃大”，少数民族文化也同样“有容乃大”。在现代经济时代，传统文化不可避免地面临着巨大冲击，现代文化也不容忽视地要大发展大繁荣，这对于各少数民族而言，发展各民族现代文化，不仅需要国家的帮助，也需要相对发达地区广大汉族的支持，而这一切亦都是在进行时。不仅有广大汉族的科技工作者和知识分子到民族地区去参与发展建设，直接提供智力资源，在党和国家的战略安排下，内地的各级各类民族院校、预科教育、民族班等，也正在为少数民族培养着所需的各类现代化建设人才，这对于推动各少数民族现代文化的大发展大繁荣，贡献是不可低估的。值得关注的是，当今时代的中华文化必然融合中国特色社会主义文化、现代科技文化与民族传统文化于一体，大发展大繁荣还将使之获得空前整合。文化是民族的血脉与精神家园，我国各民族长期以来文化上的密切联系，更加彰显出你中有我、我中有你，作为联结各民族的精神纽带无疑是更强有力的。

第四，各民族跟着共产党共同团结奋斗共同繁荣发展是强有力的政治纽带。经验告诉我们，中华民族的凝聚力和向心力，将在极大的程度上取决于各族人民对他们在中国的美好未来是否抱有坚定信念，在中国共产党的领导下答案是肯定的。这是因为，事实充分证明，中国共产党能够拯救民族于危难，并能带领中国人民迅速崛起。“经过九十多年艰苦奋斗，我们党团结带领全国各族人民，把贫穷落后的旧中国变成日益走向繁荣富强的新中国，中华民族伟大复兴展现出光明前景。”① 中国共产党之所以会带领各族人民走向光明的未来，关键在于中国共产党在长期的社会主义革命、建设与改革实践中确立了适合中国国情并能有效推动发展的中国特色社会主义道路、中国特色社会主义理论体系与中国特色社会主义制度。“中国特色社会主义道路，就是在中国共产党的领导下，立足基本国情，以经济建设为中心，坚持四项基本原则，坚持改革开放，解放和发展社会生产力，建设社会主义市场经济、社会主义民主政治、社会主义先进文化、社会主义和谐社会、社会主义生态文明，促进人的全面发展，逐步实现全体人民共同富裕，建设富强民主文明和谐的社会主义现代化国家。中国特色社会主义理论体系，就是包括邓小平理论、‘三个代表’重要思想、科学发展观在内的科学理论体系，是对马克思列宁主义、毛泽东思想的坚持和发展。中国特色社会主义制度，就是人民代表大会制度的根本政治制度，中国共产党领导的多党合作和政治协商制度、民族区域自治制度以及基层群众自治制度等基本制度，中国特色社会主义法律体系，公有制为主体、多种所有制经济共同发展的基本经济制度，以及建立在这些制度基础上的经济体制、政治体制、文化体制、社会体制等各项具体制度。”② 从民族方面看，中国特色社会主义民族区域自治制度使我国少数民族享有充分的自治权，中国特色社会主义道路是解决中国民族问题的根本道路，所以，各民族只要坚定不移地沿着中国共产党指导的道路前进，团结奋斗，共同繁荣发展的美好未来就一定会实现，这作为联结各民族的政治纽带未来将会证明是强有力的，这是我们必然应有的自信！

三、民族复兴中国梦

中国是少数几个最著名的文明古国之一，在农业时代曾长期处于世界领先地位，但近代以来却衰落了，民族振兴因此成了百多年来全体中华儿女的

① 胡锦涛：《坚定不移沿着中国特色社会主义道路前进，为全面建成小康社会而奋斗——在中国共产党十八次全国代表大会上的报告》，《中共中央办公厅通讯》2012 年第 11 期。

② 胡锦涛：《坚定不移沿着中国特色社会主义道路前进，为全面建成小康社会而奋斗——在中国共产党十八次全国代表大会上的报告》，《中共中央办公厅通讯》2012 年第 11 期。

伟大梦想。从孙中山的“恢复中华”，到中国国民党的“民族复兴”①，再到中国共产党的“中华民族伟大复兴”，这是一个充满艰难曲折的过程。中国国民党用“民族主义”完成了“恢复中华”的历史使命，但民权主义却被大地主大资产阶级独裁所取代，民生主义则以民不聊生而告终，“三民主义国家”根本成了泡影，“天下为公”哲学也空无所施。中国共产党成立后，面临的首要任务是通过革命斗争谋求中华民族的解放，是要“建设一个中华民族的新社会和新国家”②。新中国成立后，毛泽东提出建设一个“伟大的社会主义国家”，目的是全面确立社会主义制度，并在此基础上将中国建设成为一个伟大的国家。改革开放后，邓小平针对新中国成立以来在艰难曲折中前进的中国人民提出“中华民族振兴”（1990 年），要中国人民振奋起来，努力建设一个现代化的伟大国家。1987 年，党的十三大系统地阐述了社会主义初级阶段理论，深刻指出我国从 20 世纪 50 年代生产资料所有制社会主义改造基本完成，到社会主义现代化基本实现，至少需要上百年时间，这一时期都将处于社会主义初级阶段，但也将“是全民奋起，艰苦创业，实现中华民族伟大复兴的阶段”③。“中华民族伟大复兴”的宏伟目标是在我国改革开放的早期被提出来的，之后随着改革开放的成功实践，在进入 21 世纪后，这一宏伟目标便成了全党和全国各族人民的庄严使命与坚定信念，越来越深入人心。十八大后，习近平再次将中华民族伟大复兴阐释为“中国梦”：“实现伟大复兴就是中华民族近代以来最伟大的梦想。”中华民族伟大复兴不是要重现我们昔日的辉煌，而是富有全新的时代内涵。

历史上，我国曾长期处于世界发展的前列。中华民族伟大复兴就是要在历史的今天以及未来再次使我国走在世界发展的前列，引领世界发展。到那个时候，我国的社会主义核心价值体系将会得到全面实现，从而使我们的国

---

① 1932 年，张君劢创办《再生》杂志，将“中华民族复兴”作为办刊宗旨。当年，蒋介石创立“中华民族复兴社”，简称“复兴社”，又名“蓝衣社”，亲自任社长。1934 年至 1949 年，蒋介石和宋美龄发起“新生活运动”，也自称为“民族复兴运动”。故在此采用“民族复兴”说法，但其义与“中华民族复兴”无异。

② 毛泽东：《毛泽东选集》，中国人民解放军战士出版社，1966，第 624 页。

③ 《十三大以来重要文献选编》，人民出版社，1991，第 13—15 页。

家成为富强民主文明和谐的国家，使我们的社会成为自由平等公正法治的社会，使我们的人民成为爱国敬业诚信友善的人民。中华民族复兴之日，也将是中华民族以崭新的时代面貌和姿态屹立于世界民族之林之日。胡锦涛在党的十八大报告中指出："在中国特色社会主义道路上实现中华民族伟大复兴，寄托着无数仁人志士、革命先烈的理想和夙愿。在长期艰苦卓绝的奋斗中，我们党紧紧依靠人民，付出了最大牺牲，书写了感天动地的壮丽史诗，不可逆转地结束了近代以后中国内忧外患、积贫积弱的悲惨命运，不可逆转地开启了中华民族不断发展壮大、走向伟大复兴的历史进军，使具有五千多年文明的中华民族以崭新的姿态屹立于世界民族之林。"胡锦涛还指出："在新的征程上，我们的责任更大、担子更重，我们必须以更加坚定的信念、更加顽强的努力，继续实现推进现代化建设、完成祖国统一、维护世界和平与促进共同发展这三大历史任务。"① 中华民族不仅要承担国内历史使命，也要承担世界历史使命。

鸦片战争以来铁一般的历史证明，只有社会主义能够救中国，只有中国特色社会主义能够发展中国。中华民族伟大复兴也将同样寄希望于开创性地坚持和发展中国特色社会主义，这已是党和全国各族人民坚定不移的信心和信念。中国特色社会主义由中国特色社会主义道路、中国特色社会主义理论体系和中国特色社会主义制度三部分构成，这"是党和人民九十多年奋斗、创新、积累的根本成就"。中国特色社会主义理论与实践相结合的根本特征，筑就了它的真正开放性和辩证性的品性，即在坚持马克思主义科学社会主义基本原理的同时，也综合借鉴了迄今为止人类探索发展的最先进的理论和理念，从而科学辩证地做出了"全面落实经济建设、政治建设、文化建设、社会建设、生态文明建设五位一体"的总体战略布局。中国特色社会主义的理论精髓是科学发展，最鲜明的精神实质是"解放思想、实事求是、与时俱进、求真务实"。中国特色社会主义的实践要义是辩证发展，最深刻的精神实质是不断探索，"实践发展永无止

① 胡锦涛：《坚定不移沿着中国特色社会主义道路前进，为全面建成小康社会而奋斗——在中国共产党十八次全国代表大会上的报告》，《中共中央办公厅通讯》2012 年第 11 期。

境，认识真理永无止境，理论创新永无止境”。胡锦涛因而号召“全党一定要勇于实践、勇于探索、勇于创新，把握时代发展要求，顺应人民共同愿望，不懈探索和发展中国特色社会主义规律，永葆党的生机活力，永葆国家发展动力，在党和人民创造性实践中奋力开拓中国特色社会主义更为广阔的发展前景”①。党的十八大是在我国进入全面建成小康社会的决定性时刻召开的，“大会的主题是：高举中国特色社会主义伟大旗帜，以邓小平理论、‘三个代表’重要思想、科学发展观为指导，解放思想，改革开放，凝聚力量，攻坚克难，坚定不移沿着中国特色社会主义道路前进，为全面建成小康社会而奋斗”②。小康社会是中华民族伟大复兴重要的阶段性目标，依靠中国特色社会主义，中国有信心在2020年建成小康社会；依靠中国特色社会主义，中华民族也同样有信心在未来实现伟大复兴的中国梦。

最后，必须指出的是，中华民族伟大复兴将极大地影响到中华民族认同。如今，中华民族的伟大象征是中华人民共和国。对于全体国人而言，中华民族认同就体现为伟大的爱国主义，这是一种内化了国家政治要求的深厚而神圣的情感，但对于全体海外华人而言，中华民族认同则主要表现为文化上的一种思乡情怀或心理意识上的一种恋乡情结，是一种认祖归宗的血统意识，是一种落叶归根的热土观念。海外华人的故乡不在别处，就在今天中华人民共和国境内，在所在国家的原住国人眼里，他们就来自于今天的中国，他们只是移民及其后裔，而他们本人，当面对所在国家的原住“主人”时，其原有的家乡归属感，自然会扩大为或“自觉为”对如今中国的认同感，中华民族伟大复兴无疑会使他们的这种认同感更加带有一种强烈的尊严和骄傲，从而强化其对于中华民族的伟大认同。当然，中华民族认同无论对于全体国人还是全体华人而言，也有其复杂的一面，理论上的认同并不完全等同于现实的认同。众所周知，无论是在中华人民共和国国内还是在海外，至今仍有少部分以分裂中国的政治统一为能事的人，如“藏独”和“疆独”分子，他们

① 胡锦涛：《坚定不移沿着中国特色社会主义道路前进，为全面建成小康社会而奋斗——在中国共产党十八次全国代表大会上的报告》，《中共中央办公厅通讯》2012年第11期。

② 胡锦涛：《坚定不移沿着中国特色社会主义道路前进，为全面建成小康社会而奋斗——在中国共产党十八次全国代表大会上的报告》，《中共中央办公厅通讯》2012年第11期。

出于政治目的，在国际反华势力的唆使下，甘愿当反华跳梁小丑，极力破坏中华民族认同。中华民族伟大复兴也终将以前所未有的民族凝聚力使他们的任何破坏企图成为白日之梦！

多元共生　和而不同
——关于少数民族文化在中华文化格局中的地位思考

田联刚　赵　鹏

我国是各民族共同缔造的统一的多民族的国家，悠久灿烂的中华文化是各民族在漫长的历史长河中经过无数次碰撞、交流、融合而形成的。不同民族、不同地域的文化以和而不同的方式共同构筑了多元一体的中华文化，充分体现了中华文化的统一性和多样性。

一、我国少数民族文化的主要特征

少数民族地区是源远流长的中华文明的重要发祥地之一，少数民族文化对于中华文化的形成和发展有着不可替代的作用。总体上看，我国民族地区的文化地图可以用“六圈四线”来概括，即新疆文化圈、青藏文化圈、陕甘文化圈、蒙宁文化圈、川渝文化圈、云贵文化圈和丝绸古道、唐蕃古道、草原古道、南方丝路。民族地区有众多且影响大的文化遗存，堪称中华文明“满天星斗式”多元起源（苏秉琦语）过程中的耀眼明星。如陕西的仰韶文化、半坡遗址，甘肃的齐家文化，青海的马家窑文化，内蒙古的红山文化、夏家店文化，云南的元谋猿人遗址等。在以后的历史进程中，民族地区也涌现出了令人惊叹的历史文化，如秦陵兵马俑、敦煌莫高窟、楼兰古国、布达拉宫、拉卜楞寺、塔尔寺、成吉思汗陵、乐山大佛、湘西里耶秦简等。就现实层面来说，我国中部、东部文化主要是汉民族的各区域性文化，如楚文化、齐鲁文化、三晋文化、吴越文化等，而西部文化最显著的特点是多元的少数民族文化。

我国 55 个少数民族中，除黎族、满族、赫哲族、畲族、高山族外，其他少数民族在西部都有相对集中的聚居区。有 80 多种语言，涉及汉藏语系、阿尔泰语系、南亚语系等，造字结构有方块文字、象形文字、拼音文字等；涉及的宗教有佛教、道教、伊斯兰教、基督教及各民族的原始宗教信仰。各民族在长期的历史进程中，创造并传承着独具特色的传统文化，如伊斯兰教各民族的开斋节、甘肃藏族的香浪节、傣族的泼水节、土家族的摆手舞、蒙古族的那达慕大会、彝族的火把节、白族的三月街、贵州苗族及侗族的芦笙节、壮族的莫那节、基诺族的播种祭、纳西族的东巴文化、布依族的三月三节、永宁摩梭人的走婚、甘肃的花儿等等。

我国少数民族文化繁花似锦，举凡文学、艺术、建筑等都达到了很高的造诣。在民族文学方面，蒙古族的《江格尔》、藏族的《格萨尔》、柯尔克孜族的《玛纳斯》并称我国少数民族的三大英雄史诗，在世界文学史上占有举足轻重的地位。在民族艺术方面，侗族的三声部合唱世所罕见，纳西族古乐名扬天下，阴山岩画被誉为“最大的古岩画宝库”。我国民族地区的自然景观也异常丰富，并且已经和当地的民族文化融为一体而各具丰韵。如广西的桂林山水，云南的路南石林、丽江古城、玉龙雪山，贵州织金打鸡洞、安顺龙宫、梵净山，湘西的张家界，四川的黄龙、九寨沟，青海的青海湖、江河源等。

文化是一个民族的灵魂、一个民族的历史渊源，生产和生活方式也都不同程度地积淀在民族文化当中。我国少数民族文化具有以下主要特征。

1. 多样性。多样性是少数民族传统文化的基本特征。中国有55个少数民族，每一个民族都有自己独具特色的文化。少数民族文化的多样性体现在各个层面上，如物质生产方面：有的民族主要从事畜牧业生产，如蒙古族、哈萨克族等；有的民族主要从事渔猎生产，如鄂伦春族、鄂温克族和赫哲族等。而以农业为主的民族也可分为多种类型：有的属于山地刀耕火种型，如佤族、独龙族、基诺族、布朗族和景颇族等；有的属于山地耕牧型，如彝族、羌族、白族、纳西族、普米族、拉祜族等以及部分藏族和澜沧江东岸的傈僳族；有的属于山地猎耕型，如苗族、瑶族、畲族等民族以及土家族、仡佬族和部分彝族；有的属于丘陵稻作型，如傣族、壮族、侗族、仡佬族、毛南族、黎族和朝鲜族等民族；有的则属于绿洲耕牧型，如维吾尔族、乌兹别克族、达斡尔族和锡伯族等。各少数民族有形的物质文化和无形的精神文化都从不同角度向世人展示着各自的发展历史、文化心理、伦理道德和审美意识。

2. 民俗性。各少数民族传统文化往往以千姿百态的风俗习惯形式展现出来。社会学家认为，“民俗”的内涵是“集体的、类型的、继承的和传布的”①。民俗性以不同于主流文化的形式存在，表现在少数民族的衣食住行、节庆礼仪、娱乐艺术等方面，渗透在日常生活中。“一个民族文化的主体也就在祭祀、节日等一系列的活动上，依靠一种集体无意识的渗透来完成它的传承。”② 民俗性反映了一个民族的共同心理情感，发挥着社会规范的制约作用，维护和巩固着民族共同体的稳定。

3. 凝聚性。作为统一的多民族国家，中国是56个民族互相交流、影响而形成的多元统一体；但对内而言，各民族又有着相对独立的文化体系。“身份意识、认同问题是各种层次的共同体的核心问题。”③ 少数民族文化对各少数民族共同的民族心理和民族情感起着重要的凝聚作用。如伊斯兰教对于回族，藏传佛教对于藏族，鼓楼对于侗族，泼水节对于傣族，等等。某一种传统文化的特质所具有的民族向心力和凝聚力，正是这种文化的生命力所在。

4. 独特性。少数民族传统文化是由不同的民族在不同的时空背景下创造出来的。由于先定的环境和条件不同，每种文化都体现出其民族思维和行为模式的特征，是人类应对自然环境及其挑战的独特的智慧积累。从现有资料来看，没有哪个民族的文化或文明是完全相同的，不存在整体划一、同质的文化。这种独特性体现在民族文化的表层符号及其深层意义之中。以民族舞蹈为例，同样是以牧业为主的藏族、蒙古族和哈萨克族，藏族舞蹈脚部动作多，强调踢踏，铿锵有力，步伐豪迈而粗犷；蒙古族舞则以抖肩、揉臂和各种马步动作为特色，在表现人的同时也表现马的雄姿，有“人不离马，马不离人”的马背民族特点；哈萨克族舞则显得敦厚强健，充满力量和热情。

5. 交互性。一个民族的文化，其发展与提高离不开同外部文化的交流。

---

① 高丙中：《中国人的生活世界：民俗学的路径》，北京大学出版社，2010，第57页。

② 吴秋林等：《居都仡佬族文化研究》，贵州民族出版社，2009，第140页。

③ 高丙中：《中国人的生活世界：民俗学的路径》，北京大学出版社，2010，第2页。

这种交流呈现出双向性的态势，交流的双方互相融汇、彼此渗透，从而使各民族的文化在保持自身独特性的同时，又表现出某种文化上的普遍性、混融性。例如，在宗教方面，藏族、蒙古族、土族、裕固族、门巴族、珞巴族、纳西族、普米族等民族多数人信仰藏传佛教；节日方面，彝族、白族、纳西族、傈僳族、哈尼族、基诺族、拉祜族在每年农历六月二十四、二十五这两天都过火把节；服饰方面，蒙古族的服饰对满族服饰影响很大，满族的红纬帽、马褂、套褂、云肩等，都是受蒙古族的服饰影响发展而来的。而满族服装，尤其是贵族的服装，在清代以后又对蒙古族及其他一些民族有着很大的影响。

6. 变迁性。任何一个民族的文化都不是一成不变的，中国少数民族文化也是如此。“我们看作并说成习俗和结构的东西都是历史的。一切都有历史，每一处的习俗、实践、结构都在变化，尽管有时变得很小很慢，但关注这些变化的动力很重要。”① 相对于日益丰富的现实生活，特别是在社会转型时期，移风易俗、传统文化不失时机地变迁是至关重要的，也是不以人的意志为转移的。然而，由于历史、环境、内部和外部条件的不同，各民族文化变迁的过程也千差万别。重视过程研究的人类学家巴特认为：“思想要用人们的实践来衡量，变迁是一个连续转变的、变化了的行动模式，它是从革新开始以体制化告终的。”② 当“新的利益和新的条件与新的哲学、伦理思想通过被解放了的人的活动相互作用，一种协调关系迟早总会形成，新的民俗体系也终究会稳定下来”③。

纵观当代中国文化变迁中少数民族文化所处的境地，无疑是喜忧参半的。一方面，在全球化背景下，少数民族文化不可避免地遭受着愈来愈严重的冲击和面临被同化的危机；另一方面，根据人类学家的观点，任何一种文化都

---

① 安德鲁·斯特拉森、帕梅拉·斯图瓦德：《人类学的四个讲座：谣言想象身体历史》，梁永佳、阿嘎佐诗译，中国人民大学出版社，2005，第3页。

② 安德鲁·斯特拉森、帕梅拉·斯图瓦德：《人类学的四个讲座：谣言想象身体历史》，梁永佳、阿嘎佐诗译，中国人民大学出版社，2005，第15页。

③ 高丙中：《中国人的生活世界：民俗学的路径》，北京大学出版社，2010，第70页。

会在历史的发展、变化中发生文化变迁，文化变迁也是文化更新、文化创新的一个必不可少的过程。

二、我国少数民族文化在中华文化中的历史地位

1. 少数民族文化构成了中华文化不可或缺的重要内容。在中华文化发展史上，虽然以儒家文化为主体的汉文化占据了重要的位置，但其他少数民族的文化从来就是中华文化不可缺少的重要组成部分。在历史发展过程中，各少数民族都发展了与其生存、发展环境相适应的、各具特色的文化。“文化不是‘零七碎八物’的拼凑堆，文化的不同因素满足了人类生存的适应性前提，在象征符号的运用中表达了人类行动者的创造性，并且反映了人性那些相互传递的经验。”① 民族文化的可贵之处在于它真实地保存了过去的历史、灵魂，能够把人类经验浓缩了的精华传诸后世，使它成为一个民族的活的记忆。

在数千年的历史长河中，各少数民族创造了多姿多彩、熠熠生辉的灿烂文化。

第一，语言文字方面。绝大多数民族都有自己的民族语言，在历史发展过程中，很多民族在语言的基础上创造和使用了文字。我国少数民族创造和至今还在使用的文字有蒙古文、藏文、维吾尔文、哈萨克文、傣文、锡伯文、彝文、朝鲜文等等。

第二，天文历法方面。蒙古族科学家明安图的《割圆密率捷法》及呼和浩特市五塔寺蒙古文石刻天文图是游牧文化在数学、天文学方面取得重大进展的标志。由于生产和生活的需要，很多民族都创造了适用于本民族的历法。云南傣族的傣历，起源可追溯到周秦之际，现行的傣历始于明代之前，是一种阴阳合历，并吸收了汉历干支记时方法。藏族使用的藏历已有 1300 多年的历史，也是一种阴阳合历，以麦熟为岁首月。新疆信仰伊斯兰教的民族，使用回历，即伊斯兰教历法，为阴历。虽然有些民族后来采用了其他民族的历

---

① 杰里·D. 穆尔：《人类学家的文化见解》，欧阳敏等译，商务印书馆，2009，第 391 页。

法，但仍保存着自身的特色，并根据本民族的情况做相应的调整和变化。

第三，医药卫生方面。在人类与疾病斗争的过程中，各民族都积累了一定的医药知识和经验，进而发展为比较系统的医药学。蒙古族的医药学历史悠久，在发展过程中又吸收了藏医和汉医的经验。蒙古医药学家的著作有14世纪成书的《饮膳正要》，17世纪成书的《方海》，19世纪成书的《蒙古正典》《蒙医药选编》《普济杂方》等。维吾尔族的医学也有较完整的体系，唐时颁行的药物文献《新修本草》，记载了今新疆出产的药物100多种，反映了当地民族的医药经验。

第四，民族历史方面。很多少数民族用自己的文字或其他民族的文字，撰写了反映本民族历史的著作。如蒙古族13世纪中叶成书的《蒙古秘史》（又译为《元朝秘史》），明时成书的罗布藏丹津的《大黄金史》、无名氏的《蒙古黄金史纲》，清代成书的萨冈车臣洪台吉的《蒙古源流》、卓特氏富俊的《蒙文旨要》、博尔济吉特氏希哲的《西斋偶得》、彭楚客的《大元盛朝史》等，藏族思想家创作的《西藏王臣记》《贤者喜筵》《青史》等等，都是闻名于世的史学著作。以上少数民族的历史著作是我国史学发展的重要部分，为后世全面研究我国政治、经济、历史和文化的发展状况提供了宝贵资料。

第五，文学艺术方面。我国少数民族的文学艺术更是丰富多彩，不仅涌现了许多优秀作品，也具有鲜明的民族色彩和风格。少数民族都有用文字书写的或口头传诵的优秀文学作品。例如藏族的《文成公主》《格萨尔王传》，蒙古族的《江格尔传》《云游僧的故事》《嘎达梅林》。我国少数民族的绘画艺术同样形式多样，内容丰富。我国少数民族音乐歌曲蕴含着独特的民族气质和情怀，甘肃、青海等地流传的民歌“花儿”为各族人民喜闻乐唱。少数民族的戏剧，如壮剧、白剧、傣剧、布依戏、侗戏、藏戏和维吾尔族的歌剧，也是我国戏剧艺术的重要组成部分。

少数民族文化是中华文化的重要组成部分，各民族优秀的传统文化丰富和充实了中华民族的文化宝库，为博大精深、源远流长的中华民族的文化发展做出了巨大贡献。各民族优秀文化的相互交融和集合，构成了中华文化的基本内容、基本精神。没有少数民族文化的多姿多彩、争奇斗艳，就没有中华文化的博大精深和迷人魅力，就没有中华民族的无限活力和历久弥新。

2. 少数民族文化丰富了中华文明的类型，增加了中华文化的多样性。人类社会在各自的地理环境中，在适应生存需要的过程中逐渐形成了一个个早期文明圈，相继产生了采集、狩猎、农耕、游牧等多种文化形态。在中华大地这个相对封闭的地理环境中，新石器时代，黄河文化以粟作农业为经济基础，长江文化以稻作农业为经济基础，两者都是以农业为经济基础。而北方草原文化多以农业兼渔猎业为特色。进入青铜器时代后，草原文化逐渐转向以游牧业为经济基础。古代中国由此形成了三大类型的文化区，即北部的游牧文化、中部的农耕文化、南部的游耕文化。

游牧文化是一种内涵丰富、特色鲜明的复合型文化，是少数民族文化区别于中原汉族文化的主要标志之一。它是以自然生态为基础产生，在此基础上形成的物质、精神、制度层面上的文化，始终保有迥然不同的独特文化内涵和风格。从文化学上分类，某种意义上可以将其视为一种以崇尚自然为根本特质的生态型文化。这种文化从生产方式到生活方式，从观念领域到实践过程都同自然生态息息相关，融为一体。

农耕文化和游牧文化作为两种最基本的文化类型，各有不同特色。游牧民族以其充满活力的豪迈刚劲与中原农耕文化的儒雅稳健互相借鉴，相得益彰，构成既珠联璧合又异彩纷呈的中华文化。在长达数千年的漫长历史发展过程中，各大文化区系既相对稳定，又互不封闭；不同类型文化主动被动地发生接触，相互撞击，相互融合，相互影响，不断创造出新质文化，最终趋于融合，促使了中华民族统一体的形成，并使中华文化长期保持着强大的凝聚力和生命力。

少数民族文化体系已经融入中华文化的大体系之中，从而使中华文化成为一个包容农耕、游牧、渔猎等生产方式在内的多元一体的文化体系，增加了中华文化的丰富性和多样性。

3. 少数民族文化与汉文化互相交融，共同绘制了中华文化的崭新图景。关于中华文明、文化的起源，20 世纪 80 年代之前，由于考古发掘的局限，人们多将视野集中于黄河流域，认为只有黄河流域是中华民族的摇篮。后来这种理论被新的考古实践所打破。比如，在长江流域下游发掘了河姆渡文化，在大凌河流域发现了红山文化，在长江流域上游发现的三星堆文化，等等，从而证明在中华大地这个地理单元中，并非只诞生了一个早期文明，而是呈现多点并发的状态，中华文明的起源和发展不是一元的、直线的，而是从一开始就是多元共生的，在中国的东西南北中都有早期文明的生长点。一般认为，中华文明的直接源头有三个，即黄河文明、长江文明和北方草原文明，中华文明是三种区域文明交流、融合、升华的果实。多元共生、多元一体是中华文化的鲜明特色。

以北方少数民族草原地区为例，大量的考古资料和深入的研究表明，这里的早期文明，是中华民族古老文化的发祥地之一，并在相当长的历史时期内一直走在中华文明进程的前列。我国北方、东北和西北地区等草原地带，不但分布有许多早期人类活动的遗迹，如大窑文化、萨拉乌素文化、扎赉诺尔文化等，而且拥有很多可以印证中华文明起源的文化遗存，如兴隆洼文化、赵宝沟文化、红山文化等。这些文化遗存以其丰富的内涵表明，在史前时代，北方地区社会发展程度居于领先地位，是“中华文明曙光升起的地方”，是中华“玉文化”“龙文化”“礼仪文化”的发祥地之一。

中华民族之所以能够形成一个统一的多民族国家并在数千年间始终屹立在世界的东方，都与中国文化的多源性有密切关系。每一个文明在其自身发展的过程中，总会产生这样或那样的问题，有些甚至会严重影响文明本身的发展，这就需要在与其他文明的交流中取人之长，补己之短，完善并发展自身。中国是以华夏为核心逐渐发育成的一个多民族的国家。汉族本身即是多民族融合的结果，很多历史上曾经活跃的民族都融合到汉族当中。在长期的历史发展过程中，各民族在相互交往中，不断融合、同化和汇集，发展成现今的56个民族。

中华民族形成的过程，也是中华文明、中华文化的形成过程。中华文明就是在整合如此之多的区域文明的基础上发展起来的，而这种整合，并不是简单的强者的文化扩张，而是对各地区、各种文化因素的重新组合与价值定位。历史上的诸多民族不断参与中华文化的构建与发展，不仅为中华文化的发展注入动力和活力，并且与汉文化交汇融合，在各个区域的基础上缔造一个更大的文化传统，使中华文明达到新的高度。

居于不同地域、有着生产方式差异的各民族以自己的聪明才智，为中华文化的形成与发展做出了自己的贡献。秦汉以来，在中原地区种植的许多农作物以及瓜果蔬菜，都是由少数民族地区传入的，比如葡萄、芝麻、蚕豆、黄瓜、胡萝卜、胡椒、菠菜（波斯菜）、大蒜、石榴等；宋代以后才开始在中原种植的高粱，也是来自西南少数民族地区，后来才推广到全国各地；棉花在内地的种植和推广归功于云南的哀牢人和西北的高昌人；契丹从回鹘地区得到西瓜，又将西瓜种植法传给了汉族；擅长畜牧的少数民族培育的马、羊、驴、骡等牲畜输入中原后，大大推动了农业生产的发展，方便了人民的生活，其中产自塞外的驴、骡被司马迁称为“奇畜”。纺织技术在少数民族地区更是历史悠久。宋末元初的松江人黄道婆，至海南崖州学习黎族先进的棉纺织技术，融合江南的丝、麻纺织技术，返乡后改进棉纺织工具，发明脚踏纺车等，大大提高了劳动生产率。

民族间语言接触的深层影响也使得汉语的语言结构发生了变化。满语对今天汉语的东北话、北京话和普通话的形成，在语音和词汇方面产生了莫大影响。已经有越来越多的语言事实证明，语言影响是无界的，如在青海，分析型的汉语变成了黏着型的河州话①。汉语西北方言——青海话通常是用后置词“呵”来表示假设，这即是两种结构不同的语言（汉语和阿尔泰语系中的蒙古语）长期接触产生的“借用”效应②。桥本万太郎把甘肃、青海地区这种鲜明的语言区域特征和语言结构类型上的联系称为“汉语的阿尔泰化”③。

正如费孝通先生所指出的：“中国人从本民族文化的历史发展中深切地体会到，文化形态是多种多样的、丰富多彩的，不同的文化之间是可以相互沟通、相互交融的。推而广之，世界各国的不同文化也应该相互尊重、相互沟通，这对各个不同文化的进一步发展也是有利的。”④ 从古至今，中原文化通过各种途径向周边辐射传递，各少数民族文化和域外文化也源源不断传入中原，兼收并蓄，博采众长，造就了中华文化的博大精深，赋予其统一性和多

---

① 陈其光：《语言间的深层影响》，《民族语文》2002 年第 1 期。

② 余志鸿：《元代汉语的后置词系统》，《民族语文》2000 年第 3 期。

③ 桥本万太郎：《北方汉语的结构发展》，《语言研究》1983 年第 1 期。

④ 费孝通：《中华文化在新世纪面临的挑战》，载《中华文化与二十一世纪：上卷》，中国社会科学出版社，2000，第 6 页。

样性的鲜明特征。不以血缘论夷夏，成为中国民族文化史上的重要现象。文化的相互传播和认同，成为各民族亲近与交融的强大精神纽带。因此，如此众多的文化渊源各不相同，文化理念千差万别的文化分枝却都在中华文明这棵参天大树上找到了属于自己的栖身之地。

4. 少数民族文化是中华文化多元一体的重要组成部分。中华民族是由众多民族在形成为统一国家的长期历史发展中逐渐形成的民族集合体。在中国地域内，先后生息和繁衍过许多民族。各民族之间固然有冲突、对抗乃至战争，但各民族之间的经济文化交流、借鉴、吸收和互补是主流，历史发展的总趋势是由多元到一体，由自在到自觉。这一发展趋势由小到大，由弱到强；民族结构由松散到紧密，由可分到不可分。这是中华民族历史发展的总趋势，也是中国历史的发展潮流，促成了中国历史上各民族的共同进步和发展。在汉族与少数民族以及少数民族之间的互动过程中，多元文化之间的差异性和多样性并不能抹杀共同性和统一性，各民族文化不断交流和整合，多元一体的格局逐渐形成并不断发展。

费孝通先生 1988 年在香港中文大学发表的著名演讲《中华民族多元一体格局》中提出“多元一体”的概念。多元一体格局是中华民族在长期的历史发展过程中形成的，中华民族的辽阔疆域和富饶土地也是各族人民的祖先共同开拓的。正是多样化的少数民族文化造就了中华民族多元一体的格局，造就了多元一体的中华文化。“这里的一体不仅是指国家层面上的一体，最重要的是中华民族共同体，是民族层面上的一体；一体也不是完全相同，而是共同因素逐渐增多，同时要保持民族文化的多样性，各民族在共同缔造中华民族统一文化的过程中，继承和发扬各自的文化传统，使不同民族的不同文化增强创新和适应的能力。”①

一部中华文明史，实际上就是费孝通先生所说的“多元一体”的历史。在我们的理念中存在一种超越于单一民族认同的家观念——中华民族大家庭，这个家成为各民族之间和睦相处的一种文化认同。费孝通先生认为，中华民

---

① 李景铭、切排：《民族国家的命运及其民族问题》，《广西民族研究》2004 第 1 期。

族并不是把56个民族加在一起的总称，因为各个民族已结合成相互依存的、统一而不能分割的整体，在这个民族实体里所有归属的成分都已具有高一层次的民族认同意识，即共休戚、共存亡、共荣辱、共命运的感情和道义。多元一体格局中，56个民族是基层，中华民族是高层。“一体”，不是指汉民族，而是中华民族。汉族就是多元基层中的一元，但它发挥凝聚作用把多元结合成一体。同时，高层次的认同并不一定取代或排斥低层次的认同，不同层次可以并存不悖，甚至在不同层次的认同基础上可以各自发展原有的特点，形成多语言、多文化的整体。

事实上，整个中国并非是一个统一、均质的区域，“和而不同”是多元一体理论的题中应有之义。就中华文明的主流而言，“和而不同”不仅仅是一种应然状态，也是一种实然状态。“和实生物，同则不继。”“和”是指众多不同事物之间的和谐，矛盾诸方面的平衡，亦即事物多样性的统一。只有两个以上不同性质的事物聚集、组合在一起，才能产生新事物。所以它是丰富的，具有生命力的。而相反，“同”则是指形而上学的无差别同一，简单重复，绝对等同。没有多样性的绝对同一只能使这个世界“不继”，即停止了生机，更遑论繁荣和发展。

因此，“和而不同”就是世界的本来面貌与状态。文化要有新的发展，要呈现和谐、平等的状态，必须遵循“和而不同”的原则。费孝通先生明确指出：“中华文化的包容性和中国古代先哲提倡‘和而不同’的文化观有密切的关系。‘和而不同’就是‘多元互补’。在中华文化的发展过程中，多元的文化形态在相互接触中相互影响、相互吸收、相互融合，共同形成中华民族‘和而不同’的传统文化。”①

由此可见，只有坚持“和而不同”的文化观，才能做到各种文化的“多元互补”“美美与共”。中华民族文化是一个庞大而复杂的文化系统，少数民族文化与汉文化的并存及相互作用，将构成一种不是“同化”而是“混一”的发展路径。多元文化在交流中的结果或是融合，或是求同存异，或是互相

① 费孝通：《中华文化在新世纪面临的挑战》，载《中华文化与二十一世纪：上卷》，中国社会科学出版社，2000，第5—6页。

了解相异之处，做到“并育而不相害”。而倘若以文化优越感的态度看待异质文化，可能会为了某种“保有”而失去“自新”的能力和机制，甚至是诱发冲突引起对抗，最终诉诸暴力和战争。

因而，多元共生、和而不同，这是从中华文化发展史中得出的结论。如何正确看待和理解少数民族文化的地位与价值不仅关系着对中华文化多元一体格局的认识，还会从根本上影响和谐平等的民族关系的现实构建以及我国民族平等政策的贯彻落实。

三、结语

自古以来，居住在中华大地上的各族人民共同缔造了中华文化，使中华文化呈现出多元一体的特色。源远流长、博大精深的中华文化是汉文化（华夏文化）和少数民族文化的统一体。其中，丰富多彩的少数民族文化占有重要的地位。在漫长的历史进程中，汉文化和少数民族文化相互交流，彼此影响，形成了“你中有我，我中有你”的关系，壮大了各自的力量，丰富了中华文化的内容。当下，对少数民族文化及其历史地位的审视和探究，正是试图更好地理解和诠释少数民族文化的独特价值，加深对中华文化多元一体格局的认识，重新建构一种开放式的文化观，并通过对少数民族文化与汉文化对话关系的再认识或再认同，实现一种从中心—边缘（汉文化—少数民族文化）的话语体系到多元共生、和而不同的文化范式之时代转换。这种认识转向将引导我们重新走进中华文化和中国历史，一部中华文明史不应仅是二十四史书写建构的“中国历史”，而应当是包括蒙古长调、《玛纳斯》以及红山玉文化等在内的多源多维、立体呈现的文化版图。

费孝通“中华民族多元一体格局”理论之我见

孙秋云

一、费孝通“中华民族多元一体格局”理论的基本内涵及影响

1988年11月，我国著名的社会学家、人类学家费孝通教授在香港中文大学主办的“泰纳演讲”上做了“中华民族的多元一体格局”的重要演说。在该演说中，他认为中华民族作为一个自觉的民族实体，是近百年来中国和西方列强对抗中出现的，但作为一个自在的民族实体则是几千年的历史过程所形成的。中华民族的主流是由许许多多分散孤立存在的民族单位，经过接触、混杂、联结和融合，同时也有分裂和消亡，形成一个你来我去、我来你去，我中有你、你中有我，而又各具个性的多元统一体。他认为中华民族多元一体格局有六大特点：（1）中华民族多元一体格局存在着一个凝聚的核心，这个核心先是华夏族团，后是汉族。汉族人主要聚居在农业地区，但也大量深入到少数民族聚居地区，形成一个点线结合、东密西疏的网络，这个网络正是多元一体格局的骨架。（2）汉族主要从事农业，少数民族中有很大一部分从事牧业，在统一体内形成内容不同但相互补充的经济类型。（3）除回族、畲族外，少数民族一般都有自己的语言，但汉语已成为共同的通用语言。（4）导致民族融合的具体条件是复杂的，但主要是出于社会和经济的需要。汉族的农业经济是汉族凝聚力的来源。（5）中华民族成员众多，人口规模大小悬殊，是个多元的结构。（6）中华民族成为一体的过程是逐步完成的。先有各地区的初级统一体，继而形成长城内外北牧南耕（农）的两大统一体，后又以汉族为特大核心，通过各民族流动、混杂、分合、通商等，将各民族串联在一起，形成了中华民族自在的民族实体，并取得大一统的格局，近代则在共同抵抗西方列强的压力下形成一个休戚与共的自觉的民族实体。在中华民族统一体中存在着多层次的多元结构，各层次的多元关系又存在着分分合合

的动态和分而未裂、融而未合的多种情状①。1996年10月，费孝通在给日本国立民族学博物馆（大阪）举办的“中华民族多元一体论”国际学术讨论会提供的书面报告《简述我的民族研究经历和思考》一文中又把“中华民族多元一体格局”理论的主要观点做了进一步的阐述：（1）中华民族是包括中国境内56个民族的民族实体，并不是把56个民族加在一起的总称。他认为这些加在一起的56个民族已结合成相互依存的、统一而不能分割的整体，在这个民族实体里所有归属的成分都已具有高一层次的民族认同意识，即共休戚、共存亡、共荣辱、共命运的感情和道义。他认为这是民族认同意识的多层次论。在多元一体格局中，56个民族是基层，中华民族是高层。（2）形成多元一体格局有个从分散的多元结合成一体的过程，在这过程中必须有一个起凝聚作用的核心。汉族就是多元基层中的一元，由于它发挥凝聚作用把多元结合成一体，这一体不再是汉族而成了中华民族，一个高层次认同的民族。（3）高层次的认同并不一定取代或排斥低层次的认同，不同层次可以并存不悖，甚至在不同层次的认同基础上可以各自发展原有的特点，形成多语言、多文化的整体。高层次的民族可以说实质上是个既一体又多元的复合体，其间存在着相对立的内部矛盾，是包含了差异的一致，并通过消长变化以适应于多变不息的内外条件，而获得这共同体的生存和发展②。

费孝通教授“中华民族多元一体格局”理论发表以后，在国内外学术界引起了普遍的重视和较高的评价。著名民族学家林耀华教授认为：“多元一体”这个核心概念对认识中华民族和文化的总特点提供了一件有力的认识工具和理解全局的钥匙。“多元一体，或说多元中的统一，统一中的多元，这一对矛盾确实主导着中华民族的现实格局和历史进程。中华民族历经几千年连绵不断的发展，终于形成今日这样的统一国家；这样一种汉族和少数民族插花分布，交错杂居而又各有畛域的分布格局；这样的一套建立在互补共生的基础之上，由多种经济文化类型构成的完整的体系。凡此种种，甚至包括我

① 费孝通等：《中华民族多元一体格局》，中央民族学院出版社，1989，第29—33页。

② 费孝通：《简述我的民族研究经历和思考》，《北京大学学报》（哲学社会科学版）1997第2期。

国现行的民族区域自治制度，都无不与'多元一体'这个特征密切相关。几千年来，中国这片辽阔版图上发生过无数分分合合的事件，但无论是分是合，多元和一体这个对立统一体中的两个相辅相成的侧面始终没有停止它的矛盾运动。一般说来，在国家的政治统一时，文化多元这个侧面会得到强调并得到合理的体现；而在天下动荡时，政治统一这个侧面又会顽强地上升为各民族普遍认同的当务之急。"①

著名史学家戴逸教授认为："费孝通先生把现存的民族关系概括为'中华民族的多元一体格局'这一理论，引起了国内外学术界的瞩目，把大陆学术界关于民族关系的研究大大推进了一步"；"费孝通先生关于'中华民族的多元一体格局'的理论，是在确认各民族平等和共同繁荣的原则上对现实民族关系的判断，对研究我国历史上民族关系提供了一个清晰的轮廓"②。知名社会学家马戎教授则认为：费孝通教授的"中华民族多元一体格局"是对中华族群交往史的非常精辟的宏观概括③。不仅是在祖国大陆，即使在不同意识形态下的港、澳、台地区，费孝通的理论也引起了极大的反响和回应。如著名人类学家乔健教授认为，费孝通的"中华民族多元一体格局"理论，突破了以往功能学派的理论，突出了历史和整体的观点，是在探讨"中国社会的时候发展成一种具有中国特色的研究中国社会的方法"④。

还有许多学者，包括学成一家的知名专家，都在费先生的影响下自觉地应用"中华民族多元一体格局"理论来分析、研究和阐述中国境内各民族的历史联系和文化影响。如佟柱臣从考古学的角度，刘先照从中华各民族的个性与共性特征及其演变的角度，陈连开从中华民族起源学说的由来与发展角度，谷苞从历史上有为数众多的汉人融合于少数民族的角度，等等，从宏观

---

① 林耀华：《认识中华民族结构全局的钥匙》，载费孝通：《中华民族研究新探索》，中国社会科学出版社，1991，第9—10页。

② 戴逸：《中国民族边疆史研究》，载《中央高层邀请著名学者讲述的历史文化问题（内部参考资料）：上册》，2005，第6页。

③ 马戎：《中国传统"族群观"与先秦文献"族"字使用浅析》，载乔健等：《文化、族群与社会的反思》，北京大学出版社，2005，第164页。

④ 乔健：《论费孝通社会研究的方法》，载费孝通：《中华民族研究新探索》，中国社会科学出版社，1991，第13—14页。

上为中华民族多元一体格局理论提供旁证；王辅仁、李绍明、宋蜀华、刘尧汉、胡起望、史金波等，则分别从藏族、百越、彝族、瑶族、西夏等具体的族体发展和王朝兴替角度来阐述中华民族多元一体格局的理论；周星、索文清及日本学者横山广子等分别以黄河上游区域多民族格局的历史形成、青海历史上的民族关系、大理盆地的民族集团等相对具体的地域中的民族集团或各民族的发展为线索探讨多元一体形成问题①。马戎、周星、张磊、孔庆榕等不少专家还根据费氏理论先后研究了中华民族凝聚力的形成、结构、特征、发展前景及其相关问题②。郝时远研究员则将费氏理论解读为：在5000多年的发展过程中，中国经历了多次领土盈缩、朝代更迭，但生息繁衍在中华大地上的各民族在互动交融中构建了“文化多样、国家一体”的多元一体格局③。

当然，也有一些学者对费氏理论提出了一些疑问或质疑。如在国家民族事务委员会民族问题研究中心于1990年召开的专门讨论中华民族多元一体理论的“民族研究学术研讨会”上，有学者就认为：“多元”是指民族来源是多元的，各地区也发展不平衡，文化、习俗、语言、宗教等方面也呈现多元的特点；“一体”是不管来源如何，经济、文化、习俗、语言、宗教等方面有何差异，都认同为一个民族。如果是这样，中华民族的“多元”是指当代中国的56个兄弟民族，但中华民族还没有成为一个民族，不能称为一体。如果是指祖国的统一不可分裂，中华各民族都要为祖国的完全统一而奋斗，大陆上各民族都要支持党的领导与社会主义道路，那么，改为“中华各民族的多元一体”“中国各民族的多元一体”或“中华各民族的多元一统”就比较好

---

① 佟柱臣、刘先照、陈连开、谷苞、王辅仁、李绍明、宋蜀华、刘尧汉、胡起望、史金波、周星、索文清、横山广子等人的观点详见费孝通主编《中华民族研究新探索》（中国社会科学出版社1991年版）一书中所收集的各人的文章。

② 马戎、周星：《中华民族凝聚力形成与发展》，北京大学出版社，1999；张磊、孔庆榕：《中华民族凝聚力学》，中国社会科学出版社，1999；卢勋、杨保隆：《中华民族凝聚力的形成与发展》，民族出版社，2000。

③ 邸永君：《关于“中华民族多元一体”理论的创立过程、内涵及其影响》，载王俊文：《炎黄文化研究：第二辑》，大象出版社，2005，第46页。

懂一些，否则不太好理解①。国外也曾有学者针对费氏理论提出质疑，认为中国每个族群（汉族、蒙古族等）就是一个单独的"民族"，"中华民族"的提法主要是一个政治概念，在有关族群的学术研究中没有意义；中国存在着几十个民族，但并不存在一个"中华民族"，只有"多元"而没有"一体"②。

二、我的理解和解读

笔者以为费孝通教授的"中华民族多元一体格局"理论，是从当代中国各民族关系现状和大局来探讨或建构中国各民族相处和联系的历史过程。它是以当代"民族—国家"的政治理论为参照框架，结合中国各族体历史发展的状况，以族体为中心的一种观照方法，为如何理解现实中国国内各民族的关系和互动提供了一个富有创见的结构图，对我国相关学科的学术研究和现实的民族工作具有很大的启发性和指导意义。但在具体的"多元一体格局"形成过程中，各族体是如何从多元认同于一体的，这种认同过程主要是通过何种方式、何种步骤进行的，是少数族群中精英人物的认同带动整个族群的认同，还是通过文化的传播、文明的扩张，使得一个地区、一个族群的百姓对"中华民族"有了共同的体认，这些具体的问题并没有得到完全的解决，因此，费先生的理论还有待于后人的补充和发展。笔者在此阐述两点。

第一，据著名文化史家冯天瑜教授的考证，"中华民族"这个复合词出现于晚清，曾与"中国民族"同位并用。冯教授认为梁启超 1901 年所著的《中国史叙论》中多次出现的"中国民族"一词和 1902 年所著《论中国学术思想变迁之大势》时首用的"中华民族"一词，是指在中国土地上的诸族之总称。1905 年孙中山组建同盟会时，其誓词有"驱除鞑虏，恢复中华"一语，其中的"中华"和章太炎在其所著的《中华民国解》中使用的"中华民族"一词，均只是指汉族，是与革命派推翻清王朝统治的政治目标相关的口号。辛

① 陈连开：《怎样理解中华民族及其多元一体（讨论综述）》，载费孝通：《中华民族研究新探索》，中国社会科学出版社，1991，第 406—424 页。

② 马戎：《民族社会学——社会学的族群关系研究》，北京大学出版社，2004，第 125 页。

亥革命后，孙中山倡言“五族共和”说；李大钊1917年著《新中华民族主义》，主张对古老的中华民族“更生再造”，在中国诸族融合的基础上形成“新中华民族”；孙中山1919年著《三民主义》，阐述新的民族主义，主张汉族“与满、蒙、回、藏之人民相见于诚，合为一炉而冶之，以成一中华民族之新主义”，晚年力主中华民族自求解放，中国境内各民族一律平等，才逐步回归到指称中国各民族的“中华民族”概念上来。经过近代以来历史进步的长期熏染，“中华民族”的含义才确定为中国诸族之总称，对内强调民族平等，对外力争民族解放、国家独立①。冯教授的考证，也符合费孝通教授的本意。费氏认为：“中华民族作为一个自觉的民族实体，是近百年来中国和西方列强对抗中出现的，但作为一个自在的民族实体，则是在几千年的历史过程中形成的。”② 问题是这个中华民族“一体”的自觉意识，即如梁启超所说，“凡遇一他族而立刻有‘我中国人’之一观念浮于其脑际者，此人即中华民族一员也”③ 的意识，在近百年来的中国历史中是中国境内各民族人民的共识，抑或还只是中国境内部分精英人物或知识分子的看法？是1840年鸦片战争时即已产生的共同意识，还是一个逐步萌发、产生、宣传、认同的结果？抑或在1949年以前只是部分精英人物的看法，1949年以后，经历了中国共产党和人民政府所进行的社会改造、社会建设以及教育和文化整合才成为全体中国人的看法？

记得我国老一辈社会学家、民族学家吴泽霖教授虚年90时曾回忆自己1937—1945年间在贵州和云南的民族调查及研究的经历时说：

> 在我所接触的民族中，大多数群众缺乏一种超越自己小集群的高一层的大集群的隶属感。他们所承认的“我群”，也就是说“自己人”，无非只限于小小地域内的，语言相同、服饰相同、习俗相同、信仰相同、互通婚姻的群体。凡在这几方面与本群体在一定程度上

---

① 冯天瑜：《略论中国文化史的几个基本概念》，载冯天瑜：《人文论丛》，武汉大学出版社，2003，第5—6页。

② 费孝通等：《中华民族多元一体格局》，中央民族学院出版社，1989，第36页。

③ 梁启超：《中国历史上民族之研究》，载梁启超：《饮冰室文集·专集第十一册》，广智书局，光绪二十九年（1903年）。

有所不同的人，尽管已长期混居在一起，彼此间仍互不认同，归依有别，甚至互相漠视排斥。如在本群体中找不到配偶时，宁愿到遥远的同族中去寻找，也不愿就近在同他们极相似的群体中去解决。例如贵州省黄平一带有一种被称作“亻革兜”的民族，在解放后的民族识别时，根据语言、历史和其他一些特点被认为同附近的“长裙黑苗”“短裙黑苗”以及其他地区的“青苗”“白苗”等都属苗族，但他们中很多人以及相处近邻的长裙黑苗都不肯承认这一点，至今仍然有人不同意这个结论。又如云南圭山一带的彝族两个支系：阿细与撒尼。他们毗邻而居，各方面的差距也不大，但他们一向认为是不相同的群体。那时在他们中，多数人都认识不到有一个包括他们自己在内的彝族的存在，不能理解超乎他们之上的“民族”这一概念和它的作用。如果再扩大、再提高一个层次到“祖国”或“中华民族”，对这些概念的认识就更模糊了……

抗战爆发后，我来到边疆少数民族地区。从我亲身接触到的以及从别处听到的一些情况，才发现边境上或靠近边境的少数民族并不都是团结一致的，并不是一座坚固的长城。相反地，少数民族中的大多数人对国事了解不多，对民族概念、民族意识、民族多层次的范围、民族与国家的关系等等的认识都很模糊。同时我又注意到，我国少数民族中有很大一部分是跨国境而居的，而其中一部分人对国境和国籍的观念是淡薄、模糊的。①

吴泽霖教授当时的所见所闻和感悟是真真切切的，以至于到了晚年还印象至深，难以忘怀。这应该不会是个别现象。大家知道，民族是个客观而普遍存在的人们共同体，是代代相传、具有亲切认同感的群体。同一民族的人们具有强烈的休戚相关、荣辱与共的一体感。同属于一个民族的人们的认同感和一体感，是这个社会实体在人们意识上的反映，即一般我们所说的民族意识。从吴泽霖教授所述的情形看，至少在中华人民共和国成立前，在大多数国民中，不要说对“中华民族”这种“国族”意识的认同不是那么自觉

---

① 吴泽霖：《吴泽霖民族研究文集》“自序”，民族出版社，1991。

的，就是对超出自己生活所处地范围的大一点的群体的认识和认同也是不多的。因此，费孝通教授“中华民族作为一个自觉的民族实体，是近百年来中国和西方列强对抗中出现的”观点，对于普通民众的涵盖率，尤其是对于偏僻地区少数民族中的普通民众而言，是难以令人信服的。

不过，前文所述国外学者针对费先生“中华民族多元一体格局”理论的质疑，也不符合中国的实情。虽然在边疆地区少数民族群体的普通民众的民族意识中尚不具备“中华民族”的自觉意识，但并不等于各族中的精英分子也没有“中华民族”意识。自19世纪中叶鸦片战争以来，尤其是中日甲午战争以后，西方国家和日本的强盛、霸道，“天朝上国”中国的羸弱和成为任人宰割的羔羊的现状深深刺激了当时有血性的知识分子和民族精英。他们纷纷从西方和日本的发展中寻找富国强兵的真理，民族政治和民族主义思想就是其中之一。晚清时期立宪派和革命派的争论、辛亥革命、“五四”运动等，知识分子和国家精英都将近现代西方的政治理念和民族主义思想传播给大众。20世纪20年代以后，尽管中国共产党和中国国民党对国内各族体的立场和政策有差异，但就铸造中国境内各族体成为统一的现代民族，将中国领进现代化的民族国家这一点来说是一致的。尤其是1937年以后，在日本帝国主义全面入侵中国，全国人民面临亡国危险之时，中国共产党和中国国民党中的精英分子以及其他党派的知识分子和爱国人士以“中华民族”相号召，宣传“救亡图存”，整合境内各族力量进行了艰苦卓绝的抗日斗争，并取得了彻底的胜利。这是一次真正意义上的属于全中国人民的“中华民族”的胜利。通过抗日战争，“中华民族”的民族自觉意识和爱国精神得到了空前的确立、锤炼和升华。日本学者松本真澄在经过自己的深入研究后也认为：“抗日战争时期，边境之民和边境之地就是‘中华’之民、‘中华’之地的认识在当时已经普遍化了。”① 因此，笔者以为对于费先生“中华民族作为一个自觉的民族实体，是近百年来中国和西方列强对抗中出现的”观点的理解，应有一个层次性和时间差的把握，即中华民族的自觉意识是近百年来在外国列强的入侵

① 松本真澄：《中国民族政策之研究：以清末至1945年的“民族论”为中心》，民族出版社，2003，第9—10页。

和欺凌中逐步萌发、出现和发展的，在1931—1945年的抗日战争中得到了空前的提高，但这种自我意识在不同阶层、不同群体、不同地区的不同集团中的表现具有非均质性和差异性。

第二，在“中华民族多元一体格局”理论中，费先生认为：“形成多元一体格局有个从分散的多元结合成一体的过程，在这个过程中必须有一个起凝聚作用的核心。汉族就是多元基层中的一元，由于它发挥凝聚作用把多元结合为一体，这一体不再是汉族而成为中华民族，一个高层次认同的民族。”① 综观中国数千年的历史发展进程，确实有一个凝聚境内各族的核心或令四周边民向往的一个中心，这一点费先生确实说得没错。但这个核心或中心是以什么面目出现的呢？费先生认为是汉族。这是以族体为中心的一种观照方法。但是，在历史与现实生活中，汉族人与国内其他族体人员交往时，其族体意识的薄弱是众所周知的。马戎教授等经过研究后就认为：“汉族的民族意识比起其他民族来要淡漠得多，这在族际通婚、申报民族成分、日常交往等方面都能反映出来。”② 所以，笔者以为，在中华民族从分散到一体的形成过程中，起凝聚作用的不是汉族族体，而是以汉族为代表的在当时国内各民族眼中属于“先进水平”且为大家所景仰的“汉文明”。汉族和在中原地区建立王朝的少数民族在历史上并不是以血统或种族的形态去吸引和统合别族的，主要是以发挥“文化”或“文明”影响的方式来起到这个核心和凝聚作用的。这一点也可以通过考证我国古代统治者的“族体观”来得到证明。

据我国古代典籍的记载，先秦时期国人判断一个人是属于“己群”还是“他者”，主要看其对华夏文明的认同态度而定。《礼记·王制第五》曾说：

> 中国戎夷五方之民，皆有其性也，不可推移。东方曰夷，被发文身，有不火食者矣。南方曰蛮，雕题交趾，有不火食者矣。西方曰戎，被发衣皮，有不粒食者矣。北方曰狄，衣羽毛穴居，有不粒食者矣。中国、夷、蛮、戎、狄，皆有安居、和味、宜服、利用、

---

① 费孝通：《简述我的民族研究经历和思考》，《北京大学学报》（哲学社会科学版）1997年第2期。

② 马戎、周星：《中华民族凝聚力形成与发展》，北京大学出版社，1999，第14页。

备器。五方之民，言语不通，嗜饮不同。

这是春秋战国时期以华夏为中心的国人对当时中原及周围地区不同族体的人群及其文化的初步认识。随着国家的政治统一和儒家学说在中原王朝取得统治地位，这种华夏——汉族普遍接受的以文化取人的族体观，又成了历代统治者（包括进入中原的非汉族统治者）处理境内各族体关系的准则。任何民族，不管其肤色、相貌、血统，只要改穿汉服，习汉语、汉文，采纳汉人的生活方式，就被当作汉族的一员，成为理所当然的中国人。反之，若原是文教渊薮的汉族人，一旦丧失了汉文化，接受了周边少数民族的习俗，也就不可避免地成了“蛮夷”。明清之际著名思想家王夫之就曾很有代表性地说过：“吴、楚、闽、越、汉，以前夷也，而今为文教之薮。”“齐、晋、燕、赵、唐、隋，以前之中夏也，而今之椎钝戾者，十九而抱禽心矣。”① 晚清时期立宪派代表人物之一的杨度（1874—1931），在其《金铁主义说》中也从中国诸族文化共同性出发，从文化的角度来论述“中华”和“中华民族”的内涵：“则中华之名词，不仅非一地域之国名，亦且非一血统之种名，乃为一文化之族名……华之所以为华，以文化言可决之也。故欲知中华民族为何等民族，则于其民族命名之顷，而已含定义于其中。以西人学说拟之，实采合于文化说，而背于血统说。”② 这也可以说是对中国历代“族别观”的一脉相承。

因此，笔者以为中华民族作为一个自在民族的形成过程，与西方资本主义时期的民族形成是不同的，它有一条独特的发展道路。我们不应从汉族族体，而主要应从汉文明的扩展或汉文化的传播及汉文明周边族体对汉文明的认同和仰望的角度来理解中华民族多元一体格局的形成。

三、结论和思考

自 1949 年中华人民共和国成立以后，中国共产党为了落实民族政策，实

① 王夫之：《思问录·外篇》，载王夫之：《船山遗山》，太平洋书店，1933。
② 杨度：《杨度集》，湖南人民出版社，1986，第 374 页。

行民族平等，花费了很大的力气，动用了全国的相关专家和学者，对大陆境内的各少数民族群体进行了文化上的识别，并在政治上、政策上加以确认和保护。为此，国家曾组织专家进行了少数民族社会历史调查，给每个少数民族都编撰了一套简史简志，以示与2000多年来以汉族为中心的历史观的彻底决裂。这种做法的影响是深远的，至今以单个族体为对象所撰写的某某民族史、某某民族文化史、某某民族志等还是我国民族学、民族史志研究成果中的重头戏。但是，费孝通教授积他老人家一辈子的研究经验，指出“这种分民族写历史的体例固然有它的好处和方便的地方”，但“出于中国的特点，就是事实上少数民族是离不开汉族的。如果撇开汉族，以任何少数民族为中心来编写它的历史，都很难周全”①。因此，他屡屡指出，要从全面整体和宏观的视点研究各民族历史上的联系，研究中华民族的形成与发展变化过程，研究中国这个多民族大家庭中各民族几千年来不断流动的状况和趋势②。笔者以为“中华民族多元一体格局”理论可说是费氏对中国民族关系宏观研究思想的典范，它是从当代中国各民族关系现状和大局来探讨或建构中国各民族相处和联系的历史过程，为如何理解现实中国国内各民族的关系和互动提供了一个极富创见的结构图，对我国相关学科的学术研究和现实的民族工作具有很大的启发性和重要的指导意义。但在具体理解和解读“中华民族多元一体格局”形成过程时，应注意把握中华民族的形成不同于西方资本主义民族形成的路径，应从汉文明的扩展或汉文化的传播及汉文明周边族体对汉文明的认同、仰望和依赖的角度来理解中华民族多元一体格局的形成。同时，对于费先生“中华民族作为一个自觉的民族实体，是近百年来中国和西方列强对抗中出现的”观点的理解，应有一个层次性和时间差方面的把握，即中华民族作为一个整体的自觉意识是近百年来在外国列强的入侵和欺凌中逐步萌发、出现和发展的，在1931—1945年的抗日战争中得到了空前的提高，但这种自我意识在中国境内不同阶层、不同群体、不同地区的不同集团中的表现具有

① 费孝通：《简述我的民族研究经历和思考》，《北京大学学报》（哲学社会科学版）1997年第2期。

② 费孝通：《费孝通民族研究文集》，民族出版社，1988，第288—289页。

一定的非均质性。

自费先生提出“中华民族多元一体格局”理论之后，国内研究界目前对该理论从宏观角度做理论性叙述的多，从微观研究，特别是有扎实理论功底的个案研究少见。这与目前国内文化研究的现状颇为相似。文化研究专家金元浦先生认为：个案研究在当代“文化研究”中具有很重要的地位，国内的文化研究需要从两个方面突破，这就是深刻的逻辑的形而上理论思辨和直面现实的细致具体的“个案”研究①。笔者认为金元浦先生对国内文化研究现状的批评，对我国民族学、民族理论与民族问题的研究也同样具有借鉴意义。就目前的研究状况而言，费孝通教授“中华民族多元一体格局”理论更多的是需要从细节或个案研究层次上进行补充和完善。

① 金元浦：《文化研究：理论与实践》，河南大学出版社，2004，第15—16页。

新中国民族政策发展六十年

金炳镐

1949年中华人民共和国成立以来的60年中，在以毛泽东、邓小平、江泽民同志为核心的中国共产党中央领导集体和以胡锦涛同志为总书记的新的中央领导集体的正确领导下，党和国家制定并实施了一系列行之有效的民族政策和措施，推动了少数民族和民族地区经济社会的发展。

一、新中国建立初期的民族政策（1949年10月—1957年）

1949年9月下旬召开的中国人民政治协商会议通过的《共同纲领》，具有代行宪法的性质。它根据全国各族人民的共同意志，以国家根本大法的形式明确提出在少数民族聚居区实行区域自治，并全面阐明了我们党解决中国民族问题的纲领性原则。1953年7月，中央统战部根据1952年全国民族政策大检查的情况，起草了《关于过去几年内党在少数民族中进行工作的主要经验总结》，对新中国成立以来民族政策的执行情况做了全面的评价，是对《共同纲领》有关新中国成立初期民族纲领政策精神的进一步阐释。

新中国建立初期，我们党的民族纲领政策主要是以《共同纲领》的有关原则规定为蓝本，根据当时特定的实际情况制定并加以实施的。

1. 真正实现和保障少数民族享有民族平等权利和自治权利。实现和保障少数民族真正享有民族平等权利和自治权利是马克思主义民族理论的原则规定，也是我们党解决国内民族问题的根本点。为了达到这一目标，党和政府制定与实施了一系列的相关政策、措施。

(1)清除历史上遗留下来的民族歧视的有形痕迹。1951年5月16日，中央人民政府政务院颁发了《政务院关于处理带有歧视或侮辱少数民族性质的称谓、地名、碑碣、匾联的指示》，指示要求对历史上遗留下来的带有歧视和侮辱少数民族含义的地名等一切有形的痕迹，必须坚决禁用或更改。

(2)疏通民族关系，是党和政府确立的新中国成立初期民族工作的重点内容。为此，中央人民政府采取了两项成功的举措，即派访问团到民族地区进行访问，同时组织边疆少数民族各阶层人士到内地参观。

(3)开展民族识别工作，确定民族成分。新中国成立后，为了科学、客观地确认多民族大家庭的每一位成员，以便推行民族区域自治和各项民族政策，中央人民政府从1950年起，组织有关方面的专家学者和实际民族工作者，开始进行民族识别工作。

(4)实施民族区域自治。关于实施民族区域自治，在《共同纲领》中即有明文规定。1950年11月，我国第一个省辖市一级的西康藏族自治区成立。在此之后，逐渐开始在西北、西南和中南的一些少数民族聚居区实行。1952年8月，《中华人民共和国民族区域自治实施纲要（草案)》颁布。1954年9月，中华人民共和国第一部宪法诞生。在这部宪法中，有关民族区域自治的内容比《共同纲领》规定得更为具体，并从政治制度的高度对民族区域自治做了确认。

(5)保障散杂居少数民族的平等权利。为保障散杂居少数民族在参与地方政权管理方面的平等权利，1952年2月22日政务院第125次政务会议上通过了《关于地方民族民主联合政府实施办法的决定》和《政务院关于保障一切散居少数民族成分享有民族平等权利的决定》，其适用范围之广泛，正好涵盖了一切没有实行民族区域自治的少数民族。

2. 普遍而大量地培养和使用少数民族干部。中华人民共和国建立不久，以毛泽东为首的中央人民政府把培养少数民族干部的工作提上日程。中央人民政府于1950年11月通过了《培养少数民族干部试行方案》，明确提出普遍而又大量地培养各少数民族干部的方针。还颁布了《筹办中央民族学院试行方案》，相继组建了中央、西北、西南等民族学院和中央民族学院中南分院。此外，还举办了大批政治学校和政治培训班，培养普通政治干部和急需的专业技术干部，使少数民族干部队伍迅速发展起来。

3. 从实际出发，稳妥进行少数民族社会制度改革。改革少数民族的社会制度，是他们进一步摆脱阶级压迫，走上社会主义道路的必然选择。但由于解放前中国各少数民族的社会发展程度不同，所以要改革的对象和形式也应该有所不同。中央人民政府从民族地区复杂的现实出发，决定采取区别于汉族地区社会改革的政策，实行在改革幅度上要稳妥，在改革政策上要从宽，在改革时间上要放长的方针，在具体实施中采用民主改革和社会主义改革分两步走的和平改革的方法。

4. 大力帮助少数民族发展经济。新中国成立初期，少数民族生产方式落后，生活极端困难，特别是那些居住地区环境恶劣的少数民族更是食不果腹，衣不蔽体。面对这种状况，党和政府确定了发展少数民族经济的大政方针，制定并实施了扶助生产，解决温饱问题，积极开展民族贸易工作等措施，促进少数民族生产发展和生活改善。

5. 争取和团结民族宗教上层人士。党和人民政府对少数民族的上层人士（包括宗教上层分子）一贯坚持团结教育的政策。在民主改革的时候和改革以后，人民政府采取办法使他们的政治地位和生活水平不至于降低①。在当时已经建立人民政权的少数民族地区，党和政府对凡是能够争取和团结的民族宗教界上层人士，大都按照上述政策精神，在政治上和生活上做了比较好的安置。

6. 批判和克服民族主义倾向。1952 年和 1956 年，党和政府先后在全国范围进行了两次民族政策执行情况大检查。毛泽东主席在 1953 年 3 月明确指出："有些地方民族关系很不正常。""必须深刻批评我们党内在很多党员和干部中存在着的严重的大汉族主义思想"②，强调要着手改造这一方面的错误。进入 50 年代中期，在一些民族地区的领导机关中，大汉族主义的思想倾向又有所抬头。对此，党中央于 1956 年 4 月再次发出在全国范围进行民族政策执行情况检查的指示，在指示中提出了在重点反对大汉族主义的同时，也应该客观地反对现实中存在的地方民族主义。1957 年 2 月，毛泽东主席再一次指出："汉族和少数民族的关系一定要搞好。这个问题的关键是克服大汉族主

① 黄光学：《当代中国民族工作》（上册），当代中国出版社，1993，第 108 页。

② 国家民委政研室：《中国共产党主要领导人论民族问题》，民族出版社，1994，第 42 页。

义。在存在有地方民族主义的少数民族中间，则应当同时克服地方民族主义。无论是大汉族主义或者地方民族主义，都不利于各族人民的团结，这是应当克服的一种人民内部矛盾。”① 在从1949年10月中华人民共和国成立到1957年年底的8年多的时间里，由于以毛泽东同志为首的党中央高度重视国内民族问题的解决，坚持马克思主义民族问题的理论同中国的具体国情相结合，制定了一系列适合中国实际的解决民族问题的方针、政策和措施，我国的民族工作取得了显著的成绩，各民族地区进行了民主改革，其后又逐步进行了社会主义改造，中国民族地区和少数民族的社会面貌发生了根本性变化。

二、全面建设社会主义时期的民族政策（1958—1966年）

随着我国第一个五年计划的胜利实现、民主改革和社会主义改造在全国少数民族地区（除西藏外）的基本完成、社会主义制度建立，新中国的民族工作进入到一个新时期。如何在新制度下加速发展少数民族和民族地区的社会经济文化等各项建设事业，加快民族地区社会主义全面建设时期的到来，巩固和发展各民族平等、团结、互助的社会主义新型民族关系，便成为党和国家在这一新的历史时期处理民族问题的基本纲领政策和指导民族工作的基本原则。

1. 保证国家的统一，实现民族平等，加强民族团结，是各民族的根本利益。在1959年4月召开的第二届全国人民代表大会第一次会议报告中，周恩来同志指出：保证国家统一，实现民族平等是政府根据宪法规定所做的民族工作的重要方面②。周恩来同志在1962年3月28日指出：使全国各族人民紧紧团结在一起，这是我们国家政治生活中的一个根本任务③。

---

① 国家民委政研室：《中国共产党主要领导人论民族问题》，民族出版社，1994，第120页。

② 国家民委政研室：《中国共产党主要领导人论民族问题》，民族出版社，1994，第192页。

③ 国家民委政研室：《中国共产党主要领导人论民族问题》，民族出版社，1994，第198页。

2. 继续推行民族区域自治，尊重少数民族的自治权利。在全面建设社会主义时期，党和国家继续坚定不移地贯彻执行民族区域自治的政策。这一时期，在民族区域自治工作方面的主要任务：一是在有条件的民族聚居区域，继续建立民族自治地方；二是注意实现民族自治地方的自治权和自治机关的民族化，充分发挥民族区域自治的优越性；三是使民族自治地方的自治机关充分行使自治权利，最大限度地发挥自治地方的潜力和优势，大力推进民族自治地方的社会主义建设进程。

3. 大力发展少数民族经济，改善和提高少数民族人民的生活水平，是解决我国民族问题的前提条件。随着社会主义制度在我国的基本建立，党和国家的主要任务，已经由解放生产力变为发展生产力，走社会主义建设之路，逐步改善和提高人民群众的生活水平。加速发展少数民族和民族地区的经济，改善和提高少数民族人民的生活水平，就成为这一时期党和国家民族纲领政策的重要内容和民族工作的中心任务之一。

4. 正确处理好民族关系中的民族主义倾向。在社会主义国家中，无论是大民族主义或者是狭隘民族主义，都是有害的，都不利于国家的统一和民族的团结，不利于社会主义事业，都必须坚决反对和克服，这是党和国家在这一时期民族工作中的一个重要方针。周恩来同志在 1959 年 4 月召开的第二届全国人民代表大会第一次会议报告中指出：多年以来一直进行着反对大汉族主义倾向的斗争，也进行了反对各种形式的各种程度的地方民族主义的斗争。周恩来在 1962 年 3 月又指出：“应该经常注意克服和防止干部中的大汉族主义的思想和地方民族主义的思想，不断地加强国内各民族的团结。”①

5. 加快发展少数民族教育文化事业。为了加快民族教育事业的发展，国家继续重点抓学校教育。一方面，加强民族高等院校的建立和管理，另一方面，普及中小学教育。为普及中小学教育，党和政府提出：从实际出发，举办各级各类的民族学校，采用符合少数民族和民族地区实际的学制、教学计划，多种形式办学；发展民族语文、采取民族语文和汉语文相结合的“双语

---

① 国家民委政研室：《中国共产党主要领导人论民族问题》，民族出版社，1994，第 199 页。

教学”；民族教育补助费专款专用，单列指标；放宽民族学生的入学年龄和适当降低升学的录取标准等发展民族中小学教育的政策和措施，最终实现民族地区的中小学义务教育①。

6. 大力培养、选拔和任用少数民族干部。社会主义建设时期，没有大批“德才兼备”和“又红又专”的少数民族干部，少数民族地区建设事业的成功是不可能实现的。对少数民族干部的培养、选拔和任用政策，体现了民族平等和少数民族当家做主的原则，适应了社会主义建设时期民族地区对民族干部的需求。

7. 继续坚持民族语言文字、民族风俗习惯和宗教信仰自由政策。党和国家继续帮助发展和改革少数民族语言文字，并在少数民族创造文字、少数民族文字字母形式、少数民族语文制定新词术语以及少数民族学习汉文等问题上提出了原则、意见和方案。国家组织有关部门在深入、认真地进行科学的民族语言调查的基础上，一方面，帮助一部分没有文字的少数民族创制民族文字，对一些已有的民族文字进行改革或改进；另一方面，积极推广和使用民族语言文字，兴办从中央到地方的使用少数民族语言文字的新闻、广播、出版、翻译、印刷等事业，利用民族语言文字进行群众性的扫盲运动。

尊重少数民族风俗习惯，坚持各民族都有保持或改革自己风俗习惯的自由，也是党和国家在这一历史时期的重要民族政策。1962 年 3 月，周恩来总理在全国人大二届三次会议上所作的《政府工作报告》中指出：要继续贯彻执行宗教信仰自由政策，进一步团结一切爱国的宗教人士，加强国内各民族的团结，进行社会主义建设。

总之，1958 年至 1965 年的这段时期，由于贯彻和执行了党的民族纲领和政策，民族工作取得了一定的成绩，大多数少数民族地区的社会经济、文化建设事业有一定的发展。同时，由于受全国大环境的影响，这段时期的民族工作，无论在指导思想还是实际工作中，都出现了错误和失误，扰乱了人们的思想，也延缓了民族地区的社会主义建设进程，给党和国家带来了不可估量的损失。

---

① 《当代中国民族工作大事记》，民族出版社，1990，第 173 页。

三、“文化大革命”时期的民族政策（1966—1976年）

“文化大革命”时期，林彪、江青两个反革命集团疯狂推行极“左”路线，阴谋篡党夺权。党和国家的一整套民族政策几乎被破坏殆尽，民族工作完全处于停滞甚至倒退的状态，社会主义民族关系遭到了空前的大破坏。“文化大革命”时期，是民族工作遭到全面破坏的时期。

1. 否定民族工作，撤销各级民族工作部门。林彪、“四人帮”一伙打着反对“投降主义”“修正主义”的幌子，全盘否定新中国成立以来的统战、民族、宗教工作取得的成就。诬蔑民族工作部门执行了一条“投降主义、修正主义路线”，各级民族工作部门纷纷被撤销。

2. 鼓吹社会主义时期“民族问题的实质是阶级问题”，搞阶级斗争扩大化。以林彪、江青为首的两个反革命集团把“民族问题的实质是阶级问题”的提法推向了极端，认定社会主义时期的民族问题的实质是阶级问题，把民族问题和阶级问题混为一谈，混淆了两类不同性质的矛盾。

3. 否认民族特点，否认社会主义时期民族的存在。林彪、江青一伙诬蔑一些少数民族是所谓的“黑线”制造的“假民族”，讲民族特点和民族差别就是制造民族矛盾，就是搞民族特殊，就是反对民族融合。无端否认社会主义社会还存在民族。

4. 践踏民族区域自治政策，侵犯少数民族的平等权利和自治权利。林彪、江青两个反革命集团诬蔑民族区域自治是“搞分裂”“搞独立王国”。在他们的极“左”路线的支配下，有些民族自治地方竟然不经过任何法律程序就被撤销，有的被肢解，有的被代管，民族区域自治制度遭到严重破坏。

5. 破坏民族干部政策，迫害少数民族干部。林彪、“四人帮”诬蔑各级民族干部执行了所谓“刘少奇的修正主义路线”和“投降主义”，制造了大量的骇人听闻的冤案、假案、错案，致使大批少数民族干部和群众受到迫害，有不少人甚至被迫害致死或致残。这一时期，还撤销了培养少数民族干部的院校和训练班，使培养少数民族干部的工作中断。

6. 践踏民族宗教政策，民族宗教工作受到严重挫折。林彪、“四人帮”

肆意践踏党的宗教信仰自由政策，全盘否定新中国成立以来宗教工作取得的成绩。各级宗教工作部门几乎全部被撤销，各爱国宗教组织的活动被迫停止。多数宗教活动场所及宗教设施被毁坏、拆除、关闭或改作他用。大批宗教经书、法器和宗教用品被焚毁。一些宗教界人士有的被批斗、批判，有的被强迫劳动改造，有的被判刑监禁，有的被迫害致死。

7. 破坏民族文化教育政策，民族文字几乎被否定。林彪、“四人帮”粗暴地取消了民族教育的一系列特殊措施，很多少数民族大、中、小学校被迫停办。公然禁止少数民族使用自己的民族语言文字，一些少数民族文字的推行工作被取消。少数民族语文翻译出版机构被撤销，民族语文机构被撤销，民族文字报刊被停办。

8. 破坏民族风俗习惯政策，强迫少数民族改俗。在林彪、“四人帮”横行时，把各少数民族正当的风俗习惯视为陈规陋习和“四旧”“迷信活动”，侵犯和干涉少数民族的风俗习惯。不准少数民族过传统民族节日；不准少数民族穿戴民族服饰，强迫群众改装；把少数民族生活方式说成是“资产阶级生活方式”，予以压制。

尽管如此，周恩来等党和国家领导人及各民族的广大干部和群众仍对林彪、江青两个反革命集团的倒行逆施进行了各种方式的抵制和斗争，在一定范围限制了他们推行的极“左”路线的破坏，在一定程度上维护和贯彻了党的民族政策。1972 年，当周恩来发现宁夏固原地区存在违反党的民族政策时，指示在北京召开了固原地区工作座谈会。中共中央在对这次座谈会纪要的批示中指出：解决固原地区的民族问题，必须坚持执行民族平等、团结政策，尊重少数民族的宗教信仰和生活习惯，满腔热情地帮助少数民族得到发展和进步①。同年，毛泽东针对当时许多地区违反民族政策的情况指出：“政策问题多年不抓了，特别是民族政策。现在地方民族主义少些，不突出了，但大汉族主义比较大，需要再教育。”② 1973 年 8 月，周恩来发现云南省撤销四个民族自治州时，直接进行了干预，及时加以纠正。1975 年，邓小平主持中央

① 黄光学：《当代中国民族工作》（上册），当代中国出版社，1993，第 150 页。
② 黄光学：《当代中国民族工作》（上册），当代中国出版社，1993，第 151 页。

日常工作时，专门召开了全国畜牧业工作座谈会，会议纪要重申关于畜牧业发展的方针政策。1976年，叶剑英主持召开边防工作座谈会，制定了边境建设方针，安排了边境建设经费，促进了边防地区少数民族的发展。

“文化大革命”的十年惨痛历史教训证明：何时歪曲、抛弃马克思主义民族理论和民族政策，何时就要在民族工作上犯错误，就要使各民族人民遭受挫折和损失。因此，必须要端正民族工作的指导思想，重视民族工作的重要性，坚定不移地执行党的各项民族政策。

四、社会主义建设新时期的民族政策（1976—1999年）

1978年12月，伴随着新时期民族工作的发展，党的民族政策也得到不断发展和完善。在新的历史时期，我国民族工作确定了以经济建设为中心，全面发展少数民族的政治、经济、文化事业的指导方针。根据这一方针，确定了不同时期民族工作的主要任务。

新时期的民族工作经历了三个历史发展阶段，即改革开放初期的拨乱反正阶段，全面改革的调整充实阶段，初步建立社会主义市场经济体制的加快发展阶段。伴随着新时期民族工作的发展，党的民族政策也得到不断发展和完善，体现出了改革开放的时代特点。

1. 拨乱反正时期的民族政策（1979—1983年）。十年内乱使党的民族政策受到严重破坏，因此，新时期民族工作面临的首要任务就是拨乱反正，全面落实党的各项民族政策。这一时期民族政策恢复和发展的主要内容有：

(1)恢复各级民族工作机构。1978年决定恢复国家民族事务委员会，1979年决定恢复全国人大民族委员会。1979年10月，中共中央、国务院批转的国家民委党组《关于做好杂居、散居少数民族工作的报告》，对新时期民族工作机构设置、人员配备等问题提出了具体要求。

(2)确立新时期民族工作的方针和任务。在1979年5月国家民委召开的第一次委员（扩大）会议上，提出了新时期民族工作的任务。1981年，中共中央书记处批准的《云南民族工作汇报会纪要》概括了党在新时期民族工作的总方针。

(3)解放思想，在理论上正本清源。首先，否定了“民族问题的实质是阶级问题”的错误观点。其次，对民族关系的性质做出了正确判断。1979 年 6 月，邓小平同志在中国人民政治协商会议第五届二次会议开幕词中指出：“我国各兄弟民族经过民主改革和社会主义改造，早已陆续走上社会主义道路，结成了社会主义的团结友爱、互助合作的新型民族关系。”①

(4)平反冤假错案，纠正“左”的错误。1979 年 2 月，中共中央批准为全国统战、民族、宗教工作部门摘掉“执行投降主义路线”帽子；同年 10 月，又批准为在反右斗争中错划为地方民族主义分子的全部人员摘掉了帽子。在这一时期，还平反了民族地区的大量冤假错案，对受到迫害的少数民族爱国人士恢复了名誉，在政治上和生活上给予妥善安排。

(5)总结历史经验，重申和恢复党的民族政策。1979 年召开的全国边防工作会议，在总结新中国民族工作历史经验的基础上，总结了民族工作的四条经验教训。各地在民族政策宣传教育过程中，结合检查民族、宗教、统战政策的执行情况，恢复了许多行之有效的民族政策，解决了许多存在的具体问题。

(6)重建民族区域自治制度，大力培养少数民族干部。1979 年 7 月 1 日，中央决定恢复内蒙古 1969 年前的区划。一些被撤并的民族区域自治地方也得到恢复，到 1984 年新建了 2 个自治州，19 个自治县。1982 年颁布的《中华人民共和国宪法》恢复了 1954 年宪法中关于民族区域自治的一些重要原则，并增加了一些新的内容。

实施民族区域自治，关键是大力培养使用少数民族干部。《云南民族工作汇报会纪要》提出“民族干部的构成与当地各民族人口比例大体相当”，要“较快地做到各民族自治机关都以实行自治的民族干部为主组成”②。1982 年颁布的《宪法》增加了自治区主席、自治州州长、自治县县长由实行区域自治的民族的公民担任的规定。

(7)保障杂散居地区少数民族的平等权益，尊重少数民族的风俗习惯和宗

① 邓小平：《邓小平文选》（第 2 卷），人民出版社，1993，第 186 页。

② 黄光学：《当代中国民族工作》（上册），当代中国出版社，1993，第 523 页。

教信仰。1979 年 10 月，中共中央、国务院批转了国家民委《关于做好杂居、散居少数民族工作的报告》，提出了保障杂散居少数民族平等权益的具体政策措施。1983 年 12 月，国务院发出《关于建立民族乡问题的通知》，就建立民族乡做了原则规定，要求凡是相当于乡的少数民族聚居的地方，应当建立民族乡。

(8)恢复民族识别、进行民族成分认定和更改工作。这一时期，还对一些自称少数民族的人们共同体进行了辨别归并工作，对个别民族名称进行了更改。1981 年 11 月，国务院人口普查领导小组、公安部、国家民委印发了《关于恢复或改正民族成分的处理原则的通知》。1982 年 2 月 8 日，国家民委发出《关于恢复或改正民族成分问题的补充通知》，提出了恢复或更改民族成分的具体政策、要求。

(9)促进民族地区经济发展和改革开放。在这一时期，我国的经济体制从农村开始逐步展开对边远山区和少数民族地区的改革，中央明确实行的“政策要比其他地区更宽”，如对牧区普遍推行“牲畜作价，户有户养”的生产责任制。对生产生活困难的少数民族地区实行减轻负担、休养生息的政策。1980 年实行财政“划分收支、分级包干”政策后，将民族地区财政“三项照顾”纳入基数，定额补贴每年递增 10%（至 1988 年停止执行）。设立“支援不发达地区发展资金”（1980 年）和“支援三西农业建设资金”（1983 年）。1981 年召开全国民族贸易和民族用品生产工作会议，提出了加强农牧土特产品收购，积极发展民族用品生产，坚持民贸三项照顾政策和积极发展商业网点等八项措施。1983 年，国务院召开了全国少数民族地区生产生活会，决定对少数民族地区进一步放宽政策。

(10)促进少数民族文化教育事业的发展。“文革”中被撤销的民族表演艺术团体和民族文化出版单位得到恢复。1979 年，开始进行“国家民委民族问题五种丛书”的编辑、修订、出版工作。这一时期，还开展了少数民族文物保护、少数民族医药发掘整理等工作和少数民族古籍整理出版工作，国家民委和文化部于 1980 年 9 月举办了全国少数民族文艺汇演。1982 年在内蒙古举办第二届全国民族传统体育运动会。1981 年 2 月，教育部和国家民委联合召开了第三次全国民族教育工作会议，确定了新时期民族教育发展的方针和任务。这一时期，重点办好了一批民族中小学校和民族师范学校。复办和筹办了一些民族学院。

2. 新旧体制转换过程中的民族政策（1984—1991 年）。从 1984 年底到 1992 年初，是我国经济体制改革的转型时期。在这一时期，党的民族政策发展的主要内容有：

(1)民族区域自治建设纳入了法制化轨道。1984 年 5 月 31 日，我国颁发了《中华人民共和国民族区域自治法》，使我国的民族法制建设进入了新阶段。各民族自治地方也广泛进行了制定自治条例和单行条例的工作。到 1990 年，全国有 23 个自治州、57 个自治县先后颁布了自治条例，还有 7 个辖有民族自治地方的省制定了贯彻实施民族区域自治法的若干规定。

(2)维护民族团结形成了新办法，开创了新形式，取得了新经验。1988 年 4 月，国务院召开第一次全国民族团结进步表彰大会，表彰了 1166 个先进单位和个人，从此这项活动形成了制度。为了防止在新闻、报刊、文化出版界发生有损民族团结的事件，国家民委和有关部门相继发出《关于慎重对待少数民族风俗习惯问题的通知》（1986 年 1 月）和《关于在宣传报导和文艺创作中防止继续发生丑化、侮辱少数民族事件的通知》（1987 年 6 月），明确了宣传中需要把握的若干重要原则。在处理这些摩擦和纠纷的过程中，各地也积累了丰富的经验，形成了影响民族关系的人民内部矛盾的处理办法和机制。

(3)旗帜鲜明地反对民族分裂主义活动，维护民族团结和祖国统一。进入 20 世纪 90 年代以来，受国际大气候的影响，民族分裂活动出现了增多的态势。江泽民同志 1990 年强调："分裂和反分裂的斗争是政治斗争，从实质上讲，不是民族问题，也不是宗教问题，但敌对势力往往打着民族和宗教的旗号来进行破坏活动，因此增加了问题的复杂性。处理这类问题，要求我们的干部更应注意政策和策略。"①

(4)研究民族地区经济建设中的特殊问题，致力于党的大政方针在少数民

① 国家民委政研室：《中国共产党主要领导人论民族问题》，民族出版社，1994，第 221 页。

族地区的具体化。在这一时期，民族工作部门还主动参与了国家国民经济发展“七五”“八五”计划的制定，对民族地区的发展改革问题和计划中涉及少数民族地区利益的有关问题，都积极主动提出了意见。

(5)采取一些新的措施发展民族地区经济。1987 年 8 月，国务院批转了《全国牧区工作会议纪要》，明确牧区要坚持以畜牧业为主、草业先行、多种经营、全面发展的方针；半农半牧区要把畜牧业摆到突出的地位，发挥牧农结合的优势，多种经营，全面发展。1984 年颁发的《民族区域自治法》规定正确处理好国有企业与当地少数民族的关系，还颁发了《森林法》《草原法》《矿产资源法》等。

1989 年召开了全国少数民族地区扶贫工作会议。同年 8 月底，国务院批转了《关于少数民族地区扶贫工作有关政策问题的请示》，批准设立了“少数民族贫困地区温饱基金”。

(6)促进民族地区改革开放。明确民族地区推进改革的首要任务是发展社会主义商品经济。强调民族地区的改革要因地制宜，实行双向开放，既向内地和沿海发达地区开放，也向沿边和海外开放，“使各个少数民族真正成为开放的民族，奋发进取的民族”①。

(7)进一步扶持民族文化事业发展。发展少数民族文化采取了适应社会主义商品经济发展的新的方法。举办少数民族题材电视艺术片和民族语言电视片的评奖及少数民族文学评奖，并逐步形成了制度。国务院在批转文化部《关于文化事业若干经济政策意见的报告》（1991 年 6 月）中提出，对少数民族剧团、文工团（队），在核定其差额补助费时，要给予照顾。1991 年国务院批转了《关于进一步做好少数民族语言文字工作的报告》。

(8)制定新政策发展民族教育。1986 年我国开始实施九年制义务教育，对民族地区普及九年制义务教育给予政策倾斜。1990 年新设少数民族教育补助专款。加强了民族文字教材建设，建立了民族教材审定制度。继续加强民族班建设和寄宿制民族中小学建设。

3. 建立社会主义市场经济过程中的民族政策（1992—1999 年）。从 1992

---

① 《中华人民共和国民族政策法规选编》，中国民航出版社，1997，第 54 页。

年以来，我国的经济体制改革和对外开放步伐进一步加快，市场经济新体制的框架已基本确立，党的第三代领导集体高度重视和关心民族工作。从1992年召开中央民族工作会议以来，党的民族政策不论从理论上还是实践上都有了许多新的发展，主要有：

(1) 对社会主义条件下民族问题的特点有了新的认识。江泽民同志在1992年召开的中央民族工作会议上从五个方面阐述了社会主义时期民族问题发生的原因和表现特点。

(2)民族团结进步活动进一步规范化和法制化。国务院于1994年9月和1999年9月分别召开第二届、第三届全国民族团结进步表彰大会。各地还广泛开展了民族团结月等形式多样的民族团结进步创建活动。

(3)民族法制建设进一步完善。江泽民同志在1992年召开的中央民族工作会议讲话中提出："到本世纪末，要形成比较完备的社会主义民族法规体系和监督机制。"① 1991年12月8日，国务院发出《关于进一步贯彻实施中华人民共和国民族区域自治法若干问题的通知》，提出了十一条措施，对贯彻落实《民族区域自治法》起了重要作用。

(4)散居地区民族工作走上法制化轨道。1993年8月29日，国务院批准发布《城市民族工作条例》和《民族乡行政工作条例》，这两个条例对保障散居区少数民族的平等权益，帮助城市、民族乡的少数民族发展经济、文化、教育、卫生等事业，都做了明确的规定。

(5)1992年实行沿边开放战略，国务院批准将吉林珲春、内蒙古二连浩特等十个民族地区城市列为沿边开放城市。后又批准乌鲁木齐、南宁、昆明等为内陆开放城市和国家级内陆口岸，并给予边疆类似于沿海的八条优惠政策。1994年，国家民委和国家体改委联合推出内蒙古呼伦贝尔盟等七个地州作为民族地区改革开放试验区，形成民族地区全方位开放的格局。

(6) 针对地区发展差距过大的问题，增加了支持中西部和民族地区的力度。1995年9月，党的十四届五中全会提出帮助中西部地区和民族地区发展

---

① 国家民委政研室：《中国共产党主要领导人论民族问题》，民族出版社，1994，第255页。

经济等五项具体措施。1999 年 9 月 29 日，江泽民同志在第二次中央民族工作会议上提出，“加快中西部地区的发展特别是实施西部大开发战略，条件已基本具备。实施西部大开发是我国下个世纪发展的一项重大战略任务，也是民族地区加快发展的重要历史机遇”，并明确“在国家未来的发展战略中，加快民族地区的发展将摆在更加突出的位置”。

(7)培养民族干部在继续增加数量的同时，重视提高质量，改善结构。在 1992 年中央民族工作会议上提出要特别加强少数民族中、高级干部的培养。1993 年国家民委和中组部、中央统战部联合召开了“培养使用少数民族干部工作座谈会”，制定了《关于进一步做好培养选拔少数民族干部工作的意见》。

(8)进一步发展民族教育。在 1992 年召开的中央民族工作会议上，江泽民同志提出要积极发展民族教育，“在教育结构、专业设置、教学内容、学制、办学形式等方面，逐步走出一条适应少数民族和民族地区实际的路子”①。同年召开的第四次全国民族教育工作会议，明确了当前民族教育工作的发展任务，制定了相应的措施，并强调发展民族教育所要坚持的基本原则。

这一时期，民族平等权利得到进一步保障，民族团结更加巩固，民族区域自治进一步完善，民族地区经济文化事业蓬勃发展，促进了各民族发展和共同繁荣，少数民族地区各项事业的发展，提高了中华民族的凝聚力和向心力。

五、新世纪新阶段的民族政策（2000—2009 年）

新世纪新阶段，以胡锦涛同志为总书记的新的中央领导集体在带领全国各族人民全面建设社会主义小康社会过程中，高度重视民族问题。针对我国民族问题出现的新问题、新情况，新的中央集体以马克思主义民族观为指导，提出了一系列解决民族问题的新观点、新理论，制定了一系列民族政策和措施，加快推进少数民族和民族地区经济社会发展，促进各民族共同繁荣进步。

① 国家民委政研室：《中国共产党主要领导人论民族问题》，民族出版社，1994，第 253 页。

在2003年3月全国政协十届一次会议少数民族界委员联组讨论会上，胡锦涛同志首次明确提出了新世纪新阶段我国民族工作的主题是要坚持各民族“共同团结奋斗，共同繁荣发展”。在2005年5月召开的中央民族工作会议上，胡锦涛第一次系统、完整地阐述了我国民族工作主题“两个共同”理论的科学内涵①。这一时期主要政策有：

1. 民族平等政策。新的中央领导集体指出，各民族不分人口多少、历史长短、发展程度高低，一律平等；国家为少数民族创造更多更好的发展机会和条件，保障各民族的合法权利和利益；各民族人民都有义务维护宪法和法律的尊严。

2. 民族区域自治政策。以胡锦涛为总书记的新的中央领导集体重申了我党运用民族区域自治处理我国民族问题的基本经验，指出：“在国家统一领导下实行民族区域自治，体现了国家尊重和保障少数民族自主管理本民族内部事务的权利，体现了民族平等、民族团结、各民族共同繁荣发展的原则。”②2005年5月，国务院颁布了《实施〈中华人民共和国民族区域自治法〉若干规定》。这一行政法规的颁布实施，为全面贯彻民族区域自治法提供了重要保障。

3. 少数民族与民族地区经济发展的政策。坚持用科学发展观统领民族地区经济社会发展全局，是指导新世纪新阶段我国经济社会发展的重大战略思想，也是加快少数民族和民族地区发展的根本指针。大力发展少数民族和民族地区特色经济和优势产业，积极改造和提升传统产业，大力发展能源、矿产开发等优势产业，逐步形成具有本地区特色和竞争优势的产业结构。要突出抓好民族地区扶贫开发工作，加强对贫困农牧民技能培训，拓宽农牧民参与公共工程建设、进城务工等从业渠道，增加收入。

继续推进西部大开发，把加快少数民族和民族地区发展作为西部大开发的首要任务；完善民族贸易和民族特需用品生产优惠政策；逐步加大对民族

---

① 胡锦涛：《在中央民族工作会议暨国务院第四次全国民族团结进步表彰大会上的讲话》，人民出版社，2005，第5页。

② 《中华人民共和国民族政策法规选编》，中国民航出版社，1997，第15页。

地区财政转移支付力度；加大对人口较少民族的扶持力度；大力推进兴边富民行动。

4. 少数民族和民族地区各项社会事业发展的政策。新世纪新阶段，以胡锦涛为总书记的新的中央领导集体高瞻远瞩，从战略高度重视少数民族和民族地区各项事业的发展，提出了一系列富有时代特征的、卓有成效的民族政策和措施。制定并开始实施少数民族事业“十一五”规划；坚持实施科教兴国战略，把全面贯彻党的教育方针同全面贯彻党的民族政策结合起来，大力支持民族地区发展教育事业；加快“广播电视村村通工程”“西新工程”（西藏、新疆等边疆民族地区广播电视覆盖工程）建设；支持公益性文化事业，发展民族文化产业等，丰富少数民族群众精神文化生活，提高少数民族群众思想道德素质、科学文化素质和健康素质。

5. 培养选拔少数民族干部的政策。以胡锦涛为总书记的新的中央领导集体根据新世纪新阶段的新形势新任务，明确指出：培养选拔少数民族干部是解决民族问题、做好民族工作的关键，是管长远、管根本的大事；要努力造就一批宏大的德才兼备的少数民族干部队伍。

在培养选拔少数民族干部的原则和方法方面强调“要坚持‘四化’方针和德才兼备的原则，热情关心，严格要求，全面提高少数民族干部队伍的素质，着重帮助他们加强学习和实践锻炼，增强带领各族群众发展经济、脱贫致富奔小康的本领”①。总之，以胡锦涛为总书记的新的中央领导集体提出了新世纪新阶段我国民族工作的主题，制定并实施了一系列行之有效的民族政策和措施，有力地推动了我国民族工作、民族团结进步事业大发展。

① 胡锦涛：《在中央民族工作会议暨国务院第四次全国民族团结进步表彰大会上的讲话》，人民出版社，2005，第 14 页。

中国特色民族理论政策十年发展观

王希恩

自20世纪90年代以来，以中央民族工作会议的形式来总结、部署民族工作已成为中国民族工作的一种惯例。其中，2005年第三次中央民族工作会议之后直到2014年召开第四次会议，相隔近十年。比较前两次会议的间隔期，这个十年时间最长，民族领域面临的问题最多，认识上的分歧最大，而中国特色民族理论政策的进步也最为明显。因此，将这十年中国特色民族理论政策的变化做出描述和分析，无论对于民族工作实践的总结还是推进我国民族理论政策进一步发展都十分必要。

一、中国特色民族理论政策的体系化

开启中国特色民族理论政策十年发展的是第三次中央民族工作会议，以及以“十二条”为标志的中国特色民族理论政策体系化的形成。

在民族工作领域，包括民族学界，“民族理论”和“民族政策”往往合称，或称为“民族理论政策”。这并不规范，因为理论是理论，政策是政策，将其捏为一体，似是而非，在其他领域也很少有此现象。但这早已约定俗成，不好更正；更重要的是在民族工作中，理论与政策直接相通，二者紧紧扭在一起，不好分开①。所以，“民族理论和政策”作为一个术语使用尽管不合规矩，却符合民族工作实际，不必过于追究。

所谓“中国特色民族理论政策”实际上即指中国共产党民族理论政策，尤其是指改革开放以来党和国家的民族理论政策。因为“中国特色社会主义理论”

① 国家民族事务委员会：《中国共产党民族理论政策干部读本》，民族出版社，2011，第488—489页。

已成为改革开放以后马克思主义中国化理论成果的代称，而作为中国特色社会主义事业的一部分的民族工作，其理论政策当然也可顺理成章地称为“中国特色社会主义民族理论政策”。“中国特色民族理论政策”是其简称。

中国共产党早在民主革命时期便已对民族理论进行了长期的探索。新中国成立后，党在领导各族人民完成民主改革、社会主义改造和建设的实践中，提出并实施了一整套旨在实现民族平等、促进民族团结和发展繁荣的民族政策。改革开放以后，以邓小平为代表的党中央拨乱反正，重申并发展了毛泽东民族理论思想，确立了新时期的民族工作方针。20 世纪 90 年代，面对国内外民族问题出现的新情况，党中央相继两次召开中央民族工作会议，在总结民族工作经验、提出现阶段民族工作主要任务的同时，也就党的民族理论政策的基本观点多次进行了概括。进入 21 世纪以来，新的中央领导集体继续给予民族问题高度重视，2005 年 5 月召开了第三次中央民族工作会议。胡锦涛在会上代表党中央深入分析了民族工作面临的形势，总结了取得的成绩和经验，提出了当前和今后一个时期民族工作的主要任务，同时对党的民族理论政策做了充分阐述。根据这个讲话和会议精神，中共中央、国务院随后发布了《关于进一步加强民族工作加快少数民族和民族地区经济社会发展的决定》，其中也对党的“关于民族问题的基本理论和政策”做出了十二条概括①。

“十二条”坚持马克思主义基本原则，贯穿了科学发展观的时代精神，紧密联系中国民族工作实践和世界民族问题趋势，回答了民族理论和政策的一系列重大问题：什么是民族，民族发展和消亡的基本规律，以及社会主义时期民族的基本状态；民族问题的内涵，当今时代民族问题的基本特点以及解决我国民族问题的根本道路和基本政策；我国各民族与国家的关系原则，国家和各民族各自应有的权利与义务；社会主义民族关系的本质特征和各民族在促进民族团结和谐中的责任；现阶段我国民族工作的主题和主要任务，以及解决这一任务的根本途径；尊重和保护少数民族文化，推动各族群众素质

① 国家民族事务委员会：《中国共产党民族理论政策干部读本》，民族出版社，2011，第 488—489 页。

的提高，发挥少数民族干部和其他各类人才的作用，开发民族地区人力资源等方面的政策原则。

民族理论政策其实是“理论”和“政策”两部分的合称。就各自的本义而言，理论侧重回答“是什么、为什么”的问题，而政策回答“干什么、怎么干”的问题。以此来看，“十二条”既讲长远又讲当前，既有一般原理又有政策要点，呈现了理论和政策的有机统一。相比党在历史上其他关于民族问题的表述，“十二条”在内容上更加丰富、理论阐述上更加充分、现阶段民族工作的主题和主要任务更加突出，将中国共产党关于民族问题的基本理论与政策完整地呈现出来了。“十二条”的出台是中国共产党民族理论政策发展史上的重要里程碑，标志着中国特色民族理论政策体系的形成。近些年来国内民族理论和民族政策的教学基本都是以“十二条”的基本观点安排内容与做出阐发的，理论界也有较多的解读。

二、基本理论政策的重申和强调

进入21世纪以后，伴随着中国社会的深刻变革，民族领域也不断出现一些新问题新情况。虽然由于西部大开发等政策的实施，民族地区的经济社会发展取得了很大成绩，但已有的发展差距并没有得到显著缩小，有些方面甚至还在加大；而在发展过程中的利益矛盾、生态环境恶化、传统文化衰退等问题也日益凸显。随着社会开放程度的加大和文化教育水平的提高，各民族的自我认同和维护自身权益的意识不断增强，由此导致的与民族因素有关的纠纷摩擦不断发生。与市场经济和现代化的快速推进相同步，不同民族之间的人口流动和交往频率、范围和幅度大大增加，民族的散居化程度大大提高，由此引发的文化和利益矛盾也大大增多。一些西方国家在民主、人权的幌子下，不但加大了对“藏独”势力的支持，也在反恐问题上制造双重标准，对“东突”分裂势力的支持逐渐公开化。

2008年北京奥运会召开前后，境内外“藏独”和“东突”势力连续制造事端，极力阻挠奥运会的顺利举行并为中国政府抹黑。3月14日，西藏拉萨发生了严重的打砸烧抢事件。2009年7月5日，更为严重的暴力极端事件在新疆乌鲁木齐发生。事件造成大量的人员伤亡和财产损失，更造成对维汉民族关系的严重损害。

上述问题的出现，尤其是“3·14”事件和“7·5”事件的发生，使中国社会对民族问题的关注度空前提高；与此同时，学术界和社会上在如何看待中国的民族问题和民族理论政策上也产生了严重对立。相当一部分人将民族问题多发和民族关系受损归咎于中国现行的民族理论政策，认为这套民族理论政策是“苏联模式”，民族区域自治制造了民族隔阂，为民族分裂创造了地域条件，优惠政策也引发了新的民族不平等，形成了“逆向歧视”等。持有这些认识的人，有一般民众，也有专家学者；有国内的，也有境外的。不论出于何种立场，都明显倾向于质疑、否定和反对。相反，在民族理论界，大多数学者还是坚持认为，中国共产党的民族理论政策符合中国国情，是正确的、成功的；面对新的民族问题形势，我们的理论政策应该完善和发展，而绝不能推倒重来。

2009 年 9 月 29 日，国务院第五次全国民族团结进步表彰大会在北京召开，胡锦涛代表中央发表了重要讲话。他首先对三代领导集体和十六大以来的党中央在民族理论政策上的贡献做了简略总结，对新中国的民族团结进步事业做了充分肯定，然后指出：“回首 60 年，我国民族团结进步事业经验弥足珍贵。在长期实践中，我们深化了对我国社会主义初级阶段民族问题和民族工作规律的认识，积累了推进我国民族团结进步事业的成功经验”，这就是“必须坚持中国特色社会主义道路不动摇”，“必须坚持党的民族政策不动摇”，“必须坚持共同团结奋斗、共同繁荣发展不动摇”，“必须坚持维护祖国统一不动摇”。

总之，“60 年的经验归结到一点，就是必须坚持一切从我国民族问题实际出发，坚定不移走中国特色解决民族问题的正确道路”，“事实雄辩地证明，我国解决民族问题的实践是成功的，我国各族人民大团结是牢不可破的，党的民族政策是完全正确的，我国实行的民族区域自治制度也是完全正确的。对这些实践证明正确的行之有效的政策和制度，必须坚定不移坚持并不断加以完善”①。胡锦涛讲话以近乎一半的篇幅对党的民族理论政策和民族区域自

① 胡锦涛：《在国务院第五次全国民族团结进步表彰大会上的讲话》，《人民日报》2009 年 9 月 30 日。

治做了“完全正确”的强调，对否定党的民族理论政策的错误思潮的回应态度极为鲜明。此后，中央领导同志在相关场合也都多次重申，要毫不动摇地坚持和完善党的民族理论和民族政策，坚持和完善民族区域自治制度。

与中央的这个表态相呼应，国务院新闻办公室9月27日发表了《中国的民族政策与各民族共同繁荣发展》白皮书。白皮书以充分的事实说明，中国共产党和中国政府坚持从本国国情出发，总结历史经验，借鉴世界其他国家的有益做法，开创了具有中国特色的解决民族问题的正确道路，确立并实施了以民族平等、民族团结、民族区域自治和各民族共同繁荣为基本内容的民族政策，形成了比较完备的民族政策体系。“新中国60年的实践充分证明，中国的民族政策适合中国国情，符合各族人民的根本利益，得到各族人民的拥护，是正确和行之有效的。在这一政策指引下，中国各族人民维护了国家统一，维护了社会稳定，维护了民族团结，开辟了一条实现各民族共同繁荣发展的光明大道。”① 中央对党的民族理论政策原则的重申和强调，对安定人心、稳定局面、抵制错误思潮起了非常重要的作用。

三、科学发展和团结稳定的政策思路

除了上述重申和强调之外，第三次中央民族工作会议之后，以胡锦涛为总书记的党中央紧密联系新时期的民族工作实际，在民族理论政策的阐述中突出了以下要点。

（一）以民生保障和改善为重点的科学发展思路

改革开放开始不久，党中央就明确提出，现阶段我国的民族问题比较集中地表现在少数民族和民族地区迫切要求加快经济文化的发展上，大力发展社会生产力是社会主义时期民族工作的根本任务②。其后，这一观点不断得到强调。在2005年的第三次中央民族工作会议上，胡锦涛不但继续讲到“加快

① 国务院新闻办公室：《中国的民族政策与各民族繁荣发展》，《人民日报》2009年9月27日。

② 国家民委政策研究室：《中国共产党主要领导人论民族问题》，民族出版社，1994，第251页。

少数民族和民族地区经济社会发展，是现阶段民族工作的主要任务”，而且强调“发展是党执政兴国的第一要务，是解决中国所有问题的关键，也是解决民族地区困难和问题的关键。加快少数民族和民族地区经济社会发展，是各族群众的迫切要求，也是现阶段解决民族问题的根本途径”。同时提出“加快少数民族和民族地区经济社会发展，关键要坚持以科学发展观统领经济社会发展全局”①。

科学发展观是十六大以来中国共产党指导思想上的一个重大发展。与此相应，以科学发展观来统领少数民族和民族地区发展全局，也成为中国共产党民族理论政策的一个重要内容，中央在对民族工作的论述和部署中，科学发展的思想也不断清晰。2005 年第三次中央民族工作会议提出，中央“将继续加强对少数民族和民族地区经济社会发展的扶持。既要支持他们把经济建设搞上去，又要支持他们把文化、教育、卫生等各项社会事业搞上去，实现全面协调发展，促进人的全面发展”②。而 2009 年胡锦涛在全国第五次民族团结进步表彰大会上的讲话中又进一步明确指出，要“采取更加有力的措施，显著加快民族地区经济社会发展，显著加快民族地区保障和改善民生进程，全面推进民族地区社会主义经济建设、政治建设、文化建设、社会建设以及生态文明建设，维护各族人民根本利益，让各族人民共享改革发展成果”③。这些论述体现出了全面发展和以人为本的科学发展观的一般原则，而在此之后，“科学发展”“保障和改善民生”在中央领导人的民族工作论述中就完全明确成为任务目标了。2010 年 5 月中央新疆工作座谈会为新疆工作确定的指导思想中就有“始终把推动科学发展作为解决一切问题的基础，始终把改革开放作为促进发展的强大动力，始终把保障和改善民生作为全部工作的出发

---

① 胡锦涛：《在中央民族工作会议暨国务院第四次全国民族团结进步表彰大会上的讲话》，《人民日报》2005 年 5 月 28 日。

② 胡锦涛：《在中央民族工作会议暨国务院第四次全国民族团结进步表彰大会上的讲话》，《人民日报》2005 年 5 月 28 日。

③ 胡锦涛：《在国务院第五次全国民族团结进步表彰大会上的讲话》，《人民日报》2009 年 9 月 30 日。

点和落脚点”①。2011年7月19日，时任国家副主席的习近平代表中央在庆祝西藏和平解放60周年大会上的讲话中说：加快发展，是解决西藏所有问题的关键。要始终坚持以经济建设为中心，努力在科学发展的轨道上推进西藏实现跨越式发展。保障和改善民生，是西藏经济社会发展的出发点和落脚点②。2012年3月9日，习近平在全国两会上对新疆工作提了三点要求，其中前两条是：一要突出抓好科学发展；二要切实保障和改善民生③。

所以，从一般的“加快发展”到逐渐明确的“科学发展”，显现了中央对解决我国民族问题主要任务认识上的一种深化。

（二）突出因地制宜、分类指导的原则

“因地制宜、分类指导”原本即贯穿于我国民族工作的实践当中，近年来这一原则体现得更为充分。第三次中央民族工作会议提出“坚持因地制宜、因族举措、分类指导，制定并实施符合少数民族和民族地区实际的政策措施”④。作为这一指示精神的具体贯彻，中央在民族工作方面提出了一系列有针对性的政策措施。

其一，自2008年开始至2012年1月，中央先后为“青海等省藏区”、云南、宁夏、广西、西藏、新疆、内蒙古和贵州等民族省区制定了进一步加快当地经济社会发展的指导意见。这些意见都是经过充分调研，根据当地自然状况、发展基础、民族关系、区位特点等量身定做的，重在发挥各地比较优势，有针对性地解决各地发展中的突出矛盾和问题，扭转区域经济社会发展差距扩大的趋势，增强发展的协调性。中央促进民族省区经济社会发展意见的全部出台，标志着国家支持民族地区发展的政策体系进一步完善。

在对各省区的具体指导中，中央对西藏和新疆给予了特别的关注。2010

① 邹声文、顾瑞珍：《中共中央国务院召开新疆工作座谈会》[2010-05-20]. http://news.xinhuanet.com/politics/2010—05/20/c_ 12125041.htm.

② 习近平：《在庆祝西藏和平解放六十周年大会上的讲话》，《人民日报》2011年7月20日。

③ 宋建华：《习近平参加新疆团审议强调坚持稳定压倒一切》[2012-03-12]. http://www.chinanews.com/gn/2012/03—12/3734687.shtml.

④ 胡锦涛：《在中央民族工作会议暨国务院第四次全国民族团结进步表彰大会上的讲话》，《人民日报》2005年5月28日。

年1月中央召开了第五次西藏工作座谈会，5月召开了第一次新疆工作座谈会。两个座谈会总结了西藏和新疆工作取得的成绩，分析了面临的形势和任务，明确了做好西藏新疆工作的指导思想、主要任务，对推进两地发展和稳定做出战略部署。两个会议指出，西藏新疆两地同全国一样，社会主要矛盾仍然是人民日益增长的物质文化需要同落后的社会生产之间的矛盾，同时两地还存在着分裂势力分裂祖国的活动。这就决定了做好新形势下的西藏新疆工作必须紧紧围绕推进跨越式发展和长治久安两个重大而紧迫的任务来进行。以这两次座谈会的召开为契机，新一轮的全面援疆和援藏工作随之展开，西藏和新疆的发展稳定出现了新的局面。

其二，在总结西部大开发前十年成就和经验的基础上，启动了西部大开发第二个十年规划。2010年7月召开的中央西部大开发工作会议为“深入实施西部大开发战略”提出了总体目标，强调西部大开发在我国区域协调发展总体战略中居于优先地位，对深入实施西部大开发战略提出了一系列新要求、新任务，同时，赋予了西部地区在税收、转移支付、投资项目等方面更为优惠的政策①。

此外，原本作为西部大开发配套工程的“兴边富民行动”和扶持人口较少民族政策也在“十二五”规划中得到了新的完善和补充。而在国家2011年颁发的《中国农村扶贫开发纲要（2011—2020年）》中，又将少数民族人口集中的六盘山山区等十一个“连片特困地区”、西藏及四川、云南、甘肃、青海四省藏区、新疆南疆三地州作为扶贫攻坚的重点，并在武陵山片区率先开展区域发展与扶贫攻坚试点。

其三，加强和改善城市民族工作。城市民族工作是我国民族工作的一个重要方面。随着工业化、城镇化快速推进，我国民族分布和交往格局在不断变化，民族分布更加广泛，城市民族构成更加多元。城市民族工作在我国民族工作全局中的地位日益突出，任务更加繁重，加强和改善城市民族工作比以往任何时候都更加重要、更加迫切。近年来，中央提出坚持以各民族共同

① 《西部大开发工作会议举行　胡锦涛温家宝发表重要讲话》[2010-07-06]. http://news.xinhuanet.com/politics/2010—07/06/c_ 12305202.htm.

团结奋斗、共同繁荣发展为主题，以促进城市科学发展、社会和谐为目标，以保障城市各族群众合法权益为核心，在民族工作的总体要求下谋划城市民族工作，在城市工作的总体安排上加强城市民族工作，不断提高正确处理城市民族问题的能力和水平。中央要求把城市民族工作摆上更加突出的位置，强化组织领导，创新体制机制，完善政策法规，加强队伍建设，形成工作合力。根据东、中、西部城市的不同情况，根据大、中、小城市的各自特点，坚持因地制宜、分类指导，努力创新城市民族工作的思路和方法①。

上述政策措施的出台在时间上均集中在2010年前后。这个时间段正处在我国经济社会发展“十一五”和“十二五”时期的交接点。这也就意味着，因地制宜、分类指导原则是我国“十二五”期间民族工作的一个突出特点。我国民族政策的针对性和完备程度由此得到了增强。

（三）强调民族和谐、团结进步

胡锦涛在第三次中央民族工作会议上的讲话将“坚持巩固和发展平等、团结、互助、和谐的社会主义民族关系，大力弘扬爱国主义精神，牢固树立汉族离不开少数民族、少数民族离不开汉族、各少数民族之间也相互离不开的思想观念，促进各民族互相尊重、互相学习、互相合作、互相帮助，始终同呼吸、共命运、心连心”确立为中国共产党处理和解决民族问题、做好民族工作必须“始终坚持和贯彻的重要指导原则”之一②。其后不久，胡锦涛在2006年的全国统战工作会议上又指出：平等、团结、互助、和谐的社会主义民族关系，体现了中华民族多元一体的基本格局，体现了中华民族大家庭的根本利益。平等是社会主义民族关系的基石，团结是社会主义民族关系的主线，互助是社会主义民族关系的保障，和谐是社会主义民族关系的本质。正确认识和处理我国民族关系，最根本的就是要始终不渝地坚持民族平等，

---

① 《国务院办公厅　全国城市民族工作座谈会24日至25日在浙江召开》［2010－12－25］. http：//www. gov. cn/ldhd/2010—12/25/content_ 1772791. htm.

② 胡锦涛：《在中央民族工作会议暨国务院第四次全国民族团结进步表彰大会上的讲话》，《人民日报》2005年5月28日。

加强民族团结，推动民族互助，促进民族和谐①。

显然，这些对民族团结的强调和对民族关系的理论阐述较之以往明显要丰富得多，尤其是将“和谐”作为社会主义民族关系的本质要素与我们党建设和谐社会的总目标相对应，意义重大。对此理论界已做了充分的研究和肯定。

民族团结历来是党的民族政策的核心内容。党的十六大以来，中央确立了各民族共同团结奋斗、共同繁荣发展的民族工作主题，提出促进民族团结、实现共同进步是民族工作的根本任务。一再强调我们要站在党和国家事业发展全局的战略高度，充分认识继续推进我国民族团结进步事业的极端重要性和现实紧迫性。进一步动员全社会投身民族团结进步事业。

“民族团结进步”实际包含“团结”和“进步”两个内容。“团结”指的是不同民族之间的和睦相处；“进步”指的是各民族物质文明和精神文明的不断提高，是全社会共同进步的反映。由此而论，民族团结进步就是我们民族工作的终极目标，或说是我国民族工作的根本任务和宗旨。当然，二者又是相辅相成的统一体。“团结是进步的前提，进步是团结的基础。”②

（四）维护统一，反对分裂，弘扬爱国主义

近年来随着国内外局势的变化，民族工作中对维护国家统一，反对分裂的要求也日益突出。中央在相关场合一再强调，“必须坚持维护祖国统一不动摇”。“祖国统一是我国各民族的最高利益。只有我国各民族都坚持祖国利益高于一切，大力发扬爱国主义精神，以热爱祖国、贡献全部力量建设社会主义祖国为最大光荣，以损害社会主义祖国利益、尊严和荣誉为最大耻辱，共同维护伟大祖国统一安全，共同反对一切民族分裂活动，我国各民族团结进步才能具有不可动摇的根基。”③“3·14”事件和“7·5”事件之后，西藏和

---

① 孙承斌、邹声文：《不断巩固和壮大统一战线，共同建设中国特色社会主义》，《光明日报》2006年7月13日。

② 胡锦涛：《在国务院第五次全国民族团结进步表彰大会上的讲话》，《人民日报》2009年9月30日。

③ 胡锦涛：《在国务院第五次全国民族团结进步表彰大会上的讲话》，《人民日报》2009年9月30日。

新疆两地的发展和稳定又出现了更为复杂的形势。为应对这种形势召开的中央第五次西藏工作座谈会和新疆工作座谈会就对反分裂和维护稳定方面给予了更多的关注。两个会议都强调，要把有利于国家统一和社会稳定作为衡量民族工作成效的重要标准，切实防范和打击分裂势力的渗透破坏活动。会议提出，要始终把加强民族团结作为长治久安的根本保障，始终把维护社会稳定作为发展进步的基本前提，始终高举各民族大团结旗帜，形成推进跨越式发展和长治久安的强大合力。始终把促进改革发展同维护社会稳定有机结合起来，坚持发展和稳定两手抓、两手都要硬，坚定不移维护社会稳定、维护社会主义法制、维护人民群众根本利益、维护祖国统一、维护民族团结，确保社会大局稳定①②。

维护国家统一和反分裂是一种全方位的斗争，在思想意识形态方面的斗争也表现得非常尖锐。因此中央在强调做好民族地区发展和其他社会工作的同时，对思想建设也给予了高度重视。第五次全国民族团结进步表彰大会要求落实好中央关于在各级各类学校广泛开展民族团结教育的决策部署，推动党的民族理论和民族政策、国家民族法律法规进课堂、进教材、进头脑，使维护民族团结、维护社会稳定、维护祖国统一成为各族人民的共同意志和自觉行动。而在第五次西藏工作座谈会和新疆工作座谈会上，中央又要求深入开展社会主义核心价值体系宣传教育，弘扬社会主义先进文化，普及科学知识，使各族干部群众不断增强中华民族意识、国家意识、法制意识、公民意识。近年来在新疆开展的“四个认同”教育，即增强各族人民对伟大祖国的认同、对中华民族的认同、对中华文化的认同、对中国特色社会主义道路的认同，也得到了中央的肯定和提倡。

① 《中共中央国务院召开第五次西藏工作座谈会》［2010 - 01 - 22］. http：//news. xinhuanet. com/politics/2010—01/22/content_ 12858927. htm.

② 邹声文、顾瑞珍：《中共中央国务院召开新疆工作座谈会》［2010 - 05 - 20］. http：//news. xinhuanet. com/politics/2010—05/20/c_ 12125041. htm.

四、十八大之后的着重点

十八大以来，以习近平为总书记的新的党中央在治国理政方面展现了新的面貌，提出和阐发了一系列新思想新理念，其中很多都对民族工作有着直接或间接的指导意义，同时也在民族工作上做出了一些重要论述和部署。这些都成为中国特色民族理论政策体系发展创新的思想背景，成为其后中央民族工作会议精神的重要铺垫。

（一）用中华民族复兴中国梦引领民族工作

新的党中央施政以来的一个突出特点是强烈的民族责任感和爱国主义情怀。2012 年 11 月 15 日，习近平带领新的中央政治局常委会见中外记者时发表讲话，总计用了约 1100 字，其中 11 处提到“民族”，包括 6 次“中华民族”。时隔不久，11 月 29 日参观“复兴之路”展览后的讲话，总计约用 970 个字，其中又有 16 处提到了“中华民族”。这两次讲话，核心话题就是团结带领全党全国各族人民，接过历史的接力棒，继续为实现中华民族伟大复兴而努力奋斗。其后，习近平提出了实现中华民族伟大复兴“中国梦”的口号，并指出：“中国梦意味着中国人民和中华民族的价值体认和价值追求，意味着全面建成小康社会、实现中华民族伟大复兴，意味着每一个人都能在为中国梦的奋斗中实现自己的梦想，意味着中华民族团结奋斗的最大公约数。”① 习近平关于中国梦意味着实现中华民族伟大复兴，意味着中华民族团结奋斗最大公约数的思想，得到了民族工作领域的广泛理解和认同。全国政协副主席、国家民委主任王正伟把中国梦在民族工作中的意义做了深刻的阐述：

“各族群众心中有两个梦想，一个是团结梦，一个是发展梦。群众的所思、所想、所盼，就是我们民族工作者的所欲、所急。民族工作有两件大事，一个是团结，一个是发展。圆好团结梦，追寻发展梦，是民族工作的根本任务。团结梦，就是中华民族一家亲的团结梦。56 个民族同呼吸、共命运、心

① 习近平：《中国梦是中华民族团结奋斗的最大公约数》，《京华时报》2014 年 1 月 1 日。

连心，始终是中华民族的生命所在、力量所在、希望所在。促进民族团结、实现共同进步是民族工作的根本任务。发展梦，就是民族地区与全国同步全面建成小康社会，老百姓过上更加富裕、更有尊严的美好生活之梦。团结梦、发展梦，既在内涵上与中国梦一脉相承，又紧密结合民族工作实际，体现了‘两个共同’的民族工作时代主题，具有鲜明的民族工作特色。圆好团结梦、追寻发展梦，是做好当前和今后一个时期民族工作的迫切要求。”① 王正伟的这个阐发极为生动准确地将中国梦与当前民族工作结合起来，使得共同团结奋斗、共同繁荣发展这个民族工作主题有了更为鲜明的时代特色和目标定位，并与实现全面建成小康社会和中华民族伟大复兴有机衔接起来了。

（二）立足国情，尊重文化和民族发展规律

正视国情、尊重规律是做好民族工作的前提。中国是各民族共同创建的统一多民族国家，这是我们在民族问题上的第一国情。习近平在论及中国民族工作时不止一次地表达了这一观点。2013 年 10 月 1 日他在给中央民族大学附中全体学生回信时写道：“我国是统一的多民族国家。我国各族人民同呼吸、共命运、心连心的奋斗历程是中华民族强大凝聚力和非凡创造力的重要源泉。我国各民族多姿多彩的文化是中华文明的重要组成部分。”② 2013 年 12 月 30 日，在中共中央政治局第十二次集体学习时习近平又指出，着力提高国家文化软实力，努力展示中华文化独特魅力，“要注重塑造我国的国家形象，重点展示中国历史底蕴深厚、各民族多元一体、文化多样和谐的文明大国形象”。同时提出要“引导我国人民树立和坚持正确的历史观、民族观、国家观、文化观，增强做中国人的骨气和底气”③。

2014 年 3 月 27 日，习近平访欧期间在巴黎的联合国教科文组织总部发表了重要演讲，着重阐述了文明之间的关系问题，其主要观点是“文明因交流而多彩，文明因互鉴而丰富。文明交流互鉴，是推动人类文明进步和世界和

---

① 毛立军：《圆好团结梦、追寻发展梦是民族工作的根本任务》，《中国民族报》2013 年 7 月 23 日。

② 《习近平总书记给中央民族大学附属中学全校学生的回信》［2013－10－06］. http：//news. xinhuanet. com/2013—10/06/c_ 117604198. htm.

③ 习近平：《中国梦是中华民族团结奋斗的最大公约数》，《京华时报》2014 年 1 月 1 日。

平发展的重要动力”。就此他谈了三点认识：

第一，文明是多彩的，人类文明因多样才有交流互鉴的价值。阳光有七种颜色，世界也是多彩的。一个国家和民族的文明是一个国家和民族的集体记忆。人类在漫长的历史长河中，创造和发展了多姿多彩的文明。从茹毛饮血到田园农耕，从工业革命到信息社会，构成了波澜壮阔的文明图谱，书写了激荡人心的文明华章。

第二，文明是平等的，人类文明因平等才有交流互鉴的前提。各种人类文明在价值上是平等的，都各有千秋，也各有不足。世界上不存在十全十美的文明，也不存在一无是处的文明，文明没有高低、优劣之分。

第三，文明是包容的，人类文明因包容才有交流互鉴的动力。海纳百川，有容乃大。人类创造的各种文明都是劳动和智慧的结晶。每一种文明都是独特的。在文明问题上，生搬硬套、削足适履不仅是不可能的，而且是十分有害的。一切文明成果都值得尊重，一切文明成果都要珍惜。

当今世界，人类生活在不同文化、种族、肤色、宗教和不同社会制度所组成的世界里，各国人民形成了你中有我、我中有你的命运共同体。

中国人早就懂得了“和而不同”的道理。生活在2500年前的中国史学家左丘明在《左传》中记录了齐国上大夫晏子关于“和”的一段话：“和如羹焉，水、火、醯、醢、盐、梅，以烹鱼肉。”“声亦如味，一气，二体，三类，四物，五声，六律，七音，八风，九歌，以相成也。”“若以水济水，谁能食之？若琴瑟之专壹，谁能听之？”

世界上有200多个国家和地区，2500多个民族和多种宗教。如果只有一种生活方式，只有一种语言，只有一种音乐，只有一种服饰，那是不可想象的。①

这篇讲演全面展示了中国党和政府在文明问题上的深刻思考，引起了广

① 《习近平在联合国教科文组织总部的演讲》[2014 - 03 - 28]. http://news. xinhuanet. com/politics/2014—03/28/c_ 119982831. htm.

泛反响和良好赞誉。习近平虽然讲的是"文明"问题，但显然与他在文化和民族上的思想观点一脉相承，或者说，是一种更宽泛更全面的民族观、文化观。在这样一种民族观和文化观中，多样、平等、包容、和而不同、交流互鉴、共同进步是贯穿其中的基本精神。

(三)把握民族工作的正确政治方向

党的十八大报告中讲："道路关乎党的命脉，关乎国家前途、民族命运、人民幸福。……中国特色社会主义道路，中国特色社会主义理论体系，中国特色社会主义制度，是党和人民九十多年奋斗、创造、积累的根本成就，必须倍加珍惜、始终坚持、不断发展。"① 这里的道路、理论和制度既是对中国特色社会主义全部内容的概括，也当然包括了对于我国民族工作的方向性规定。所以，习近平明确指出："坚持中国特色社会主义道路，是新形势下做好民族工作必须牢牢把握的正确政治方向。"同时他又提出："要全面贯彻落实党的民族政策，不断增强各族人民对伟大祖国的认同、对中华民族的认同、对中华文化的认同、对中国特色社会主义道路的认同。"② 一方面提出全面贯彻落实党的民族政策的要求，一方面提出了增强"四个认同"的期望，这就使牢牢把握政治方向趋于具体化了。中华民族伟大复兴是各族人民共同为之奋斗的千秋伟业，而这又是基于各族人民对祖国、对中华民族和文化、对社会主义道路的高度认同基础上的。把"四个认同"置于新形势下做好民族工作必须牢牢把握的正确政治方向的高度，也是中央在此问题认识上的深化。

当然，民族工作"坚持中国特色社会主义道路"，更具体更全面的就是坚持中国特色解决民族问题的正确道路，坚持与这条道路对应着的基本制度和理论政策，这在党的十八大报告中就表述为："全面正确贯彻落实党的民族政策，坚持和完善民族区域自治制度，牢牢把握各民族共同团结奋斗、共同繁荣发展的主题，深入开展民族团结进步教育，加快民族地区发展，保障少数民族合法权益，巩固和发展平等团结互助和谐的社会主义民族关系，促进各

① 胡锦涛:《坚定不移沿着中国特色社会主义道路前进 为全面建成小康社会而奋斗》[2012 - 11 - 19]. http://www.xj.xinhuanet.com/2012—11/19/c_ 113722546.htm.

② 《习近平等看望政协委员并参加分组讨论》[2014 - 03 - 04]. http://news.xinhuanet.com/politics/2014—03/04/c_ 119606016.htm.

民族和睦相处、和衷共济、和谐发展。"①

（四）筑牢民族团结、社会稳定、国家统一的铜墙铁壁

新疆和西藏的局势，关系全国改革发展稳定大局，关系祖国统一、民族团结、国家安全，在我国的民族工作中有着特殊的重要性。近年来两地的暴恐和自焚等极端性事件出现了分散、多发和外溢的特点。分裂主义和极端宗教势力有了进一步的结合，并从境内外两个方面加紧了渗透和破坏，国际化程度明显增大。这种形势对我们的民族工作提出了严峻挑战。2014 年 3 月 1 日，云南昆明火车站发生了一起严重的暴力恐怖事件。极端分子杀害平民 30 多人，伤 130 多人，屠杀手段极为残忍。事件为"东突"分裂组织所操纵，受到了各族人民的同声谴责。事件本身不是民族问题，但由此引发的一系列针对特定民族和地区人员的检查、限制行为和社会歧视却再一次深深伤害了民族团结。3 月 4 日，习近平在看望出席全国政协会议少数民族界委员的讲话中强调，团结稳定是福，分裂动乱是祸。全国各族人民都要珍惜民族大团结的政治局面，都要坚决反对一切危害各民族大团结的言行，使各民族同呼吸、共命运、心连心的光荣传统代代相传，筑牢民族团结、社会稳定、国家统一的铜墙铁壁②。习近平的讲话有感而发，着眼于当前民族问题的新特点，体现了民族团结在我国改革开放和现代化发展大局中的极端重要性。

（五）适时调整与完善治疆方略

2010 年第一次中央新疆工作座谈会以来，新疆发展势头良好，社会大局稳定，但近年来暴恐事件的持续增多为新疆局势增添了极大的不稳定因素。2014 年 5 月 26 日中央政治局召开会议，专门研究新疆问题，为第二次中央新疆工作座谈会确定基调。紧接其后，5 月 28 日至 29 日第二次中央新疆工作座谈会召开。会议明确了新疆工作的指导思想、基本要求、主攻方向，对当前和今后一个时期的工作做了全面部署。与第一次新疆工作座谈会相比，第二次会议有了诸多新论点新政策，主要有如下六个方面。

---

① 胡锦涛：《坚定不移沿着中国特色社会主义道路前进 为全面建成小康社会而奋斗》[2012 - 11 - 19]. http://www.xj.xinhuanet.com/2012—11/19/c_113722546.htm.

② 《习近平等看望政协委员并参加分组讨论》[2014 - 03 - 04]. http://news.xinhuanet.com/politics/2014—03/04/c_119606016.htm.

第一，将新疆工作的总目标确定为“社会稳定和长治久安”，不同于第一次会议的“跨越式发展和长治久安”。第一次会议突出了发展问题，强调必须始终按照科学发展观的要求推进新疆跨越式发展，把走科学发展道路、加快发展作为解决新疆问题的根本途径。第二次会议则突出了社会稳定，提出围绕稳定谋发展，通过发展促稳定。要着眼于长治久安的发展，将其作为社会稳定的重要源泉、民族团结的强大推力、改善民生的根本保证。

第二，提出新疆的问题最长远的还是民族团结问题，要筑牢各族人民共同维护祖国统一、维护民族团结、维护社会稳定的钢铁长城。强调民族团结是各族人民的生命线。要高举各民族大团结的旗帜，在各民族中牢固树立国家意识、公民意识、中华民族共同体意识，最大限度团结依靠各族群众，使每个民族、每个公民都为实现中华民族伟大复兴的中国梦贡献力量，共享祖国繁荣发展的成果。各民族要相互了解、相互尊重、相互包容、相互欣赏、相互学习、相互帮助，像石榴籽那样紧紧抱在一起。要加强民族交往交流交融，推动建立各民族相互嵌入式的社会结构和社区环境。对民族团结做如此的强调前所未有，而且其中的一些新提法新观点引人注目。

第三，在继续强调要增强各族群众对伟大祖国的认同、对中华民族的认同、对中华文化的认同、对中国特色社会主义道路的认同的同时，提出要在各族群众中牢固树立正确的祖国观、民族观，弘扬社会主义核心价值体系和核心价值观，营造昂扬向上的社会氛围，引导各族群众追求现代文明生活。

第四，提出了处理宗教问题的基本原则，就是保护合法、制止非法、遏制极端、抵御渗透、打击犯罪。提出要依法保障信教群众的正常宗教需求，尊重信教群众的习俗，稳步拓宽信教群众正确掌握宗教常识的合法渠道；重视培养爱国宗教教职人员队伍，采取有力措施提高宗教界人士素质，确保宗教组织领导权牢牢掌握在爱国爱教人士手中。

第五，更加强调发展要落实到改善民生上、落实到惠及当地上、落实到增进团结上，让各族群众切身感受到党的关怀和祖国大家庭的温暖。坚持就业第一，教育优先，建立精准扶贫工作机制。

第六，提出做好新疆工作必须从战略全局高度，谋长远之策，行固本之举，建久安之势，成长治之业。坚持长期建疆，多管齐下，久久为功，扎实做好打基础利长远的工作①。

第二次新疆工作座谈会突出了社会稳定和长治久安这个总目标，突出了民族团结，突出了遏制宗教极端思想，突出了思想建设的重要性和解决新疆问题的长期性。这对新疆工作有着极强的针对性，而其中的不少论点和提法已超出了对于新疆工作的指导范围，成为对于全部民族工作都具有普遍意义的理论政策内容。其后不久召开的第四次中央民族工作会议就非常明显地反映了这一点。

五、现阶段的民族政策大框架

自第三次中央民族工作会议以来，两届中央领导集体在民族工作上做出了许多重大部署，就民族事务提出了一系列新论断、新要求、新举措，有力地推动了民族工作的进步，也为中国特色民族理论政策的发展创新提供了条件。2014 年 9 月召开的第四次中央民族工作会议，全面分析了我国民族工作面临的国内外形势，系统阐述了民族工作的方向和道路、理论和政策、制度和法律、工作和实践，清晰地展示了当前与未来一段时期我国民族工作的大政方针，完成了中国特色民族理论政策的新一轮完善和发展。

目前来看，由近十年来中央在不同场合次第展开，最终在第四次中央民族工作会议上得到全面阐述的中国特色民族理论政策更加成熟。其中，由现阶段民族工作总目标统辖的政策框架已经非常清晰。

现阶段民族工作的总目标：

中国梦：全面建成小康社会；中华民族伟大复兴

根本途径：

中国特色解决民族问题的正确道路

主要任务：

加快少数民族和民族地区经济社会发展

两大主题：

① 参见《人民日报》2014 年 5 月 30 日关于第二次中央新疆工作座谈会的报道。

团结进步　科学发展

推进“团结进步”的政策措施：

保障各民族平等权益，反对各种形式的民族歧视

团结群众、争取人心，全社会一起做交流、培养、融洽感情的工作

加强各民族交往交流交融，尊重差异、包容多样

妥善处理各种矛盾和问题

做好城市民族工作，把着力点放在社区，推动建立相互嵌入的社会结构和社区环境

创新载体和方式，引导各族群众牢固树立正确的祖国观、历史观、民族观

用法律来保障民族团结

坚决反对大汉族主义和狭隘民族主义，自觉维护国家最高利益和民族团结大局

弘扬社会主义核心价值观和多元一体理念

实现“团结进步”的政策目标：

平等、团结、互助、和谐

和睦相处、和衷共济、和谐发展

相互了解、相互尊重、相互包容、相互欣赏、相互学习、相互帮助

各民族在中华民族大家庭中手足相亲、守望相助

推进“科学发展”的政策措施：

以科学发展观为指导，又好又快发展

坚持因地制宜、分类指导的原则

发挥好中央、发达地区、民族地区三个积极性，加大各方面支持力度，提高自我发展能力

对边疆地区、贫困地区、生态保护区实行差别化的区域政策

优化转移支付和对口支援体制机制，把政策动力和内生潜力有机结合起来

紧扣民生抓发展，重点抓好就业和教育

发挥资源优势，重点抓好惠及当地和保护生态工作

搞好扶贫开发，重点抓好特困地区和特困群体脱贫工作

加强边疆建设，重点抓好基础设施建设和对外开放工作

加强城镇化建设，大力推进基本公共服务均等化，促进社会公平

推进“科学发展”的政策目标：

实现跨越式发展，提升民族地区经济整体实力

保障和改善民生，同享发展成果

同步全面建成小康；同步实现现代化

解决民族问题的精神保障：

增强对伟大祖国的认同、对中华民族的认同、对中华文化的认同、对中国特色社会主义道路的认同

引导各族群众牢固树立正确的祖国观、历史观、民族观；反对各种错误思想观念，抵御国内外敌对势力思想渗透

增强文化认同，建设各民族共有精神家园，积极培养中华民族共同体意识

加强思想政治工作，营造昂扬向上的社会氛围，引导各族群众追求现代文明生活

弘扬和保护各民族传统文化，努力实现创造性转化和创新性发展

积极做好双语教育、信教群众工作和少数民族代表人士和知识分子工作

做好民族工作的政治保障：

坚持党的领导

坚持和完善民族区域自治

坚持从政治上把握民族关系、看待民族问题

坚持德才兼备的原则，大力培养选拔少数民族干部

重视基层党组织建设，加强干部作风建设

形成党委领导、政府负责、有关部门协同配合、全社会通力合作的民族工作格局，坚持好、健全好民委委员制度

提升民族工作科学化水平

这个政策体系明确以“中国梦”，也即中华民族伟大复兴为总目标，以“中国特色解决民族问题的正确道路”为根本途径，以“加快少数民族和民族

地区经济社会发展”为主要任务，以“团结进步”和“科学发展”为两大主题；其下是实现两个主题的政策措施和政策目标，以及做好民族工作的精神保障和政治保障。

与以往三次中央民族工作会议不同的是，第四次中央民族工作会议没有将加快发展作为突出内容加以强调，但这不意味着中央在此问题上改变了立场。因为发展是民族工作的立足点，是解决民族问题的关键，支持民族地区加快经济社会发展，是中央不变的方针。第四次中央民族工作会议强调了民族团结和社会稳定，是将发展的着眼点放在促进民族团结、改善民生上，建立在生态安全基础上，突出的是以人为本、全面协调可持续的科学发展思路。因此相关的政策内容较之以往更为具体、更有针对性。不论是领导人讲话还是中央下发的《关于加强和改进新形势下民族工作的意见》，促进发展问题也都在其中占了大部分篇幅。

解决好民族问题，物质方面的问题要解决好，精神方面的问题也要解决好。这是习近平在这次中央民族工作会议上提出的一个重要观点。基于此，会议也较多地提到了增强“四个认同”和构建各民族共有精神家园等精神方面的政策。显然，这是我们在民族问题认识和对策上的一大完善。

主要由第四次中央民族工作会议呈现出来的这个政策体系，为现阶段我国民族工作提供了明确的目标，规定了民族政策的基本内容和原则要求，体现了中央解决现阶段民族问题的总体思路。

六、民族理论的大幅度发展

相对于政策措施的不断出台和提出，近年来中央在民族“理论”问题上的集中阐述不多，但在第四次中央民族工作会议上习近平的讲话则表达了很多的理论内容。以这个讲话为基础，联系近年来中央的一系列政策举措和已有的相关论述可以看出，中国共产党大幅度地发展了中国特色民族理论。这种发展表现为补白性理论的提出和对原有理论认识的深化两部分。

所谓补白性理论是说中央以前没有明确提出，属于近年来才有的理论内容，主要集中在如下几点①：

——提出“把各族人民智慧和力量最大限度凝聚起来，同心同德为实现‘两个一百年’奋斗目标、实现中华民族伟大复兴的中国梦而奋斗”。这也就是用中华民族伟大复兴的中国梦来引领民族工作。有着不同文化特点和利益诉求的各民族靠什么来凝聚，说到底是靠共同的价值认同和利益认同。提出“中华民族伟大复兴”实际包含着两层含义，一是强调国家层次上的民族认同，二是强调基于这个认同之上的共同奋斗目标。中华民族是全国各民族人民的统称，也是凝聚着各民族人民共同文化、情感和利益的“国家民族”。中华民族复兴承载着中国人民近代以来孜孜以求的伟大理想，是当前全国人民的最高利益目标。中华民族伟大复兴是实现各民族大团结的最大公约数。以此作为团结各民族人民的旗帜，凝聚共识和力量为之共同奋斗是符合各民族人民共同愿望的。近年来我们提倡的“四个认同”，实际上也体现了这样一种思想。以中华民族复兴的“中国梦”来引领民族工作适应了我们民族工作的时代特点和时代需求。

——对中华民族多元一体格局及其内涵做出科学阐述。习近平说，中华民族是一个命运共同体，一荣俱荣、一损俱损。中华民族多元一体格局，一体包含多元，多元组成一体，一体离不开多元，多元也离不开一体，一体是主线和方向，多元是要素和动力，两者辩证统一。中华民族和各民族的关系，形象地说，是一个大家庭和家庭成员的关系，各民族的关系是一个大家庭里不同成员的关系。中华民族多元一体理论在我国流行已久，但由中央领导人如此郑重地阐述其中的理论，明确中华民族和各民族的关系尚属首次。这对统一人们在此问题上的不同认识，增进民族团结极为重要。

—— 提出准确把握我国统一多民族国家的基本国情，多民族是我国的一

① 本文关于第四次中央民族工作会议的精神内容主要参考2014年9月30日《人民日报》关于中央民族工作会议暨国务院第六次全国民族团结进步表彰大会的报道；王正伟：《做好新时期民族工作的纲领性文献》，载《求是》2014年第20期；丹珠昂奔：《沿着中国特色解决民族问题的道路前进》，载《中国民族报》2014年11月15日；中央人民政府门户网站2014年12月22日报道《中共中央、国务院印发〈关于加强和改进新形势下民族工作的意见〉》。

大特色，也是我国发展的一大有利因素。应该说，民族方面的国情教育是我国教育中的一个短板，因而才有“那种把多民族当作‘包袱’，把民族问题当作‘麻烦’，把少数民族当作‘外人’，企图通过取消民族身份、忽略民族存在来一劳永逸解决民族问题的想法”。这次中央民族工作会议充分阐述了我国民族方面的国情问题，不但一般性地提出了我国统一多民族的特点，而且着重分析了我国各民族分布上交错杂居、文化上兼收并蓄、经济上相互依存、情感上相互亲近的特有民族关系格局，以此说明多民族是我国发展的一大有利因素。这是我们在多民族国情认识方面的一大推进，对良好民族关系的形成和民族工作的开展极为重要。

——把握民族问题发展规律，对民族工作新的阶段性特征做出概括。第四次中央民族工作会议的最大理论贡献之一是对当前我国民族工作的阶段性特征做出概括，即改革开放和社会主义市场经济带来的机遇和挑战并存；民族地区经济加快发展势头和发展低水平并存；国家对民族地区支持力度持续加大和民族地区基本公共服务能力建设仍然薄弱并存；各民族交往交流交融趋势增强和涉及民族因素的矛盾纠纷上升并存，影响民族关系的因素更加复杂；反对民族分裂、宗教极端、暴力恐怖斗争成效显著和局部地区暴力恐怖活动活跃多发并存。这五个“并存”既讲机遇和成绩，又讲挑战和矛盾，符合辩证法，更符合实际，揭示了现阶段我国民族问题上的“新常态”。习近平在主持中央政治局第二十次集体学习时谈到，我们既要看到社会主义初级阶段基本国情没有变，也要看到我国经济社会发展每个阶段呈现出来的新特点。准确把握我国不同发展阶段的新变化新特点，使主观世界更符合客观实际，按照实际决定工作方针，这是我们必须牢牢记住的工作方法①。第四次中央民族工作会议对民族工作新的阶段性特征的概括鲜明地体现了这一工作方法，以此对当前中国民族问题做出了准确把握，完整表达了中国共产党对现阶段民族问题的认识和解决方略，对新形势下中国民族工作必将产生积极而深远

① 《习近平在中共中央政治局第二十次集体学习时强调 坚持运用辩证唯物主义世界观方法论 提高解决我国改革发展基本问题本领》[2015－01－24]. http://news.xinhuanet.com/politics/2015—01/24/c_ 1114116751.htm.

的影响。

——提出推动民族工作要依靠两种力量，一种是物质力量，一种是精神力量。两个方面的问题都要解决好。长期以来，我们对发展问题，即物质的因素强调多了一些，精神的因素抓得不够。但实践证明，发展经济，提高人民生活，不能自然带来所有问题的解决方法。所以，中央提出一把钥匙开一把锁。我们在继续抓好发展这把钥匙的同时，必须把思想教育这把钥匙用得更好。必须旗帜鲜明地反对各种错误的思想观念，帮助群众识别大是大非，抵御国内外敌对势力的思想渗透。中央强调两种力量、两个方面的问题都要解决好的思想，是马克思主义物质和精神辩证关系及矛盾的两点论在民族理论中的生动运用，对全面认识和正确处理民族工作中的矛盾问题具有十分重要的方法论意义。

——提出加强中华民族大团结，长远和根本的是增强文化认同，建设各民族共有精神家园，积极培养中华民族共同体意识。文化认同是最深层次的认同，是民族团结之根、民族和睦之魂。文化认同问题解决了，对伟大祖国、对中华民族、对中国特色社会主义道路的认同才能巩固。强调文化认同，强调中华民族的共有精神家园和共同体意识，是两个方面问题都要解决好的思想的自然延展。在当代现代化和全球化进程中，以民族、宗教、宗族和地域认同为标志的“族性认同”普遍得到张扬。族性认同虽不乏积极因素，但如不做正确引导，势必会形成分化团结和社会稳定的消极力量。当今世界仍是民族国家唱主角的时代，因而培养巩固与爱国主义融为一体的中华民族共同体意识，建设各民族共有精神家园，增强中华民族的文化认同实为时代的需要，也是应对当今中国文化或精神领域民族问题的必然选择。

——提出民族交往交流交融是社会发展的必然趋势，是社会主义民族关系的发展方向。促进各民族交往交流交融，不断巩固和发展各民族的大团结，是增强中华民族凝聚力，团结带领各族人民为实现中华民族伟大复兴中国梦的战略举措。“各民族交往交流交融”是中央 2010 年 1 月第五次西藏工作座谈会上开始提出的一个“衡量民族工作成效的重要标准”，提出后学术界有不同的看法。这次中央民族工作会议完全肯定了这个提法，而且就其中的意义、内涵和如何推进等做了多方面的阐述。交往交流交融不但是一个政策问题，也是一个重要的理论问题，有着充分的实践依据。历史上的“三交”是中国民族关系的一个特点，也是新的历史条件下民族关系越来越突出的发展趋势。因此要做好民族工作，就必须承认和把握好“三交”的历史方向。对“三交”问题的理解，分歧点主要在于如何认识“交融”。在民族理论的语境中，“交融”不等于民族消亡的“融合”：后者是未来民族发展的结局，前者是与民族现象相伴始终的一个过程。民族交融的过程只能是自然的，而不能是人为的。正确的态度只能是尊重民族关系的发展趋势，不能无视规律放弃引导，也不能超越历史阶段，用行政手段强行推进。

相对补白性观点的提出，中央的相关阐述可能更多属于对原有理论认识的深化。其中明显表现在以下几点：

——关于中国特色解决民族问题正确道路。中国的问题只能在中国大地上探寻适合自己的道路和办法，解决民族问题同样如此。中国共产党在解决民族问题实践中的确对马克思主义民族理论有过教条性理解，照搬过苏联的经验。但通过摸索逐渐从模仿和照搬过程中走了出来，形成了自己的解决民族问题之路。这是中国共产党领导民族工作取得成功的一条根本经验。因此，“坚持中国特色解决民族问题的正确道路”，早在20世纪90年代中央即已提出并在其后得到了反复强调。但怎样理解和认识这条道路的内涵，并未做出正式的阐述。第四次中央民族工作会议不但继续强调了坚持中国特色解决民族问题的正确道路，而且将其内涵概括为八个“坚持”：坚持中国共产党的领导，坚持中国特色社会主义道路，坚持维护祖国统一，坚持各民族一律平等，坚持和完善民族区域自治制度，坚持各民族共同团结奋斗、共同繁荣发展，坚持打牢中华民族共同体的思想基础，坚持依法治国。道路关乎党的命脉，关乎国家前途、民族命运、人民幸福。我们从近百年的理论和实践中探索出来的中国特色解决民族问题之路，只有百倍珍惜不断发展完善的责任，没有任何丢弃和反对的理由。中国特色解决民族问题道路内涵的明确，是党在民族问题道路问题上的理论自觉。

——关于民族区域自治的性质和任务。早在2005年第三次中央民族工作会议上，针对在民族区域自治问题上的错误言论，胡锦涛就讲了三个“不容”：“民族区域自治，作为党解决我国民族问题的一条基本经验不容置疑，作为我国的一项基本政治制度不容动摇，作为我国社会主义的一大政治优势不容削弱。”① 在第四次中央民族工作会议上，习近平再次重申：民族区域自治制度不可动摇，坚持和完善这一制度要遵循正确的方向。民族区域自治是我国的一项基本政治制度，是中国特色解决民族问题正确道路的重要内容和制度保障。认为这个制度是苏联模式、应该取消的理论不符合事实，在政治上是有害的。在这个问题上绝不能出现颠覆性错误，不能搞一百八十度的大转弯。这是中央在事关民族区域自治问题上的再次强硬表态，据此，“取消民族区域自治制度这种说法可以休矣”。

在重申民族区域自治不可动摇的同时，对如何坚持和完善，中央又提出要做到“两个结合”：一是坚持统一和自治相结合；二是坚持民族因素和区域因素相结合。过去我们讲的是民族因素与区域因素、政治因素与经济因素、历史因素与现实因素的统一。这次新提了统一和自治相结合，重新强调了民族因素和区域因素的结合，这是对民族区域自治性质的深刻解读。国家统一是国家最高利益，是实行民族区域自治的前提和基础。没有国家统一，就谈不上民族区域自治。同时，要依法保障自治地方行使自治权利，解决好自治地方的特殊问题。民族区域自治既包含了民族因素，又包含了区域因素。民族区域自治不是某个民族独享的自治，民族自治地方更不是某个民族独有的地方。落实民族区域自治制度，关键是帮助自治地方发展经济、改善民生。中央民族工作会议的这些表态和指示是对民族区域自治性质和任务的进一步阐发，很具针对性，对澄清在此问题上的一些错误认识，消除在此问题上的分裂主义臆想是极为重要的。

——关于民族问题的长期性。中央“十二条”在讲到民族过程规律时说“民族的产生、发展和消亡是一个漫长的历史过程”，在谈到民族问题的特征时也把“长期性”列入其中，但并未做出更多说明。而在第四次中央民族工作会议上习近平特意指出：“民族问题的存在是一个长期的历史现象，处理民族问题也是一个长期的历史过程。”把民族问题的长期性与处理民族问题的长

---

① 胡锦涛：《中央民族工作会议暨国务院第四次全国民族团结进步表彰大会上的讲话》，《人民日报》2005 年 5 月 28 日。

期性同时提出来强调、重申的意味是显而易见的。但这样做并非无的放矢，因为近年来在学界和社会上无视民族问题的长期存在，力图改变现有民族政策，加快民族融合进程的主张颇为盛行，已经严重影响到对现阶段各民族共同繁荣政策的坚持。马克思主义把民族视为一种历史现象，有其存在和发展的固有规律。民族虽然会归于消亡和终结，但在社会主义时期是一种发展繁荣的状态，而不是融合和消亡。任何企图用政策来推进民族融合和消亡的想法都是错误的。所以，中央提出处理民族问题也是一个长期的历史过程，不但是对民族问题认识的深化，也有着鲜明的现实意义。

——关于共同性和差异性的关系问题。社会主义时期各民族间的共同因素在不断增多，但民族特点、民族差异将长期存在的观点早已提出，而近年来关于民族共同性和差异性的关系问题备受中央重视，多次得到阐述。前述2014年3月习近平在巴黎联合国教科文组织总部发表的演讲，虽然着重讲的是文明之间的关系问题，但贯穿其中的基本精神，其实也是对民族共同性和差异性的一种论述。第四次中央民族工作会议着重提出，促进各民族交往交流交融，要正确处理差异性和共同性。交融不是要取消民族之间的差异性，更不是要消灭哪个民族，既不能持消极论，无所作为，也不能犯急躁病，胡乱作为。总的是要尊重差异、包容多样，通过扩大交往交流交融，创造各族群众共居、共学、共事、共乐的社会条件。尊重差异不等于固守差异，随着社会主义市场经济的发展，随着各民族交往交流交融的加深，差异会有所减少。但这种减少不是人为的、强制的，而是各民族在共同团结奋斗、共同繁荣发展中自然产生的，是历史进程，容不得任何急躁和盲动。中央对共同性和差异性关系的论述虽然主要是针对“三交”问题，但也蕴含着多元一体、多样性和同一性等更为广泛的意义。在民族存在的条件下，文化多样性和民族多样性表里相应，成为人类文明存在的表现形态和创造源泉。中国各民族多元一体、文化多样和谐是我们的宝贵财富，应该百倍珍惜和维护，而不能视为负担。事物总是有差异也有同一，有多元也有一体。我们在推崇多样性的同时，不能丢弃同一性；在尊重文化多元的同时，不能忘记人类的共性文明。马克思主义将对立的统一视为规律。多元一体既对立也统一，体现着事物的相互依存关系，也是一种规律。以这样的观点看世界，我们就会知道对于“多元”和“多样”的尊重就是对真理的尊重，也会知道人类的“一体”和“共性”也是需要我们着意维护的永恒价值。

——关于加快少数民族和民族地区发展问题。历次中央民族工作会议以及“十二条”都把加快少数民族和民族地区经济社会发展作为现阶段民族工作的主要任务提出，这无疑是对现阶段我国民族问题主要矛盾的正确反映。然而，怎样加快发展、实现怎样的发展以及怎样处理日渐突出的发展与稳定的关系是民族工作不断面临的难题。自第三次中央民族工作会议起，中央对民族地区的科学发展给予了很大的关注，要求在全面建成小康社会的进程中，因地制宜地创新发展模式，兼顾速度和效益、经济发展与资源环境的协调，始终把实现好、维护好、发展好各民族人民的根本利益作为自己定政策、做计划乃至一切工作的出发点和落脚点。2014 年 5 月中央召开的第二次新疆工作座谈会，突出了社会稳定和长治久安这个总目标，而其后的第四次中央民族工作会议又对科学发展问题以及发展和稳定的关系做了充分表达。中央仍然强调了加快发展，强调了发展是解决民族地区各种问题的总钥匙。一些民族地区群众困难多，困难群众多，同全国一道实现全面建设小康社会目标难度较大，必须加快发展，实现跨越式发展。但要把发展的着眼点和着力点放在促进民族团结、改善民生上，建立在生态安全基础上，实现以人为本、全面协调可持续的科学发展。同时要处理好团结稳定与繁荣发展的关系，两个方面密不可分、相辅相成。要着眼于团结稳定抓繁荣发展，这样才能形成繁荣发展的合力；要立足于繁荣发展缩小差距，促进各民族交往交流交融，这样才能筑牢民族团结、社会稳定的基础。由此，中央就把加快发展民族工作的这个主要任务分解到以人为本、全面协调可持续的科学发展的具体工作之中，把发展与稳定融入到具体的民族团结进步事业当中，脚踏实地，可见可触。

——关于民族问题和社会总问题的关系。民族问题是社会总问题的一部分，是马克思主义民族理论的原理性观点，有着绝对的解释力。但这绝不意味着民族问题对于社会总问题总是处于一种被动的和从属的关系。相反，民族问题从来都不是一种孤立的存在，而是裹合于具体的社会问题之中。民族工作、民族问题因其特殊的重要性、复杂性和长期性，始终对于社会总问题具有一种全局性的影响。习近平在看望出席全国政协十二届二次会议的委员时提出“民族工作关乎大局”，在第四次中央民族工作会议上又进一步讲到“民族工作涉及方方面面，方方面面都有民族工作”，实际上就是揭示了民族问题与社会总问题的这种辩证关系。在民族问题日益多发、复杂的社会条件下，这一理念对做好民族工作十分有意义。不但如此，“民族工作关乎大局”的思想也揭示了社会给予民族问题更多关注的必要性。随着民族问题在地域和社会空间的不断扩展，民族工作需要全社会的共同参与。近年来我们提出并实践的“民族工作社会化”正是对这种需要的正确适应。而党委领导、政府负责、有关部门协同配合、全社会通力合作的民族工作格局又是中央为此提出的具体要求。

——关于民族团结的重要意义和工作要求。民族团结向来就是我国民族理论和政策的核心内容，而第四次中央民族工作会议又对民族团结做出了更多的理论阐述。习近平提出，民族团结是我国各族人民的生命线。做好民族工作，最关键的是搞好民族团结，最管用的是争取人心。坚持绵绵用力、久久为功，把加强民族团结作为战略性、基础性、长远性的工作来做。这就把民族团结的重要性说到家了。此外，习近平还提出，加强中华民族大团结，长远和根本的是增强文化认同，文化认同是民族团结之根。当前重点抓好的工作是要正确认识我国民族关系的主流、善于团结群众争取人心、加强各民族交往交流交融、创新载体和方式、增强法律保障等。既有长远和根本的工作，又有当前的重点工作，对民族团结提出如此具体的要求也从另一方面彰显了中央对于民族团结的重视。

——关于用法律来保障民族团结。依法保障民族团结在党的民族理论政策中已经占有位置，如“十二条”就讲“保障各民族的合法权利和利益，各族人民都有义务维护宪法和法律尊严”。第三次中央民族工作会议对这一点讲得也很多。近年来，随着依法治国方略的全面推进，中央用法治思维和法治方式处理民族事务，保障各族人民合法权益的思想也更为突出。第四次中央民族工作会议再次强调“用法律来保障民族团结”，其中又分别讲了三层意思：一是增强各族群众的法律意识。只有树立对法律的信仰，各族群众自觉按法律办事，民族团结才有保障，民族关系才会巩固。涉及民族因素的矛盾和问题，有不少是由于群众不懂法或者不守法酿成的。要增强各族群众法律意识，懂得法律面前人人平等，谁都没有超越法律的特权。二是对敌对势力依法打击，对极少数分裂和暴恐活动的犯罪分子，不论什么民族出身，信仰哪种宗教，都要坚决依法打击。三是要把宪法和民族区域自治法的规定落实好，加强对民族区域自治法的研究、普及和宣传，特别是要搞好对贯彻落实情况的监督检查。总之，对属于两种性质的矛盾都应该坚持法治的原则。在依法治国的原则下创新民族工作的制度、政策和实践，顺应历史趋势，把推进民族事务治理法治化做深做实。这些思想表明，依法治国理念在中国特色民族理论政策体系中得到了全面贯彻。

七、发展创新的时代特点

与中国特色社会主义事业同步，中国特色民族理论政策发轫于我国民主革命时代，形成于改革开放，而至最近十年，不但完成了它的体系化形成过程，也实现了自身的全面推进和发展。当我们完成了上述中国特色民族理论政策十年发展的观察之后，其不断闪动的时代特点也便跃然而出。

第一，着眼于当前民族工作和社会舆情急需回答的重大问题，理论回应和政策应对更具针对性。2005 年之后的中国，改革开放和现代化建设向纵深发展，但民族地区的发展不平衡以及随西部大开发和城镇化而来的生态环境恶化、传统文化流失、不同群体的利益失衡等问题随之而来，而“3・14”事件和“7・5”事件的发生，则将社会稳定和民族分裂的现实威胁摆到了人们面前。学界和社会对少数民族和民族地区如何发展，如何评价中国的民族理论政策等发出一系列的疑问和责难。近十年的中国特色民族理论政策正是在这样的社会大背景中不断推进的。针对以民族区域自治为核心的党的民族理论政策的质疑，中央从第三次中央民族工作会议关于民族区域自治“三个不容”的表态，到 2009 年全国第五次民族团结进步表彰大会上“必须坚持党的民族政策不动摇”的重申，直到第四次中央民族工作会议上习近平“取消民族区域自治制度这种说法可以休矣”的强调，表达了坚持民族区域自治和中国特色解决民族问题正确道路的坚定信念。不但如此，在第四次中央民族工作会议上，中央对民族区域自治和中国特色解决民族问题正确道路的内涵等问题做出了进一步的理论阐述。针对民族地区发展和城镇化中存在的问题，中央始终坚持了科学发展的理念，坚持因地制宜、因族举措、分类指导，制定并实施符合少数民族和民族地区实际的政策措施；而至第四次中央民族工作会议则提出，发挥好中央、发达地区、民族地区三个积极性，加大各方面支持力度，提高自我发展能力，实行差别化的区域政策以及其他促进民族地区全面建成小康社会等更为具体的政策措施。这些理论应对和政策措施令人信服、催人奋进，关键是它“集中回答了事关民族工作全局最核心、最根本的道路问题，深刻解答了关于党的民族理论政策最集中、最突出的思想困惑”①，符合实际，具有明确的针对性。

第二，把握规律更为自觉，对中国民族工作民族问题的认识更趋全面。民族现象民族问题有其自身的运行规律，能否把握其规律关乎处理民族问题实践的成败。我们把加快少数民族和民族地区发展作为现阶段民族工作的主要任务，是因为我们认识到少数民族和民族地区发展差距过大是现阶段民族问题的主要矛盾，这无疑是正确的。但我们在肯定这一认识正确的同时也要注意到，在局部地区、一定阶段社会稳定和民族关系问题也会上升为主要矛盾。因此近年来的民族政策特别注意处理发展和稳定的关系，注意经济社会发展对民族团结的促进作用。无疑，这样把握民族工作的主要任务才更为全面和准确。同样，近年来中央关于民族关系交往交流交融历史方向的认识，对民族差异和共性关系的认识，对解决民族问题既要重视物质力量也要重视精神力量的认识，关于现阶段民族工作阶段性特征的概括，对多民族是我国的一大特色也是我国发展的一大有利因素的阐述等等，都充满了辩证唯物主义的思想方法，表明了中国共产党对民族问题规律认识的不断深入。

第三，语言朴实真切、深入浅出，理论阐释的话语特点十分鲜明。当前中国政坛的新气象很多，其中感觉最为明显的现象之一是清朗文风的吹拂，而这在中央关于民族工作的论述中也表现得越来越透彻。像习近平在联合国教科文组织演讲中对“和而不同、交流互鉴”理论的阐发，在第二次新疆工

① 王正伟：《做好新时期民族工作的纲领性文献》，《求是》2014年第20期。

作座谈会讲话中各民族团结互助要“像石榴籽那样紧紧抱在一起”的比喻，以及在第四次中央民族工作会议上“取消民族区域自治制度这种说法可以休矣”，“治理国家、治理社会，很多东西就是不能动，一动就会产生连锁反应，越动越乱”的祈使语和定论等，因其明快、上口和深刻而广为流传、深入人心。讲话、文章反映文风，文风反映党风。早在延安时期中国共产党就提倡“新鲜活泼的、为中国老百姓所喜闻乐见”的文风①，当今新的中央领导集体再次倡导并倾力垂范，空话、套话少了，特色鲜明、生动活泼的话语多了，而主要由他们所表达出来的中国特色民族理论政策也充溢了较多的新鲜气息。

第三次中央民族工作会议之后的十年，中国特色民族理论政策伴随着日益丰富的民族工作实践不断前行，有坚持、有探索、有补白、有完善。虽然其在解决中国民族问题历程中的地位、作用、价值和意义最终要由历史来评价，但其展示的内容之丰富、应对问题之明确、话语特色之鲜明，对现实民族工作指导之积极较之以往都无出其右。就此而言，这十年的中国特色民族理论政策发展已经为中国社会留下了浓墨重彩的一笔，足以值得称道和总结了。我们期望这种总结，更期望在不断发展的中国特色民族理论政策指导下的成功实践。

---

① 毛泽东：《反对党八股》，载毛泽东：《毛泽东选集》（第三卷），人民出版社，1991，第844页。

中国特色民族政策与时俱进论

雷振扬

民族问题是建设中国特色社会主义必须处理好的一个重大问题。新中国成立60年来，我们党坚持把马克思主义民族理论同中国民族问题的具体实际相结合，形成了具有鲜明中国特色的社会主义民族政策体系，开辟了具有中国特色的解决民族问题的正确道路，取得了举世瞩目的伟大成就。在改革开放的背景下，中国特色民族政策面临一系列新情况、新问题，民族政策只有与时俱进，完善创新，才能适应时代发展的要求，保持旺盛的生命力。

一、中国特色民族政策是解决我国民族问题的重要保障

中国特色民族政策体系，“既全面考虑了我们这个多民族的统一国家走上社会主义道路的基本事实，又全面考虑了我国56个民族在发展水平和文化风俗上存在多样性与差异性的基本事实，既深刻总结了我国历史上处理民族问题的经验教训，也积极借鉴了世界上一些国家处理民族问题的经验教训，因而具有历史和现实的科学依据”①。它既是我们党应用马克思主义民族理论解决民族问题的实践的产物，也是我们党在社会主义制度下不断理论创新和政策创新的结果。

新中国建立60年来的实践证明，中国特色民族政策符合我国国情。它保证了我国从根本上消灭了民族压迫、民族剥削制度，建立、巩固和发展了平等、团结、互助、和谐的社会主义民族关系。它促进了各民族的共同发展繁荣与少数民族生活水平的提高。新中国成立以来，特别是改革开放以来，我

---

① 江泽民：《在中央民族工作会议暨国务院第三次全国民族团结进步表彰大会上的讲话》，《人民日报》1999年9月30日。

国少数民族地区的经济社会状况发生了巨变。据统计，民族地区 GDP 总量由 1978 年的 324 亿元增加到 2007 年的 25068 亿元，按可比价格计算增长了 15.3 倍，年均增速 10.1%。民族地区城镇居民人均可支配收入由 1980 年的 414 元增加到 2007 年的 11490 元，增长了 26.8 倍。农村居民人均纯收入从 1980 年的 168 元增加到 2007 年的 2937 元，增长了 16.5 倍①。民族地区贫困人口比例大幅降低，已有 3600 万少数民族和民族地区贫困人口解决了温饱。2005 年末，少数民族地区农村绝对贫困人口下降为 1170.4 万②。中国特色民族政策，还促进了少数民族文化、教育事业的发展。少数民族优秀传统文化得到有效保护和利用，少数民族风俗习惯得到尊重，少数民族宗教信仰自由得到保护，少数民族的人权状况得到极大的改善。有中国特色的民族政策，促进了各民族的大团结，维护了祖国的统一，保证了我国的经济发展和社会稳定。

有中国特色的民族政策，使我国成为世界多民族国家成功解决民族问题的典范。正如江泽民同志曾经指出的那样："事实充分说明，我们的民族政策是完全正确的，与世界其他国家相比，我们处理民族问题也是最成功的。""这些基本政策和制度是我们的重要政治优势，是我们做好民族工作的根本保证，必须继续坚定不移地贯彻执行，任何时候都不能有丝毫动摇和改变。"③

二、中国特色民族政策需要与时俱进、完善创新

具体民族政策作为国家公共政策的重要组成部分，必然要随着社会的发展而不断发展完善。改革开放 30 年来，我国经济社会发生了巨大变化，民族政策在实施过程中也面临一系列新情况、新问题，需要与时俱进。

1. 社会主义市场经济的发展要求民族政策与时俱进。我国的民族政策体

① 王海青：《30 年来，民族地区 GDP 年均增长 10.1%》，《中国民族报》2009 年 1 月 13 日。

② 国家民族事务委员会经济发展司、国家统计局国民经济综合统计司：《中国民族统计年鉴》(2006)，民族出版社，2007，第 148 页。

③ 江泽民：《在中央民族工作会议暨国务院第三次全国民族团结进步表彰大会上的讲话》，《人民日报》1999 年 9 月 30 日。

系基本框架初步定型于新中国建立初期，主要是在社会主义计划经济体制下制定出来的。改革开放以来，我国民族政策运行环境发生了重大变化。社会主义市场经济体制的建立，在给经济注入生机与活力的同时，也给民族政策体系带来了前所未有的冲击。市场经济强调市场在资源配置中的基础地位与作用，强调通过市场竞争与优胜劣汰来提高效率，优化资源配置。这种体制性的变革，使主要形成于计划经济体制时期的对民族地区的经济优惠政策出现很大的反差和不适应。由于政策执行的环境发生了显著的变化，原有的一些具体的经济扶持与税收优惠政策被国家普遍性的政策调整所抵消或失去效能，而新出台的一些对民族地区经济社会发展的帮扶政策，在执行中还存在不完善、操作性不强等问题。与此同时，市场经济规则的施行，以及民族地区在地理环境、基础设施与发展条件等方面与东部沿海地区的差距，导致少数民族地区与东部发达地区的发展差距呈扩大趋势，民族地区在市场竞争中的弱势地位凸显。市场经济发展带来的种种新的矛盾和问题，要求对民族政策进行必要的完善与创新。

2. 对外开放深入发展与加入 WTO 要求民族政策与时俱进。2001 年 12 月 11 日，我国加入世界贸易组织，这是我国融入世界经济体系的重要标志，也是我国发展市场经济的重要成果。加入世贸组织，意味着承担相应的责任，在对外贸易中，要遵守相关的规则，减少甚至取消相关的出口补贴，消除关税壁垒和贸易保护，实现所谓自由贸易。这对于少数民族地区的边境贸易形成巨大的冲击，使原有的一些政策优惠被取消或大幅削减，使出口受到较大的影响。同时，由于周边国家继续实行甚至加大扶持的力度，使其对我国的相关产品出口增加，形成对我国民族地区产业升级的制约。加入 WTO 后民族地区面临的形势，对我国相关民族政策的调整完善提出了新的要求。

3. 社会发展的新任务要求民族政策与时俱进。在新世纪新阶段，随着改革的深化，党和政府提出一系列新的社会发展目标与任务，如全面建设小康社会、建设社会主义新农村、实施可持续发展战略、加强民主法治建设、实现区域协调发展、走共同富裕之路、实现基本公共服务均等化等等。这些新目标、新任务的实现，要求我们根据民族地区的实际，对原有的一些具体的民族政策进行必要的调整和完善。

4. 民主法治建设的发展要求民族政策与时俱进。在经济体制改革影响加大的同时，我国民主法治建设的发展也对民族政策提出新的要求。在新的历史条件下，民族区域自治制度的建设，对具体民族政策的配套提出了更高要求；民族地区和少数民族利益表达制度的建设还存在不规范的地方，依法行政的体制机制还需要进一步健全。依法治国方略和以人为本理念的确立，要求我们对已有的政策进行全面的检视，将政策制度化、法制化，真正以人为本，切实维护少数民族地区和少数民族群众的合法权益；要求我们对既有的具体民族政策进行必要的评估和梳理，从实际出发制定新的民族政策或对原有政策进行必要的补充和完善，使之更加符合法治的要求，更好地发挥应有的政策效能，促进少数民族和民族地区又好又快发展。

5. 民族地区发展面临的困难要求民族政策与时俱进。改革开放30年，我国少数民族地区发生了巨大的变化，民族地区的经济社会发展取得了显著成绩，少数民族群众的生活水平明显提高。但是，少数民族和民族地区整体发展水平与东部发达地区差距扩大，发展不均衡、不协调的问题仍然突出。据国家民委公布的2007年民族自治地方农村贫困监测结果显示，我国剩余贫困人口越来越集中分布在少数民族贫困地区。“民族自治地方绝对贫困及低收入人口占全国同口径人口的比重明显上升：2007年，民族自治地方农村绝对贫困人口占全国农村绝对贫困人口（1478.8万人）的比重为52.3%，比上年（44.1%）上升8.2个百分点；贫困发生率比全国（1.6%）高4.8个百分点。”① 民族地区社会事业发展滞后，政府基本公共服务落后的状态依然存在。在新的历史条件下，帮助少数民族和民族地区克服发展过程中的困难，进一步加快经济社会发展，更好地保护少数民族的合法权益等，都要求完善与创新有中国特色的民族政策。

6. 国际环境变化带来的挑战要求民族政策与时俱进。20世纪80年代末90年代初，以苏东剧变为开端，出现了全球范围的第三次民族主义浪潮。它有两个非常突出的特点：一是民族意识、宗教意识、分裂和独立意识凸显；

① 郭荆发：《我国剩余贫困人口越来越集中分布在少数民族贫困地区》，《中国民族报》2008年10月10日。

二是否定马克思主义，否定社会主义，否定共产党领导。冷战结束后，西方敌对势力奉行对我国的分化西化政策，在国际人权领域，不断打出“人权牌”“西藏牌”“宗教牌”等来牵制我国，挑拨我国的民族关系；境内外民族分裂势力相互勾结，利用各种手段对我国进行分裂渗透等破坏活动；在国际敌对势力的支持下，境内外民族分裂势力不断挑起矛盾、制造事端，对我国社会稳定构成威胁。周边国家的各种泛民族主义思潮对我国的民族团结与和谐社会建设构成了新的挑战。前苏联、南斯拉夫解体的深刻教训和错综复杂的国际形势，要求我们更理性地认识社会主义国家的民族问题，更深刻地反省社会主义国家民族政策的决策机制与实施保障，更冷静地判断国际形势对民族问题的影响。在新的历史时期，我们应当用世界眼光，认真地审视我国既有的具体民族政策，以积极的态度来对待和处理民族问题，审时度势，完善创新民族政策，应对来自国际的挑战，更好地维护民族团结，为现代化建设创造和谐稳定的社会条件。

7. 民族政策只有与时俱进，不断完善创新，才能保持旺盛的生命力。与时俱进是辩证唯物主义和历史唯物主义世界观、方法论的重要内容，是马克思主义的基本理论品质。客观世界的变化运动是没有穷尽的，人们在实践中对于真理的认识，也永远不会完结，人类对自然和经济社会发展规律的认识也永无止境。正因为事物的变化是永恒的，因此，人们要想适应这种变化，进而能够驾驭这种变化，就必须与时俱进。

总之，我国的基本民族政策是正确的，必须坚持并认真贯彻执行。同时，要从实际出发，对具体的民族政策进行评估和梳理，予以完善和创新。笔者认为，在新形势下，需要调整、完善的主要是一些具体的政策。这些具体政策，有的是因为政策制定时考虑不周，存在明显的漏洞，实践证明不能达到政策设计效果，需要进行调整或完善；有的是原有政策在过去是正确的，是行之有效的，但因为经济体制和政策执行环境发生了变化，已不能发挥效能，需要进行调整或完善；有的是因为针对某一特殊情况制定的特殊政策，已经完成使命，目的已经达到，该项政策已经过时，需要废止；有的则完全是因为社会出现了新的情况和问题，或为实现新的目标追求，需要制定新的民族政策来进行导引或规范。所以，对我国现行的具体民族政策，要进行实事求是的分析研究，具体问题具体分析，在总体肯定与坚持的前提下，根据实践的要求和现实的需要，在认真总结经验和深入调查研究的基础上，进行审慎的修改、完善与创新。

三、完善创新中国特色民族政策应遵循的几项原则

政策和策略是党的生命。我们必须看到，民族工作无小事，对民族政策的完善创新必须审慎从事。政策的调整是一件极其重要的工作，必须采取审慎而科学的态度。坚持、完善与创新中国特色民族政策，必须遵循以下几项基本原则。

1.“两个共同”原则。2003 年 3 月，以胡锦涛同志为总书记的党中央，在深刻把握党的三代领导集体关于民族问题的基本理论和基本政策，系统总结 50 多年民族工作的成就和经验的基础上，提出“共同团结奋斗、共同繁荣发展”是新世纪新阶段民族工作的主题。这是我们党在民族理论和民族政策上的新发展，是马克思主义民族理论中国化的一大创新。2005 年 5 月召开的中央民族工作会议，对“两个共同”的主题又做了深刻的阐述。回顾新中国的发展历史，我们可以毫不夸张地说，没有各民族的团结奋斗，没有各民族的繁荣发展，就没有繁荣富强的新中国，就没有改革开放的顺利推进和现代化建设的新局面。“两个共同”是建设中国特色社会主义的应有之义，体现了社会主义的本质要求。只有全国各族人民共同团结奋斗，社会主义制度才能不断焕发出新的生机和活力。我国各族人民也只有在中国特色社会主义事业蓬勃发展的进程中，才能逐步走上共同繁荣发展的富裕之路。“两个共同”是实现全面建设小康社会目标的必然要求，是增强中华民族凝聚力的重要途径，是做好新世纪新阶段民族工作的根本指针。抓住“两个共同”这一主题，才能抓住民族问题的规律，抓住民族团结进步的核心，抓住新形势下正确处理民族问题、切实做好民族工作的根本，才能在全面建设小康社会的历史进程中不断开创民族工作的新局面。“两个共同”是评价和衡量一项民族政策的标准和最基本的原则。民族政策的坚持、完善与创新，只有坚持“两个共同”的原则，才能把握正确的政治方向和发展目标，才能在纷繁复杂的社会变革

过程中，始终坚持各民族的根本利益。

2. 实事求是原则。实事求是，从实际出发，是我们党的思想路线的核心内容，也是我们探讨民族政策的坚持、完善与创新的最基本的原则。遵循这一原则，一要从我国的国情出发，从民族地区的具体实际出发；二要从我国民族政策执行的实际出发，认真地总结实践的经验教训，检查民族政策执行的各个环节；三要了解民族地区发展变化的具体情况，了解民族地区发展的新形势、新要求。只有尊重实践，贯彻从实际出发的原则，我们才能抓住民族地区发展的关键，才能审时度势，提出切合实际的民族政策改革完善的方案。只有对既有民族政策的执行情况做出实事求是的评估，找出存在的问题与不足，才能准确把握改革调整的对象；只有了解民族地区发展变化的新情况、新要求，才能拿出切合实际的对策与措施；只有从全国发展的大局出发，才能更清楚地看到民族地区的发展差距，才能更好地理解加快民族地区发展的必要性与紧迫性，以及从政策上给予民族地区更多的支持与帮助的必要性与紧迫性。在探讨民族政策的坚持、完善与创新时，要将政策研究部门、专家学者的研究与民族地区干部群众的意见和建议有机地结合起来，要建立健全民族政策的评价机构和科学的评价机制、评价指标体系，使民族政策的坚持、完善与创新真正建立在科学的基础之上。

民族政策的制定与实施，在一定的意义上也体现利益博弈的关系。在我国，党和国家制定民族政策的根本出发点和归属，是保障维护发展少数民族和民族地区的利益，是保障维护发展包括少数民族在内的整个中华民族的利益。在我国，国家利益与民族利益应该是一致的。但是，由于地区发展的差异以及各民族急需解决的发展问题各不相同，因此在关注的焦点问题上，可能产生利益的冲突。关键是如何确定一个度的问题。对这类问题，就要从历史和现实的实际出发，综合考虑各方面的利益，不能简单地说是政策问题。比如，按现行的分税制体制，民族地区要将增值税的一定比例上缴中央财政，而民族地区则认为现行的税收返还政策不合理，希望将民族地区的增值税全额留存地方。2005 年颁布的《国务院实施〈民族区域自治法〉若干规定》要求：“国家加快建立生态补偿机制，根据开发者付费、受益者补偿、破坏者赔偿的原则，从国家、区域、产业三个层面，通过财政转移支付、项目支持等措施，对在野生动植物保护和自然保护区建设等生态环境保护方面做出贡献的民族自治地方，给予合理补偿。”这一规定显然是十分正确的，也是必要的。但问题是，国家的生态补偿机制何时能够建立并付诸实施？什么样的补偿额度才是合理的补偿？对于这类复杂问题，显然需要认真研究，不可简单从事。

3. 法治原则。坚持法治原则，就是民族政策的调整完善，要严格依法办事。一是在民族政策的完善与创新过程中，要坚持贯彻宪法和法律的精神与原则，将宪法和法律规定的民族平等与民族团结、维护少数民族的合法权益、实行民族区域自治、促进民族地区经济社会发展等规定具体化，具体的民族政策不能与宪法和法律相抵触、相违背。二是要将民族政策法制化，要对既有的民族政策进行必要的清理，按照法律法规的层次要求进行分类编纂，汇编成册，利于贯彻执行；对于成熟的民族政策要以法律法规的形式确定下来，使之成为具有国家强制力的政策规范。三是民族政策的完善创新要按法定的程序进行。作为党和国家处理民族问题的政策，其变动是一件极其严肃的事情，不可随意为之。其立留废改，必须深入实际，调查研究，广泛听取民族地区干部群众的意见和建议。对拟立改的方案要进行充分的论证、比较，对拟废止的政策也要认真地总结经验，分析废止的原因，以利后续政策更好地实施。

4. 效益原则。坚持民族政策的效益原则，就是在评价某项具体的民族政策时，要关注政策目标的达致程度，关注民族政策的实际效果是否与理想目标相符，在多大程度上相符，还有什么距离和偏差。坚持效益原则，就是要对民族政策产生的绩效进行分析，也就是要明了一项民族政策执行后，什么问题得到了解决，解决程度如何，以此衡量这项民族政策是否充分实现了政策设计的要求。在评估中，既要分析民族政策的正效应，即要对民族政策的积极影响加以描述和分析，也要注意对民族政策的负效益与从效益进行分析研究，以便对民族政策的效益进行客观而全面的评价。坚持民族政策的效率原则，还要关注政策效益与政策投入之间的比率。民族政策效率标准经常以单位成本所能产生的最大价值为评估的基本形式。其主要内容包括一项民族政策的资源投入量是多少；投入一定资源后有无产出，产出多少；对投入产出进行比较，考察效率高低，探讨有无其他代价更小，同时最有效的方法和途径。

生产力标准是评估一项政策特别是经济政策的重要标准。一项具体的民族经济政策绩效的好与差，归根到底取决于它能否解放生产力，促进生产力的发展，促进少数民族群众生活水平的提高。更确切地说，社会生产力的发展表现为劳动生产率的提高、科技的发展、国力的增强和人民生活水平的提高。十一届三中全会后实行的改革开放政策，极大地促进了民族地区的发展和繁荣，使少数民族群众解决了温饱问题，走向富裕，使他们真正感受到社会主义的优越性，因而也更拥护党的民族政策。生产力标准是我们评估民族政策的重要标准之一。但是，对生产力标准的理解也不能机械化。有的民族政策如经济、科技政策的实施可以直接外化为生产力；而有的政策如教育政策等则通过人才培养和改变人们的思想观念，促进生产力的发展。坚持生产力标准，并不是简单以 GDP 为标准，还要注意经济社会的协调发展与可持续发展，注意基本公共服务与人民生活水平的提高，注意团结和谐互助的民族关系的建构。在政策绩效的评估中，要将价值分析与实证分析结合起来，将价值判断与事实判断结合起来，注意运用计量分析的方法，使评估建立在科学的基础之上。在对民族政策绩效进行科学分析的基础上，对那些绩效差甚至没有绩效的政策就要果断地进行改革或废止；对那些绩效不明显或政策成本过高的具体民族政策就要从实际出发，进行必要的调整、补充完善，促使其政策价值实现，更好地促进民族地区的经济社会发展和人民生活水平的提高。

5. 统筹协调原则。民族问题是社会问题的一部分，民族问题的解决，是一个复杂的社会系统工程。因此，对民族问题的认知与政策的设计，必须有系统、协调的观念与意识。我们对现行民族政策的评估与检视，不仅要有历史的发展的观念，而且要将政治、经济、文化、历史、地理、自然、周边环境等因素联系起来思考。我们有一些民族政策之所以执行得不好，重要的原因之一就是它受相关因素的制约，或者政策本身顾及了一个方面，忽略了其他的方面；一些政策不配套，在执行中缺乏可操作性，或与其他部门、其他政策相冲突，造成政策的抵消效应。坚持统筹协调原则，首先要从全国大环境大政策的角度，从全国一盘棋的角度，看待民族政策的坚持、完善与创新问题。要将民族地区的发展纳入统筹区域发展、统筹城乡发展的视域，从科学发展观的立场，从全国的现代化建设的立场，来思考如何缩小民族地区的发展差距，实现跨越式发展问题。只有如此，才能给予民族地区更特殊的政策，在具体政策的设计与调整中给予民族地区更多的照顾与政策倾斜。在此基础上，政府各职能部门，要沟通协调，使具体民族政策的完善与创新能够发挥政策的综合效应，避免政出多门，相互抵触。国家在出台相关政策时，应统筹考虑民族地区的特殊性，防止一刀切现象的发生。其次，要统筹协调有关民族地区的经济、政治、文化、社会政策，在民族政策的坚持、完善与创新过程中，要做好政策的配套工作，尽量减少政策执行中的梗阻现象。既要重视民族政策的制定，也要高度重视民族政策的执行，加强民族政策执行的监督检查、反馈等制度、体制机制的建设。要妥善处理公平与效率的关系。再次，要统筹考虑民族地区的眼前发展与长远发展的关系，经济发展与环境保护、经济发展与基本公共服务均等化等关系。防止走先开发后治理的环境破坏老路。要统筹城乡发展，注意克服城乡二元社会格局造成的消极影响，推进社会保障等制度的建立与完善。将环境保护、民族传统文化保护、基本公共服务均等化等放在重要的位置，给予高度的重视。同时，要统筹不同民族地区之间的发展，既要注意民族政策的统一与协调，也要注意地区之间发展的差异；既要防止在政策支持上的畸轻畸重，使扶持差异过大，也要防止不顾历史与现实的发展差异，盲目地一视同仁；既要重视民族聚居区的发展，也要重视散杂区民族的发展；既要重视人口较多的民族的发展，也要给予人口较少民族的发展特别的关注。最后，要统筹考虑国际环境变化对民族地区发展产生的影响，有针对性地解决边境民族地区发展中的特殊问题。特别是要综合考虑我国加入 WTO 后，对民族地区产业政策和边境贸易的冲击和影响，有针对性地调整相关的民族政策，促进民族地区又好又快地发展。

总之，民族政策的坚持、完善与创新要以科学发展观为指导，坚持民族平等团结的基本原则，坚持各民族共同团结奋斗、共同繁荣发展的宗旨。

新世纪新阶段民族政策的创新与发展

龚志祥

进入21世纪以来，针对我国民族问题出现的新情况新问题，民族理论与时俱进，有了进一步的创新与发展，丰富了当代中国的马克思主义民族理论，与此同时，通过一系列民族政策的制定，促进了少数民族和民族地区经济社会发展，促进了各民族共同繁荣进步。“本世纪头二十年，是我国改革发展的重要战略机遇期，也是促进我国各民族共同繁荣进步的关键时期。”① 新世纪新阶段各民族共同团结奋斗共同繁荣发展这一民族工作主题的提出，为民族政策的制定和实施指明了方向，明确了目标。实现中华民族伟大复兴的中国梦的提出，进一步开阔了民族政策的视野，为民族政策的创新和发展展现了无限的前景，必将促进少数民族和民族地区又好又快的发展。

一、民族政策理念的创新与发展

新世纪新阶段，民族地区出现了许多新情况新问题，政策环境发生了许多变化。如随着经济体制转型，传统的计划经济体制向市场经济体制转变。又如发展仍是民族地区和少数民族面临的主要问题，但发展的重点和方式有了较大变化，从单纯的经济发展转向全面发展。民族政策是公共政策的重要组成部分，其政策过程遵循公共政策的一般原理。但由于其特殊性，民族政策过程又有其不同于其他公共政策的理念和视角。党的十六大报告认为，21世纪头二十年是一个必须紧紧抓住并且可以大有作为的重要战略机遇期。报告指出：“我们要在本世纪头二十年，集中力量，全面建设惠及十几亿人口的更高水平的小康社会，使经济更加发展、民主更加健全、科教更加进步、文

① 《民族工作文献选编》（2003—2009年），中央文献出版社，2010，第51页。

化更加繁荣、社会更加和谐、人民生活更加殷实。”① 党的十七大报告进一步指出：“在新的发展阶段继续全面建设小康社会、发展中国特色社会主义，必须坚持以邓小平理论和三个代表重要思想为指导，深入贯彻落实科学发展观。”② 科学发展观是发展中国特色社会主义必须坚持和贯彻的重大战略思想，其第一要义是发展，核心是以人为本，基本要求是全面协调可持续，根本方法是统筹兼顾。党的十八大报告提出：“必须以保障和改善民生为重点，多谋民生之利，多解民生之忧，解决好人民最关心最直接最现实的利益问题，在学有所教、劳有所得、病有所医、老有所养、住有所居上持续取得新进展，努力让人民过上更好的生活。”③ 民族政策把解决少数民族和民族地区民生问题放在重要地位。习近平总书记在第十二届全国人民代表大会第一次会议上进一步指出：“实现全面建成小康社会、建成富强民主文明和谐的社会主义现代化国家的奋斗目标，实现中华民族伟大复兴的中国梦”，“中国梦归根到底是人民的梦，必须紧紧依靠人民来实现，必须不断为人民造福”④。党在新世纪的这些重大理论和战略思想的出台，为民族政策创新与发展提供了开阔的理论视野和政策方向。

胡锦涛同志在参加全国政协十届一次会议少数民族界委员联组讨论时指出：“共同团结奋斗，共同繁荣发展，这就是我们新世纪新阶段民族工作的主题。”⑤ 并就如何围绕这一主题做好民族工作做出四点指示：一是着力加快民族地区经济社会发展；二是突出抓好人力资源开发和少数民族干部队伍建设；三是坚决维护祖国统一和民族团结；四是坚持和完善民族区域自治制度。2005 年，中央民族工作会议明确了新形势下做好民族工作的指导原则和主要

① 《江泽民在党的十六大上所做的报告》[2002 - 11 - 17]. http: //news. xinhuanet. com/newscenter/2002—11/17/content_ 632260. htm

② 《胡锦涛在党的十七大上的报告》[2007 - 10 - 24]. http: //news. xinhuanet. com/newscenter/2007—10/24/content_ 6938568_ 2. htm

③ 《胡锦涛在党的十八大上的报告》[2012 - 11 - 19]. http: //www. wenming. cn/djw/syjj/gcsy/201211/t20121119_ 940174_ 6. shtml.

④ 《习近平在第十二届全国人民代表大会第一次会议上的讲话》[2013 - 03 - 17]. http://news. xinhuanet. com/2013lh/2013—03/17/c_ 115055434. htm

⑤ 《民族工作文献选编》（2003—2009 年），中央文献出版社，2010，第 3 页。

任务，并要求加强和改善党对民族工作的领导，从宏观和微观两个方面为民族政策创新与发展指明了方向，明确了重点。

城镇化战略的提出，涉及民族地区的城镇化和进城务工少数民族就业、生活保障以及社会适应等系列问题。为更好地促进民族地区城镇化和保障城市少数民族流动人口权益，要求民族政策创新，丰富民族政策内容，创新民族政策执行方式，提高民族工作水平。

二、民族政策内容的创新与发展

新世纪新阶段民族地区面临的问题仍然是发展不够，发展是少数民族和民族地区的主要问题。“加快少数民族和民族地区经济社会发展，是现阶段民族工作的主要任务，是解决民族问题的根本途径。”① 因此，民族政策内容的创新必须始终坚持发展这条主线。

民族地区多地处中西部，整体发展滞后，与东部和沿海发达地区相比，仍然存在较大差距。西部大开发政策极大地促进了民族地区的资源开发、基础设施建设、生态保护和产业结构调整，一些制约民族地区可持续发展的不利因素和环境条件得到改善。西部大开发中的民族工作就是做好少数民族和民族地区的总体规划，促进民族地区整体脱贫。为了使更多民族地区获得发展机遇，内蒙古、广西两个自治区和湘西、恩施、延边三个自治州也被列入西部开发范围，享受西部开发政策。

为解决民族地区之间的发展不平衡和各少数民族发展差距问题，民族政策体现出针对性和灵活性，如兴边富民政策就是为了专门解决边疆少数民族和民族地区的发展问题。《全国兴边富民行动规划纲要（2001—2010）》从指导思想、总体要求、奋斗目标、主要任务、保障措施等方面提出政策要求，同时还出台了交通运输、农业发展、水利建设、生态环境建设专项规划②。兴边富民行动规划（2011—2015）增加了改善和保障民生重点工程、民族团结

---

① 《民族工作文献选编》(2003—2009 年)，中央文献出版社，2010，第 93 页。

② 《国家民委文件选编》(1996—2007)，民族出版社，2010，第 806 页。

和边防稳固重点工程、沿边开放重点工程、特色优势产业重点工程等内容①。兴边富民政策惠及136个陆地边境县（旗、市、区）和新疆生产建设兵团的58个边境团场。又如针对我国人口较少民族发展问题，2005年，国家出台《扶持人口较少民族发展规划（2005—2010年）》，专门解决我国55个少数民族中22个人口在10万人以下的少数民族发展问题，主要加强基础设施建设，改善生产生活条件；调整经济结构，发展特色产业，促进群众增收；发展科技、教育、卫生、文化事业，促进社会进步；加强培训，提高人口素质②。《扶持人口较少民族发展规划（2011—2015年）》进一步深化了发展政策，把提升发展保障能力、促进群众增收、人居环境改善、小城镇建设和公共服务均等化等方面纳入视野③。在扶持人口较少民族发展“十二五”规划中，较前“一是扩大了扶持范围，扶持的省区由10个扩大到13个，聚居村由640个增加到2119个；二是增加了民族数量，由22个民族增加到28个，将总人口在10万以上、30万以下景颇族、达斡尔族、柯尔克孜族、锡伯族、仫佬族和土族纳入扶持对象，扶持的人口数量也由63万人增加到169万人”④。再如针对少数民族高层次人才较少问题，教育部、国家发改委、国家民委、财政部、人事部2004年联合行文，决定从2005年开始选择部分中央部委所属院校试点招生2500人（其中博士生500人，硕士生2000人），至2007年达到5000人规模（其中博士生1000人，硕士生4000人），在校生总规模1.5万人。从2007年到2013年，少数民族高层次骨干人才招生计划每年招生规模均为5000人，博士生1000人，硕士生4000人。

为统筹解决少数民族和民族地区教育公平问题，国家采取了一系列措施提高民族地区教育水平，惠及更多少数民族同胞。一是大力实施培养少数民族高层次骨干人才计划。二是继续办好内地西藏高中班、新疆高中班。“从上

---

① 国务院办公厅：《兴边富民行动规划》(2011—2015年). [2011-06-16]. http://www.seac.gov.cn/art/2011/6/16/art_149_128683.html.

② 《国家民委文件选编》（1996—2007），民族出版社，2010，第845页。

③ 国家民委，等：《扶持人口较少民族发展规划》（2011—2015年）. [2011-01-01]. http://www.seac.gov.cn/art/2011/7/1/art_149_129390.html

④ 李吉和：《论新世纪我国民族政策发展的特点》，《西南民族大学学报》2013年第5期。

个世纪80年代开始，在全国部分重点高校和有关省、自治区的高校开办高校民族班、预科班；从1984年起在内地举办西藏班（校）；1987年起举办内地高校新疆民族班、预科班；从2000年起举办内地新疆高中班等等。这些特殊的政策和措施极大地促进了少数民族地区的经济发展、社会进步，增进了各民族的大团结和凝聚力，保障了国家安全和边防巩固，体现了我国社会主义制度的优越性，在国内外产生了广泛而深远的影响。"①"从2010年起，内地西藏、新疆高中班招生规模不断扩大，其中西藏高中班招生从2009年的1315人扩大到2011年的3000人，新疆高中班将从2009年5000人扩大到2014年的1万人。"② 为贯彻落实《关于进一步加强新疆干部与人才队伍建设的意见》精神，2003年，教育部、国家民委、新疆维吾尔自治区人民政府在乌鲁木齐联合召开了内地高等学校支援新疆第五次协作会议，会议落实了2006至2010年各有关高校为新疆培养少数民族本科生招生规划。三是解决民族地区师资问题。2002年，教育部决定安排华东师范大学支援新疆师范大学，东北师范大学支援伊犁师范学院，华中师范大学支援喀什师范学院，对口支援要以人才培养为中心，以学科专业建设、师资队伍建设、学校管理制度与运行机制建设为重点，采取多种形式的支援与合作。2006年，教育部、中央统战部、国家民委决定进一步加强教育对口支援西藏工作，大力加强教育援藏工作，促进西藏全面发展。包括加强对西藏普通高中和中等职业教育的支援；大力加强教师和教育行政管理干部的培养、培训工作；"十一五"期间，继续组织实施内地高等学校对口支援西藏高等学校的工作；大力加强为西藏培养各类建设人才的工作等。2008年，教育部决定增加内地高校支援新疆协作计划，2008年内地高校支援新疆协作计划达到885名。2012年11月，教育部等五部委联合印发了《边远贫困地区、边疆民族地区和革命老区人才支持计划教师专项计划实施方案》（教民〔2012〕6号）。从2013年起，每年选派3万名优秀教师，到边远、贫困、民族地区支教一年，同时，每年为这些地区培

---

① 《民族教育司原司长夏铸谈少数民族高层次人才培养》http://www.moe.gov.cn/publicfiles/business/htmlfiles/moe/A09_ ft/201004/83093.html.

② 李吉和：《论新世纪我国民族政策发展的特点》，《西南民族大学学报》2013年第5期。

训3000名骨干教师和紧缺学科教师。

新世纪新阶段，民族工作牢固树立和全面落实科学发展观，民族政策更加关注少数民族和民族地区的全面发展、协调发展和可持续发展，而不是单纯地注重经济发展。为促进民族地区各项事业发展，巩固和发展平等、团结、互助、和谐的社会主义民族关系，促进各民族共同团结奋斗、共同繁荣发展，依据《中华人民共和国国民经济和社会发展第十一个五年规划纲要》和党中央、国务院关于进一步加强民族工作、加快少数民族和民族地区经济社会发展的精神，国家出台了《少数民族事业“十一五”规划》，总体目标是促进少数民族和民族自治地方公共基础设施和生态环境明显改善，自我发展能力不断增强，优势产业和特色经济不断发展，贫困问题得到有效缓解，群众生活水平有较大提高。对外交流与合作不断加强，对外开放水平有较大提高。教育、科技、文化、卫生、体育等社会事业加快发展，群众思想道德素质、科学文化素质和健康素质进一步提高。民族区域自治制度和民族理论政策体系进一步完善，民族法制建设取得较大进展，少数民族合法权益得到切实保障。民族关系更加和谐，民族团结更加紧密，实现少数民族各项事业又好又快的发展。依据《中华人民共和国国民经济和社会发展第十二个五年规划纲要》出台的《少数民族事业“十二五”规划》，从经济发展主要指标、人民生活水平、少数民族优秀传统文化有效保护传承和弘扬、民族理论政策体系和民族法律法规体系的完备、民族事务服务体系完善、少数民族权益保障、民族团结进步创建等方面进行规划，包括少数民族特色村寨保护与发展、少数民族特需商品传统生产工艺和技术保护、民族地区双语教育推进、民族工作对港澳台交流与合作、民族事务服务体系建设、推进民族事务信息化建设等工程。

新世纪新阶段，为使民族政策更系统更全面地解决民族地区和少数民族面临的问题，国家先后出台了少数民族特色村寨保护与发展规划纲要、少数民族事业“十一五”和“十二五”规划、扶持人口较少民族发展规划、坚持和完善民族理论政策体系规划、民族法制体系建设“十二五”规划、兴边富民行动规划等。针对民族地区分布广、差异大的实际，民族政策采取一省一策、一区一策或一事一策，促进均衡发展，如国务院关于支持云南省加快建设面向西南开放重要桥头堡的意见、国务院关于进一步促进贵州经济社会又好又快发展的若干意见、国务院关于进一步促进内蒙古经济社会又好又快发展的若干意见、国务院关于进一步促进宁夏经济社会发展的若干意见、国务院办公厅关于进一步支持甘肃经济社会发展的若干意见、国务院关于进一步促进广西经济社会发展的若干意见、武陵山片区区域发展与扶贫攻坚规划（2011—2020年）等。少数民族扶贫政策范围进一步拓展，扶贫力度加大，民族扶贫与地区扶贫相结合。“2001年为民族地区增加了10个国家扶贫重点县，将西藏作为特殊片区列入重点扶贫对象。2005年，将少数民族贫困村纳入整村推进的扶贫开发规划。此外，国家还通过以工代赈、易地扶贫、游牧民定居、农村安全饮用水工程以及城乡最低生活保障等政策，帮助少数民族和民族地区发展。”① 国家连片扶贫开发政策多涉及少数民族和民族地区，有利于民族地区和少数民族脱贫致富。

新世纪新阶段，民族政策内容创新与发展除了具有全面性、系统性、针对性和灵活性，还具有互动性。一是民族政策与其他公共政策的互动。二是国家民族政策与地方民族政策互动，如湖北省对口支援省内民族地区发展的“616”工程与国家武陵山片区扶贫政策的互动。三是民族政策与民族法律法规互动，如中央出台全国支援西藏、新疆的民族政策，其他省市依据相关民族法律法规出台类似对口支援政策，扶持省内民族地区发展并创新政策内容。

三、民族政策过程的创新与发展

新世纪新阶段，我国的民族问题出现了一些新变化，政策环境也发生了较大变化，民族工作的思路和方式也相应地进行了创新与发展，以更好地为少数民族和民族地区服务，这些创新与发展主要体现在政策制定、执行、评估、监控环节和政策主客体的变化方面。

民族政策过程更加注重科学化、民主化和法制化。始终坚持以科学发展

---

① 李吉和：《论新世纪我国民族政策发展的特点》，《西南民族大学学报》2013年第5期。

观为指导，民族理论研究超前于民族地区现代化进程，积极为民族政策的制定、执行提供理论准备。完善民族政策系统，建立民族政策民主化的机制和制度框架。培训各级民族工作者，提高素质，增强民主法制意识，提高依法办事能力。充分发挥各级参谋咨询机构的作用，广泛听取民族理论和民族政策方面的专家学者的意见和建议。民族政策制定更加规范、科学，符合少数民族和民族地区实际情况。《国家民委制定规章和规范性文件的规定》于2011年7月14日经国家民族事务委员会委务会议审议通过，自2011年9月1日起施行①。民族政策执行力度进一步加大，执行方式更加科学，行政、法律、经济手段并用。一些过时的民族政策及时终止，民族政策清理力度加大。国家民委2011年公布失效的文件13个，废止的规范性文件22个。

针对民族政策的监督检查机制不健全和评估难的情况，进入21世纪以来，民族政策执行情况监督检查力度加大，主要是参与机构更加全面，检查手段更加多样，检查方法更加科学，检查范围和领域更加系统。一是国家民委系统增设了专门的监督检查机构，国家民委的监督检查司的主要职责包括承担民族法律法规和民族政策执行情况的督促检查工作，承担协调、指导民族区域自治法贯彻落实的具体工作，研究民族关系重大突发事件的预警、应急机制问题，承担有关协调处理工作，研究提出协调民族关系的工作建议，参与协调民族地区社会稳定工作，推进民族事务服务体系和民族事务管理信息化建设。内设综合处、监督检查处、民族关系处、创建活动指导处。二是国家民委会同中央纪委、中央政法委、国家安全部、司法部、审计署、国务院法制办、全国政协民宗委等部门，成立联合检查组，建立联动机制，就各地各部门贯彻落实中央关于民族地区经济社会发展政策和民族政策情况进行监督检查。三是全国人大和各省市自治区的立法机构对民族政策和民族法律贯彻执行情况进行监督检查，重点检查民族区域自治法的贯彻执行。2006年，全国人大常委会对民族区域自治法的贯彻实施情况进行了比较全面的执法检查。2011年，为进一步推动民族区域自治法的全面贯彻实施，全国人大民族

---

① 《国家民委令第1号：国家民委制定规章和规范性文件的规定》[2011-08-05]. http://www.seac.gov.cn/art/2011/8/5/art_142_132552.html.

委建议对这部法律的贯彻落实情况再次进行执法检查，将检查列入下一届全国人大常委会监督工作计划，并在适当的时候对民族地区反映的一些突出问题进行重点检查。执法检查组在向全国人大常委会提交的执法检查报告中，建议每五年对民族区域自治法实施情况进行一次执法检查①。通过强化监督检查工作和机制，提高了民族政策的效果。

四、民族政策法律法规的完善与创新

1992 年召开的中央民族工作会议上提出“到本世纪末，要形成比较完备的社会主义民族法规体系和监督机制”②。民族法制建设是我国社会主义法制建设的重要组成部分。新中国成立 60 多年来，特别是改革开放 30 多年来，我国民族法制建设取得了巨大的成就，初步形成了中国特色民族法律法规体系。为在新的起点上进一步推进民族法制建设，完善民族工作体制机制，全面落实依法治国基本方略，推动依法行政和加强法治政府建设，根据《中华人民共和国国民经济和社会发展第十二个五年规划纲要》和《国务院关于加强法治政府建设的意见》，以及党中央、国务院关于进一步加强民族工作、加快少数民族和民族地区经济社会发展的总体要求和具体部署，国家民委编制了《民族法制体系建设“十二五”规划（2011—2015 年）》③，包括民族法律法规体系完善与实施工程、民族法律法规执行监督检查工程、民族事务依法管理建设工程、民族法制宣传教育工程、民族法制研究与学科建设工程。法律法规的完善与创新主要体现在三个方面：一是民族法律法规本身的完善与创新，包括具有稳定性和长期性的民族政策上升为民族法律或法规。如 1993 年国务院发布的《城市民族工作条例》和《民族乡行政工作条例》。二是民族政策法律法规执行手段、机制的完善与创新，包括监督检查机制。1991 年，

① 《全国人大民族委建议进行执法检查推动民族区域自治法贯彻》[2011 - 12 - 31]. http://www.gov.cn/jrzg/2011—12/31/content_ 2034914. htm.

② 金炳镐：《中国改革开放 30 年民族政策发展》，辽宁民族出版社，2009，第 20 页。

③ 《民族法制体系建设十二五规划（2011—2015 年）》[2011 - 08 - 11]. http://www.seac.gov.cn/art/2011/8/11/art_ 149_ 133670. html.

国务院出台《关于进一步贯彻实施中华人民共和国民族区域自治法若干问题的通知》文件，文中提出了11条具体政策措施。三是与民族政策法律法规相关机构的完善与创新。

新世纪新阶段，民族区域自治制度作为我国的一项基本政治制度，地位更加巩固。“民族区域自治，作为党解决我国民族问题的一条基本经验不容置疑，作为我国的一项基本政治制度不容动摇，作为我国社会主义的一大政治优势不容削弱。”① 以《民族区域自治法》为核心建立健全配套的法规体系，一是民族区域自治法本身需要完善。民族区域自治法自1984年颁布实施以来，保障了少数民族和民族地区的自治权利，实现各民族共同繁荣、共同发展、共同进步。全国人大常委会一直非常重视这部法律的贯彻与实施，根据民族区域自治法在实施过程中遇到的新情况、新问题，于2001年对该法进行了较大程度的修订，并于2001年2月28日在第九届全国人民代表大会常务委员会第二十次会议上通过，修改内容涉及7个方面39条48处，从理论和实践上实现了很大突破，从法律上确立了民族区域自治制度是我国的一项基本政治制度。二是完善与民族区域自治法配套的法规体系，构建一个完整的民族法律法规体系。包括国务院《实施〈中华人民共和国民族区域自治法〉若干规定》、中央各部委《落实〈中华人民共和国民族区域自治法〉实施细则》，各省市自治区《实施〈中华人民共和国民族区域自治法〉若干规定》、各省直部门《落实〈中华人民共和国民族区域自治法〉实施细则》，各级民族自治地方自治条例、单行条例和配套法规等②。

民族政策法律法规执行手段、机制的完善与创新。一是形成多部门联动机制。包括民族法律执行、检查等环节。二是加大执法力度，严惩违背民族法律法规的行为。尤其是对经济领域的违法违纪行为，多环节监督和审计，依法进行打击。三是注重民族政策法律法规执行的效果评估，科学化取向得到加强，增强了目的性。四是执行方法、手段的创新与民族政策法律法规的

---

① 《民族工作文献选编》（2003—2009年），中央文献出版社，2010，第81页。

② 龚志祥：《民族区域自治制度发展与创新》，《湖北民族学院学报》2012年第1期。

过程、目的紧密结合。

新世纪新阶段，民族政策创新与发展坚持党对民族工作的领导，坚持科学发展观，统筹少数民族和民族地区发展，注重全面综合发展，注重民生改善，注重文化教育事业发展，注重生态文明建设，始终坚持各民族共同团结奋斗共同繁荣发展民族工作主题，坚持和完善民族区域自治制度，促进平等、团结、互助、和谐的社会主义民族关系发展，必将助推中华民族伟大复兴梦想的更快实现。

巩固祖国统一民族团结理论的深化发展

——写在2014年中央民族工作会议一周年之际

彭英明

祖国统一和民族团结，历来是我们党高度重视的一个重要问题。早在新中国建立初期，毛泽东同志就明确指出："国家的统一，人民的团结，国内各民族的团结，这是我们的事业必定要胜利的基本保证。"① 后来的历届党中央均坚定地重申这一理论。以习近平同志为总书记的党中央领导集体于2014年9月召开中央民族工作会议，又提出了一系列新的论述和举措，进一步深化和发展了党的祖国统一和民族团结关系的理论。值此会议召开一周年之际，重温这些理论观点，对于我们进一步做好新形势下的祖国统一和民族工作，具有深远意义。

一、树立正确的祖国观、民族观、宗教观、历史观，辩证地看待我国民族和民族问题

2015年1月，新年伊始，党中央政治局围绕辩证唯物主义基本原理和方法论进行第二十二次集体学习②。此前2013年第十一次集体学习时则安排的是历史唯物主义基本原理和方法论。这清楚地表明，以习近平同志为总书记的党中央站在马克思主义理论的高度，以哲学思想观察和处理各种事物的战略眼光。中央民族工作会议提出的树立正确的祖国观、民族观、宗教观、历史观③，就是辩证地、历史地看待我国的民族和民族问题的体现。

---

① 毛泽东：《毛泽东著作选读》（下册），人民出版社，1986，第577页。

② 习近平：《坚持运用辩证唯物主义世界观方法论》.［2015－01－24］. http：//news. xinhuanet. com/politics/2015—01/24/c_ 1114116751. htm.

③ 《中央民族工作会议暨国务院第六次全国民族团结进步表彰大会在北京举行》，《人民日报》，2014年9月30日。

何谓祖国观、民族观、宗教观、历史观？从我国民族和民族问题的视角观察，就是如何看待和处理民族与国家、宗教的关系，并进行历史主义的具体分析。众所周知，“民族是在一定的历史发展阶段形成的稳定的人们共同体。一般来说，民族在历史渊源、生产方式、语言、文化、风俗习惯以及心理认同等方面具有共同的特征”①。从某种角度讲，它基本上是一个主要体现生活和文化因素的人群共同体单元。而国家则是具有一定的领土和人口的大的世界单元，是经历了几百上千乃至几千年历史形成的政治命运共同体。一般来说，世界上大多数国家都是由多民族组合而成的国家，因为长期的社会、经济、文化等方面的交往，而形成一种牢不可破的实质上的结合。国家的产生具有根本的合理性和合法性，政治权威也被它的民族所承认。民族是从属于国家的，可以这么说，我们每一个民族的命运和利益，包括民族中每一个人的一切，乃至生命，都是和自己的祖国连在一起的。因此，如何看待和对待自己的祖国，是每一个民族和个人都必须面对的基本问题。团结统一是国家的最高利益，反对国家分裂，是每一个民族也是每一个人的责任，是全国各民族人民的共同利益。就祖国与民族的关系讲，国家利益高于民族利益，民族利益必须服从国家利益。坚定地维护国家利益，弘扬爱国主义精神，这就是我们党所提倡的社会主义核心价值观的重要内容，也就是我们这里所说的祖国观。至于宗教，则是一种人们的信仰，一种存在于民族人群中的文化现象和意识形态。一般来说，宗教与民族不存在必然的直接关系，一个民族的人群可以信仰一种宗教，也可以信仰多种宗教，甚至可以原来信仰某种宗教现在不再信仰，或者原来不信仰而现在信仰某种宗教，乃至很多民族的人们一生不信仰宗教，这都是个人信仰自由的问题。因此，不能将宗教极端化，更要反对宗教极端主义。当然，宗教的教义中和行为中，也含有许多伦理道德等方面的内容，对这一个民族人们的行为举止、风俗习惯、文化艺术等有一定的影响，所以对一个民族的人们发生作用，可以与一定的社会相适应，为我所用，也是必须充分看到的，应当予以高度注意，这就是我们在民族观之中的宗教观。另外，这里所说的历史观问题，主要指的就是马克思主义的

① 吴仕民：《中国民族理论新编》，中央民族大学出版社，2006，第16页。

历史唯物主义。要辩证地看待民族的历史发展变化，既不能止步于历史，只看到一个民族的过去，寻根找据，满足于它的源流以往，盲目自我陶醉于民族的辉煌荣耀，搞“民族至上”；也不能搞历史虚无主义，否定自我，否定一切。要具体问题具体分析，“将每一个民族都放在一定的历史范围之内加以衡量，从发展中看问题”①。只有这样，才能在民族工作中坚持历史唯物主义观点。

说到这里，还需要澄清一个问题，即关于民族形成中宗教的作用问题。如上所述，本来宗教与民族是两个不同的范畴，没有必然的内在联系。但是，确实“有的民族在形成和发展过程中，宗教起着重要作用”②，如我国的回族等。这种作用主要是一种纽带作用，或者说是一种意识连接作用，即有的民族在形成和发展过程中，其历史渊源、生产方式、语言、文化、风俗习惯以及心理认同等各种因素早已具备，且有了共同的地域条件，而只差一种连接方式。这时候，某种宗教恰恰起到了这种作用，促进了这些民族的形成和发展。这也像我国汉民族在形成过程中，在各种因素都已具备的条件下，政治措施即秦汉的“大一统”政治，促进了汉民族的形成是一样的道理。因此，在日常的民族观照中，绝不能将宗教与民族、宗教问题与民族问题完全混在一起，这是不言自明的。

二、增强对伟大祖国、中华民族、中华文化、中国特色社会主义道路的认同，坚定民族工作的正确政治方向

在我国民族理论学界，近几年来，对“三个认同”（即对伟大祖国的认同、对中华民族的认同、对中华文化的认同）』的研究十分热烈。2014 年中央民族工作会议不仅肯定了这三个观点，而且增加了“对中国特色社会主义道路的认同”，形成了在我国民族问题上新的“四个认同”，是上述“四观”（国家观、民族观、宗教观、历史观）的“中国化”在中国特色民族工作包括民族研究方面的具体体现，尤具现实意义。

---

① 列宁：《列宁全集》（第 20 卷），人民出版社，1972，第 401 页。

② 吴仕民：《中国民族理论新编》，中央民族大学出版社，2006，第 16 页。

“四个认同”是相互联系而又各具特点的统一整体。对伟大祖国的认同，是上述历史唯物主义祖国观的具体化，可以认为包括两层含义，一是对中华人民共和国的认同，二是对“一个中国”的认同。中华人民共和国，是在伟大的中国共产党领导下，以工农联盟为基础，包括广大人民群众组成的社会主义国家，现在正在进行中国特色社会主义现代化建设，已经成为世界第二大经济体，正在向着实现“两个一百年”的国家富强、民族复兴、人民幸福的“中国梦”而奋斗。作为一个中国公民，能不认同吗?！此其一。中国又是世界上历史最悠久的国家之一，地大物博，人口众多，文化灿烂，具有光荣的革命传统。认同“一个中国”，这是我们包括港澳台和海外华人华侨绝大多数人的共识。此其二。因此，对伟大祖国的认同，应当成为我们民族工作的最大公约数。与此相应的，就是对中华民族的认同。这一认同，应当说基本上是与祖国认同含义相一致的，唯其不同之处，这里是从民族共同体的角度来说的，说的是我国现在的56个民族，都属于中华民族这个统一的民族共同体，即“多元一体”，既是56个单一民族，又是一个中华民族整体。我国56个民族，无论大小，无论边疆内地，都是中华民族统一大家庭的成员，是不可否认、不可分割的，必须坚决反对民族分裂主义。正因为如此，早在20世纪30年代，著名老一辈史学家顾颉刚先生就提出过“中华民族是一个”的命题，《中南民族大学学报》曾发表马戎教授宣传顾先生这一观点的文章①，强调加强中华民族构建，强调各民族统一为“一”。这是对的，是对中华民族认同的具体宣传，应当予以肯定。当然，也不能因此而否定我国多民族的存在，更不能将多民族称为其下的小“族群”，不承认它们的“民族地位”，而否定新中国的民族识别。应当强调统一，承认多样，两者只是大概念和小概念的关系，历史地辩证地相结合，都是实体不可割裂，这才是实事求是的态度。至于建立在对祖国认同、对中华民族认同基础上的对中华文化的认同，则是从文化层面上对我国各民族悠久历史文化及其现实优秀表现的认同，包括传承于我国各民族之中的绚丽多彩的语言文字、文学艺术、哲学思想、风俗习

① 马戎：《如何认识“民族”和“中华民族”——回顾1939年关于“中华民族是一个”的讨论》，《中南民族大学学报》2012年第5期。

尚、礼仪道德等等。应当承认，在祖国五千多年的文明历史发展中，我国56个民族都有自己的文化特点，都对中华文化做出了自己的贡献，共同构成了光辉灿烂的中华文化。各民族都要互相承认、互相学习、互相帮助，以继承和发扬优秀文化，共建中华文化共有的精神家园。所以，文化认同是最深层次的认同，是民族团结之根、民族和睦之魂。中华文化认同解决了，对伟大祖国、对中华民族、对中国特色社会主义道路的认同才能巩固。

说到第四个“认同”即对中国特色社会主义道路的认同，这是当前新形势下各民族人民都必须高度重视的现实问题。如上所述，我国是一个有着悠久历史的国家，人民群众对于幸福生活、社会优越、祖国强大的梦想，一直是先贤仁人的追求目标。早在先秦时代，以孔子和老子为代表的儒家和道家就分别提出了“仁政”和“无为”社会理论的学说；历代受剥削压迫的农民阶级起义，也提出过“均贫富”的理想，尤其是以洪秀全为代表的太平天国运动，企图建立一个人人平等幸福的“天国”，更达到农民起义幻想的高峰。伟大的资产阶级民主革命家孙中山先生，提出了建立“世界大同”“平等博爱”的社会理想并为之奋斗一生，也未能成功。这些努力和梦想都值得肯定，但这些努力均未能实现。

历史发展到了20世纪之初，十月革命一声炮响，给中国送来了马克思列宁主义。以毛泽东同志为代表的第一代中国共产党人，把马克思主义原理同中国实际相结合，走上了无产阶级革命的道路。“没有共产党，就没有新中国”，“只有社会主义才能救中国”，这是早已为历史所证明的客观真理。新中国成立后，党和国家在解决我国民族问题上坚持社会主义正确方向，进行民族地区政权建设和社会改革即民主改革和社会主义改造，并采取各种优惠政策措施，进行社会主义建设探索，从而取得了民族地区经济文化的迅速发展。但是，由于“左”的错误干扰，尤其在“文化大革命”中，民族工作几乎走进了死胡同。党的十一届三中全会以后，以邓小平同志为首的党中央，坚持以经济建设为中心，坚持改革开放，民族工作走上了中国特色社会主义道路，民族地区的经济文化建设进一步取得了翻天覆地的历史性发展。实践又一次证明，“只有中国特色社会主义，才能发展中国”。只有走中国特色解决民族问题的道路，才能促进民族发展繁荣。党的十八大以来，以习近平同志为总书记的党中央，锐意进取，敢于担当，先后召开了十八届三中、四中全会，为中国特色社会主义的经济、政治、文化、社会、生态全面深化改革，为依法治国，为从严治党，进行了前所未有、震惊世界的战略部署，使全国各族人民看到了“国家富强、民族振兴、人民幸福”的“中国梦”实现的图景，更证实了坚持中国特色社会主义道路的无比正确。因此，在我国当前形势的民族工作中，增强对中国特色社会主义道路的认同，不走僵化教条的老路，更不走改旗易帜的邪路，坚定正确的民族工作政治方向，民族发展的道路才会越走越宽广。因此，这种“认同”，也是十分必要的。

三、顺应民族发展历史规律，与时俱进地推进新形势下各民族交往、交流、交融

马克思主义历史辩证法认为，“万物皆动、皆变、皆生、皆灭”①。世界上没有任何静止的事物。民族这个人们共同体也是一样。这次党的民族工作会议提出要促进各民族之间的交往交流交融，是对新形势下我国民族关系的客观科学分析，是对中国特色社会主义民族理论的又一重大深化发展。

对于“三交”的认识，在学术界是有一个过程的。以前对各民族的交往、交流的理解，大家比较统一，认为这是我国各民族人民历史上长期存在的普遍现象，但对于交融的认识就不那么统一了。有人教条地根据列宁“民族融合是全世界民族差别消亡”②的理论，否定我国历史上和现实生活中有“民族融合”，以为这样就会否定民族差别和民族工作。而在我国历史学界一些权威史学家的著述中，则比较普遍使用“民族融合”的用语，如郭沫若《中国史稿》、范文澜《中国通史简编》、吕振羽《简明中国通史》以及民族史专门著作均采用这一说法。所以，1956年周恩来总理《在青岛民族工作座谈会上的讲话》中，就明确指出：“两千年来历史上有记载的兄弟民族，有的现在不见了，其中有的可能向远方迁移了，有的可能和汉族或者其他民族融合起来

① 马克思、恩格斯：《马克思恩格斯选集》（第3卷），人民出版社，1972，第417页。
② 列宁：《列宁选集》（第2卷），人民出版社，1972，第140页。

了。”① 这是无可非议的正确论断。因此，为了辩证地看待这一问题，笔者早在20世纪80年代《关于民族发展规律理论研究的几个问题》这篇文章中，就提出过从两方面来理解“民族融合”的建议，一方面从民族最后融合即民族消亡来讲，它只能是很遥远的即阶级消亡、国家消亡、共产主义社会实现以后的事。但从另一方面来讲，世界任何一件事物都有一个从量变到质变的阶段，民族消亡也是一样，需要经历一个漫长的历史过程。在这个漫长的历史过程中，各民族之间的融合因素是不断出现的，这就是上述周恩来总理及史学界所称“民族融合”的另一种含义。为了正确理解民族融合的两层含义，我们后来又在《民族问题及其实质浅论》② 一文中，再次建议将历史和现实中的民族融合因素或过程称为“溶合”，即像两水相汇而“溶”在一起，这自然也是一个折中调和的说法。现在，中央民族工作会议“交往交流交融”的提法，正视融合承认差异，要求正确处理差异性和共同性的关系，推进各民族之间交往交流交融，创造各族群众共居共学共事共乐的社会条件，让各民族在中华民族大家庭中手足相亲、守望相助，建立美好的各民族平等团结互助和谐的关系。这些提法，就在更高更辩证的基础上统一了大家对民族融合含义的认识，值得深刻领会和贯彻。

正如大家所知道的，中华民族各民族之间的交往交流交融，历史上早就存在，新中国成立后表现突出，改革开放以来规模更大。事实十分清楚，中华民族的形成就是一个漫长的自然历史过程，各民族在历经迁徙、贸易、婚嫁甚至矛盾冲突碰撞对立过程中，交往交流范围不断扩大，交融程度不断加深，多少古代民族部族不断继承、分化、融合，逐步形成了中华民族多元一体的格局。秦汉雄风、大唐气象、康乾盛世，就是各民族融合铸就的辉煌。各民族彼此不同而又大一统的存在，是老祖宗给我们留下的一笔宝贵财富，也是我们国家的一大优势。进入近代以来，各民族在反对外国侵略的斗争中，更结合成了一个命运共同体，一荣俱荣，一损俱损，交往交流交融更多。新中国建立以后，“十万大军拓新疆”“三千孤儿进内蒙”等等举措，更促进了

① 周恩来：《周恩来选集》（下卷），人民出版社，1980，第261页。

② 彭英明、唐奇甜：《民族问题及其实质浅论》，《民族研究》1981年第1期。

各民族的大融合。党的十一届三中全会以后，特别是进入21世纪以来，随着改革开放政策的实施，各民族在经商贸易、升学就业、进城打工、参军考干等等方面参与踊跃，各民族的交往交流交融更是规模巨大，前所未有。可以预料，在党的十八大和十八届三中、四中全会精神的号召下，随着我国经济、政治、文化、社会、生态和党的建设全面深化改革的广泛展开，各民族的“三交”势头将更加扩大。

特别值得提出的是，为了促进各民族交往交流交融的大好形势，这次中央民族工作会议还提出许多重要观点和政策措施。会议强调：促进“三交”，要正确处理共同性和差异性的关系，交融不是要取消民族之间的差异，要尊重差异，包容多样，逐步消融差别；同时也要扩大交融，不能无视共性放弃引导，要在交融中创造各族群众共居共学共事共乐的社会条件，推进建立相互嵌入式的社会结构，鼓励各族群众跨区域跨行业有序流动。生产上优势互补，联合创业；学习中相互尊重，共同提高；生活中婚姻自由，相互包容，手足相亲，守望相助；文化上相互欣赏，相互赞美；等等。总之，尊重差异而不强化差异，促进交融而不强制同化，达到水乳交融，自然天成。还有一个需要注意的问题：经过几百上千年的历史交融过程，有许多古代民族后代已经与其周围民族融（溶）合在一起，要承认变化，不要再搞新的“民族识别”。当然，进行学术研究，考证谱系也未尝不可，但一定要注意政治影响。

目前，还有一个特别值得重视的民族工作内容，那就是城市民族工作。鉴于当前我国社会主义城镇化建设加速发展的大好势头，农村人口进入城市大流动的活跃期的特点，会议专门对城市民族工作做了规定，指出要努力促进“双向流动”，既欢迎少数民族人口流入城市，也鼓励城市和其他人口流入少数民族地区，相互融入，共存共荣。流行语“新疆羊肉串串到了全国”，“四川麻辣烫烫到了新疆”，就是对前述流动现象形象化的反映。但是，现在少数民族人口城镇化比率还是偏低，只有30%，比全国平均比率50%少20个百分点，在2亿多流动人口中只占1/10，应当对此加以重视。对于少数民族流入城市，不能采取“关门主义”，更不能采取歧视态度，要让少数民族更好地融入城市，让城市更好地接纳少数民族，做到依法保护少数民族合法权益，在生产、生活、学习中“手足相亲，守望相助”，既要努力克服大汉族主义思想，也要克服狭隘的地方民族主义情绪，淡化民族差异观念，共建共同的中华民族美好家园。

四、坚持各民族共同团结奋斗、共同繁荣发展：“一个民族都不能少”

新中国成立以来，我们党在民族经济文化发展方面，始终坚持共同团结奋斗、共同繁荣发展的方针。早在1956年，周恩来总理在青岛民族工作座谈会的讲话中就明确指出：“我们对各民族既要平等，又要使大家繁荣”，“在共同发展、共同繁荣的基础上，建立起我们宪法上所要求的各民族真正平等友爱的大家庭”①。邓小平同志1988年11月在祝贺广西壮族自治区成立30周年的题词就是：“加速现代化建设，促进各民族共同繁荣。”后来的历届党中央领导集体，均坚持这一传统，几次召开民族工作会议并发文，针对如何进行民族地区经济文化建设，采取特殊措施进行专门部署。2014年9月，面对新形势下民族地区全面深化改革的大好局面，以习近平同志为总书记的党中央，又一次召开民族工作会议并发文，在深刻认识民族地区经济社会变化的基础上，提出了一系列新政策新举措，推动各民族“共同团结奋斗、共同繁荣发展”的事业迈向新阶段。2015年1月，习近平总书记在视察云南工作时，还专门接见我国人口较少少数民族的独龙族、怒族代表，再次明确强调：全国各民族人民都要走共同富裕的道路，“一个民族都不能少”②，充分显示了党的民族工作决心。

应当充分肯定，新中国成立60多年来，中国特色解决民族问题的道路是正确的，中国的民族工作是有成绩的，尤其是改革开放以后，在经济文化建设方面，成绩尤为显著。据统计，民族地区社会经济总产值到2013年已达到6.4万亿元，年增长12.9%，高于全国平均水平。人民生活大为改善，城乡居民收入已由2005年的8800多元（城镇）、2700多元（农村）增加到2013

① 周恩来：《周恩来选集》（下卷），人民出版社，1980，第261页、第236页。

② 李斌、李自良：《“全面实现小康，一个民族都不能少”——习近平总书记会见贡山独龙族怒族自治县干部群众代表侧记》，《人民日报》2015年1月23日。

年的22000多元（城镇）、6500多元（农村），分别增长1.6倍和1.9倍。但是，与先进地区比，差距仍然很大。14个全国集中连片贫困地区有11个在民族自治地方，全国贫困率为8.5%，而民族地区达17.1%，高1倍多。可见，要实现各民族"共同富裕"，任务何其艰巨。

"共同团结奋斗"是实现各民族共同富裕的前提。这次中央民族工作会议重申党的一系列战略部署和政策措施，诸如继续实施西部大开发、扶贫攻坚、各方联系兴边富民、扶持人口较少民族以及其他各项优惠政策等，特别强调要绵绵用力，久久为功。根据当前我国面临的全面深化改革和依法治国的新的形势，还将采取许多新政策新措施。主要思路是：以改善民生为重点，继续推进民族地区经济社会发展，紧紧围绕全面建成小康社会目标，深入实施西部大开发战略，提高基本公共服务水平，改善社会建设；以扶贫攻坚为重点，加强教育、就业、产业结构调整；以促进市场要素流动与加强各民族交往交流交融相通为途径，把发展落实到解决区域性共同问题，增进群众福祉，促进民族团结，推进各民族和睦相处、和衷共济、和谐发展，走出一条具有中国特色、民族地区特点的科学发展路子。在这一总的思路指导下，会后所发文件，又针对一些具体问题的落实，如"改善差别化支持政策"（因少数民族地区内部也有差别）、多措并举扩大就业、加快产业结构调整、推进基础设施建设和城镇化进程、支持教育事业优先发展等等，制定了一系列政策措施。特别需要指出的是，在集中扶贫攻坚问题上，提出了"坚持民族和区域相统筹，以集中连片特困地区、边远地区、人口较少民族地区为主攻方向，建立精准扶贫工作机制，确保到2020年基本消除绝对贫困现象"的工作目标，更是在原来扶贫攻坚基础上的新举措。

"共同繁荣发展"是我党民族工作的根本目标表达。这一目标表达是与我们党所提出的实现中华民族伟大复兴的"中国梦"紧紧连在一起的，即通过"两个一百年"的艰苦努力，真正实现"国家富强、民族振兴、人民幸福"。其具体指标是：到2021年全国人均收入达到1万美元，比2010年人均5000美元再翻一番；到2049年达到世界上中等发达国家水平，使全国人民都能过上比较富裕的日子，而且一个民族都不能少。正如习近平总书记在参观国家博物馆《民族复兴》展览时谈到"中国梦"时所指出的："我以为实现中华民族伟大复兴，就是中华民族近代以来最伟大的梦想。这个梦想，凝聚了几代中国人的夙愿，体现中华民族和中国人民整体利益，是整个中华儿女的共同期盼。历史告诉我们，每个人的前途命运与国家的前途命运紧密相连。国家好，民族好，大家才会好。”① 我们深信，在以习近平同志为总书记的党中央坚强领导下，有全国各民族人民的共同团结奋斗，全国56个民族共同繁荣发展的美好梦想，一定能够圆满实现。

① 《习近平在参观〈复兴之路〉展览时强调　承前启后　继往开来　继续朝着中华民族伟大复兴目标奋勇前进》，《人民日报》2012年11月30日。

论高校办学自主权与民族院校大学章程建设

——以中南民族大学为例

陈达云

“高校办学自主权”的诉求由来已久，尤其是近几年，从民间到官方，呼声越来越高。《国家中长期教育改革和发展规划纲要（2010—2020 年）》提出：“到 2020 年，高等教育结构更加合理，特色更加鲜明，人才培养、科学研究和社会服务整体水平全面提升，建成一批国际知名、有特色高水平高等学校，若干所大学达到或接近世界一流大学水平，高等教育国际竞争力显著增强。”作为实现目标的保障措施之一，提出要大力推进依法治校，“学校要建立完善符合法律规定的学校章程和制度，依法履行教育教学和管理职责”①。党的十八大报告提出，要“推动高等教育内涵式发展”②。党的十八届三中全会决议提出要“创新高校人才培养机制，促进高校办出特色争创一流”，“深入推进管办评分离，扩大省级政府教育统筹权和学校办学自主权，完善学校内部治理结构”③。但无论是建成国际知名、世界一流大学，还是推动内涵发展、完善学校内部治理结构，如果高校办学自主权没有得到应有的、实在的、有效的落实，那么，大学的理想和目标就会大打折扣，就会因体制的障碍让“人民满意”变成一种“带有遗憾”的满意。制定大学章程，落实高校办学自主权，必须牢牢抓住主要矛盾和矛盾的主要方面。

---

① 《国家中长期教育改革和发展规划纲要》（2010—2020 年）．［2010 - 07 - 29］．http：//politics. people. com. cn/GB/12292540. html.

② 胡锦涛：《坚定不移沿着中国特色社会主义道路前进　为全面建成小康社会而奋斗——在中国共产党第十八次全国代表大会上的报告》．［2012 - 11 - 11］．http：//www. wenming. cn/ziliao/zhongyaolunshu/hujintao/201211/t2012119_ 940190. shtml.

③ 《中共中央关于全面深化改革若干重大问题的决定》［2013 - 11 - 15］．http：//news. xinhuanet. com/politics/2013—11/15/c_ 118164235. htm.

一、充分认识高校办学自主权的重要性

落实高校办学自主权，不是简单的“政府放权、高校用权”，而是一项复杂的社会系统工程。要克服思想认识的藩篱，要突破体制机制的障碍，有“禁区”，也有“雷区”，可能还存在误区和盲区。但无论困难多大，风险多高，改革已是箭在弦上，不得不发。不改革没有退路，更没有出路；要改革，首先必须多凝聚共识，取得最大公约数，减少阻力，轻装上阵。

（一）落实高校办学自主权是国家战略层面的需要

现代大学已逐渐步入社会生活的中心，并不断发挥其强大的经济功能、社会功能、文化功能、前瞻功能、批判功能与引导功能。国家兴衰系于大学，民族存亡系于大学。“如果一个国家没有一流大学的智力支持，不能源源不断地提供新的观念、知识、信息、人才，这样的国家只能在世界分工体系里处于下等至多是中下等的位置，别人要明欺负你或者是暗耍你，都不怎么难。”① 科教兴国和人才强国早已成为国家战略，这意味着落实高校办学自主权不能简单地解读为高教改革的权宜之计或归总为平衡各方利益，而是国家战略层面的整体协调。这是研究和解决高校办学自主权的基点。

（二）高校办学自主权的大小与社会发展的程度紧密关联，完善仅靠高校自身是乏力的，落实必须靠政府管理职能的转变②

高校作为办学实体，应具有与其功能、职责、任务等相互匹配的权利，但由于国别、制度、时代、观念的不同，对办学自主权的认识和确定差别很大。政府管理大学的重点本应在管方向、管政策、管引导、管评价等方面着力，但由于政府和高校在管大学和办大学之间的权力定位和权力边界不清，导致行政决定学术，大学缺乏微观运行的具体目标；宏观干预微观，导致大学运行中学术繁荣内生动力不足；管学代庖办学，导致大学事业发展的创新

---

① 丁学良：《什么是一流大学》，北京大学出版社，2004，第 28 页。

② 王茂林：《关于高等学校办学自主权的思考》. [2002－05－11]. http://www.edu.cn/zong_ he_ 317/20060323/t20060323_ 26857. shtml.

空间不够。为此，需要政府“切实转变职能，突破部门利益、行政资源割据和平行等差的难题”①，将对高等教育的管理，由直接管理转变为间接管理，由具体管理转变为整体管理，由硬性管理转变为软性管理，只有这样才能使高校办学自主权得到真正解决，全部包揽和撒手不管都是不当的。

（三）落实高校自主权需坚持放权和有效监管两轮驱动，协调一致，双管齐下才能取得实效

从政府层面而言，要努力做好四件事：一是抓好宏观调控。二是放权之后还要优化审批程序。三是创新对高校办学质量的监管方式。四是创新公共服务的供给方式。而对于大学来说，就是一个命题，即构建权力架构清晰、各级职能明确的学校内部治理结构，加快推进学校章程建设，探索建立依法办学、自主管理、民主监督、社会参与的现代学校制度，形成决策、执行、监督三者相对分离、相互制约、相互合作的内部运行机制，发挥校内各利益相关行为主体的积极性，进一步完善“党委领导、校长负责、教授治学、民主管理”的体制，建立和完善充满活力、富有效率、更加开放的治理体系，做好“面向、依法、民主”三方面文章。

二、明确高校应有自主权力，找准必需自主权力

对于公立大学而言，政府的授权是大学办学自主权的来源。从政府与大学的关系而言，一方面，要明确政府对于大学到底应该有哪些办学自主权；另一方面，大学要知晓究竟哪些办学自主权可以从政府那里得到让渡和授权，弄清办学实践中需要哪些办学自主权以及这些办学自主权应该如何正确而有效地行使等问题。

（一）西方大学自治与中国高校办学自主权

高校办学自主权是西方大学自治之精髓在我国的移植，它包含高等学校

---

① 部云雁、庄元：《聚焦扩大和落实高校办学自主权》．［2014－03－31］．http：//www.jyb.cn/talk/ftjb/201403/t20140331_576181.html.

充分的办学自主权、一定的学术自由和办学中的民主管理三重含义①。从法律层面上讲，就是赋予大学正常运行所需的权力与能力，它具有相对性、层次性、文化性等特征，其实质是要在高等教育系统中实现权力和责任的合理配置，核心问题在于如何处理政府与高校的关系②。在西方，现代大学自治主要体现在：在大学的管理上免于非学术的干预、自由分配资金、自由招收教师职员并决定其工作条件、自由选择学生、自由设计和传授课程、自由设置标准和决定评价方式等六个方面。美国卡内基高等教育委员会认为大学自治的主要内容有：制定资金使用于特殊目的计划；支出费用仅受审计上的监督；决定大学雇员的分配、工作负担、薪金升迁；选择教师、行政人员及学生；建立有关等级、学位授予、开设课程及发展计划上的学术政策；研修有关学术自由、成长比率以及研究和服务活动的行政政策等③。在国内，《中华人民共和国高等教育法》阐明了高校办学自主权的具体含义，规定了高校享有招生、学科专业设置、教育教学、科学研究与社会服务、国际交流合作、机构设置与人事管理、财产管理与使用等七个方面的自主权。

对比西方大学自治与我国高校办学自主权的内涵，有学者认为，两者的主要区别在于迥异的生成背景以及相向而行的运行方式和发展趋势，但都反映出了高校对于自身与政府之间关系的一种信念，即高校应该拥有依法独立处理自己内部事务的权力，政府应在宏观上引导高等教育的发展，而且彼此在核心内容上基本保持了一致，相向而行的发展趋势都是为了在大学和政府之间找到一个最佳的结合点，寻求一个合理的尺度，从而使学校与政府以及社会的关系达到一种和谐的平衡④。

（二）高校应有的办学自主权

“大学必须有办学自主权”是温家宝同志 2010 年 1 月在听取科教文卫体

---

① 常小勇：《我国高校办学自主权的现状及其迫切性分析》，《教育与现代化》2004 年第 3 期。

② 张振华、刘志民：《高校办学自主权：内涵、演变与启示》，《中国农业教育》2011 年第 1 期。

③ 周志宏：《学术自由与大学法》，台北：蔚理法律出版社，1989。

④ 张振华、刘志民：《高校办学自主权：内涵、演变与启示》，《中国农业教育》2011 年第 1 期。

代表对《政府工作报告（征求意见稿）》意见、建议时，针对中国大学现状给出的一个结论。对于如何改善大学现状，有学者认为："核心的问题在于重新界定大学与政府的权力关系，让大学回归到作为一个学术机构身份上来。"并强调要解决大学自主权的悬置，"只能从大学组织的基本权力层面切入，依据大学的组织逻辑还权于大学，这些基本的权力是大学办学的'必须'，而不是在衍生性权力与让渡的权力层面作讨价还价式的改革。大学组织的基本权力应包括校长选择权、学生选择权、自主理财权、教员聘任权四个方面"①。在处理政府与大学的关系上，有专家认为，与其增加自主权，不如放权给大学，从规定"大学可以做什么"到明确"大学不能做什么"。政府不再给大学画圈，而是政府先把权力边界划好，把办学的空间留给大学。教育行政主管部门对大学要多一些指导性的意见，少一些指令性的文件。政府管理大学，从管制型向监管型转变，即把该放的权力放掉，把该管的事务管好②。为防止政府滥用权力的倾向和保证高校不偏离社会赋予的目标，学者们普遍认为，大学自主权的实现必须有强有力的约束机制，并强调大学的健康发展，远不是仅仅落实与拥有自主权的问题。更重要的问题是培育大学"主体性"的问题。一所真正成熟的大学是有内在信念与使命感的，是引领社会的灯塔，不随波逐流并能动地推动历史的进步。大学的健康发展，也远不是仅仅通过教育自身的努力可以实现的，有赖于整个社会政治、经济、法律、文化等的良好互动。

（三）政府"简政扩权"与高校"自主用权"的有效对接

扩大高校办学自主权、完善学校内部治理结构，是党的十八届三中全会《决定》提出的要求，是完善中国特色现代大学制度、激发高校办学活力、全面提高高等教育质量的重要基础。当前，随着我国高等教育进入以提高质量为核心、走内涵式发展道路的新阶段，现行的管理方式存在诸多不适之处，如政府与高校关系尚未完全理顺，职能越位缺位问题尚未很好解决；管理方式单一，综合运用立法、拨款、规划、信息服务的意识不强、能力不足；一

---

① 宣勇：《大学必须有怎样的办学自主权》，《教育发展研究》2010 年第 7 期。

② 黄达人：《高校缺哪些自主权》，《中国教育报》2014 年 4 月 21 日。

些高校内部治理不够完善，自律机制建设薄弱，影响了自主权的有效行使。这些问题一定程度上束缚了高校发展的生机活力，制约了高校功能的充分发挥。

落实和扩大高校办学自主权，要以国情校情为基础，以《高等教育法》为依据，以转变职能和简政放权为重点，加强部门协同，确保放权到位。具体来说，要深化考试招生制度改革，支持高校科学选拔适合培养需要的学生；支持高校特色办学，根据经济社会发展需求自主调整优化学科专业；支持高校自主开展教育教学，促进学生更好地成长成才；扩大高校人事管理权限，发挥各类人才的积极性、创造性；为高校自主开展科学研究、技术开发和社会服务创造更好的条件，不断提高科研水平；扩大高校管理使用财产经费权限，发挥经费最大效益；支持高校开展国际交流合作，提高国际化水平。在加大放权力度的同时，政府要探索建立新的管理体制和工作机制，创新管理方式，更多地运用法律法规、政策、标准、拨款、信息服务等手段，加强和改善宏观管理，确保放而不乱。高校要相应地改革管理体制，完善内部治理结构。要坚持和完善党委领导下的校长负责制，加快高校章程建设，加强学术组织和教职工代表大会建设，不断健全自主权有效行使的自律机制。要强化社会对高校的监督，通过深化校务公开、完善高等学校质量年度报告发布制度、成立理事会或董事会、专业机构实施评估等手段，确保高校权力在阳光下运行①。

三、大学章程建设是落实民族院校自主权的契机

中南民族大学办学60多年来，着力加强制度建设，规范办学行为，尤其是进入21世纪后，随着教育国际化进程的加快，建立和完善现代大学制度越发紧迫。2002年，学校借成功举办建校50周年庆典和获得教育部本科教学工作随机性水平评估优秀的东风，研究制定了首部章程。但由于该章程出台较

① 郝平：《理顺关系，进一步落实和扩大高校办学自主权》，《中国教育报》2013年12月6日。

为仓促和当时背景条件的局限，已跟不上当下我国高等教育发展形势的要求。2010年，学校在谋划“十二五”发展规划时，将章程建设纳入其中，并开展了前期调研。2011年，教育部出台《高等学校章程制定暂行办法》后，学校深入学习有关法律法规，借鉴国内外知名院校章程制定的成功典型，全面总结半个多世纪的办学经验，广泛深入抓好校内宣传动员，为章程制定工作的正式启动奠定基础。

（一）学校章程的基本特点

1. 突出民族特色，强化宗旨意识。《中南民族大学章程》（以下简称《章程》）明确了秉持“面向地方、面向少数民族和民族地区、面向全国；服务地方经济社会发展、服务民族工作、服务国家战略需求”（简称“三个面向”“三个服务”）的办学宗旨，坚持社会主义办学方向，坚持党的教育方针和民族政策，把握“各民族共同团结奋斗，共同繁荣发展”的民族工作主题，坚持党的民族工作规律与高等教育规律相结合，民族高等教育的特殊性与普通高等教育的普遍性相结合，以培养各民族高级专门人才为己任，建设特色鲜明、人民更加满意的高水平民族大学，探索中国特色民族高等教育的科学发展之路，为加快少数民族和民族地区的经济社会发展，为促进民族交往交流交融，构建社会主义和谐社会，实现中华民族伟大复兴贡献应有的力量。

2. 突出学者作用，回归大学本质。《章程》突出了学术组织的地位、作用。明确学校学术委员会是学校最高学术组织，领导和管理全校各种学术事务，并组建学校学术委员会、学部学术委员会和学院学术委员会三级组织。以学术委员会为核心，搭建起学术委员会、学位评定委员会、教学工作委员会（人才培养工作委员会）、教师与专业技术职务评审与聘任委员会的多级学术组织构架。鼓励和支持学院根据实际情况，探索教授治学的具体途径和实现形式，尊重和保障学院学术管理创新，促进学院学术发展。学院设立教授委员会，并按照相应的章程行使对学院重大事项的咨询评议权和重要学术事务的决策权。逐步构建学术委员会、学位评定委员会、教学工作委员会（人才培养工作委员会）、教师与专业技术职务评审与聘任委员会“四位一体”的教授委员会运行模式。

3. 突出学院地位，强调办学主体。《章程》强调学院在办学中的主体地位，规定学院作为履行学校基本职能的具体实施单位，在学校授权范围内实行自主管理。学校根据人才培养和学科建设的需要设置若干学院，并根据发展需要适时予以调整。学校在人财物方面规范有序地赋予学院相应管理权，指导和监督学院相对独立地自主运行。除有特别规定外，学校通过预算方案划拨学院日常经费和其他资源，定期评估学院的绩效。加强学院党的建设，设立学院党的委员会（总支），在党政联席会议的领导下，支持院长独立行使职权。

4. 突出各族学生主体，践行育人为本。《章程》对学生的权利、义务以及学校在教育管理上的职责等有明确的规定。在学校功能定位中，明确指出学校依法招收各民族学生，以少数民族学生为主。学校根据国家发展、社会需要和自身条件，合理确定办学规模、教育形式、修业年限。全面推行学分制。学校根据人才培养的目标和要求，组织实施教育教学活动。学校依法颁发学业证书和学位证书。

5. 突出制度建设，推进依法治校。《章程》按照中共中央办公厅印发的《关于坚持和完善普通高等学校党委领导下的校长负责制的实施意见》，坚持党委的领导核心地位，保证校长依法行使职权，建立健全党委统一领导、党政分工合作、协调运行的工作机制。同时根据党的十八届四中全会精神，规定了学校坚持依法治校、教授治学、民主管理的基本原则。还规定了学校实行校、院两级管理为主的体制，充分发挥学院办学的主体作用，体现出学校管理重心逐渐下移的特点。力求明晰“党委领导与校长负责”“学校统一管理与学院自主办学”“行政权力与学术权力”和“行政治理与民主管理”等几大权力之间的关系，从制度的顶层设计层面，全方位规范学校的运行及办学行为。

（二）发挥章程建设的助推作用

1. 总结办学经验，凝练办学理念。中南民族大学建校60多年来，从初创时的筚路蓝缕到恢复重建后的发展壮大，几代民大人，薪火相传，艰苦奋斗，为学校事业发展树立了一个又一个光辉的里程碑。可以说中南民族大学的历史就是一部不断摸索总结办学经验、凝练办学理念的历史，好的经验与理念需要在办学实践中不断证伪、凝练与升华，需要经历较长时间的摸索、设想、实施、提炼到最后的成型固定。章程的制定就是要把成功的办学经验进行固定与传承，把好的办学理念进行凝练与提升，进一步探索民族高等教育的办学规律，不断开辟中国特色民族高等教育科学发展新路，始终秉承“三个面向”“三个服务”的办学宗旨，以培养各民族高级专门人才为己任，坚持“质量立校、学科兴校、人才强校、特色荣校”的发展战略，弘扬以“笃信好学、自然宽和”为核心的大学精神，努力建设特色鲜明、人民更加满意的高水平民族大学，为少数民族和民族地区的经济社会发展，为圆好团结梦、实现发展梦、共铸中国梦贡献应有的力量，将中央民族工作会议精神落到实处。

2. 优化治理结构，理顺内部关系。章程必须科学构建内部治理结构，明确并厘清各类组织、机构之间的关系，减少内部运行的摩擦与障碍，消除各类规章制度之间的重复、冲突与矛盾，为学校内部治理结构的查漏补缺以及制度的废、改、立提供指导思想与法理依据。为此，学校章程进一步明确了党委与行政的关系，学校与学院的关系，行政权力与学术权力的关系，学校管理与教师、学生的权利、义务等关系，确立了依法治校和建立现代大学制度的基本原则，为学校的长效发展、规范办学构建了制度及机制保障。

3. 突出办学主体，激发办学活力。中南民族大学作为国家民委直属的公立大学，办学主体具有特定性与特殊性，章程必须予以宣誓与固定。特定性决定了学校的办学活动接受国家民委的领导、指导和监督，特殊性决定了学校的办学活动必须坚持办学宗旨，坚守特殊使命。办学主体的特定性与特殊性，更为学校办学提供了广阔的舞台与不竭的资源。首先，学校办学可以依托少数民族与民族地区，把人才培养、科学研究、服务社会和文化传承与创新向少数民族与民族地区倾斜，为民族地区培养各类人才，提供智力支持、决策咨询；其次，学校可以充分利用国家对少数民族与民族地区的政策支持与优惠措施，将优惠政策转化为提高学校办学水平的硬实力，提高学校的综合竞争力，促进学校各项事业的全面可持续发展。

4. 夯实发展基础，助推实力提升。章程的制定是推动现代大学建立的重大举措，而“人才培养、科学研究、服务社会、文化传承创新”作为现代大学的四大功能，也是现代大学的发展方向。社会对人才的需求是学校的培养目标，社会对科学的要求是学校的研究对象，社会对文化的渴求是学校传承与创新的动力，因此可以说现代大学四大功能的落脚点是服务社会。而民族院校的设立具有特殊的历史背景，是党和国家为了解决国内民族问题的需要而建立的，要始终牢牢把握“各民族共同团结进步，共同繁荣发展”的民族工作主题，弘扬民族院校的光辉传统，夯实未来发展基础。通过章程的制定，进一步提高认识，转变观念，开门办学，合力助推学校事业发展，提升办学实力，将其打造成我国“培养少数民族高素质人才的重要基地、研究我国民族理论和民族政策的重要基地、传承和弘扬各民族优秀文化的重要基地、展示我国民族政策和对外交往的重要窗口、服务民族地区和地方经济社会发展的重要阵地、促进各民族交往交流交融的重要平台”，办人民更加满意的高水平民族大学，为圆好团结梦、追寻发展梦、实现中国梦做出新的更大的贡献。

民族利益与民族关系初探

雷振扬

民族利益与民族关系是研究和处理民族问题的两个基础性范畴。但是，在过去很长时间里，由于认识的偏误，学术界对民族利益问题和民族利益对民族关系的影响，未给予足够的重视。随着市场经济的发展和社会的转型，由利益引起的民族问题增多。正确认识和处理民族利益问题，是解决新形势下的民族问题，建构和谐的、团结互助的社会主义民族关系的需要。

一、民族利益的内涵

根据民族利益的不同指向，对其大致有两种理解。一种是国别意义上的或国与国关系意义上的民族利益，表现为国际关系或国家交往中一国部分民族、种族的整体利益，如中华民族的利益。另一种是指多民族国家内部不同民族之间，特别是少数民族在与国家或主体民族的交往中表现出来的利益，如民族地区和少数民族的经济利益、政治利益等。这两种民族利益具有密切的关联，但是就处理多民族国家内部的民族关系而言，二者是应当而且可以区别开来进行分析研究的。本文所研究的，是后一种意义上的民族利益问题。

民族利益是社会利益的一种特殊表现形态。研究民族利益，必须对利益进行必要的分析与界定。利益是推动人类社会发展进步的重要动力，对利益的追求乃是人类社会生存和发展的基础。那么，什么是利益呢？《辞海》对利益的解释是“好处。如：集体利益、个人利益”。霍尔巴赫在他的名著《自然的体系》中说：“利益就只是我们每个人看作是对自己的幸福所不可缺少的东西。”① 有学者将利益界定为，人们通过一定的社会关系表现出来的需要，没有需要和好处，也就没有所谓的利益。“只有当需要与需要对象之间存在矛盾

① 霍尔巴赫：《自然的体系》（上卷），管士滨译，商务印书馆，1964，第271页。

时，需要才转化为利益。”① 马克思认为，利益既是一个评价性概念，更是一个事实性概念，“利益是讲求实际的”②，“‘思想’一旦离开‘利益’，就一定会使自己出丑”③。

由上可见，利益首先是一个主体多元的关系性概念，即只有多个主体构成的社会关系的存在，才会产生利益问题，利益分配、利益矛盾、利益博弈，是利益主体多元的表现。其次，利益与资源的稀缺有关。由于利益存在于需要与需要对象的矛盾之中，即需要对象难以满足主体需要时才产生利益问题，如果某种资源任何主体都可以不受限制地占有或消费，那么利益问题也不会产生。正因为资源的有限性，才有利益的博弈。再次，利益对主体表现为某种好处，这种好处可能是物质的，也可能是精神的，可能是现实的，也可能是潜在的。

既然利益是一个多元主体的相关性概念，并且存在于主体的需要与需要被满足的矛盾状态之中，因此利益又是一个受限性概念。利益的满足是有条件的。它既需要一定物质的、政治法律的条件，还需要相关利益主体的友善参与与合作。在友善参与与合作不可得的情况下，往往要通过利益主体之间的博弈才能实现。

民族利益是在多民族国家由于民族之间发展的差异，各民族通过一定的社会关系表现出来的需要，这种需要对民族的生存与发展表现为正向价值，即好处或潜在的好处。我国有 56 个民族，除汉族之外，其余 55 个民族为少数民族。在社会主义制度下，我国实现了各民族政治上的平等，各民族共同繁荣发展具备了根本政治条件，各族人民的根本利益是一致的。但由于民族特点和民族差异，各民族在经济文化发展上的差距将长期存在，民族的个体利益和特殊利益需求也将长期存在。目前，汉族当然也有民族利益问题，但总体而言，民族利益主要表现为少数民族加快发展与提高生活质量的需要，以及我国经济社会发展条件在满足这种发展要求时所表现出的矛盾状态。现

① 张玉堂：《利益论》，武汉大学出版社，2001，第 44 页。

② 马克思、恩格斯：《马克思恩格斯全集》（第 1 卷），人民出版社，1956，第 149 页。

③ 马克思、恩格斯：《马克思恩格斯全集》（第 2 卷），人民出版社，1957，第 103 页。

阶段，我国民族利益的特殊性在于，少数民族作为多元利益主体的一方，具有弱势性特点：一是资源占有和发展条件的弱势性。这主要表现在少数民族大多地处西部边疆地区，自然地理条件恶劣，远离国家政治经济中心和沿海发达地区，交通不便，基础设施落后，工业化程度低，与中东部的发展差距大。这一特点，使少数民族的发展要求更加强烈。二是自我发展能力的弱势性。由于自然的和历史的原因，民族地区的经济较为落后，发展基础薄弱；少数民族的生活水平相对较低，教育科技发展滞后，开放创新意识还不够强。这种弱势性使少数民族在社会转型和现代化过程中，处于异常脆弱的境地，也使少数民族对利益问题特别敏感。因为在社会转型和现代化过程中，市场竞争加剧，主体民族和非民族地区发展明显加快，而少数民族由于其主体的弱势性使之进一步拉大与前者的发展差距。当前，民族利益集中体现为实现民族平等和加快民族发展。

民族利益可以按不同的标准进行分类。如按利益实现的远近程度和时间来划分，可分为眼前利益和长远利益；按利益对于主体的重要性来划分，可分为根本利益和非根本利益；按主体追求利益的目的与层次来划分，可分为生存利益和发展利益；按主体活动的区域和范围来划分，可分为局部利益和整体利益；按利益的内容来划分，可以分为经济利益、政治利益、文化利益、精神利益、社会利益、生态利益等等。这里，我们主要探讨民族利益的不同内容。经济利益“是对经济关系、经济活动及其成果——产品的占有、享有和消费，或者是对一定收入（最普遍的形态是工资，还有利润、利息等）的需要的满足”①。在我国，国家对于少数民族的特殊财税经济优惠政策，对少数民族发展经济的扶持，少数民族人民通过辛勤劳动，发展社会主义市场经济，不断提高物质生活水平等，都可以物化为少数民族的经济利益。政治利益主要表现为少数民族平等参与国家政治生活，平等行使管理国家事务和社会事务的权利，充分行使民族区域自治的权利，人身权利和政治权利得到有效的保护。文化利益主要是指少数民族的传统文化、生活方式受到尊重与保护，优秀民族文化得以发扬光大，国家和社会保障并支持少数民族享有接受

---

① 王伟光：《利益论》，人民出版社，2001，第83—84页。

现代科学文化教育，平等享受现代文明发展成果。精神利益是与经济、政治、文化、社会、环境等利益密切相关的，少数民族在精神上的感受与享受，如平等感、成就感、愉悦感、自豪感等等。社会利益包括国家为少数民族提供基本的社会保障、基本的社会公共产品、基本的公共服务，满足少数民族的生产生活需要。生态利益是指少数民族地区的自然生态环境受到妥善的保护，为民族地区和少数民族的永续发展提供必要的环境保障；民族自治地方为国家的生态平衡、环境保护做出贡献的，国家给予利益补偿。民族利益是一个内容十分丰富，不同利益紧密相连的统一整体。一种利益的侵损，可能导致其他利益的连带受损。依据历史唯物主义的观点，在民族利益体系中，虽然各种利益相互影响，相互制约，但经济利益是最根本性的利益，经济利益决定着其他利益的实现与发展。民族利益是一个发展的概念。民族利益虽然具有相对稳定的内涵，但利益的内容却随时代和社会的发展而发展。在计划经济时代，少数民族也有经济利益的要求，但由于产品经济的影响和市场的缺失，这种利益要求主要表现为向国家要资金，要物资，要优惠，最迫切的需求是解决温饱问题。而在市场经济条件下，民族地区和少数民族除了需要资金和物资的帮助外，更突出的利益要求是要发展的政策，要政府解决因市场失灵导致的利益受损问题、资源开发中的利益分配问题，以及其他合法权益的保障问题等等。随着时代的发展，新的民族利益需求将会产生。如现代通信传播技术的发展，使民族地区和少数民族群众对国家加大相关基础设施建设力度，更好地满足经济发展和文化消费的要求更加强烈。民族利益与民族同存，只要少数民族存在，就有少数民族利益存在。人类社会是发展的，人类的利益要求也是发展的。一种利益得到了满足，新的利益要求又会产生。社会正是在这种利益要求与利益满足的交互作用中发展前行，民族关系也在这种交互作用中得到改善与发展。那种认为民族利益会引发民族矛盾，因而对民族利益采取回避或视而不见的态度是不科学的。

民族利益并非在任何条件和任何情景下都具有正当性。由于利益是主体多元的概念，是主体需要与社会资源难以满足需要的矛盾状态，所以，在一定的条件下，民族利益也可能演变成一种狭隘的利益。所谓狭隘的利益，就是不顾客观条件，不顾国家的整体利益和社会的共同利益，不顾其他民族的正当利益，片面强调本民族的利益，将民族利益无限放大，走向极端。在权威和秩序的政治架构之内，由于人类理性的作用，民族利益在多数情况下，能够被界定在合理的范围之内。但是，发展差距产生的失落与现实利益的诱惑的确太大，在利益的驱动下或在非理性、非程序性力量的推动下，民族利益的确存在被不恰当放大的可能。这是我们在研究和处理民族利益问题时必须予以高度重视的。

民族利益的冲突，除了发生在不同利益主体之间以外，还可能经常发生在民族利益的不同类型之间，如经济利益与文化利益、眼前利益与长远利益、根本利益与非根本利益的冲突。这种利益冲突对于民族地区和少数民族的发展，往往具有十分重要的影响。但由于这种利益冲突是“民族”内部的冲突，因而常常被掩盖和忽略。

二、民族利益对民族关系的影响

“民族关系是多民族国家中至关重要的社会关系。”① 民族关系的好坏，不仅关系社会的和谐稳定，而且关系经济社会发展和国家安全。在多民族国家，影响民族关系的因素很多，如国家结构、宪政体制、阶级关系、民族政策、历史传统、宗教信仰、文化类型与风俗习惯、国际局势等等。分析研究影响民族关系的诸因素，不难发现，各种因素背后都隐含着利益问题，民族利益是决定和影响民族关系的最重要的因素。历史上“民族之间的互市贸易、经济交流，文化上的交融与彼此相互吸收，相互之间的通婚等等，都是民族和好关系的表现。但是，这些和好关系的种种表现形式，都是在受着政治、经济利害关系的支配下进行的”②。民族利益与民族关系，在哲学的意义上属于社会基础与上层建筑的范畴。马克思认为，“各民族之间的相互关系取决于每一个民族的生产力、分工和内部交往的发展程度”③。利益是人类活动的基

---

① 胡锦涛：《在中央民族工作会议暨国务院第四次全国民族团结进步表彰大会上的讲话》，《人民日报》2005 年 5 月 28 日。

② 刘先照：《论社会主义民族关系》，民族出版社，1991，第 1 页。

③ 马克思、恩格斯：《马克思恩格斯选集》（第 1 卷），人民出版社，1972，第 25 页。

础性条件和根本动力，“人们奋斗所争取的一切，都同他们的利益有关”①。利益既是主体之间关系的纽带，又是主体关系的基础。民族利益与民族发展密切相关，与各民族群众的生产生活紧密相连。民族利益决定民族关系，符合马克思主义的唯物史观。那么，民族利益如何影响民族关系呢？

首先，民族利益影响民族心理。利益对民族心理的影响是双向的，如果民族利益问题得到正确的处理，可能促进民族的心理认同，有利于和谐民族关系的建立和发展；处理不好，则可能导致民族隔膜与民族仇视。毛泽东同志曾经指出，我国“历史上的反动统治者，主要是汉族的反动统治者，曾经在我们各民族中间制造种种隔阂，欺负少数民族”②。因此，“少数民族免不了带着怀疑的眼光看汉族”③。民族之间由于语言、风俗习惯、经济生活等不同，本来就存在认同上的差异，加上历史传统的影响，少数民族对利益问题非常敏感。在现实生活中，如果在利益分配和处理利益问题时，表现出些许的偏颇，就会在少数民族中产生被歧视、被剥夺的心理，强化其对公权机关和其他民族的不信任心理，造成民族之间的隔膜，甚至导致民族主义的发展与蔓延，引发民族冲突。这种基于民族利益而形成的不信任心理，具有很强的扩散性和传承性，是影响民族关系的深层次的原因。其一旦形成，往往很难在短时间内改变。民族心理具有脆弱性的一面，利益天平的些许倾斜，就可能给民族的认同与和谐民族关系的建立造成难以逆转的困难。

其次，民族利益影响民族发展。发展是少数民族的根本利益要求，发展也是解决民族问题，改善民族关系的基本条件。在现实生活中，许多的民族矛盾与民族问题，都是因为发展不够和发展的差距而生。由于历史与自然条件的原因，民族地区的发展有诸多不利因素。实现民族地区的经济社会发展，既需要少数民族自力更生、艰苦奋斗、努力工作，也需要国家和社会给予必要的帮助与扶持。如果少数民族的发展要求长期得不到满足，民族地区的落后状态长期得不到改变，民族地区与发达地区的发展差距不能尽快缩小，少

① 马克思、恩格斯：《马克思恩格斯全集》(第1卷)，人民出版社，1956，第82页。

② 毛泽东：《毛泽东文集》(第5卷)，人民出版社，1997，第288页。

③ 周恩来：《周恩来选集》(下卷)，人民出版社，1984，第249页。

数民族的物质文化生活得不到有效提高，就会造成民族地区和少数民族群众对国家、政府的认同降低，就会增加民族矛盾与民族冲突的发生概率，就会影响和谐民族关系的建立和发展。

再次，民族利益问题引发民族事件与民族冲突。民族利益关系民族的生存和发展，是导致民族之间冲突与摩擦的最基本、最常见的原因。民族利益冲突是不同民族和相关主体围绕利益得失所产生的冲突。从横向关系来看，在日常的生产与生活中，不同民族可能因山界、水源、牧场等物质的利益冲突形成摩擦，也可能因宗教信仰、风俗习惯等文化利益上的侵损，而导致矛盾的加剧。从纵向关系看，少数民族的个体、族群，也可能因为物质的和精神的利益问题与集体、国家产生利益上的矛盾与冲突。民族利益基础上的民族之间的隔膜与仇视，是民族事件与民族冲突的催化剂。这就是为什么现实生活中，个别的伤害案件或个别的不尊重民族风俗习惯的偶发事件，会酿成有很大影响的民族群体性事件的重要原因。

最后，民族利益问题是敌对势力挑拨民族关系的重要切入点。民族问题往往表现为经济问题与政治问题交织在一起，现实问题与历史问题交织在一起，民族问题与宗教问题交织在一起，国内问题与国际问题交织在一起。正如江泽民同志指出的，“利用民族问题打开缺口，是国内外敌对势力进行和平演变的重要手段”①。西方敌对势力和民族分裂势力、暴力恐怖势力、宗教极端势力，往往利用民族利益问题，挑动民族情绪，制造事端。他们以现实中的民族发展差距为由，离间民族关系，破坏少数民族对政府的信任；以人口迁移、资源开发、宗教信仰等为借口，挑动民族纷争；打着关心少数民族利益的旗号，进行欺骗宣传，歪曲历史与事实，进行挑拨离间，甚至进行暴力恐怖活动，破坏民族团结和社会稳定。总而言之，民族利益问题是敌对势力破坏民族关系，进行颠覆破坏活动的重要切入点，必须引起我们高度的警觉与重视。

正是由于民族利益对民族关系影响巨大，社会主义国家必须十分注重处理民族利益问题。十月革命后，列宁针对苏维埃俄国的民族关系状态，一再

---

① 江泽民：《江泽民文选》（第1卷），人民出版社，2006，第182页。

强调，要充分考虑少数民族的历史与现实、心理与特点，对民族利益予以照顾和统筹安排。他指出，苏维埃政权不仅要使各民族在法律上平等，而且“必须加紧帮助落后的弱小民族”①，要使以前受压迫的民族的劳动群众达到事实上的平等，建立起社会主义民族团结的巩固的经济基础。新中国成立初期，周恩来同志就号召广大汉族干部，要以“还债”的态度，诚心诚意地帮助少数民族地区发展经济、文化事业，以摆脱贫穷落后的状态，使各民族共同发展繁荣起来。1953 年 10 月，毛泽东同志在接见西藏国庆观礼团、参观团代表时指出：“帮助各少数民族，让各少数民族得到发展和进步，是整个国家的利益。”② 正是基于这种思考，新中国在制度设计和政策安排等方面，注意照顾少数民族的利益；建立了民族区域自治等一系列的制度来保障少数民族的利益；国家努力帮助少数民族发展经济文化事业，提高他们的物质文化生活水平；较好地解决了历史上遗留下来的民族压迫和民族歧视，实现了民族平等，建立起团结互助的社会主义民族关系，使我国成为世界处理民族问题的典范。

三、协调利益冲突，建构和谐的民族关系

改革开放以来，随着市场经济的发展和社会的转型，我国的社会结构和利益关系发生了重大的变化，民族利益问题也出现了一系列新的情况：

一是新的民族利益要求凸显。如加快发展，提高物质文化生活水平的利益要求；落实《国务院实施〈中华人民共和国民族区域自治法〉若干规定》，兑现给予民族地区经济社会发展的优惠扶持政策的利益要求；在自然资源开发过程中，照顾民族地区和少数民族的利益要求；在经济文化交往和人口流动过程中，尊重少数民族风俗习惯，保障少数民族合法权益的利益要求；落实民族区域自治制度，维护自治权益的利益要求；保护民族传统文化，发展现代教育科学文化事业，完善社会保障系统的利益要求；等等。二是民族利

① 列宁：《列宁全集》（第 29 卷），人民出版社，1956，第 88 页。

② 毛泽东：《毛泽东文集》（第 6 卷），人民出版社，1999，第 312 页。

益矛盾增加。如民族地区财政赤字逐年增长，地方财政吃饭建设难以兼顾的矛盾；民族地区出产的原材料和初级产品价格偏低引起的矛盾；开发利用民族地区自然资源与照顾少数民族利益的矛盾；民族地区人才缺乏与人才流失的矛盾；经济发展与保护少数民族传统文化和自然生态环境的矛盾；少数民族人口流动与保障他们的合法权益的矛盾；因山界、林界、水源、草场的勘定与利用引发的矛盾；等等。三是少数民族地区和少数民族群众的利益观念与意识明显增强。在市场经济大潮的冲击下，民族地区和少数民族群众逐步改变封闭状态，与世无争、安于贫困、日出而作日落而息的生活方式正在发生变化，对利益的关注与追求，逐步成为主导性的价值理念之一。

人类社会由多元主体构成，追求利益是人类的天性。然而，社会可供人类分配与消费的资源却总是不能完全满足社会成员的需要。这种资源的有限性与人类需求的无限性，是人类社会始终面对的矛盾。这种矛盾的存在，既是人类不断进步的重要动力，也是国家、法律等得以产生的重要原因。国家的基本职能之一，就是调整社会利益关系，协调利益冲突，维系社会利益格局的相对平衡。国家可以通过法律规范和政策引导，使包括少数民族在内的各社会利益主体理性选择自己的行为；通过对社会资源的再分配，给予少数民族特殊的政策倾斜和照顾，保障少数民族的利益；建立良好的利益调控与矛盾化解机制，运用科学的利益调控方法，促进和谐民族关系的发展。

民族利益要求以及由此引发的矛盾，是世界多民族国家面临的共同问题。总结我国和世界各国处理民族利益问题、协调民族利益冲突的经验，笔者认为，现阶段我们主要应做好以下几方面的工作：

第一，加快发展。在现代社会，解决与协调利益矛盾与利益冲突，不能以禁欲主义和平均主义的思路来处理。发展是解决少数民族利益问题的根本途径。只有加快民族地区经济社会发展，才能满足少数民族不断增长的利益要求，为有效解决利益矛盾，化解利益冲突提供坚实的物质基础。没有发展，不仅新的利益矛盾不能解决，旧的利益矛盾也会激化。为了推动和促进民族地区的经济社会发展，中央和地方各级政府，要切实贯彻落实中央民族工作会议的精神，按照“五个统筹”的要求，从基础设施、结构调整、财政投入、生态建设、扶贫开发、兴边富民、扶持人口较少民族等方面，明确支持少数民族和民族地区加快发展的政策措施、主要任务和具体要求，进一步加大支持与政策倾斜的力度。国家要继续组织和支持经济发达地区和大中城市、大型企业与民族自治地方的对口支援和帮扶工作。通过劳动密集型和资源加工型产业的转移、技术转让、交流培训人才、加大资金投入、提供物资支持等多种方式，帮助民族自治地方加速经济、文化、教育、科技、卫生、体育事业的发展；充分发挥社会主义制度的社会动员与组织优势，为民族地区和少数民族的发展，做实实在在的工作。国家要引导和鼓励经济发达地区的企业按照互惠互利的原则，到民族自治地方投资，开展多种形式的经济合作。在支持与帮助过程中，既要重视财政资金、税收优惠的支持，也要重视科学技术与人力资源开发方面的支持；要注意培养民族地区和少数民族自我发展能力。同时，民族自治地方要科学地确定发展思路和发展目标，努力提升自我发展能力，克服等、靠、要的思想，充分发挥自身优势，探索各具特色的加快发展的新路子。

第二，运用法律的方法协调民族利益冲突。法律本身就是利益博弈的产物。法律具有权威性与稳定性的特点，可以使利益主体产生相对稳定的利益预期。在利益多元与利益冲突的社会，“法律是最优良的统治者”①。充分发挥法律在协调利益冲突中的作用，现阶段主要应抓好以下工作：一是完善立法，进一步明确少数民族地区和少数民族的利益主体地位、利益分配原则、利益分配程序以及利益纠纷解决机制。应该说，我国宪法和民族区域自治法在这方面已有一些相关的规定，但是规定不够具体，难以操作；加上市场经济的发展造成了许多新的利益问题，急需在立法上予以完善。比如，按照宪法的规定，民族自治地方的人民代表大会有权依照当地民族的政治、经济和文化的特点，制定自治条例和单行条例。这一规定，显然体现了对民族地区和少数民族利益的特殊保障。但到目前为止，我国五大自治区的自治条例没有一个制定出来。其中重要原因之一，就是民族自治地方的利益主体地位的确立还存在一些问题，自治地方一些重要的自治权利的落实还有困难，自治地方与国家职能部门在利益问题上还需要协调。二是严格执法。各级政府要

① 亚里士多德：《政治学》，吴寿彭译，商务印书馆，1965，第 171 页。

按照宪法和民族区域自治法的规定，坚决落实《国务院实施〈中华人民共和国民族区域自治法〉若干规定》，切实履行帮助民族地区和少数民族发展经济社会事业的职责；要加强执法检查监督力度，对不履行法定职责的部门，应依法追究法律责任。三是重视运用法律方法协调解决民族利益冲突和矛盾。在市场经济条件下，我们在继续发挥政治协调优势的同时，要高度重视法律协调的作用。对于在经济交往和社会交往中发生的侵损少数民族利益的事件和行为，司法机关和行政执法部门要依法予以处理，切实维护少数民族的利益。

第三，进行科学的利益观教育。要深入贯彻“三个离不开”的重要思想，使全社会理解：没有民族地区和少数民族的发展稳定就没有全社会的发展稳定；没有民族地区和少数民族的现代化，就没有全国的现代化；帮助少数民族地区和少数民族发展，给予其特殊利益照顾和帮助支持，是国家和社会的整体利益、根本利益的要求。发达地区和汉族的干部群众，要以理解和支持的态度，来认识和处理少数民族的利益要求，坚持共同团结奋斗，共同繁荣发展；在利益的分配与调整上，要以“对自己的不平等”来平衡民族之间的利益关系。同时，要使少数民族的干部群众理解：民族利益与国家利益、社会利益密切相关，少数民族的发展和利益的实现，既要有自身的艰苦奋斗，也离不开国家的扶持与其他民族的帮助；民族利益的实现是一个过程，要区分长远利益与眼前利益，在处理利益问题时，要有大局意识和全局观念，积极维护国家的整体利益和社会的共同利益。要强调道德与理性在利益冲突与协调中的作用。在发生利益矛盾与利益冲突时，要理性对待，审慎处理，防止被敌对势力所利用。各级政府和相关职能部门，要以高度的政治责任感和敏锐性正确对待并慎重处理民族地区和少数民族群众的利益要求。不能把民族地区和少数民族的利益诉求简单地说成民族主义和狭隘的民族利益，而要对其进行认真研究，妥善处理。对于他们合理合法的利益要求，条件具备的，要尽快予以满足；利益要求虽然合理合法，但解决的条件和时机尚不成熟的，要做好工作，创造条件，争取早日解决；利益要求不合理，提出要求的方法不合法的，要做好耐心细致的解释说服工作，防止矛盾激化；对于利用民族利益矛盾和利益问题，煽动闹事，破坏社会主义法制的，要依法进行处理。

第四，打击敌对势力利用民族利益问题制造事端的图谋。在及时、妥善处理民族利益问题的同时，要对西方敌对势力和民族分裂势力、暴力恐怖势力、宗教极端势力利用民族利益问题，进行西化、分化和从事分裂破坏活动的图谋保持高度的警惕。要将维护世界和平与安宁，促进人类共同发展与维护国家的主权与统一，巩固国内各民族的团结恰当、有机地结合和统一起来，坚决反对霸权主义和强权政治，反对民族分裂势力、暴力恐怖势力和宗教极端势力。要加大对外宣传力度，积极向世界介绍我国的民族政策和解决民族问题、保障少数民族权益的基本措施及取得的巨大成就。对于西方敌对势力以民族问题、宗教问题、人权问题为借口，插手我国民族问题，干涉我国内政的行为，要坚决予以揭露和反击；对于民族分裂势力、暴力恐怖势力和宗教极端势力的分裂破坏活动，要保持高压态势，坚决打击，切实维护民族地区的社会稳定和国家安全，维护和发展各族人民的根本利益。

文化生态学语境下的共生互补观
——关于散杂居民族关系研究的新视野

许宪隆 张 成

人类是地球生态系统的一个组成部分。人类一直同土地、气候、植物以及动物种群（包括人类自身的其他族群）发生着密切的关系，并对其产生影响，同时环境因素也对人类产生反作用。从初民社会到现代社会，人类社会的每一次发展变迁都可以看作是环境变化的必然结果。一方面人类迫于生存压力不断对自然和社会环境进行适应，创造着多样化的文化模式；另一方面人类又能够采用文化手段主动在环境中获取资源，并不断地改变着周围的环境。

由于人类的不同（民族）族群居住、生活在不同的地域，面对着不同的自然环境，形成了不同的文化，并且一旦形成就会按照自身发展的规律向前演进，与其他地域文化发展的进程不完全同步，因此在世界范围内形成了各族群的文化多样性。人类行为方式是多种多样的，但一个种群只能选择其中的一部分，并演化成对自身社会有价值的风俗、礼仪、生产、生活方式，这一系列的选择便结合成这一族群的文化模式。在人类社会的早期，由于交通、信息的不便，各（民族）》族群的文化差异性并没有通过比较而出现放大效应。随着人类改造自然的技术飞速进步，不同地域、不同（民族）族群文化显然由于技术掌握的多少而进一步出现分野，本地域、本（民族）族群的文化特性也得到了进一步的固定。加之由于近现代社会中，不同（民族）族群间由于经济、政治和社会原因的频繁交往，使人们通过接触，认识到自我与他人的差异，特别是一种文化内核上的较大差异，于是在一定时间、空间范围内使接触的不同群体均出现困惑、不适应与冲突。但是“文明更需要真正具有文化意识的人，能够客观地、毫不畏惧地、公正地理解其他民族在一定社会条件下的行为方式的人”①。因此，人们必须认识到，差异互补是文化交

① 露丝·本尼迪克：《文化模式》，何锡章等译，华夏出版社，1987，第28页。

流的主要结果，它并不会消除彼此之间的差异。只有存在着差异，才会使世界的发展呈现出多姿多彩的景观。从生态学角度看，生物多样性对所有种群的环境适应及生存是不可或缺的；从人类文化角度看，根植于环境之中，又对环境产生重要作用的文化，其多样性对人类而言，其意义同样是显而易见的，因为文化系统结构的共生互补将成为人类适应环境的重要机制。

在民族学、人类学的发展过程中，研究者在对人类自身和人类社会进行深入观察之后，开始通过生态学的知识进行考察和反思，特别是人对自然的开发、利用与保护之间的关系，人类活动对自然界的影响及环境对人类社会和人类文明发展的作用等问题。在研究视角投放到人类文化上之后，生态学知识已不仅仅是以生物界为主体，而是以人类社会为主体，其目的已从生态系统的保护转化为解决全球可持续发展问题和人类困境。因此，文化生态学成为以人类在创造文化的过程中与环境的相互关系为对象的一门学科。显而易见的是，人类赖以生存、文化得以生成的环境，就不仅仅是单纯的自然因素，亦并非是简单的社会、经济与政治因素，而是自然与社会的复合生态系统所构成的复杂环境①。

当下的中国，外部面临全球化的国际环境，内部处于社会发展转型的关键时期，随着世界一体化进程的加快和我国市场经济的不断发展和完善，民族散居化进程加速，民族交往的范围扩大、层次增多，民族交往中将出现许多新问题，特别是对于散杂居民族而言，民族关系问题更加不容忽视。实践的变化必然要求理论上的创新，当民族学与人类学的主流范式已从社会发展史向文化生态学转变，理论开始关注人与生态和谐共处，开始注重文化多样性的保存与互相尊重，中国的民族关系、民族问题理论必须突破“头痛医头，脚痛医脚”的民族工作实践，在文化生态学的语境中，以共生互补的理念思考，构建散杂居民族关系，将各民族的发展目标从生存竞争转向厚德载物，把发展指标从 GDP 崇拜转向文化生态平衡，从而提升中国的民族理论研究水平。

---

① 戢斗勇：《文化生态学》，甘肃人民出版社，2006，第5—6页。

一、文化生态学：认识中国散杂居民族关系的前提和可能

（一）斯图尔德的文化生态学理论

在20世纪60年代之前，人类学界占统治地位的观点认为，对于一种社会、文化现象的说明应当从另外的社会、文化现象中去寻求答案。这种把文化和生物基础相割裂的分析方法，是不可能正确理解人类与生物之间关系的①。为探求人类与自然的关系以及文化与自然环境的关系，美国人类学家斯图尔德于1955年在其名著《文化变迁论》一书中提出了文化生态学的基本概念，进一步证明了不同文化发展的规律并概括文化发展中形成的各种混合文化的类型，这对传统文化的适应与发展的阐释具有指导价值②。斯图尔德认为，文化生态学是就一个社会适应其环境的过程进行研究。它的主要问题是要确定这些适应是否引起内部的社会变迁或进化变革。但是，它还结合变革的其他过程来分析这些适应。这一方法要求对社会和社会机构之间以及它们与自然环境之间的互动进行考察③。他曾研究美国西南部原住民群体，并提出应集中研究"文化内核"，即文化中与自然界关系最直接的部分——生存或生产策略。随着时间的推移，文化内核（生存方式）因其所利用的特定或"有效"环境（土壤、气候等）而发展，又反过来促使其他文化特征（社会组织）形成。按照这一"文化内核"的思想，环境，特别是自然环境和文化之间在形成文化变迁的过程中有着互动作用。这一想法被普遍视为最早为文化生态学奠定了明确的基础④。

在斯图尔德看来，文化与其生态环境是不可分离的，它们之间相互影响、相互作用、互为因果。从这种视角下进行的研究，其主要目标和任务就是揭

---

① 冈田宏明、汪婉：《文化唯物论与生态人类学》，《国外社会科学》1986年第6期。

② 朱利安·H. 斯图尔德：《文化变迁理论：多线进化的方法论》，张恭启译，台湾远流出版事业股份有限公司，1989，第20—28页。

③ 朱利安·H. 斯图尔德，潘艳、陈洪波：《文化生态学》，《南方文物》2007年第2期。

④ 黄育馥：《20世纪兴起的跨学科研究领域——文化生态学》，《国外社会科学》1999年第6期。

示出各民族、各地区的文化形态与自然环境的相互关系。从方法论上看，斯图尔德强调：一要研究开发手段或生产技术与环境之间的关系；二要研究与开发利用特定区域的环境资源的特殊技术有直接关联的人们的行为模式；三要研究受开发技术直接制约的行为方式在多大程度上影响了文化的其他方面①。因此，斯图尔德提出的文化生态学的灵感主要来源于自然生态中所研究的生物有机体与其周围环境的关系，亦即是说此时的文化生态学只是把文化作为自然生态系统中的一个因子，只探讨人的文化活动与自然环境的相互作用、相互关系。正是在这种研究视野和路径下，在斯图尔德之后的 A. P. 瓦伊达等人把一般生态学的研究运用于人类学，即把构成生态系统的人和人以外的生物放在相同的概念和范畴内来认识，即使人类有着区别于其他动物的文化特点，依然可以使用相同的概念和原理②。可以说，正是在早期的文化生态学的基础上，形成了文化唯物论，并进一步构建了以试图探讨人类群体如何适应塑造其生存环境并伴随此过程形成相应的风俗习惯以及社会、经济、政治生活为目的的生态人类学。因此，我们可以看出，在这一路径上，文化生态学希望对人类社会文化作为适应环境的产物做出唯物的说明。

（二）文化生态学的后期发展

学界目前借用生态学理论对人类文化现象进行的研究，虽然都源于斯图尔德的文化生态学，但是却存在着不同的研究路径与视角。与生态人类学研究中特别关注自然环境与人类文化之间的关系所不同的是，另外同样源于斯图尔德的文化生态学的研究路径，则将环境不仅仅理解为自然环境，还包括社会环境。这是因为任何一个民族所处的生态环境并非纯客观的自然空间，而是经由该民族加工改造的结果。每一个民族的要求及生存，必须凭借其自成体系的文化，向这个有机组合体索取生存物质，寻求精神寄托，以换取自己的生存延续和发展。在这个过程中，“人类用文化的手段满足他们的基本需要”③。有学者认为，一个民族生存的外部环境，实际上是经过加工后的外部

① 朱利安·H. 斯图尔德：《文化变迁理论：多线进化的方法论》，张恭启译，台湾远流出版事业股份有限公司，1989，第 4—52 页。

② 冈田宏明、汪婉：《文化唯物论与生态人类学》，《国外社会科学》1986 年第6 期。

③ 马凌诺斯基：《文化论》，费孝通译，华夏出版社，2002，第 1 页、第 49 页。

环境，“与特定民族发生关系的外部生存环境，已经不是纯客观的自然生态系统，而是留下了该民族在其文化归属下汰选加工和整理的痕迹，并使之成为系统化的特有生存空间。这样的生存空间既是社会的需要，又是文化的产物，它已经与社会文化紧密结合，成为该民族社会的一个有机组成部分”①。那么，民族文化就与它所处的生态环境建立了一种耦合的关系。

因此，从目前国内外学术界对文化生态问题的研究成果来看，将具有可移植性的生态学概念、理论、观点和方法移植到人类文化研究当中，主要还是两个方面的视角，即生态人类学视角和文化哲学视角。生态人类学视角如前表述；文化哲学视角主要研究文化具体形态之间的关系，侧重于讨论社会环境对人类文化的影响。

(三)文化生态与散杂居民族关系

文化生态学对中国散杂居民族问题的突出贡献在于，通过散杂居民族与自然环境之间的关系证明了文化多元的客观事实。文化生态学的主要任务，就是发现生活在特定区域的特定族群所拥有的文化中，究竟哪些是该族群适应当地生存环境的核心文化特质，并揭示核心文化要素的工作原理，从而更好地理解和预见该文化的变迁趋势和方向。因此，斯图尔德的这一早期文化生态学的理论方法，对于理解我国散杂居民族社会的形成、变迁以及民族关系具有极强的指导意义。

首先，从中国各民族的生存与发展的基本事实可以看出，不同的民族对自己所生存的自然环境是一种双向适应过程，这个过程使一定规模人口的生存所需与其生活环境的供应潜力之间得以建立起一种动态的平衡关系。当然，一个民族自身的文化也是具有多层次特点的，其中构成社会生存方式的必要组成部分，即与自然界关系最直接的那部分文化，如该民族的生产技术、劳动方式、生计模式以及社会组织形态与结构等一系列生存和生产策略等，这些就是该民族的“文化内核”。如有学者对我国锡伯族进行研究，认为该族群历史上的四次迁徙带来生存环境的改变，而生存环境的改变引发了不同地域

---

① 罗康隆：《论民族生计方式与生存环境的关系》，《中央民族大学学报》2004 年第 5 期。

之间同一民族的文化变异，特别是西迁的锡伯族在西北特殊的地理环境中，经过两百多年的发展，与东北的锡伯族文化已有很大不同，呈现出鲜明的西北特色和地域性，这恰恰印证了文化对生态环境的“适应”及相互作用过程①。

其次，就中华民族整体而言，中华民族的凝聚力是由特殊的地理环境所形成的。一方面聚居于黄河流域和长江流域的华夏族和后来的汉族因为其生存的环境四周有天然屏障，自成一个地理单元，凭借得天独厚的地理位置和十分优越的自然条件在发展中遥遥领先，对周边民族产生了巨大的吸引力和内聚力，而周边民族受到外围地理阻隔，容易产生向内地发展的倾向性；另一方面，分布于中国各地域的各民族在地理条件差异性的情况下，形成了明显不同的两大经济区域，即农耕民族经济区域和游牧民族经济区域，这两类民族在经济上需要互相补充。频繁而不可或缺的经济交流，加强了各族之间的政治联系，促进了国家的统一②。

最后，历史上各民族分布格局以及各民族之间的关系也受到了特定自然环境的直接影响。从中国散杂居民族的历史形成以及动态成因上看，不同民族在特定自然环境下，通过物质生产过程，不断进行经济文化交流而形成了以互相依存、优长互补为主流的民族关系。如郭家骥先生对云南地理环境进行研究后，认为该地区自然形成的“边内结构”和“山坝结构”对云南民族关系格局的形成与发展产生了重大而深远的影响。特别是“山坝结构”的地理环境，使云南没有集中连片的民族聚居区，而是分散居住在众多的小型社区中。而在每一个特定的小型社区中，又由于山坝之间地形、海拔、气候的不同而呈现出立体地形、立体气候、立体农业生产和立体民族分布的特点。居住于坝区、半山区、高山区的不同民族生计方式、生产方式迥异，经济发展水平不同，促使各民族既保持了自己的民族文化，又在经济上形成了优长互补、相互依存的关系，当然由于山坝经济文化发展水平的差距，历史上也

① 赵超、赵鹤龄:《锡伯族四次迁徙的文化生态学思考》,《黑龙江民族丛刊》2010 年第 2 期。

② 马戎、周星:《中华民族凝聚力的形成与发展》，北京大学出版社，1999，第 122—130 页。

曾出现过坝区民族在政治上对山区民族的统治和压迫现象以及长期极端分散的自给自足的封闭系统①。

当前我国散杂居少数民族分布的特点主要体现在“广、多、杂、散、偏、弱”上。也就是说散杂居少数民族分布的地域又往往集中于边远地区、经济落后地区以及交通不发达地区。而生活在这些地区的各族人民，其生活生产方式对自然生态、环境的依赖性非常大，其民族社会文化正是与自然环境相适应的必然结果。由此可见，早期的文化生态学突出地证明了自然生态、环境对民族发展以及散杂居民族关系的影响。这有助于人们反思散杂居民族经济社会发展长期滞后的根本原因到底是什么，应当如何评估散杂居民族目前的生存状况，以及针对该发展现状，采取何种适宜的措施。另外，正是由于散杂居民族地区的生存环境上的差异性，各民族用于理解、认识、改造自然、社会和人类自身的知识不同，在长期历史发展进程中积淀了不同的思想意识、价值观念、精神信仰和行为方式，并且在族际交往时表现为不同的经济生活、生活习惯、风土人情等文化符号。因此，和谐的散杂居民族关系必须建立在相互尊重、相互调适的基础上，真正以平和与平等的态度面对“他者”的世界，并进而寻求多元文化间的互动、互惠和互补共赢。

二、“共生互补”：文化生态学的自在话语

在种群生态学当中，种间关系是其中的重要研究范畴之一。种间关系是指不同物种、种群之间的相互作用所形成的关系。两个种群的相互关系可以是间接的，也可以是直接的相互影响。这种影响可能是有害的，也可能是有利的。通常可以简单地分为三大类：一是中性作用，即种群之间没有相互作用。事实上，生物与生物之间是普遍联系的，没有相互作用是相对的。二是正相互作用，按其作用程度分为偏利共生、原始协作和互利共生三类。三是负相互作用，包括竞争、捕食、寄生和偏害等。很显然，作为生态系统中的人类，是一个有别于其他动植物的物种种群。对于人类自身而言，由于人作

① 郭家骥：《地理环境与民族关系》，《贵州民族研究》2008年第2期。

为社会性的动物，便当然地生活在各类社会群体当中。这种人类所特有的社会群体，最为突出的表现形式即为民族，因为民族是人们在历史渊源、生产方式、语言、文化、风俗习惯以及心理认同等方面具有的共同特征，并在一定的历史发展阶段形成了稳定的人们共同体。简单地说，民族可以看作是人类物种种群的划分方式之一，那么民族问题研究就可以借鉴种群生态学的理论内容，借用其研究术语、分析方法，从而为源于不同自然环境、为适应环境而产生不同文化的民族之间的相互影响做出科学性的解释和建议。在此种语境中，“共生互补”成为研究散杂居民族关系的新视野。一方面二者都强调多元文化的生态关联、系统论的分析脉络；另一方面，“共生互补”理念也在文化生态学的基础上丰富了散杂居民族关系的研究内容。

（一）“共生互补”理念与文化生态学的契合

1. 多元文化的生态关联。早期的文化生态学观点侧重于自然生态，但是它明确告诉我们，人类文化是多样性的，文明也不是单线进化的，这正是“共生互补”观的前提。需要注意的是，承认文化的多样性，并不意味着各种文化之间就无法交流和融合。事实上，每一个民族的文化都是全人类文化的一部分，只不过它们分别从不同侧面，以不同的形式表现着人与自然的关系，表征着人与社会的本质。但毋庸置疑的是，每个民族的文化都包含了某些全人类的因素。从历史的经验看来，民族文化的发展除了需要自身对自然环境的不断适应而发展，也需要吸收外来民族文化的养料，即在中国文化整体发展中的各组成部分之间进行了积极的互动，进而在不同民族文化交流和互动过程中形成了文化系统。当把文化当成一个动态的生态系统来进行把握的时候，各民族文化之间的复杂关系，多元文化的生态关联则成为民族问题研究中的重要命题。以中国为例，各民族文化存在着客观上的差异性，并且自身具有相对独立的生命和特殊的存在价值，都有优于其他民族的传统，尤其对本民族内部成员来说具有内聚性和认同性。但是不可否认的是，每种文化都存在着一定的落后性和保守性，只有在开放的交流中进行比较，才能在对其他民族文化了解的基础上，剔除糟粕、落后的因素，留取精华、先进的因素。故多元文化的生态关联既是文化生态学的应有之义、自在话语，更是共生互补所重视的理论之基。

2. 系统论的分析脉络。在后期文化生态学发展中，系统论的加入扩展了文化生态学的研究方法和研究内容，“共生互补”理念正是使用系统论的分析脉络提出构建和谐散杂居民族社会的。

文化体系作为类似于生态系统中的一个体系而存在，其内部各个具体文化形式之间相互影响、相互作用、相互制约，从而使得人类的文化历久不衰，逐步走向相互适应、平衡与和谐。对于这样一个由人与自然环境和社会环境构成的系统，必须要采用系统论的方法进行研究才能取代直接因果关系这种过于简单的方式，从而使稳定的系统和变化的系统能够同时得到分析。在系统论的视角中，“构成生态系统的无机的、有机的和社会文化的因素处于相互补充的关系，反馈机制在其中发挥作用，……通过了解构成特定群体的人的行为是否能够保持生物的、无生物的环境因素的持续关系便可从理论上得到验证”①。因此，在文化生态学基础上发展起来的生态人类学普遍采用了系统论的研究方式。

在散杂居民族社会中，“共生互补”理念考虑到在中华民族是一个整体系统的前提下，各民族之间相互联系、相互作用，具有共生互补的可持续发展的特定功能。这不是在平面上的作为子系统的各民族的简单结合，而是各个子系统内在的相互作用使得它们结合起来，即作为子系统的各民族需要在多元共存的基础上加以联系并协同整合，以使在相互交往中求同存异，相互汲取对方的优势及有利于自身发展的因素，不断协调与整合，创造出适合双方或多方共同发展的新的形式和发展机制，产生出系统论的核心价值——“整体大于部分之和”“整体优于部分之和”的优化效益，进而使各民族的利益最大化、最优化。因此提出要处理好五大共生互补关系，即人与自然的共生互补关系、城乡之间的共生互补关系、区域之间的共生互补关系、民族间以及各民族内部的共生互补关系、经济与文化之间的共生互补关系；逐步完善五项民族关系调控机制，即民族政策调控机制、法律调控机制、民族意识调控机制、民族关系协调机制及民族矛盾预警机制。

---

① 冈田宏明、汪婉：《文化唯物论与生态人类学》，《国外社会科学》1986 年第6 期。

（二）“共生互补”理念对文化生态学研究的推进

“共生互补”理念在促成文化生态学与民族关系研究的结合之后，不仅仅旨在研究文化与生态环境的相互关系，还把着眼点放置于更广阔的研究空间，即不仅包括人与自然的共生互补关系，还包括个人与个人、集团与集团、民族与民族等人类世界中的共生互补关系。这主要表现在下述几个方面。

1. 共生互补理论基础的来源是文化生态学。现代生态学把整个地球看成一个生物圈，各种生物之间以及与外部环境之间存在着能量转换和物质循环的密切联系，而对不同生物之间共生、寄生、密切生活在一起的现象进行研究的理论就是共生理论。借用生物共生理论的原理来研究人类社会现象，特别是研究我国散杂居民族关系和民族问题，这便形成了民族共生理论。而这种理论所要揭示的是，个人与自然之间、个人之间或人们共同体之间在社会发展过程中，虽然存在着矛盾与冲突，但人类永远无法战胜自然，人类自身为了各自的生存和发展，也绝不能无限地处于矛盾与冲突之中，在力求个人自由，力图群体整合的同时，必须求得与他人、他群体的妥协、合作，只有在竞争中产生新的、创造性的互补性合作关系，才能扩大共享领域，达到高水平的互惠关系。更为重要的是，“共生互补”理念还通过对历史与现实中的中国各民族共生空间、经济共生态、政治共生态、文化共生态等方面的探讨，对人类物质文明和精神文明是各民族共同创造、每个民族都有优于其他民族的独特文化元素这一历史唯物主义观进行了诠释，并对费孝通先生所提出的关于“中华民族多元一体格局”理论以及中国共产党提出的“汉族离不开少数民族、少数民族离不开汉族、少数民族之间也互相离不开”思想的科学性，做出了历史和逻辑上的证明①。由此可见，“共生互补”理念既重视各民族生存的自然环境与文化之间的关系，同时也注意借鉴生态学的理论与知识解决散杂居民族问题，倡导民族之间的和谐社会关系。

2. 共生互补的话语体系与文化生态学异曲同工。在散杂居民族问题研究中，需要构建能够揭示并切中当今中国民族社会现实的学术话语体系。这不

---

① 许宪隆、沈再新：《构建共生互补型多民族和谐社会的思考》，《学习月刊》2008年第20期。

仅仅是技术性质上的问题，也不能仅仅被理解为某种语文学或术语学的问题，而是通过提出“共生互补”理念，认识和处理当前我国散杂居民族关系和民族问题，使这样的学术话语能够契合、贴近、开启并实现“各民族和谐共处、共同进步、共同繁荣”的内容本身，从而使其成为解决某些现实民族难题的一把钥匙，并进一步以学术的方式扩建“中华民族多元一体格局”的理论殿堂。

因此，“共生互补”首先强调对“共生”含义的深刻阐释：一是来源于生态学，但又与生态学中的用语明确区分，“共生”不是“共存”“共栖”，不是各民族或族群间“老死不相往来”那样的消极的共存，而是与之相区别的积极的共存并且是高级的形态。二是要在承认不同质文化共存的前提下，依据平等与公正的原则，共存的各方相互坦诚与信任，从而树立新型结合关系。其次强调对“互补”含义的深入理解：以系统论而言之，互补是指不同系统之间互相补充，以提高系统的功效。合适的互补使系统的功能放大，有时甚至是高倍放大。故在散杂居民族问题研究中，必须看到互补是差异中的互补，不仅要从民族社会的结构和机制的整体性上把握民族问题的实质性，也要从其外部的自然、社会环境因素进行深入探讨，在多元的基础上，形成互补，不仅形成族际互补，更要实现各民族与中华民族整体上的互补。最后强调对“共生互补”的全面诠释与实践：“共生互补”理念来源于中国各民族发展的客观事实，即民族关系与民族问题不是简单的此消彼长的关系，更不是一劳永逸的痴心妄想，而是要探索散杂居民族间的互动机制，针对当前我国民族关系和民族问题的现状、特点、发展规律、发展趋势及其影响因素，着眼于全球化背景下中国多民族与多元文化“共在”的生存场景，各价值主体应重新审视自己的立场，努力践行以人为本的生存文化与价值理论，把“多元共生”作为各民族的存在方式和法则，自觉遵循“互补共赢”的原则，在实现各民族自由平等、相互尊重、和谐共处、共同进步、共同繁荣的基础上，共享自己所创造的社会文明和社会成果。

3. 共生互补的方法论。在述及“共生互补”的思想来源、理论基础和话语体系之后，“共生互补”对散杂居民族进行研究的生态学取向的主旨，就在于采取生态学的理论与方法来研究中国当代的散杂居民族问题与民族关系，这更表现在方法论操作层面上的指导意义。

在对散杂居民族问题和民族关系进行研究的探索道路上，尝试以科学的观念、用科学的方法考察和探究民族关系和民族发展问题，并实现对民族现象客观化研究，是非常必需的。但是研究自然界的“物”和研究社会上的“人”毕竟还是有着天生的分野，故按照民族问题的属性要求去建构相适应的方法论是呼之欲出的题中之义。“共生互补”理念对民族问题的研究首先就是从共生的方面来考察、认识和理解环境、生物、社会、人类、生活、心理、行为等。它将族群关系看作一个整体，否定的是割裂地、片面地、分离地和孤立地认识和理解某一个单一的民族，而强调的是联系地、系统地、动态地、发展地认识和理解在族群关系中的民族发展问题。再进一步，该观点的方法论不仅仅是通过生态学的观点、手段和技术对民族社会进行考察，同时也可以是解说的方式和方法，还可以是干预的方式和方法。具体来说，共生互补视野下的民族问题、民族关系研究是在承认各个民族的生存权利的前提下，提倡和构建一种多层面的民族共同适应、共同发展的优化路径，这既是一种自组织现象，也要求诸民族在合作竞争机制的驱动下，通过共生单元、共生模式与共生界面共同作用所形成的共生能量，增大共生效应，以此实现各民族的自我完善，自行趋优。换言之，“共生互补”一方面是采用了生态学的视角考察、认识和理解民族问题，强调环境（自然和社会环境）的重要性，将自然、社会、民族、生活、行为等作为相互关联的统一的复杂系统，并且是有序的、变化的有机整体，是一种生态学的整体观、发展观、科学观；另一方面它又考虑到民族问题归根结底还是一个社会问题，并与“人”的文化性密切相关，因此绝不能曲解、消解或者放弃对融入历史性和社会文化性的意识经验的研究，必须立足于文化意义上的历时性共生情景，以文化学的视角解析民族问题与民族关系。

三、“共生互补”：散杂居民族关系研究的新视野

如前所述，“共生互补”理念正是借鉴、运用和结合了文化生态学的观点和分析方法来解释人类的活动，并以此建构一种实践路径，实现社会系统和

自然系统的和谐共生、优势互补、协同进步和发展。对于散杂居民族来说，该理念在承认人类文化多元性、族群多样性这样的事实前提下，既倡导人与自然的共生互补，又倡导人类世界中的共生互补，这其中包括个人与个人、个人与社会、集团与集团、民族与民族的关系等。

(一)多元民族文化共存与相互尊重

公平、发展以及如何与自然长久共存是人类社会面临的主要问题之一。对人类社会的研究愈是深入，愈是使人们逐渐抛弃雅斯贝斯所称的“轴心文明理论”①，开始正视人类社会的多元性，提倡不同地区和族群间的“文明对话”。在幅员辽阔的中国，多民族长期共存，特别是近代之后，各民族文化的交流与交融更加广泛和深入，但同时文化的碰撞和文化价值的冲突也相伴而生。由于社会历史发展的进程和文化生态环境的差异性，每一种文化都具有其独创性和充分的价值。在比较各民族的文化时，应该从该民族的内在文化法则和文化背景上来理解，而不能以评估者自身的文化标准来衡量，必须要克服民族中心主义、文化本位主义，避免用自己民族的价值观去评判别的民族的文化。散杂居民族之间正是体现出了这种在文化上的平等关系，即不同的民族具有不同的文化，每一种民族文化的形成都凝聚了民族自己的特殊智慧，文化无先进和落后、高级与低级之分，那么民族虽然有大有小，有物产多寡的区别，但都应完全平等，并在平等的基础上实现互动。如费孝通先生根据民族学界多年来的研究提出的民族学概念——民族走廊，就属于典型的民族散杂居地区。费老指出，中华民族聚居地区由六大板块和三大走廊构成，六大板块指北部草原区、东北高山森林区、青藏高原区、云贵高原区、沿海区、中原区，三大走廊是指西北民族走廊、藏彝走廊、南岭走廊，板块之间

① 轴心文明理论，是德国哲学家雅斯贝斯 1949 年在《历史的起源与目标》一书中提出来的。虽然其在文中突破了长期以来的西方中心论，但依旧强调着不同文明之间的不对等性。该思想理论引入中国后，曾出现过多次讨论，虽然其有益于中国与西方文明的话语权博弈，但是在一国范围内，其所提倡的追求价值与发展路径的统一，也是众多学者对其质疑的重要原因。具体参见雅斯贝斯所著该书，魏楚雄、俞新天译，华夏出版社，1989。

是以走廊相联结的①②。现在通过对三大民族走廊民族志的考察，学界基本认为民族走廊在历史上是我国多元民族文化、多种生态文化、不同层级文化、多样区域文化互动频繁的典型地区。在这样的地区中，由于各民族长期接触、交往，各民族之间的文化互动十分频繁，其中包含着相互文化借鉴、强势民族对弱小民族的文化植入，以及弱小民族的主动适应等多种形式，但从客观后果来看，当地社会的稳定持续发展却是建立在平等交流和相互尊重的基础之上的。因此，共生互补秉持这样的理论基础，即各民族既要懂得尊重与保护自己民族的文化，通过文化自觉将自身文化放置于中华文化一体的大格局中，依循平等的原则来处理本文化与异文化的关系；同时更要尊重别的民族的文化以吸收其精华。只有保持各民族文化平等共存，保持彼此的尊重、相互学习，才会在构建和睦的民族关系以及和谐的社会中共生共荣。

（二）散杂居各民族在共生中发展

在自然界中的一定空间范围内，不同种群的生物之间、生物与自然环境之间有着复杂的有机联系，形成了以食物链、物质与能量交换为基础的多层次、多反馈、动态变化的生态系统，生物体的自适应、自组织、能动和变异机理对维持生态系统的动态平衡与生物体的发展起了关键的作用。同样，作为人类社会群体的一种划分类型的民族，民族间的共生现象就是各个民族在内在机制的驱动下，不断地提高自身的复杂度和精细度，持续进行自我完善的过程中所产生的自组织过程。虽然，在漫长的历史发展中，各民族通过军事征服、政治兼并、经济扩张和文化融合等方式不断地改变着本族和他族的分布格局，民族关系在不同时期、不同地域表现为不同的特点，但从总体上看，与自然生态界中的物种间关系存在着相似的机理，同样存在着自然种群之间正相互作用的偏利共生、原始合作、互利共生关系和负相互作用的竞争、捕食、寄生、偏害，以及中性相互作用等八种关系。但是人类作为有智慧的物种，与自然界的动植物的重要区别，就在于能够理性思考，能够根据经验

① 费孝通：《民族社会学调查的尝试》，载《费孝通文集》（第8卷），群言出版社，1999，第165页。

② 费孝通：《深入进行民族调查》，载《费孝通文集》（第8卷），群言出版社，1999，第319—322页。

进行趋利避害。诚然，在各民族发展过程中，也曾一度出现由于地域的相互遥远隔离，自成一体的民族之间不发生相互作用，或者频繁接触的民族之间产生了利益竞争等问题，但是从整体上看，民族关系发展的总体趋势是表现为追求正相互关系，即共生关系，并且在这一过程中，力求实现对称性互惠共生模式。这样不仅使所有共生民族都获得优化，提高生存和繁殖能力，而且使所有共生单元都获得同等的进化机会和进化成本，这为共生民族之间形成新型关系奠定了共生机制条件。既然追求共生关系，就应该强调从竞争走向共生互补，即强调散杂居各民族的优势互补，互相借鉴，以收扬长避短之效；强调散杂居各民族之间互为依存，互利双赢；强调在有竞争和冲突的环境中，各民族要在竞争中产生新的、创造性的互补性合作关系。当然这一切都必须建立在散杂居各民族的相互理解和积极态度，以及尊重其他参与方（包括文化习俗、宗教信仰等）的基础上，才能不断扩大各自的共享领域。

（三）互补性合作与规则性竞争

如前所述，中国各民族分布格局与民族关系的发展有其历史客观必然性，同时也离不开这些因素：各民族的内在追求和整个国家的包容。毋庸置疑，无论是在聚居区还是散杂居地区，各民族都无一例外地谋求自由和幸福。这一初衷则成为保持其原有民族文化的信念基础，因此，在各族人民的事业和生活追求中同时伴随着文化追求，在文化追求中也体现着对未来生活质量的提高与事业发展的热切期望。这些无疑为散杂居民族在族际交往中实现共赢提供了心理机遇，并在现实中寻找各民族间优势互补的可能。

从历史的视角来看，无论是哪一种经济文化类型，各民族之间的发展都天然地相互依存和相互补充，因为农业民族、游牧民族和狩猎民族，都无法仅靠单一的生产方式维持完全自给自足的生活。农区耕种和运输需要大量的畜力，军队需要马匹，农民需要牛羊肉食和皮毛原料；牧区和渔猎区则需要粮食、纺织品、金属工具和茶、酒等生活必需品。在这种情况下，各民族在谋求幸福与自由之路上，必然产生互通有无的需要，进而产生经济性的贸易和交流，并在经济互补中，达成文化、社会与政治上的互补。

从当前中国经济发展态势来看，各民族之间的优势互补体现得更为明显，因为在促成商品的交换和流动中，传统商品流动中所包含的人情、人性的道德伦理受到经济理性的强烈冲击，为实现经济社会的目标，则必然会出现各民族劳动者共同参与的情况，传统中的民族分野和界限也会在一定程度上弱化，最为理想的方式则是在职业分化的基础上结成互惠性民族关系。如在珍贵药材冬虫夏草的经营链条中，即出现了各民族互补的生动案例：虫草的采挖由藏族人垄断，但各地藏族人采挖虫草的权限只在自己所属的行政区域内有效，藏族人采挖的虫草汇集到集镇，由集镇的回族等中间商收购并销往内地、东南沿海、港澳台、东南亚和欧美等国内国际市场①。当然，在对散杂居民族关系的研究中，依然需要密切留意民族经济关系随市场环境变化的特殊点，因为在各民族都参与到市场经济后，某一个曾被某一民族长期垄断的行业或职业，会出现多元化的趋势。如前例中回族商人作为中间人的情况，就可能出现变化，藏族、回族、汉族同胞都会成为中间人。

族际互动中出现的经济、政治、社会等方面的互补现象，归根结底源于文化上的互补性。如有研究者对甘肃省甘南藏族自治州的藏民、穆斯林、汉民族等交错杂居的民族群体的社会经济实践进行研究，认为："三个民族由于各自传统文化的深厚影响，使得他们在社会经济行为的选择上，有着明显的倾向性。这种倾向为他们在文化和社会经济实践上进行共享和互补创造了空间，三个群体核心文化价值观的差异性奠定了三个民族经济互补性的文化根基。"② 也就是说，处于藏汉之间的穆斯林民族由于传统上的商业文化刚好以和平的方式实现了生产畜产品而又商品意识淡薄的藏民与生产农副产品而缺乏有效商业行为的汉族之间的贸易和往来，进而促成了该地区各民族利益上的共赢。事实证明，共同生活在一个地域内的不同民族可以在保持独立民族文化的基础上，通过传统文化形塑社会经济实践，并实现以经济互补性为基础的族际关系。

从以上分析中，笔者认为，散杂居各民族间的互补关系必须建立在多元文化共存、相互尊重的基础之上，这就需要一方面必须正视历史和现实中的

---

① 敏贤麟、敏俊卿：《冬虫夏草与藏区回商的社会角色变迁》，《回族研究》2010年第2期。

② 敏俊卿、张建芳：《农牧交接地带民族间的共生与互补关系研究——以甘南地区穆斯林商业实践等为视角》，《中国穆斯林》2008年第2期。

各民族互为依存、互利多赢的客观事实；另一方面又要清醒认识到处理密切而复杂的散杂居民族关系，不是一时一事就能完成的，不会一劳永逸。当下中国妨碍散杂居民族关系和谐发展的因素仍然存在，散杂居民族关系仍然面临着一些焦点和难点问题。因此，更应当以务实的态度认识和处理散杂居民族关系，引导散杂居各民族优势互补，互相借鉴，在竞争中产生新的、创造性的互补性合作关系，最终实现在经济系统、文化系统、政治系统和社会系统的全面互补关系，使各民族和谐共处，共同发展，共同进步，走向繁荣与富强。

四、简单的结论

文化生态学是就一个社会适应其环境的过程进行研究，其主要目的是通过研究人类对环境的适应来确定该适应过程是否能够引起社会变迁或者社会进化与变革，因此其侧重点主要在于考察、分析社会和社会机构与自然环境之间的互动。不同的民族与自己所生存的自然环境之间形成的双向适应过程，是一种动态平衡关系；各民族在地理条件差异性的情况下，分布格局和民族关系受到了特定自然环境的直接影响。就人类学、民族学的发展进程和中国散杂居民族的客观事实来看，文化人类学的主要观点——各民族文化的多元性和差异性，源自于产生该文化的自然环境的迥异，这成为“共生互补”理念的理论前提之一。在多元文化和相互尊重的基础上，“共生互补”倡导共生，并力求开拓从偏利共生走向互利共生的路径，构建互补的和谐散杂居民族社会，以此实现各民族最终利益上的共赢。换言之，文化生态学无论是在人类学、民族学研究中，还是在文化学研究中，其更具有方法论或研究范式上的意义。“共生互补”理念则是在运用生态学的理论、方法后，通过积极地构建理论基础、方法论和话语体系，对散杂居民族问题，特别是散杂居民族关系做出逻辑上的推演，在多元文化的生态关联、系统论的分析脉络上与文化生态学相互契合，对当下的散杂居民族社会发展提供了一条可以实际操作的必由之路。

当前我国民族关系的主要内涵和发展趋势

青 觉

一、当前我国民族关系的四个主要内涵

1. 我国各民族形成和巩固了新型的社会主义民族关系。新中国成立后，党的第一代和第二代领导集体把马克思主义民族理论与我国民族问题的具体实际相结合，全面考虑到我国这样一个统一的多民族国家走上社会主义道路及各民族在发展水平和文化风俗上存在多样性与差异性的基本事实，深刻总结历史上处理民族问题的经验教训，积极借鉴其他国家处理民族问题的经验教训，创造性地提出和建立了一系列处理民族问题的政策和制度，从而保证了我国平等、团结、互助的社会主义民族关系的形成和巩固。1982 年通过的《中华人民共和国宪法》的序言中就此做出了明确的判断："中华人民共和国是全国各族人民共同缔造的统一的多民族国家。平等、团结、互助的社会主义民族关系已经确立，并将继续加强。"① 这就以宪法的形式明确了我国社会主义的民族关系及其基本特征。1984 年通过的《中华人民共和国民族区域自治法》设专章（第五章）做出了民族关系方面的规定，其他各章也都注意体现加强和发展民族关系的原则精神，目的是体现各族人民在坚持四项基本原则的基础上，加强民族的团结和巩固国家的统一，为全国各民族大多数人民的最大利益，即国家的社会主义现代化建设和各民族的共同繁荣而努力奋斗。

我国进入改革开放和以经济建设为中心的新时期后，进一步发展各民族之间的平等、团结、互助的社会主义民族关系，成为我国社会主义民主建设

① 国家民委办公厅、政法司、政策研究室：《中华人民共和国民族政策法规选编》，中国民航出版社，1997。

的重要内容。1997 年和 2002 年，党的第十五、十六次全国代表大会都明确提出，巩固和发展平等、团结、互助的社会主义民族关系，促进各民族共同繁荣进步①。在新的历史时期，共同繁荣与发展成为这一时期民族关系发展的一个新的特点。

2. 56 个民族谁也离不开谁。1981 年，中共中央在转发《中央书记处讨论新疆工作问题的纪要》时指出："在我国建设社会主义中，汉族离不开少数民族，少数民族离不开汉族。""两个离不开"思想是以邓小平同志为核心的党的第二代领导集体对历史形成的汉族与少数民族关系的主流做出的科学概括，是我国民族关系的一个基本特点。党的第三代领导集体丰富和发展了我国民族关系史上"两个离不开"的思想。1990 年 9 月，江泽民同志在视察新疆时提出："汉族离不开少数民族，少数民族离不开汉族，少数民族之间也相互离不开。"② 在 2004 年中共中央政治局第十六次集体学习会上，中共中央总书记胡锦涛同志指出："民族问题始终是关系党和国家工作全局的一个重大问题。在革命、建设、改革的长期实践中，我们党坚持把马克思主义民族理论同我国民族问题具体实际相结合，走出了一条符合我国国情、具有中国特色的解决民族问题的正确道路，我国平等、团结、互助的社会主义民族关系不断发展和巩固，汉族离不开少数民族、少数民族离不开汉族、各少数民族之间也相互离不开的观念深入人心，民族地区呈现出蓬勃发展的良好局面。"③ "三个离不开"是对我国社会主义民族关系的高度概括，是对我国民族关系发展规律的深刻总结。

汉族与少数民族互相离不开的依存关系有着强大的历史因缘：一是千百年来的中央集权统治，将各民族紧密地聚结在一起。二是千百年来汉族与各

---

① 江泽民：《高举邓小平理论伟大旗帜，把建设有中国特色社会主义事业全面推向二十一世纪——在中国共产党第十五次全国代表大会上的报告》，《人民日报》1997 年 9 月 22 日。江泽民：《全面建设小康社会，开创中国特色社会主义事业新局面——在中国共产党第十六次全国代表大会上的报告》，《人民日报》2002 年 11 月 18 日。

② 国家民族事务委员会政策研究室：《中国共产党主要领导人论民族问题》，民族出版社，1994，第 238 页。

③ 胡锦涛：《做好新形势下的民族工作，促进各民族共同繁荣》，《人民日报》2004 年 10 月 23 日。

少数民族间频繁的经济文化交流，使得彼此间的依存关系得到加强。三是在近代历史中，抵御外国列强侵略的斗争使汉族与各少数民族间的亲密关系得到进一步巩固。我国是一个发展中国家，经济文化比较落后，要加快发展，实现各民族的共同繁荣，使中华民族跻身于世界民族之林，离不开各民族人民的共同努力和团结奋斗。牢固树立各民族“谁也离不开谁”的思想，符合中华民族的根本利益和长远利益。

3. 社会主义民族关系基本上是各族劳动人民之间的关系。民族关系的性质和内容是与民族的特点和民族的发展程度相联系的，是受时代发展和社会性质制约的。在剥削阶级统治的社会中，民族关系是一种压迫与被压迫、剥削与被剥削的关系，是以压迫统治、剥削掠夺、歧视侮辱、限制同化等为基本特征的。社会主义社会由于消灭了阶级剥削和压迫，因而其民族关系基本上是各民族劳动人民之间的关系，是以民族平等、团结、互助为基本特征的。社会主义的经济制度、政治制度是民族关系的基础，它决定社会主义民族关系的根本性质和基本特征。

在民族地区的民主改革和社会主义改造基本完成以后，剥削阶级作为阶级在我国已经不存在了，实现了各民族在政治上的平等；建立了社会主义生产资料公有制、民主政治制度和民族区域自治制度，各民族的根本利益是一致的；各民族劳动人民当家做主，主宰着自己的命运和民族之间的关系。正如邓小平在1979年6月召开的全国政治协商会议上指出的：“我国各兄弟民族经过民主改革和社会主义改造，早已陆续走上社会主义道路，结成了社会主义的团结友爱、互助合作的新型民族关系。”①

在社会主义时期，中国共产党进一步深刻地阐明了社会主义时期民族关系和民族问题的性质属于人民内部矛盾的范畴，我国各民族的关系基本上是各族劳动人民之间的关系，各民族之间和民族内部的矛盾基本上是人民内部的矛盾②。经济发展是连接各民族劳动人民之间互助关系的基本纽带，同时，

① 邓小平：《邓小平文选》（第二卷），人民出版社，1994，第186页。

② 李鹏：《在中央民族工作会议闭幕会上的讲话》，载国家民族事务委员会政策研究室：《中国共产党主要领导人论民族问题》，民族出版社，1994，第264页。

文化进步又是促进各民族共同繁荣的标志。随着经济、政治、社会的发展，通过与其他民族的接近和交往，我国各族劳动人民互助合作、共同发展的相互关系将会得到进一步加强与巩固。

新时期，党和国家加大了对西部地区、少数民族地区的政策扶持和资金投入的力度，其中包括东部地区到西部地区进行开发、建设的优惠条件，推动东西部之间的对口支援等。西部大开发战略作为继续处理好我国民族问题的重大举措，必将对进一步推进我国民族关系的健康发展，进而对推进建设中国特色社会主义事业，产生深远而重大的影响，并进一步巩固各民族间的兄弟关系。

4. 巩固和发展社会主义民族关系是全面建设小康社会的一项重要原则。建设有中国特色的社会主义事业和全面建设小康社会，离不开各少数民族的发展和少数民族地区的繁荣，也离不开社会主义新型民族关系的巩固和发展。1994年，国务院第二次全国民族团结进步表彰大会明确指出，中国的发展，离不开汉族和各少数民族的共同进步，离不开对少数民族地区资源的合理开发和经济的协调发展。历史和现实把各族人民的前途和命运紧紧联系在一起。中华民族的振兴，就是56个民族的共同振兴。实践证明，巩固和发展新型的社会主义的民族关系，有利于让一些条件比较好、发展快、先富起来的经济实力强的地区带动和帮助条件比较差的地区尤其是西部民族地区逐步加快发展步伐，最终达到共同富裕。

1999年6月，在西北五省区国有企业改革和发展座谈会上，江泽民同志指出："西部地区少数民族聚居比较集中，又地处边疆。加快西部地区的发展，对于保持西部地区政治和社会稳定、促进民族团结和保障边疆安全具有重大意义。维护民族地区的稳定，很重要的一条就是要不断加快这些地区的经济发展和社会进步。经济发展了，社会进步了，各民族共同富裕了，就会进一步巩固和发展平等、团结、互助的社会主义民族关系，就会大大增强整个中华民族的凝聚力。保持民族地区的稳定和巩固祖国边防，也就具有了更加强大的物质基础和思想政治基础。"①

---

① 江泽民：《在青岛主持召开国有企业改革和发展座谈会时的讲话》，《人民日报》1999年6月19日。

鉴于以上对当前我国民族关系主要内涵的分析，我们可以初步断定，真正的民族平等将是我国各民族共同努力奋斗、全面建设小康社会的基本保障。多年来的民族工作实践证明，我国的民族关系在今后相当长的一段时间内会保持以上现状。

二、目前我国民族关系所面临的四大挑战

1. 霸权主义、强权政治，以及全球化进程对我国解决民族问题和协调民族关系的干涉与影响。民族问题仍然是当今世界的热点和难点。20 世纪 80 年代末 90 年代初，东欧剧变所引发的“第三次民族主义浪潮”在世界范围内扩散，并与历史积怨、领土争端、边界矛盾等问题交织在一起，导致了一些国家和地区的民族仇杀、社会动乱和局势动荡。“9・11”之后，暴力恐怖势力与宗教极端势力、民族分裂势力出现合流的倾向，与此同时，有两大趋势对民族问题产生了极为深刻的影响：一是霸权主义、强权政治有了新的发展，对主权国家内部的民族、宗教问题干涉力度加大，激化了矛盾，增加了复杂性；二是全球化有新的发展，不同国家、民族之间的交往增多，一国内部和地区性的民族、宗教问题日益对地区稳定和世界和平产生重大影响。

近年来，一些推行霸权主义和强权政治的西方国家与国际社会敌对势力，将主要矛头对准了我国。他们常常打着“人权”旗号，利用民族、宗教问题大做文章，干涉我国的民族问题，对我国民族关系的健康发展产生很大的挑战。国际敌对势力往往利用我国社会和经济发展中存在的问题，恶意指责，企图将建构于西方政治、经济、文化背景下的人权观念全面强加于我国，并借此制造各种障碍来影响我国在国际社会的活动，甚至企图抑制我国的发展。他们之所以如此妄为，一是我国少数民族主要聚居的边疆地区处于地缘政治的前沿地带，历来就是外国势力与国内外分裂分子相互勾结，瓜分、搞乱中国的主要阵地。二是民族、宗教问题本属于主权国家内政，但这些国家在民族、宗教问题上打出“人权”旗号，企图绕过世界公认的“主权”概念和国际关系准则，来达到干涉我国内政的目的。三是民族、宗教问题涉及到复杂的政治、经济和社会权利保护等问题，他们打出体现西方价值观的“人权”

旗号，能够争取到其国内民众对其政策的支持，并协调其内部的立场。

与之相伴的是“三股势力”（敌对势力、民族分裂势力和暴力恐怖势力）变化无常的破坏活动和境外民族主义思潮的渗透，这仍然是我国国家安全、民族地区稳定发展和民族关系巩固的重要威胁。“9·11”以来，达赖集团、“东突厥斯坦独立”等势力加紧了分裂祖国的颠覆破坏和暴力恐怖活动，并竭力表白他们与恐怖主义的界限，打出“和平抗争”“高度自治”“谈判”等旗号，摆出一种弱者的姿态，以此博得西方的同情和支持。他们如此行事，目的在于想使所谓的“新疆问题”“西藏问题”等国际化，从而达到破坏民族团结、分裂祖国的险恶用心，严重危害着我国少数民族在内的各族人民的生命财产安全，影响我国边疆民族地区的社会政治稳定和民族关系的和睦，是对人权的粗暴侵犯。

2. 周边国家的快速发展对我国边疆民族地区的社会发展与民族关系调整构成压力。纵观中国历史，有一个重要现象值得注意，天下已定边未定，天下未乱边已乱。国外势力对我国的破坏首先从边疆开始，民族分裂势力也往往出现在边疆地区。我国 135 个边境县中有 107 个在民族自治地方，2.2 万千米的陆地边界线中有 1.9 万千米在民族自治地方，2100 万边境人口中有 48% 的少数民族同胞。因此，边疆民族地区的社会发展与民族关系的巩固至关重要，而我国的周边邦邻中有相当一部分是与我国某些跨境民族同源的主体民族国家，目前它们政局稳定，发展快速，其中有两大趋势值得我们特别关注：一是周边区域合作步伐加快，东北亚、中亚、南亚和东南亚等几个经济圈发展前景日益繁荣，这给处在前沿的我国边疆民族地区的发展带来了机遇，也带来了竞争的挑战。二是部分西方势力加大了对我国周边国家政治、军事、经济的渗透力度，维护边疆稳定和国家安全面临着更为复杂的局面。这种现状的存在对于我国边疆民族地区的发展和民族关系的巩固既形成了一种潜在的压力，又蕴含着很大的挑战。

3. 区间的发展差距为我国民族关系的健康发展增加了巨大的势差。地区间的发展差距既为落后地区的发展提供了强大的动力，也给我国社会发展带来了重大影响，尤其是对于民族地区的社会稳定、民族关系的巩固与发展造成了很大的挑战。据统计①，目前我国东部发达地区与西部民族地区的经济总量差距悬殊。2002 年，GDP 全国为 102398 亿元，东部地区为 67934.34 亿元，占全国 GDP 的比重由 1980 年的 48.66% 大幅上升到 66.34%，比 1980 年提高了 17.68 个百分点。当年，西部民族地区 GDP 为 10009.61 亿元，占全国的比重由 1980 年的 8.98% 略微上升到 9.77%，23 年时间只提高了 0.79 个百分点，两地区的差距之比由 1980 年的 5.41∶1 扩大到 2002 年的 6.79∶1。与此同时，东西部人均 GDP 差距逐步拉大。2002 年，全国人均 GDP 为 7972 元，东部地区为 14170 元（折合美元为 1711 元），比全国平均水平高出 77.7%；西部民族地区为 5311.55 元（折合美元为 641 元），比全国平均水平低出 33.38%。人均 GDP 东部地区比 1980 年增长了 22.74 倍，西部民族地区只增长了 16.76 倍，差距也由 1980 年的 1.99∶1 扩大到 2.67∶1，差距系数扩大了 0.68 倍。

东西部经济发展差距的扩大，使得民族间的各种利益冲突可能日益增多，涉及民族宗教因素的突发性事件的发生率可能会提高，民族关系变得日趋复杂。经济发展作为社会发展的一个重要衡量标准，成为各个民族追求的主要目标，面对利益的诱惑，各地区、民族之间的竞争日益激烈，为我国进一步做好民族团结工作，维护民族关系的和谐发展增加了巨大的势差，提出了新的挑战。

4. 社会转型时期所产生的新矛盾的复杂性加大了处理民族关系的难度。民族问题作为社会总问题的一部分，其复杂性主要表现在多种问题的“相互交织”方面，如民族问题与宗教问题、历史问题与现实问题、国际问题与国内问题、物质贫困与精神贫困、优秀的传统文化与落后的生活方式、合法的民族宗教活动与非法的民族宗教活动、政治问题与社会问题、敌我矛盾与人民内部矛盾等。

目前我国正处于社会转型时期，此间往往也是各种社会矛盾得以释放的过程，并会反映到民族问题上来，从而增加民族关系的处理难度，比如由于

---

① 杨发仁：《西部大开发是中国少数民族人权保障的重大举措》，《新疆日报》2004 年 10 月 6 日。

市场经济发展和城市化进程的加快，民族散居化将是一个不可逆转的大趋势，这既会增进各民族间的亲近和了解，也必然会产生大量的摩擦和冲突。此外，诸如民族平等与市场竞争的矛盾、民族交往需求和民族心理隔阂的矛盾等将会普遍存在，这些都是对维持我们民族关系健康、和谐发展的重大挑战。

鉴于上述情况，我们应当充分把握民族问题长期性、普遍性、复杂性、重要性和国际性的特点，用历史的眼光、全局的眼光来观察、研究和处理民族关系。

三、巩固和发展健康民族关系的五点建议

1. 加快民族地区经济、社会发展，并将其作为构建和谐社会、全面建设小康社会的重中之重。构建社会主义和谐社会，是党的十六大和十六届三中、四中全会提出的重大战略任务，“民主法治、公平正义、诚信友爱、充满活力、安定有序、人与自然和谐相处”是社会主义和谐社会的基本特征。在我国建设社会主义和谐社会的现阶段，“公平正义”的理念体现在民族工作上，便是要加快民族地区经济、社会和谐发展，逐步缩小与发达地区之间的差距，这是现阶段我国各少数民族和民族地区的迫切要求，不仅符合少数民族和民族地区的利益，也符合国家的整体利益，这不仅是一个重大的经济问题，也是一个重大的政治问题。

民族地区的经济、社会发展，需要正确处理经济建设与社会各项事业发展、激发社会活力与维护社会稳定、效率与公平、先富与共富等多对关系。为解决少数民族和民族地区与东部地区及与全国平均水平差距逐步拉大的矛盾，既要制定针对民族地区的区域倾斜政策，又要制定针对少数民族群众的特殊优惠政策。在区域政策方面，应在西部大开发的实施中，把加快民族地区的发展摆到首要位置，作为我国全面建设小康社会的重中之重，集中突出地解决制约民族地区发展的若干瓶颈问题，增强其自身的发展能力。与此相应地要努力发展少数民族和民族地区的教育、科技、文化、卫生、体育等各项社会事业，营造良好的社会环境。同时还要结合“兴边富民行动”，注意巩固边疆民族地区的社会稳定和经济发展，“盛世修边”，实施更加优惠的政策，

让边疆各族人民尽快走上富裕之路，始终保持我国连续对周边国家的发展优势，稳固民族关系的和谐发展，确保边疆长治久安。

2. 加强民族法治建设，依法保障民族关系的和谐发展。民族法治是和谐社会的制度基础，加强民族法治建设是巩固和发展民族关系的久治之策，也是我国依法治国和依法行政的必然要求。要进一步完善民族立法、执法、法律监督体系，使民族工作做到有法可依、有法必依，促进民族工作规范有序、健康发展。

对在我国社会转型时期所出现的一些影响民族关系的新矛盾和问题，应当依法处理，并通过疏导、教育的方式及时化解和妥善处理。应当抓好以下几个方面的问题：一是全面贯彻落实《民族区域自治法》，建立和健全与之相应的配套的法律法规体系。二是探讨出台“少数民族权益保障法”，以应对少数民族人口流动日益频繁、民族散居化日益明显的状况，使少数民族公民的各项合法权益在社会生活的各个方面均能够得到保障。三是依法处理宗教问题，全面贯彻落实党的民族、宗教政策。四是努力形成处置突发性民族问题事件的有效机制，推动民族关系的调整手段走上法治化轨道。

依法妥善协调民族关系，是构建民族地区和谐社会的首要前提。执法过程中，要严格区分两类不同性质的矛盾：对民族分裂主义分子，要旗帜鲜明地与之斗争；对因利益关系、文化背景、风俗习惯、宗教信仰不同而发生的人民内部矛盾，要通过协调、对话、教育、疏导等方式解决；要正确区分民族问题和非民族问题，避免将问题复杂化，发生在不同民族群众之间的所有矛盾并不都是民族关系问题，某些问题发生在个别人员身上，是个别人员的问题，发生在经济领域，是经济问题，不能简单地归结为民族关系问题；还要依法推进社会管理体制创新，加强和改进民族地区的群众工作，高度重视和维护各族人民群众最现实、最关心、最直接的利益，坚决纠正各种损害少数民族群众利益的行为。

3. 立足全局、放眼世界，妥善处理民族关系问题。目前，我国早已加入了《削除一切形式种族歧视国际公约》《禁止并惩治种族隔离罪行国际公约》《防止和惩治灭绝种族罪行公约》《经济、社会和文化权利国际公约》和《公民权利和政治权利国际公约》等旨在维护世界范围内各民族人民基本权利的国际性公约。我们应当在我国基本国情的框架内，立足全局、放眼世界，认真遵守这些国际公约，同国际社会一起实行民族平等，维护我国各民族同胞间的和睦相处、共同繁荣局面。

在处理国内民族问题、调整民族关系问题上，要注意吸收国际惯例，以利于缓解外部压力，巩固对话基础，掌握国际斗争的主动权。还应当注意加强国际合作，寻求联合国、“上海合作组织”及其他国际和地区组织的协作，共同打击国内外的民族分裂势力，维护我国民族关系的良性发展。我国于2002年与吉尔吉斯斯坦共和国签署了《中华人民共和国和吉尔吉斯斯坦共和国关于打击恐怖主义、分裂主义和极端主义的合作协定》，旨在打击上述“三股势力”方面加强协调和配合，相互支持，共同为维护各自国家的安全以及本地区的和平与稳定做出不懈努力，进一步增强了我国在此类问题处理方面的国际合作能力。

立足全局，放眼世界来处理民族关系问题，需要我们注意吸收和借鉴其他国家在此方面的经验与教训。2003年，中国世界民族学会在厦门大学南洋研究院举行的专题研讨会，将审视的目光聚焦于东南亚民族关系，参加此次研讨会的专家学者称东南亚为“世界民族实验室”。在分析东南亚一些国家民族矛盾突出的同时，学者们也在探讨实现民族和睦的成功之道。有学者认为，新加坡便是在多元化包容中繁荣发展的范例。新加坡政府推行多元文化主义，实行尊重各民族及其文化多元性的民族平等政策，通过营造“族际互信圈”等举措，有意识地加强不同族群之间的沟通和互信，进一步巩固各民族的团结和睦局面。

4. 坚决反对大汉族主义和地方民族主义，正确对待文化差异，不断完善妥善处理影响民族平等团结的有效机制。大汉族主义最突出的特点，就是以不平等的态度对待少数民族，不信任、歧视和侮辱少数民族，忽视他们对祖国和整个中华民族所做出的重要贡献，不尊重他们平等参与社会事务管理的权利和自我管理本民族本地区内部事务的自治权利。地方民族主义的主要特点是忽视各民族团结的重要意义，过分夸大本民族、本地区的特殊性，忽视国家和中华民族的整体利益，强调本民族、本地区的局部利益，主张在狭隘的范围内闭关自守、盲目排外，反对民族之间的交往与互助合作。这两种民族主义都背离了马克思主义的民族问题理论，也与社会主义制度格格不入，严重影响着我国民族关系的健康发展，必须坚决反对。

应该明确，在社会主义时期，大汉族主义和地方民族主义，一般来说，都属于人民内部矛盾，所以，对于这方面出现的问题，在实践中应该采取十分慎重和实事求是的态度。要明辨是非，严格区分正当的民族感情，合理要求与民族主义的界限，划清地方民族主义与民族分裂主义的界限，做到是什么性质的问题，就按什么问题去处理，不要轻易地乱扣民族主义的帽子，更不能把极少数敌对分子的分裂破坏图谋和行为看成是一个民族或民族关系的问题①。各民族文化间的差异，是我国现阶段民族矛盾产生与发展的一个重要诱因。各民族在各自特定的自然和社会条件下，面临的问题不尽相同，所采取的解决问题的方式也不完全一样，由此决定了不同的民族对于物质与精神、自然与社会、个人与集体、权利与义务、人民与政府、自由与纪律等诸多关系的观点和态度会有一定的差异，设身处地地理解各民族自己的文化，正确对待民族文化差异，保持求同存异的态度，是融洽民族关系的有利保障。

为维护民族平等和民族团结，保障民族关系的和谐发展，应当进一步完善妥善处理影响民族团结的有效机制。如在新闻出版、文艺作品、影视作品、学术研究等方面大力提倡维护民族平等和民族团结，反对民族压迫和民族歧视，以防止和杜绝意识形态领域的破坏民族平等和民族团结现象的出现。我国的《商标法》《广告法》《期刊管理暂行规定》和《报纸管理暂行规定》等有关法律法规中明确指出，不得出现任何含有歧视民族、种族，破坏民族团结的内容。我国《刑法》也对煽动民族仇恨、民族歧视，以及在出版物中刊载歧视、侮辱少数民族内容等有关行为的处罚做出了明确的规定。如何有效地贯彻落实这些法律条款是关键。

5. 抓好“三项教育”，大力培养少数民族人才。近年来所发生的影响民族关系和谐发展，破坏民族平等、民族团结的群众性突发事件，大多是因为当事人缺乏民族理论、民族政策和民族知识。胡锦涛同志在2004年中共中央政治局第十六次集体学习会上曾强调，要大力加强对马克思主义民族理论、

---

① 青觉：《马克思主义民族观的形成与发展》，民族出版社，2004，第396页。

党的民族政策和民族基本知识的宣传教育（以下简称“三项教育”）。他指出，不仅要教育群众，更要教育干部；不仅要教育少数民族干部，更要教育汉族干部；不仅要教育一般干部，更要教育领导干部。要通过广泛深入的宣传教育，在全社会形成自觉维护民族团结、促进民族地区发展的良好氛围①。

加强“三项教育”，是新时期我国巩固发展社会主义民族关系的有效手段之一，尤其要把对党员干部的“三项教育”纳入到党性教育之中，把对广大青少年的“三项教育”作为素质教育的重要内容，把对广大群众的“三项教育”纳入公民基本道德建设行列，以使维护民族平等和民族团结、巩固民族关系的光荣传统代代相传，在社会生活中遍地开花。

在上述中共中央集体学习会上，胡锦涛同志强调：“要把少数民族干部队伍建设作为一件管根本、管长远的大事，加大工作力度，注重提高素质、改善结构，努力建设一支德才兼备的高素质少数民族干部队伍。”② 因此，要重视培养一支德才兼备的少数民族干部队伍和有影响的宗教上层人士，尤其要加快提高少数民族干部队伍的思想政治素质和工作能力，改善干部队伍的结构，努力培养更多的适应民族地区建设需要的科技人才和经济管理人才，使之正确理解、全面把握党和国家关于民族问题的基本观点和政策，增强全面正确贯彻党的民族政策的自觉性，以保证党和国家的路线、方针、政策能够得到有效的贯彻执行，并维护民族团结，妥善处理民族关系问题，做好民族工作。

---

① 胡锦涛：《做好新形势下的民族工作，促进各民族共同繁荣》，《人民日报》2004年10月23日。

② 胡锦涛：《做好新形势下的民族工作，促进各民族共同繁荣》，《人民日报》2004年10月23日。

民族与族群及其相关概念的分形解释

杨社平　郭　亮　龚永辉

民族与族群是两个不同话语体系的概念，一个来自现代民族理论体系，一个来自后现代思维系统。现代民族理论体系里的民族概念，一般认为是西方传入的。因此，大凡提到民族概念都喜欢以某个外国人的定义为准。事实上，这些洋定义各不相同，难于统一。后现代的族群概念解构了现代民族的传统定义，以更大的灵活性研究更为具体的民族实际。在日益高涨的族群热中，关于族群的定义纷纷扰扰，尤其是与民族的关系更是必须说却又说不清。面对这种现代话语跟后现代思维的纠缠，我们特别关注如何突破“被民族”或“被族群”的宿命。

现代民族理论体系以古代民族文化思想为传统依据，外来民族理论以本土民族传统为传存环境。尽管民族概念在西方只有几百年，但在汉语古籍中已有1500多年的应用历史①。中国本土的民族概念在上古奴隶制国家的建立之际已经产生，几千年来与多元一体的中华民族历史格局对应，形成复杂多样的活性表达系统②。只要立足于中国民族实际，充分尊重汉语典籍代表的东方文明传统，恰当行使中华民族的民族概念话语权，可以找到现代民族理论与古代民族思想乃至后现代族性思维相通的渠道，增强民族理论自信。

分形是一种复杂性思维工具，几十年来被广泛应用于自然科学和社会科学的诸多领域。10年来，笔者引入这种思想促进民族理论创新与发展，随之

---

① 郝时远：《中文“民族”一词源流考辨》，《民族研究》2004年第6期。

② 龚永辉：《中国本土民族概念的传统考略》，《民族研究》2011年第6期。

进行了有限的探索[1][2][3]。初步体会到，作为一种对传统几何实施了颠覆性突破的数学思想，分形在哲理上与后现代思潮有天然的联系。从分形的理念对民族与族群乃至民族问题与族群政治展开跨学科的思考，对于坚持和完善中国特色社会主义民族理论体系很有意义。故而不揣浅陋，以三个层次陈述笔者的思考。

一、民族是原始族群在阶级社会转换生成的分形体

民族最初形成于原始社会氏族部落的分化瓦解过程，是氏族部落时代的"同族"与"异族"在阶级纷争、国家整合的一次次"洗牌"过程中转换生成的族性群体，从形成到消亡始终具有分形特征。

民族作为生成于异类搅拌的族性群体，拥有先天的复杂性。以我国上古为例，无论是依托炎黄部落联盟首创王朝的夏民族，或出自东夷氏族群落伐夏改朝的商民族，还是源于姜嫄族种最终克商封建的周民族，无一不是先天复合而成的。这种先天的复合与糅杂，突出表现为"族中有族"和"种国兼容"。夏族由颛顼、帝喾、伯益、皋陶、羌人、共工、驩兜、三苗、鲧等宗邦氏族转换生成，到禹时号称"万国"[4]。商族本居"万国"之内，属于夏王族统治的一个方国邦族，其内部也已整合了蚩尤、帝俊、莱夷、徐夷和淮夷等原始族性集团。商汤灭夏，商族改朝升为王族，统领"万邦""万方"[5] 各大小民族。周族克商，商殷王族沦为西周封建领主统治下的民族。西周更明显是一个"普天之下莫非王土"的多民族的国家，除夏、商、周族以外还有蛮、夷、戎、狄，即《礼记》所言的"九夷、八蛮、六戎、五狄"等等民族，经过长期的族性融合，在中原转换生成了多元一体的华夏族。

---

① 龚永辉：《可否引入分形思想——关于中国民族理论创新与发展的一点思考》，《广西民族研究》2004 年第 2 期。

② 郭亮：《民族范畴的分形性观察》，广西民族大学，硕士学位论文，2007。

③ 杨社平：《从特色教材谈"民族理论与政策"课程的建导与分形》，《广西民族大学学报》2012 年第 3 期。

④ 《左传》襄公七年载："禹会诸侯于涂山，执玉帛者万国。"

⑤ 墨翟：《墨子：兼爱下》，书海出版社，2001，第 80 页。

先天复杂的民族族性源于氏族部落乃至原始族群的族性。原始族性基于家族血缘、部落领地以及原始崇拜等等自在因素，在“对他而自觉为我”的过程中还通过生产方式、语言差别、文化传统、风俗习惯等等客观存在的社会因素体现出来。随着族际壁垒的加深，族内的凝聚力进一步凸显族性。所谓“族犹类也。同宗者，生相近，死相迫者也”①，“异姓则异德，异德则异类……同姓则同德，同德则同心，同心则同志”②，彰显的就是这种原始族性观念。原始族性观念反映氏族部落乃至原始队群的族群特征，以原始族群社会的自在因素为族性的特征尺度③。

随着氏族部落的瓦解，原始族性打上了阶级和国家的烙印。在国王一统的体制里，“民族”与“王族”既对立又统一。一方面“民可使由之，不可使知之”④，因为在“王族”看来，这些臣民降种原来都是仇敌匪类：“非我族类，其心必异”⑤。另一方面，“民族”效命于“王族”，各“族”百“姓”自然要服从“王”化。在同一个国家体制下生活，免不了交流、交往、交融，从而在同化、异化中进化成为包含了“王族”的“民族”。这样转换生成的“民族”，系统地改变了原始族性：明晰的氏族血缘纽带被阶级分化和异类通婚解构，不同部落的固有领地肢解拼接成了统一王朝的“王土”，历史渊源、生产方式、语言、文化、风俗习惯等等都经历了氏族部落碎片的搅拌，从而使新生的“民族”失去了固有族性的特征尺度。由于民族的存在和发展以族性群体的相互对比、交流和多向分合演化为基本形式，因而从民族的形成到

---

① 《周礼注疏》（卷一〇），郑玄注，贾公彦疏：《国学宝典·经部·十三经注疏》，阮元校刻本。

② 《国语》（卷一〇）“晋语”，上海古籍出版社，1978，第356页。

③ 即表明事物基本度量单位的尺度。参见林鸿溢、李映雪著：《分形论——奇异性探索》，北京理工大学出版社，1994，第102页。

④ 孔子：《论语：二十一章“泰伯第八”》，载郑玄注，贾公彦疏：《国学宝典·经部·十三经》，阮元校刻本。

⑤ 《左传·成公四年》载：“史佚之《志》有之，曰：‘非我族类，其心必异。’楚虽大，非吾族也，其肯字我乎?”

民族的消亡，群体的族性都没有固定的特征尺度，处于无标度①状态。近代以来，任何试图以固定要素为“民族特征”的定义都不切实际，以致有学者倾向于把民族当成“想象的共同体”②，以至于现代民族概念险些遭遇后现代的族群解构。民族的这种不能用任何封闭固定的概念为特征尺度来客观描述的族性，却可以通过局部与整体保持层层嵌套的自相似③的形式来描述。

以中华民族多元一体格局为例。中华民族在民族世界是一个民族，它的内部经过识别确认的56个民族也是民族④。然而，人们却难以在这两个层次找出统一的标准来划分民族边界。由于缺乏特征尺度，上述两个层次的民族都有“是”“非”之争。争锋的两派，一派只承认56个民族是“民族实体”，而将中华民族称作“民族复合体”⑤；另一派只承认中华民族是民族，而将56个民族称作族群⑥。但无论处于哪个层次，无论其间应当如何“划界”，这两个层次民族的客观存在都是不以非议者的意志为转移的。中华民族和中华各民族都是在社会复杂系统作用下形成的相对稳定、持续互动、边缘模糊、你中有我、我中有你的历史文化和现实利益的认同体，都在自己的立场上以特定的人群名称、相应的文化模式与民族认同构成区别于其他民族的族性⑦。超

① 无标度性就是指所研究的客体与尺度无关，无论测量的单位如何改变，研究的客体性质不发生变化。参见林鸿溢、李映雪著：《分形论——奇异性探索》，北京理工大学出版社，1994，第102页。

② 本尼迪克特·安德森：《想象的共同体——民族主义的起源与散布》，吴叡人译，上海人民出版社，2011。

③ 分形理论认为，客观事物具有自相似的层次嵌套结构，局部与整体的形态、功能、信息等方面具有统计意义上的相似性，适当放大或缩小它的某一部分，该部分的结构仍然保持不变。参见李鸿溢、李映雪著：《分形论——奇异性探索》，北京理工大学出版社，1994，第27—31页。

④ 费孝通：《中华民族的多元一体格局》，载费孝通：《费孝通文集》（第1卷），群言出版社，1999，第381—419页。

⑤ 这里的“复合体”跟“实体”对应，是“虚”的，大致可以简称为“族群”。参见金炳镐等所撰：《中华民族：“民族复合体”还是“民族实体”？——中国民族理论前沿研究系列论文之一》，载《黑龙江民族丛刊》，2012年第1期。

⑥ 马戎：《族群问题的“政治化”和“文化化”》，《北京大学社会学学刊》2004年第一辑。

⑦ 龚永辉：《可否引入分形思想——关于中国民族理论创新与发展的一点思考》，《广西民族研究》2004年第2期。

出中华民族范畴，这种族中有族、不拘一格、层层嵌套、千变万化的族性自相似也是民族世界的普遍现象，无论美利坚民族、伊拉克民族，或者英语民族、阿拉伯民族，还是犹太民族、斯拉夫民族，其族性格局也总是多元一体的。

民族具有无限连续的精细结构，这种结构甚至可以用分维①来描写。仍以中华民族多元一体格局为例，在民族世界的国家民族层面和国内民族识别确认的56个民族层面之下，还有第三个层次的族性群体，比如贵州汉族当中的穿青人、云南纳西族当中的摩梭人、广西仡佬族当中的倈倈人。就族性群体而言，第三层之下还可以划分。比如倈倈人当中的三个大的家族分别来自贵州安顺普里部的韦氏家族，和韦氏一道从关岭铁索桥逃难到广西的陆氏家族，以及兴义鲁础营的王氏家族。事实上，各大家族内部还有不同层次的宗支，这样的族性结构还可以再进行细分②。而且，即便换了视角也依然如此：国外的华侨、华族、华裔，中华56个民族当中的内地民族、沿海民族、边疆民族，主体在我国、主体在邻国乃至多国跨居的无主体民族，世居国内不同地区的农耕民族、游牧民族，区域自治民族、杂散居民族、人口较少民族、待识别民族，古代民族、现代民族、未来民族，等等，这些不同的视角都可以视为不同的维度，每一个维度都可以细分再细分。概览民族世界，借助维数的观念可以大致描述民族的三维结构生成顺序，即在零维认同点的基准上，形成一维的认同线、二维的认同面、三维的认同体。这只是整数维勾画的轮廓，若进一步借助分数维的观念，则可以对民族认同体结构做更为具体细微的把握：认同是一个持续演化的过程，在认同点与认同线之间、认同线与认同面之间、认同面与认同体之间，都存在着连续变化的许多环节。这些连续变化的环节也都属于民族认同体的鲜活因素，它们就存在于民族认同体的零

① 分维（fractal dimension）又叫作分形维数，是分形理论中最重要的一个概念，它是对非光滑、非规则、破碎的等等极其复杂的分形客体进行定量刻画的重要参数，它表征了分形体的复杂程度、粗糙程度。分维越大，客体就越复杂、越粗糙，反之亦然。参见亢宽盈：《分形理论的创立、发展及其科学方法论意义》，载《科学管理研究》，1998年第6期。

② 参见龚永辉撰：《族际识倈》下编之四："倈倈和仡佬的历史渊源"，广西人民出版社，1990。

维与一维之间、一维与二维之间、二维与三维之间，标志着民族的分数维。这些整数维和分数维的连续统，对应着民族认同过程中连续变化的极其复杂与无限精细的众多环节。民族世界也都如此，这里就不举例了。

无限精细的民族认同体分形结构之中，隐藏着它的分形序①。民族意识作为人们的意识对民族性的反映，具有与民族认同体相似的无限精细结构。民族意识结构中的整维与分维都反映了民族意识内部的互动特性。这种互动的实质是通过多层多面的观念转化和渗透实现的民族意识内部的调节和控制。这种多元一体相互调控的现象，普遍存在于民族意识内部精细结构的任何层面，形成了客观的内在规律。民族意识可以引导、促进民族认同体趋向分化，也可以阻碍、延缓这种分化；民族意识可以引导族际社会相互结合，也可以妨碍这种结合。民族意识可以使一般社会问题转换生成民族问题，从而动员相关民族力量推动相关问题的演化和解决，也可以使某些民族问题还原为社会原型问题，在社会原型环境下解决。民族意识的主观能动性还表现在旧民族的消失、新民族的形成过程中。一般地说，任何民族的消亡都以民族意识的丧失为标志，任何民族的诞生也以民族意识的形成为标志。因此，民族意识对民族社会的反作用，从人类进入民族社会起，将一直延续到世界大同、民族消亡之际②。民族意识调控规律不仅仅表现为民族意识内部的互动规律，而且表现为民族意识与民族的社会存在之间的互动规律，实际上就是民族社会分形发展的分形序。

分形序、分数维、自相似、无标度等等，都是典型的分形特性。民族作为在阶级和国家等复杂社会关系作用下通过历史渊源或现实利益认同而形成的有特定人群名称和相应文化模式的自组织系统，具备这一系列分形特性从而全面呈现了族性群体的分形态。因而，我们有理由把民族视为复杂的阶级

---

① 在数学和计算机领域，分形序往往表现为具体的迭代规则。这些规则一般都非常简单，但经过无穷次的反复迭代，便可生成复杂精细的分形系统。任何分形系统的整体和细节，任何奇异复杂的分形图景，都是生成元依分形序演化而成的。分形序作为整个分形系统的生成规则，既在生成元的内部得到体现，又在整个分形系统得到体现。因此，只要通过生成元找到了分形序，就能够以简驭繁，从整体上把握分形对象的内在本质。

② 龚永辉：《民族意识调控说》，广西民族出版社，1998。

社会族性分形体。

二、族群在民族范畴是族性演化连续统中的分形元[①]

民族是一个历史的范畴。民族范畴的发端，基于原始族群的族性在阶级、国家等等复杂作用下的分形转换；民族范畴的本体过程，是相关族群的族性遵循民族意识调控分形序在交往、交流、交融与同化、异化、进化中持续分形；民族范畴的终结，则是在阶级与国家消失之后，所有族群的族性依序归零。因此，用分形的眼光纵览民族历史范畴，实质上是族性演化的连续统。对于这种连续统，族群论者的代表马戎先生就有过相当到位的描述：

> 世界上各种人群之间存在着各种不同程度的差异（包括体质、语言、宗教、风俗习惯、社会组织形式等等），我们在研究时可以将这些差异看作是一个多维度的“连续统”，每个维度从一端的没有差异到另一端的巨大差异，是一个长期的过渡进化过程，中间存在着无数的过渡阶段，中间的若干“量变”逐渐积累而出现“质变”。当我们用族群或民族概念去定义时，实际上是在这条“连续统”上去寻求分界、寻求质变点，这就意味着我们在划分族群或民族时不可避免地带有主观性，同时由于客观事物也在不断地变化过程中，因而我们划定的分界点往往与客观实际不太吻合，甚至存在一定的距离。[②]

马戎这段话是针对斯大林民族定义的教条化倾向写的，那个定义强调“四大共同”特征尺度，完全遵循整数维的线性逻辑，的确把复杂多样、灵活多变的民族分形态简化、固化了。族群概念凭借其内涵相对集中于族性、淡

---

① 分形元是构成分形整体的众多相对独立且放大与缩小均不改变共同相似性质的基本单元，是整体与局部共性的统一体。

② 马戎：《关于民族研究的几个问题》，《北京大学学报》2000 年第 4 期。

化政治色彩和相对宽泛灵活的适应性等特点，一经引入即得到学界的热烈响应，并得到了广泛应用，形成对僵化民族概念的强烈冲击。在斯大林民族定义长期占据统治地位的背景下，这种冲击顺应了在民族识别实践经验和民族概念大讨论基础上探索本土民族概念的大趋势。至于后来形成的试图在政治话语中取代民族概念、取消国内56个民族的思潮，则已经是过犹不及①。

斯大林的民族定义乃至世界各地出现、使用民族概念的简化、固化，都不是在政治上用族群概念取而代之的理由。现代社会是民族社会。任何现代民族都是历史上形成的，且与现代国家或地区政治生活广泛联系而具有政治地位的族性群体。无论是国家层面的民族还是亚国族层面的民族，都不能还原为氏族社会纯族性意义的原始族群，也不能凭着学者的个人意志“去政治化”而使之成为纯粹的文化意义上的族群。尤其是我国56个民族，基于中华民族多元一体的历史格局，经过切实的田野调查、深入的专题研究、广泛的协商对话、审慎的行政确认，已经奠定了我国民族区域自治制度的社会基础，成为我国民族平等团结进步事业的支柱。这里顺便提一提朱伦先生介绍的案例：鉴于“族群”有“异类”之意，还意味着没有“民族”那样的政治权利和地位，体现的是以主体社会的观念对弱势族体做出“去政治化”主观认定的愿望，而这种认定本身又是政治化的歧视，印第安人在长期失语后最终明白过来，正式要求给自己正名为“民族”②。假若在我国政治话语体系里针对各少数民族通用印第安人都不满意的族群概念，一旦激起各族人民的政治剥夺感或被歧视感，对中华全民族而言可不是轻歌曼舞的“文化化”美梦，而是严重的“政治化”灾难。

正因为如此，中共中央国务院在吸取民族理论界半个多世纪对民族概念的实践与争鸣的基础上推出了和谐中国的民族概念。这个概念在民族的“共同特征”方面做了系统性调整，保留“共同语言”，添加了“历史渊源”，删减了“共同地域”，将“共同经济生活”拆分为“生产方式”与“风俗习

① 胡鞍钢、胡联合：《中国梦的基石是中华民族的国族一体化》，《清华大学学报》2013年第4期。

② 朱伦：《西方的“族体”概念系统——从“族群”概念在中国的应用错位说起》，《中国社会科学》2005年第4期。

惯”，将“共同心理素质”拆分为“文化”与“心理认同”等等。在此基础上，通过分维途径全面打破了斯大林民族定义的闭锁逻辑，使得这些“共同特征”都不再像“四大共同”那样成为必备要素，而是在族性依律转换过程中可增可减的活性特征①。这个具有复杂性思维品质的民族概念为其他相关概念奠定了第一块基石，彰显了中国民族理论的求实性、创新性和科学性。

遗憾的是民族理论界尚有某些同行受限于简单化的整形思维，未能从分形的视角理解中推出这个民族概念的复杂性内涵。他们一边在担心族群概念“颠覆”民族概念，一边仍在按照斯大林模式解读中国的民族概念②。或者，就像定义民族概念那样给族群定义。但由于这些定义往往使用整形思维中的特征尺度，因而给出的族群概念不是总有尺度“量”不到的地方，就是与民族概念无实质性的区别。这是整形思维的苦恼，是学术自绝的尴尬。

事实上，族群与民族在分形观念中是可以并用的。就像分数维不排除整数维，分形态也包容整形态，民族与族群本来就属于族性变化的连续统。族群的规模可大可小，特色或浓或淡，来龙去脉则往往分而未化、融而未合，理论上也不排除转换生成新民族的可能。基于分形思想，可以在不依靠“特征尺度”的前提下抓住其标度不变的自相似性——民族范畴的族群是在民族过程中具有一定族性特色的人群单元。这些族性人群单元或者是世居民族的传统分支，或者是流动人口中大大小小的民族“碎片”。无论是“碎片”还是“分支”，各单元都或多或少带有民族的历史渊源、生产方式、语言、文化、风俗习惯等方面的特征，或多或少带有凝结于这些特征之中的心理认同，或多或少在继承、体现或者发展着他们自身的民族族性。纵观以往的民族发展，遥望未来的民族过程，这些或大或小的族群，总是依照民族意识调控分形序生成或转换着族性，从而实现持续的分合流变。可见，千姿百态持续演变的族性人群单元，都是“民族—族群分形态”连续统中的分形元。

---

① 龚永辉：《民族概念话语权与学理性——中央十二条与马克思主义民族理论中国化研究之一》，《广西社会主义学院学报》2006 年第 1 期。

② 金炳镐，等：《民族与族群：是概念的互补还是颠覆？——民族理论前沿研究系列论文之二》，《黑龙江民族丛刊》2012 年第 2 期。

三、族群政治与民族问题的相关性支持跨学科分维

族群政治与民族问题的概念出自不同的话语体系，两个概念在不同话语体系里的层次也不一样，但观察对象都处于“民族—族群分形态”的连续统。后现代话语的族群政治，在现代话语中就是民族政治；民族问题作为民族政治话题的中心概念，也是族群政治范畴的重要内容。因此，民族问题与族群政治之间呈现着复杂的相关性。这种相关性还体现了人类学与民族理论学科的分形联系，即把不同学科当成整数维，这种跨学科的交织则是其间的分维。在族群政治与民族问题的概念上把握好学科之间的分维联系，可以突破民族理论学科的自身局限，吸纳后现代思维的合理元素，与相关学科实现互补。

民族问题与族群政治之间的相关性，既来自“民族—族群”连续统的分形联系，也来自“理论—实际”连续统的分形联系。无论族群政治还是民族政治，无论族群问题还是民族问题，都起源于相关族群或民族的自身发展及其在族际关系乃至与社会其他范畴的关系上的利益保护与权力诉求。不同之处既在于各自涉及族性群体、族际关系乃至相关社会范畴的具体尺度，也在于相关学科的研究范式以及关切角度。

以文化人类学和民族理论学科为例，前者注重具体描述，长于个案描写，在微观的历时分析基础上进行横向比较，研究取向是从具体到一般；后者注重抽象定义，长于宏大叙事，在普遍性共时分析的基础上进行纵向比较，研究取向是从一般到具体。两个学科的观察方法与学术规范各不相同，切忌相互颠覆或者替换各自的概念。如果随意替换，就如同近视眼和老花眼互换眼镜。不同学科的概念功能不同，要切实理解民族问题与族群政治的真相，应当使两种工具各归其主、各施其用。

民族理论研究民族问题是为了指导民族工作的实践，但理论要求与实践的要求并不完全一致。理论上为了清晰地把握民族问题的本质特征，必须排除变化不定的民族问题事象的困扰，追求抽象性。实践要求民族工作要无限接近民族问题事实，中国各级民委的全称叫作“民族事务委员会”，

就在一定意义上体现了民族工作的务实取向。与此相关，民族理论对民族问题的抽象集中于其作为具有民族性的社会问题这个判断。为了凸显它作为社会总问题的一部分，从而使其区别于一般社会问题，理论上强调民族问题必须具备经过复杂转换而系统生成的特殊重要性。实际上聚焦的仅仅是这个系统生成之后的显在民族问题，这样就在一定意义上忽略了系统生成之前或者趋向消解之中的潜在民族问题内涵。民族工作则必须投入大量精力应对各种潜在的民族问题，既切实关注转换生成之前的预伏性潜在民族问题，又要切实处理民族特性系统已基本消解但尚未从问题根源上彻底解决的残存性潜在民族问题。只有全面关注民族问题的“潜在—显在—潜在”连续统，顺应民族意识调控规律全面推动民族工作社会化，才能真正解决事实上的民族问题。

由于事实上的民族问题远比理论上的民族问题复杂、具体，所以民族工作实践必然会推动理论上的民族问题概念发生变化。半个多世纪以来，我国应用的民族问题概念大致上有三个。笔者曾用月相变化来比喻这三种民族问题概念的变迁，改革开放以前流行“民族问题的实质是阶级问题”的观点，好比一勾“残月”，它的大部已经因为过时而缺失，但这种大部缺失的理论之光曾经照亮过新民主主义革命时代的夜晚。民族实质大讨论中确立“民族问题就是民族之间的矛盾问题”的定义，又像一弯“新月”，它的理论之光仍然受“斗争哲学”僵化观念的遮掩，仍有重大缺失。新世纪以来，党中央集体概括的民族问题概念用“两个包括”拓宽了民族问题的思维视野，以“五个共性”转换生成的系统特征规定了国家视角的民族问题内涵，则似一轮“圆月”①。与“新月”“残月”相比，“圆月”要明亮得多，但我们看到的月亮并不是月球本体，而是月球在阳光照耀下受到地球转动遮掩形成的映象。理论上的民族问题概念远不是事实上的民族问题，两者的“名实距离”甚至不小于示月的手指与月亮的距离②。

---

① 杨社平：《举手示月，壶里乾坤大——“民族和谐发展情趣建导课堂”分形速记之一》，《广西社会主义学院学报》2013 年第 4 期。

② 杨宏郝、龚月新：《论马克思主义哲学视域中的“民族问题”概念》，《民族论坛》2014 年第 8 期。

基于对民族问题概念“阴晴圆缺”的理解，反观文化人类学界以后现代笔法描述的“族群政治”，有时如同观赏登上月球拍摄的岩土照片——尽管这种照片只反映了月球的某个微型局部，但比肉眼或望远镜观察到的月亮更接近月球本体实际。事实上，只要跨越整形观念，进入分形思维，完全可以顺着族群政治与民族问题两个概念，赏析人类学与民族理论学科之间的分形联系。

联系对应区别，分形对应整形。在学科问题上的整形思维带来的是学术自绝、门户之见，分形思维带来的是交流分享、包容转换。在民族研究学科群的分形态里，族群政治与民族问题概念客观存在着奇异的自相似性。族群作为民族的族性分形元，具体可能是家族、可能是乡亲、可能是军人后裔、可能是形形色色的文化或技术的传人团体，所涉族际关系与社会范畴或许在街道社区，或许在乡镇村寨，或许在行业领域。而民族作为族群分形元构成的整体分形态，所涉族际关系也是民族，所涉社会范畴直接为阶级、国家。尽管两者客观存在着整体与局部、一般与具体的各种差距，但基本性质还是相同、相通或者相似的。

通观全球民族问题具备的五种共性，族群政治也都具备。族群政治的普遍性，表现在凡有族性群体就有族群利益，也就有族群利害关系的协调；表现在这种协调与管理普遍涉及族群所有成员，也涉及族群所处社会的环境。族群政治的长期性一般在具体族群与具体民族之间不好相提并论，但却与民族问题的长期性一样始终伴随具体族群的存在过程；由于族群同样在民族意识调控分形序作用下生生不息地演化，顽强的族群再生性也会让族群政治现象能够伴随民族范畴始终。族群政治的复杂性取决于族群与社会环境的复杂性，所谓“一沙一世界，一叶一乾坤”，在无限精细的分形思想中，微型对象的复杂性也不亚于整形思维理解的宏观对象的复杂性。族群政治的国际性或潜藏或显在于跨国族群以及相关族群环境所涉的国际领域，如同跨境民族问题或者边疆民族问题一样具有相应的国际敏感性。族群政治的重要性对于具体族群成员不言而喻，对于微观的社会环境也不可忽视，从而在总体上对整个民族社会也是十分重要的。

尽管如此，笔者还是不主张“混用眼镜”。讨论族群政治与民族问题概念的跨学科分维联系与讨论民族分形态、族群分形元一样，更重要的意义在于通过分形思维坚定民族理论自信。我们需要努力把握联通古代、现代、后现代的民族理论分形序，从而推动民族理论体系建设进入分维境界，在“科学—实践”连续统中守正创新、耗散分形、螺旋发展、永存自信。

建立我国民族关系评估指标体系的总体构想

阎耀军　陈乐齐　朴永日

一、研究背景：社会现实与学术理论

从社会现实领域看，和谐的民族关系是构建社会主义和谐社会的重要组成部分。民族关系是我国最重要、最特殊的社会关系之一。新中国成立以来，我国民族关系总体是好的，但从新时期所面临的新形势和构建和谐社会的要求来看，还存在不少问题。从内因来看，社会主义市场经济使人们的活动范围超越了所处的地域和行业，民族关系渗透到社会的各个方面，并受各种社会问题的作用和影响，与各种社会问题相交织，经济问题、社会问题甚至政治问题都有可能反映到民族关系上。从外部原因来看，20 世纪 90 年代以来，民族问题成为全球性的重大问题，很多国家因族际冲突造成了社会动荡、武装冲突，甚至国家裂变。在经济全球化的背景下，国际上的民族矛盾对我国的民族关系也会产生不容忽视的影响。

《中共中央关于构建社会主义和谐社会若干重大问题的决定》指出，要“巩固和发展平等、团结、互助、和谐的社会主义民族关系，使各族人民和睦相处、和谐发展”①。这对处理民族关系具有深远的意义。因此，民族关系和谐是社会和谐的有机组成部分，是衡量民族团结、社会稳定、和谐发展的重要指标之一，是一个关系到中国特色社会主义发展全局的重大问题。

在构建和谐社会进程中，正确处理好民族关系方面的矛盾，首先要及时发现矛盾，并把矛盾解决在萌芽状态中。这就需要建立一种民族关系的监测

① 《中共中央关于构建社会主义和谐社会若干重大问题的决定》，《人民日报》2006 年 10 月 19 日。

评估体系和预警机制。

从学术理论领域来看，建立民族关系评估指标体系，是社会计量学研究的一个难题。计量学的研究对象有三个层次，即对物化现象的计量、对简单非物化现象的计量和对复杂非物化现象的计量。社会科学对物化现象的计量与自然科学对物体的长、宽、高、面积、体积、温度、湿度、速度等等的计量并无多大区别，但对简单非物化现象的计量要稍微复杂一些，例如对人们的文化知识水平、对人们的社会地位（职业声望）、对人们的社会态度等等，这些不能够直接观察到的社会现象，人们利用试卷、问卷、量表（社会计量学中统称为“题器”）之类的方法来进行测量。对于复杂的非物化现象，例如一个国家的现代化程度，一个国家或地区的经济能否可持续发展，一个社会的稳定程度，民族之间的关系，会不会有风险或风险有多大等诸如此类的社会计量问题，尤其是社会预警类的计量问题，可以说至今仍然是困扰着社会科学界的难题。

对于这类难题，自20世纪60年代兴起“社会指标运动”以来，社会科学家们一直进行着艰苦的探索，创设了近百种评估各种社会现象的指标体系。但是对于民族关系评估指标体系研究至今仍然比较薄弱。高永久在2003年有一篇文章专门提及，但是未做实质性的研究①，卢守亭②、吴钦敏在2007年做过一些初步探索③，但均未进行实测验证，所以还不能说形成了规范严谨的学术成果。所以，这个难题的最终解决将具有极为重要的学术价值。

二、研究目标：科学性和应用性

科学性和应用性在民族关系评估体系中是辩证统一的，离开了科学性这个前提，其应用性便成无本之木；而离开了“应用”的目的，科学性也就成

---

① 高永久：《论民族社会稳定的预警系统》，《中南民族大学学报》2003年第3期。

② 卢守亭：《试论城市化进程中的民族关系及其评价指标体系》，《贵州民族研究》2007年第5期。

③ 吴钦敏：《构建新型民族关系评价指标体系之初探》，《贵州民族研究》2007年第4期。

了空中楼阁。从科学性要求而言，要想针对民族关系设计出一套科学的评价指标体系，是有一定难度的。其难度主要来自两个方面。一是由于该指标体系作为度量社会现象的“软尺”，它与度量自然现象的“硬尺”具有本质的不同。“硬尺”的度量对象一般是恒定不变的，所以“硬尺”的制造可以一次完成；而“软尺”的度量对象是发展变化的，所以“软尺”的制造是不可能一劳永逸的，它需要根据对象的发展变化而适时调整。二是由于凡属社会指标体系都是人们主观构造出的一种标准，是需要经过反复的验证才能够接近客观真实的。而民族关系评价指标体系，如前所述是一片有待开垦的处女地，这就更需要经过从理论到实践的多次反复测量验证，才有望趋于科学。所以，必须坚持“边研究、边探索、边推进”和“出思想、出理论、出政策”的原则，在初步建立民族关系评估指标体系之后，务必在实践中不断完善，使之越来越接近科学。在科学的评估指标体系的基础上，逐步做到全面评价中国民族关系状况，构建民族关系预警机制，提出促进社会主义和谐社会进程中民族关系发展的政策建议。

基于上述思想，确立民族关系指标体系的构建原则如下。

1. 指标体系必须具有理论依据。没有理论依据，随意分类和堆砌指标，是构建指标体系的大忌。指标体系的构建理论依据原则体现在两个层面。一是指标体系框架结构必须来自总结社会现实结构的理论模型。理论模型是对社会现实逻辑结构的科学抽象，指标体系没有理论模型或理论模型的错误，会导致定量方法的运用从根本上失去正确的前提。民族关系是民族之间各种联系的总和，是复杂社会关系的特殊表现形式，其存在形态主要表现为民族间、民族地区与中央之间关系的团结、和睦、协调以及矛盾、冲突、对立两种形式，其特点和发展趋势是由社会发展规律所制约的。我们要想对这种复杂社会关系的特殊表现形式——民族关系进行测量和评估，必须运用有关理论深入解析各民族间各种联系的关系体系及其影响因素，并从中抽象出其逻辑结构——理论模型。根据民族关系理论模型，转化或衍生出指标体系的理论框架，这样，众多看似杂乱无章的有关民族关系评价指标（因素），就可以按图索骥了。二是每一级指标都要有理论依据的说明，就是说每一个指标的遴选，都要经过科学论证，都要有理论上的说法，不能随意设置。

2. 指标遴选的科学性与实用性并重。科学性和实用性的矛盾是指标遴选中的一个常见问题，也是比较难以处理的问题。为此，我们提出“六个兼顾”的指标遴选原则。

(1)兼顾指标的完备性和精炼性。完备性就是要求内容要全面。民族关系的内容相当广泛，其指标会涉及方方面面，因此，在指标选择上不应遗漏重要方面，应力求涵盖全面一些。但需要注意的是，不能单纯通过增加指标的数量来实现指标体系的完备性，因为如果指标数量过多则会加大运行成本，降低运行效率，甚至无法操作。因此，还必须遵循精炼性原则。精炼性就是要求指标少而精，尽量选择那些最具有代表性的指标。少而精是为了便于操作与管理，达到运作快、成本低、便于对比的目的。但是，指标数量也不宜过少，过少则不便于检查问题所在，从而减弱指标体系的分析功能。

(2)兼顾指标的科学性与可行性。科学性就是所选指标要能够科学反映认识对象。民族关系是一个十分复杂的逻辑体系，需要一系列具有科学性的指标才能揭示其性质、特点、关系和运动过程的内在规律。但是，实践经验告诉我们，有些理论上科学的指标在实践中并不一定可行，具体来讲就是这些指标或无法采集，或无法计算，在实践中很难操作，如绿色 GDP 这种指标。这就是为什么还需要遵循可行性原则的原因。可行性原则要求在选择指标时要充分考虑指标的可采集性和可计算性。但是，也不能片面追求可行性而损害指标体系的科学性，造成指标体系理论上的过多破绽甚至重大残缺，那样整个指标体系的科学说服力也就会大打折扣。

(3)兼顾静态指标与动态指标。静态指标反映事物的现有规模和发展水平，动态指标反映事物的发展方向、速度和变化趋势。例如贫困人口比重是静态指标，而贫困人口增长率则是动态指标。由于指标体系的目的不仅仅是为了评估民族关系现状，更重要的是为了对民族关系的形成过程和未来发展提供监测、预测和指导。因此，民族关系评价指标体系的指标构成应当做到动静结合。

(4)兼顾客观性指标和主观性指标。主观性指标是与客观性指标相对而言的，它是用来反映人们直接体验和主观感觉的指标，因此也称为感觉性指标。

它需要通过对人们的心理状态、情绪、意愿、满意度等进行测量而获得。研究证明，客观性指标与主观性指标两者常发生不一致的情况。客观的肯定性指标的上升，并不等于人们满意程度的提高。一方面，在相同的客观指标下往往会掩盖着不同的主观态度；另一方面，在不相同的客观指标下也会掩盖相同的主观态度。所以，一些复杂的民族关系现象需要靠主观指标来说明，如少数民族对民族关系的满意率，等等。

(5)兼顾科学研究与实际工作需要。科学研究的直接目的是探索事物的内在规律性，实现其学术认识价值；实际工作的目的是要解决某种现实问题，实现其社会功利价值。民族关系评价指标体系研究是一项科学认识活动，当然要遵循科学认识规律，但是，建立这套指标体系的直接目的是为了指导实践活动，因此，必须要考虑到这套指标体系将来在实际工作中的可行性问题。所以在选择指标时，应该充分注意它们与实际工作联系的程度，以及相关职能部门在实际工作中使用的便利性。因此，参与指标遴选的专家，除了民族学方面的权威学者外，还要有一定比例的从事民族实际工作的领导干部。

(6)兼顾现行统计制度和时代发展。有一种观点认为，所选指标应当“从现有的社会统计基础出发”①，否则就是纸上谈兵。这种观点是有道理的，但是不能绝对化。因为社会指标来源于社会实践，而社会在发展变化，所以社会指标也要与时俱进。选一些虽然一时难于采集，但能够反映新时期的民族关系现象，体现出民族关系发展的时代特征的指标，不但可以使得指标体系更具有时代性和科学性，而且还能促进现行统计制度的改革和统计指标的完善。当然这类超前性的指标也不能选择过多，过多则会使指标体系的操作难度加大。

3. 指标体系必须经过检测并在实证研究中逐步完善。经过专家遴选建立的指标体系仅仅是初步的假设，如果贸然推出，是有风险的，因为它没有经过实践的检验。以前之所以有许多指标体系测量的信度和效度不高，其重要原因之一就是没有经过实证研究。所以，从科研程序的规范性来说，只有经过实证研究的环节，指标体系才能够得到修正和完善。如何进行实证研究？

---

① 朱庆芳：《社会指标的应用》，中国统计出版社，1992，第6页。

笔者设想如下：

（1）结合重点监测地区建立民族关系指标体系试验基地。我国少数民族人口分布相当分散，所以我们只能在其主要聚居的内蒙古、广西、西藏、宁夏、新疆、云南、贵州、青海等8个省（区）选择试验研究基地。至于选择哪些地区，我们认为最好结合当前民族矛盾较为突出并准备作为将来重点监测对象的区域（如新疆、西藏和内蒙古等地），来建立民族关系指标体系实证研究试验基地，抓住和突破重点之后，再逐步推开。

（2）在指标体系“常模”基础上开发适用于不同民族关系的多种版本。我国有55个少数民族，其中有些民族是跨国的民族。如果我们的指标体系要测评所有的民族关系，那么这个民族关系矩阵是相当复杂的。所以指标体系目前只能以测量主要少数民族与汉族的民族关系为主。这就是说，初始的指标体系只是一个适用于对汉族和其他所有少数民族之间关系进行评价的一般性“常模”。但是，由于这个“常模”只反映共性，而不能反映差异性，所以当使用“常模”专门用于评价汉族和某个少数民族的关系，或某个少数民族和另一个少数民族之间的关系时，由于每个民族都有自己的政治、经济和文化特点及千差万别的具体情况，未必都能丝丝入扣。所以指标体系还应当在实证研究的基础上，针对不同民族间的具体情况，逐步开发研制出适用于不同民族或不同民族区域的多种版本。

三、研究方法：多学科交叉整合

我国民族的众多性和民族关系内容的丰富性以及涉及学科的多样性，决定了民族关系评估体系必须用跨学科交叉整合的研究方法。

1. 用系统动态分析方法进行跨学科整合。民族关系指标体系要研究的是各个组成部分，以及这些组成部分之间的关系和结构。“体系”在联合国所编的《社会和人口统计体系》中是指“由一些有规律的互相作用或互相依赖的形式联合起来的物体的聚集物或集合物”①，即一个具有内

① 朱庆芳、吴寒光：《社会指标体系》，中国社会科学出版社，2001，第17页。

在关系的指标群。这个指标群在形式上将按照一定方法组织成为“目标树”的典型结构，即由总指标、一级子指标集、二级子指标集所组成的指标结构。一级子指标集和二级子指标集将根据类型学原理和定性分析，设定若干个相互独立的类别。比如反映民族间利益冲突客观现状的指标集，反映民族间平等程度的指标集，反映民族间团结互助的指标集，等等。而每个指标集中，都会涉及到政治、经济、文化、社会等众多的具体指标（要素）。这样，每一个指标群甚至每一个具体指标所涉及到的具体学科，可能都要整合到研究中。那么，如何将众多的学科、要素、指标整合到一个特定的结构中来？系统动态分析（system dynamics）方法将是一种主要方法。

系统动态分析是美国麻省理工学院福雷斯特教授于1961年所创。系统动态分析主要对评估或预测对象进行模拟分析，以了解事物发展变化的系统模型①。这种分析方法把研究对象和评估对象看作是动态的而不是静止的系统，通过动态模拟和计算机工具的利用，从事研究或预测活动。用系统动态分析来评估或预测事物的发展变化过程，必须建立该事物的系统模型。系统模型分为物理模型（即理论模型）和数学模型。物理模型根据特定事物的系统结构状况，建立模型的结构框图。框图中，本系统和外系统之间、本系统内子系统与子系统之间用逻辑线路连接，表示系统之间的因果关系。数学模型根据物理模型中各种变量间的数量关系，通过解方程式的方法求出。近半个世纪以来，系统动态分析方法已经在全世界得到广泛应用，尤其适用于评估或预测大型复杂系统总的长期发展变化。

2. 用时间序列分析方法对民族关系进行历时态考察。在民族关系的历史长河中，如何定量化地回溯反演民族关系的波澜起伏？时间序列分析是一种重要方法。未来是历史的延续，时间序列分析方法作为未来研究中的一种定时预测方法，它按照一定的时间间隔将事物发展的历史数据依次排列，以时间序列进行描绘，研究和分析事物发展与时间进程之间的演变关系，探讨其

① 中国社会科学文献情报中心：《社会科学新辞典》，重庆出版社，1988，第958—959页。

内在规律，并以此为基础推测事物的发展规律。我们对民族关系进行时间序列分析有两重意义。一是通过比较不同年代民族关系指标的时间序列数据变化，分析历史发展过程中民族关系变化的规律，特别是可以通过历史上发生的民族冲突事件，确定某些相关指标的极限值（警级或警限）。二是检验我们所设计的民族关系评价指标体系所经历的历史过程的吻合程度，从而验证这套指标体系的效度和信度。

四、民族关系评估指标体系的功能

1. 定量—定性功能。民族关系指标体系通过数据以及数据之间的比较，量化地描绘民族关系的状况，通过定量分析而达到准确定性。以定量和定性相结合的方式描述“民族关系是什么样子的”，从而避免心中无数，凭印象做判断的弊端。

2. 发现—解释功能。民族关系评价指标体系是一个多层级架构的评价系统，上级指标逐级向下分解，下级指标逐级向上递归。当某一上级指标出现问题时，可以向下逐级追寻，发现问题的症结在哪里。发现问题指标后，可通过因果关系模型、多元回归模型、路径模型，揭示问题是哪些因素的函数，是哪些指标导致了问题的产生，即解释“民族关系为什么会出现问题”。

3. 考绩—导向功能。民族关系评价指标体系作为一种尺度，可以用于衡量不同民族地区民族关系和谐的程度，评价与民族关系相关的民族政策的贯彻落实情况，以及民族政策的正确程度和有效性，评价与民族关系相关的职能部门的工作状况，分析利弊得失。民族关系指标体系若纳入民族工作绩效标准和考核体系，还会发挥导向功能。

4. 监测—预警功能。通过对民族关系指标的比较、分析而定期监视民族关系运行状况，可以实时向政府以及民族事务管理部门反馈信息，报告民族关系运行正常或者异常，使之掌握动态。通过指标体系的综合评价，若总指数或个别“敏感指标”超过了特定预警区间，即可向有关部门发布警报，警示民族关系严重的程度。

5. 预测—预控功能。根据解释模型，可以对未来特定自变量下的某些发展趋势进行测算。民族关系指标既可以预测问题，即提早发现那些将会给民族关系带来危害的问题，也能够预测发展，即以指标形式描述在特定自变量下未来的发展状态。这样，可以对需要解决的民族关系问题提出超前性的控制意见和建议。

民族关系监测评价模型及其信息处理研究

张劲松

民族问题是社会总问题的一部分，在一定条件下，可以演变成为社会主要问题，直接关系到国家的统一、经济的发展、社会的稳定①。民族社会问题往往涉及到多个民族，有时一个地区发生的民族社会问题，可能对其他地区的民族产生影响，具有“牵一发而动全身”的特点。在这种情况下，民族关系监测评价对民族地区社会稳定有着重要的作用②。

一般来说，社会问题监测系统具有以下四个方面的功能：预见的功能、监测的功能、防范的功能和缓和的功能③。通过民族关系监测和评价系统，国家可以掌握当前民族关系状况及预测发展变化的趋势，也可对特定地区和范围的民族关系进行及时有效的监测，以便尽早发现民族关系可能存在的问题，及时采取有效措施加以控制，促进各民族和睦相处、和衷共济、和谐发展。

一、民族关系监测评价的基本思路

1. 评价指标体系的选取。民族关系的监测评价本质上是一个决策问题，其评价指标体系可以基于决策理论中的层次分析法（Analytic Hierarchy Process，AHP）来构建④。AHP 方法是对一些较为复杂、较为模糊的问题做出决策的简易方法，它特别适用于那些难于完全定量分析的问题。人们在进行民族关系监测预警的系统分析中，面临的常常是一个由相互关联、相互制约的众多因素构成的复杂而往往缺少定量数据的系统。层次分析法为这类问

① 金炳镐：《民族关系理论通论》，中央民族大学出版社，2007，第 321—336 页。

② 高永久：《论民族社会稳定的预警系统》，《中南民族大学学报》2003 年第 5 期。

③ 吴忠民：《社会问题预警系统研究》，《东岳论丛》1996 年第 4 期。

④ 彭勇行：《管理决策分析》，科学出版社，2000，第 164—180 页。

题的决策提供了一种新的简洁而实用的建模方法。

民族关系评价指标体系分为宏观和微观方面，可分别建立一级、二级评价指标，最后分析产生多个微观指标，从而形成了一个多层评价指标体系结构①，如图 1 所示。由于事物是不断变化发展的，民族关系监测评价机制应当设计为一个灵活性高，根据不断变化的情况，随时可修改指标的体系。

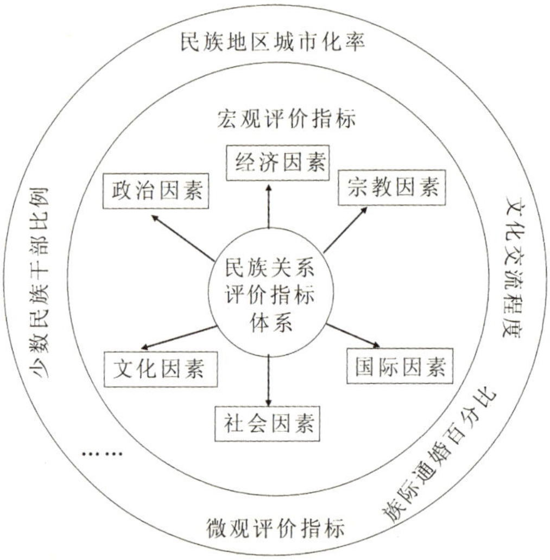

图 1　民族关系监测评价指标体系

2. 民族关系的量化监测。对于民族关系等社会风险的监测预警远不如地震预报那样准确而具可操作性。社会成员的个体差异等因素构成的社会系统的高度复杂性使得人们对社会风险的预测与控制变得十分艰难。特别是民族关系的评价结果是由多种因素共同作用而成的一种不确定因素，它并不如具体的具有物质形态的事物那样容易量化。在确定预警指标体系时，考虑到社会预警机制的科学化需要，社会预警指标体系内的各指标，无论是客观性指标还是主观性指标，最后的监测评价结果都应该能够用数值来表示，可以定量化来处理。目前，有文献采用“民族关系和谐指数”来评价衡量某地区民

① 阎耀军：《民族关系和谐的逻辑结构和系统分析模型》，《中南民族大学学报》2008 年第 6 期。

族关系实际状况①，该指数越大表明民族关系越和谐。民族关系的量化监测主要有两个问题，其一是评价指标的量化，其二是评价指标权重的确定。

(1)评价指标的量化。包括指标转换和无量纲化处理两个步骤。指标转换：根据评价指标的性质不同，评价指标分为三类。①正指标类：正指标要求数值越大越好。②逆指标类：逆指标要求数值越小越好。③适度指标类：适度指标要求数值适中为好，目前定的指标中没有适度指标。在进行计算时须对各指标进行转换处理，使其变成正指标（越大越好），便于综合分析。

指标的无量纲化处理：就是清除量纲和数量级的影响，将指标的实际值转化为可以综合的指标评价值，从而解决评价指标的可综合性。经过无量纲化处理后的指标值在0—100之间取值。

(2) 评价指标权重。可采用AHP方法计算，基本步骤是：①建立专家评分模型；②层次单排序；③层次总排序。具体计算方法可参见决策理论相关书籍②。

通过上述两个步骤得到每个评价指标的量化值以及指标权重以后，即可计算出“民族关系和谐度指数”的量化数值，通过对某地区民族关系和谐程度的长期监测，可得到历年的民族关系评价数据，据此绘制出民族关系和谐指数变化曲线图，如图2所示。

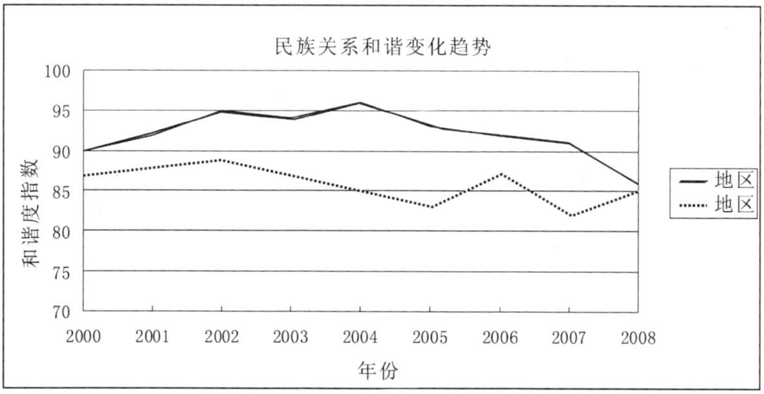

图2 民族关系和谐指数变化曲线图

① 郑双怡、张劲松：《民族关系评价指标体系构建及监测预警机制研究》，《民族研究》2009年第1期。

② 彭勇行：《管理决策分析》，科学出版社，2000，第164—180页。

二、民族关系监测的信息收集与分析

1. 民族关系监测的信息收集渠道。民族关系监测是指有关管理部门就已经或可能出现的危机事件迹象进行监视和测量，其主要任务就是收集反映危机迹象的信息，它是民族关系预警的基础。监测一般分为日常监测和实时监测两类。日常监测是在正常状态下对民族关系的发展情况进行监测，其目的在于掌握民族关系的基本情况，发现危机征兆，为预警提供必要的依据。实时监测是在危机爆发时进行的动态的、高频的监测，其目的在于及时掌握危机的发展变化情况，以便采取针对性的应急措施。

民族关系问题产生的原因非常复杂，是一类带有大量不确定因素的半结构化问题或非结构化问题，仅仅依靠传统的手段和方法难以进行监测预警从而做出及时而有效的处理。民族关系监测信息存在事实上的多元化，而每一种监测信息的信息搜集和信息处理都具有一定的专业性，从而在信息传递和处理方面就可能出现混乱。现代社会是一个信息爆炸的时代，信息来源广、数量大，要想在短时间内收集到所需要的信息，并能及时进行处理从而采取有效的应对措施，必须借助先进的信息技术建立民族关系监测信息的传递渠道。根据民族关系监测信息的内容与来源，结合我国政府体制和运作模式，信息收集渠道主要有两种①：其一为制度性渠道，主要是指由法律法规、规章制度以及部门职责所约定的信息来源，包括报告、调查、公文和举报等四种方式。其二为非制度性渠道，是一种非正式的不确定信息来源，包括民间机构、报刊媒体、文献和交流等四种。国家和每个地区有必要建立一个民族关系监测评价的综合信息平台②，基于该平台实现监测信息的通畅传递，可以建立如图 3 所示的民族关系监测的信息收集渠道。

信息收集的主要任务是对与民族问题有关的显性信息进行收集。将收集到的信息进行整理和归类，形成清晰和有条理的信息，从整体上把握各类信

---

① 吴建华：《基于信息管理的公共危机预警研究》，《档案学通讯》2009 年第 3 期。

② 吴春玉：《政府决策信息采集模型》，《情报科学》2006 年第 3 期。

息之间的联系以及信息与危机之间的内在联系。此外，还应进行信息识别与信息分析，经过分析和识别过程，将粗糙而杂乱的信息变成较为全面、真实、有用的信息。信息分析一般是通过对大量已知信息的分析、研究，获得对事物深层次的特别是发展趋势的认识与把握。信息分析的方法有许多种，如逻辑法、文献计量法、时间序列法等等。逻辑思维是定性研究信息的传统方法，它是根据已知信息借助于分析与综合、相关与比较、归纳与演绎等逻辑学手段进行研究的方法。

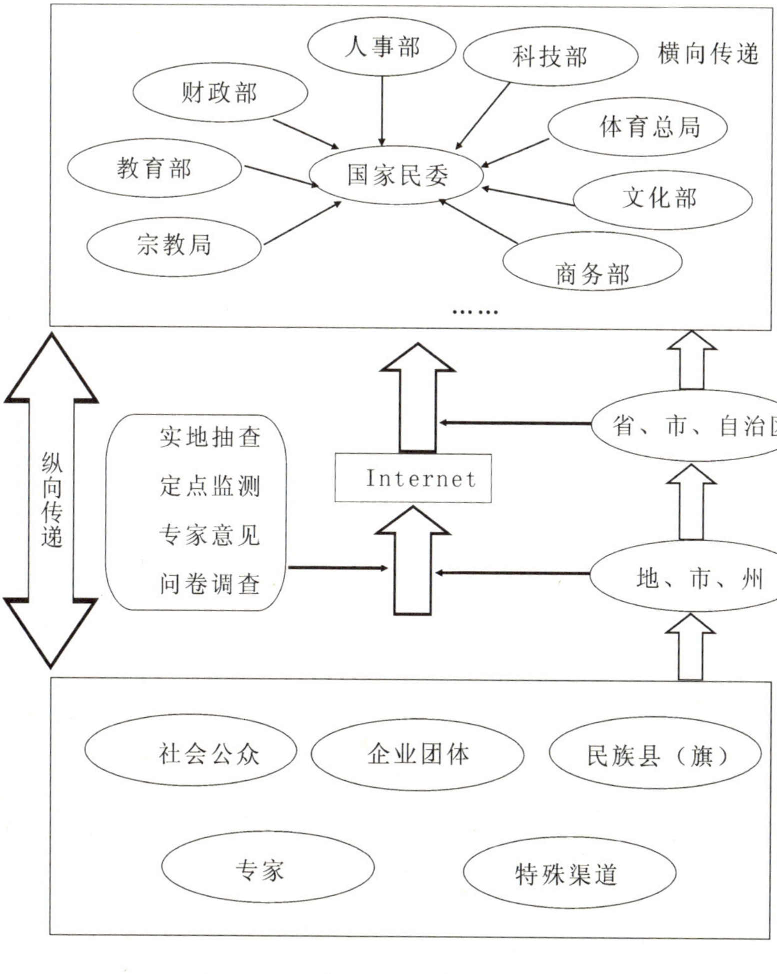

图 3　民族关系监测的信息收集渠道

2. 民族关系监测的信息分析。民族关系监测的信息分析将经过整理的信息转化为简单直观的信号或指标，同时利用各种预测方法预测民族关系危机产生的可能性。因此，信息分析是以预测为目的，以定性和定量研究方法为手段，通过对监测过程中形成的信息进行鉴别、整合、分析、评价等，为民族问题的预防与应对决策提供服务的一项具有科研性质的智能活动。民族关系监测信息分析的基本内容如下。

(1)监测信息的鉴别和整理。由于监测信息的来源非常广泛，信息的表现形式多种多样，而其可靠性参差不齐，因此，需要对监测信息进行鉴别，将信息按照统一格式进行表达和存储。在信息鉴别的基础上进行信息内容的整合，其最终目的是建立民族关系监测信息资源库。

(2)监测信息的数据挖掘。为了获得知识，需要对监测信息进行数据挖掘，其结果是民族关系预警规则。预警规则与民族关系案例一起构成监测知识库。

(3)监测隐性知识的分析。监测预警过程有一类隐性知识难以用产生式规则来表达，但我们可以借助于案例来表达隐性知识。案例是一组带有相关指标的特征集合，描述了一个民族关系具体问题及其处理结论。案例降低了监测隐性知识获取的难度，可以直接使用隐含着难以提取规则的知识片段。

三、民族关系监测机制模型

1. 民族关系信息处理模型。根据信息采集模型得到的民族关系相关信息，针对信息的本质特性，结合民族关系评价指标体系和监测评价机制总体框架，建立民族关系信息处理模型。通过此模型，可以对民族关系信息资源库中的信息进行有效的处理。经过信息预处理、标引分类和数字化加工处理三大步骤，将处理后的信息重新写入数据库和知识库，并对其进行有效的管理。民族关系信息处理模型如图 4 所示。从图中可以看出，民族关系数据库和知识库是民族关系信息处理的关键组件。

2. 民族关系监测机制模型。民族关系监测评价机制的最终目的是使国家可以准确地掌握民族关系的当前状况及其变化的趋势和规律，同时，对特定地区和范围的民族关系进行及时有效的监测。因此，我们需要一个完整的监测模型，它可以根据采集、处理过的民族关系信息进行评价分析，最终得出

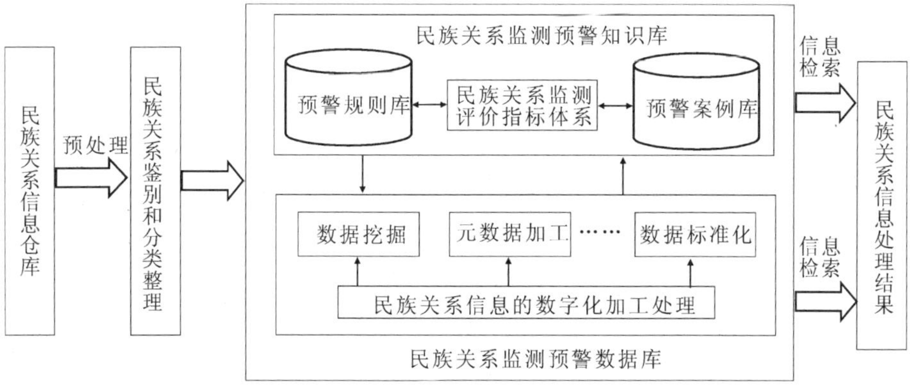

图 4　民族关系监测信息的处理模型

民族关系的状况。其监测机制流程图如图 5 所示。

民族关系监测机制的相关人员包括民族关系专家、监测预警人员和一般用户，其中专家主要在问题解决方案以及进行知识库推理的时候参与。监测机制模型主要由信息采集管理、信息处理管理、知识库管理和监测评价管理四个功能模块组成，在保证信息源渠道畅通的情况下，实现对民族关系进行及时有效的监测评价。

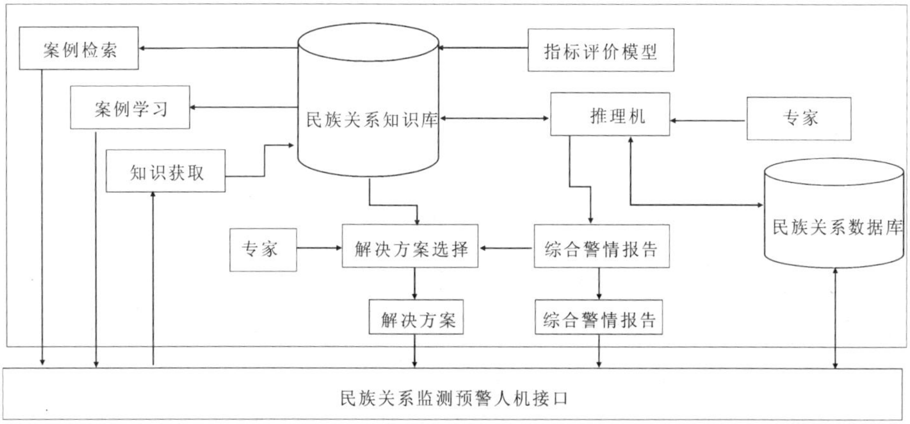

图 5　民族关系监测机制流程图

（1）信息采集管理。为了能够准确地采集到监测预警所需要的信息，首先，应根据民族关系评价指标体系进行信息采集的设置，并能够随着指标的变动而随时更改信息采集的内容。其次，通过信息采集模型收集民族关系警源和警兆信息，将这些信息按照特定的指标体系进行划分并存储到民族关系信息仓库中。

（2）信息处理管理。主要是将监测信息加工成监测机制所能识别和使用的格式。首先，对监测信息进行预处理，一般是人工进行处理。然后进行数字化加工处理，主要包括数据挖掘建模、数据标准化、元数据加工等。当警情出现时可以检索相对应的警源信息。

（3）监测知识管理。监测知识分为两类：①格式化知识，主要指预警规则知识。②非格式化知识，主要是指案例知识，它是最重要的监测知识形式。通过知识获取，把监测信息进行加工处理，以知识的形式存到知识库中，提供对特定案例的检索和学习。在民族关系案例存档时，应该对案例按照监测指标或特征进行描述，检索时根据用户提供的描述信息与案例特征描述进行相似性匹配，若匹配成功，则表明匹配案例对应的事件很可能会发生，需要采取相应的对策方案进行处理。

（4）监测预警管理。按照监测模型的判别标准，输出综合警情报告，允许对结果进行修改；针对综合警情报告可以结合民族关系知识库知识、案例以及专家建议得出相应的问题解决方案。

四、民族关系监测评价及预警系统

民族关系预警系统致力于从根本上防止危机的形成和爆发，及时发现和识别潜在的或现实的危机因素，以便采取预防调控措施从而减少危机发生的突然性和意外性。从技术实现上来讲，民族关系预警系统是根据现代预警的理论和方法研制，并且在计算机软件支持下实现的对民族关系的发展状况进行监测评价、预测报警和预案选择的人机智能化管理系统。

民族关系预警系统作为一种信息系统，它也符合信息资源管理的一般规律。其输入信息的准确性直接决定了其输出信息的有效性，这就要求监测信息不但要全方位、多渠道地监测民族关系的变动，而且信息一定要准确可靠，以免出现错误预警①。预警系统应及时发布警报信号，以便相关部门能够采取

① 吴春玉：《政府决策信息采集模型》，《情报科学》2006 年第 3 期。

相应的调控预案对民族关系进行调控。民族关系监测评价系统的基本组成如下。

1. 信息采集子系统。信息采集是监测预警系统的基础环节。对于民族事务管理部门来说，应尽可能对影响民族关系稳定发展的危机信息进行收集、整理和分析，根据分析结果找出危机发展过程中出现的各种问题和可能引起危机的因素，进而采取有效的措施规避和调控①。

2. 信息加工子系统。对信息采集子系统得到的信息资源进行分类和鉴别，并对信息进行加工，从这些信息中发现产生民族关系问题的先兆信号。由于监测信息是基于民族关系指标体系来表达的，而且指标体系中有很大一部分的指标是由原始指标合成的复合指标，而指标的合成工作应该由对数据信息具有甄别和计算能力的专业人员进行。

3. 案例推理子系统。主要完成民族关系案例的推理过程，首先按一定的形式向系统描述当前面临的民族关系状况的相关信息，然后从案例库中检索出与当前状况（一定的指标特征集）相互匹配的案例，若该案例与当前案例完全匹配，意味着该案例发生的概率较大。若没有匹配的案例，根据实际发生情况修正该案例的特征值，并将新的案例加入到案例库。

4. 解决预案子系统。预案子系统的关键在于构建应急预案库并建立预案与民族关系案例之间的关联。对于每一种民族关系的危机和问题，监测预警系统都提供若干个不同的解决方案，以便有效避免危机的发生或尽量使损失减到最小②。若民族关系事件确实不可避免发生，民族事务相关部门就可以做到胸有成竹，按照系统提供的处理预案进行应急处置。若系统提供的预案有多种，则需要专家或者决策者根据一定的标准进行选择。

---

① 覃小旅、朱庆华：《危机信息管理系统的构建》，《电子政务》2005 年第 3、4 期。

② 覃小旅、朱庆华：《危机信息管理系统的构建》，《电子政务》2005 年第 3、4 期。

城市化进程中的都市民族工作特点

——成都市社区管理与服务中的少数民族问题调查与思考

马　旭　袁晓文　冯　敏

成都是一个少数民族散杂居城市，自20世纪90年代以来，随着城市化进程的加快，少数民族人口大量涌入成都市，构成成都市民族格局的新变化、新情况、新特点，城市民族工作全面扩展，难度也越来越大。在这种新形势下，如何处理好城市中的民族关系，加强对少数民族流动人员的管理，为城市的现代化建设提供良好环境，成为都市民族工作迫切需要解决的问题。

一、成都市民族格局新变化

近年来，成都市的民族格局有以下几个新变化：

1. 少数民族数量、成分明显增多，多民族性增强。据五普统计，成都市汉族人口为11183734人，占全市人口的比重为99.46%；少数民族人口60538人，占全市人口总数的0.54%。与1990年第四次人口普查结果相比，人口翻了一番，增加了0.17个百分点。少数民族83%生活、居住在城镇，17%生活、居住在农村，全为散居。成都市现有少数民族成分53个，同1990年第四次人口普查的结果相比，十年间，增加了9个民族成分。其中，人口上千的民族有：回族、藏族、满族、羌族、蒙古族、土家族、彝族、苗族、壮族、朝鲜族等十个民族。回族和藏族人口最多，均达万人以上。

2. 少数民族流动人口明显增多，民族工作难度加大。再据五普统计，全市除了常住少数民族人口外，还有近3万的少数民族流动人口，另有近20万无户籍的常住少数民族外来人口。少数民族比较集中分布在五个区：武侯区、金牛区、青羊区、青白江区和成华区。武侯区每年的流动少数民族人口约150万人次，金牛区少数民族流动人口在5万人次以上。五个区的少数民族流动人口85%居住在城区，15%居住在农村。此外，簇桥乡每年辖区内约10万少数民族流动人口；浆洗街辖区每年约30万少数民族流动人口。仅晋阳社区内少数民族流动人口的民族成分就有10多个，分别是藏族、壮族、满族、彝族、羌族、土家族、哈尼族、朝鲜族、回族、毛南族、锡伯族、布依族、苗族。这些流动人口的特点是民族成分覆盖面广，流动性大。

3. 各区少数民族从业多元化，形成了多元文化交融与碰撞。成都市各个区的少数民族从事的职业因辖区的不同而各不相同：如簇桥乡的少数民族主要从事运输、家具制造和餐饮；晋阳街道办事处辖区内少数民族主要从事餐饮、小商品经营、服装等；金花镇少数民族主要从事鞋业生产销售和花卉种植；武侯区少数民族主要从事民族用品、商贸、餐饮、娱乐等行业。在多种职业与多元文化的交融中，各民族增进了相互的联系与合作，彼此的交流与了解，有利于消除不同民族间的隔阂，克服大汉族主义与地方民族主义，增强中华民族的凝聚力。同时，由于不同文化在这里交汇，不可避免地会发生一些磨擦与纠纷，特别是少数民族流动人口中一部分人法制观念淡薄，行为偏激，而当地一些居民又缺乏对少数民族文化与习俗的了解，个别人存在大汉族主义思想，因此，容易因小事发生矛盾，酿成事端，进而影响民族关系。

二、竭诚做好成都市少数民族服务与管理工作

改革开放前，城市民族工作的主要方式是行政管理。随着1993年8月国务院颁布的《城市民族工作条例》的实施，成都市的民族工作开始步入服务与管理的轨道，并摸索出一条行之有效的新路子。

1. 营造多彩的文化生活氛围，使成都成为少数民族的精神家园。成都市民族宗教事务管理局（以下简称“成都市民宗局”）以多种形式加强对少数民族文化的宣传，营造多彩的文化生活氛围。例如，少数民族联谊会采取理事聚会、小组联欢会等多种形式，载歌载舞，交流民族文化，沟通民族感情。朝鲜族、满族、蒙古族等民族的联谊小组，常常利用周末和节假日，组织开展具有浓郁民族特色的文娱活动，丰富了少数民族群众的业余生活。每年的春节和藏历新年，都组织老年腰鼓队到民族单位进行慰问演出活动，还深入

到每户少数民族代表家中进行慰问，并给困难户送米送油，使每一户少数民族同胞愉快地过好年节。

2. 真诚关怀，让散居少数民族感到“大家庭”的温暖。少数民族在主流社会的都市中，是绝对的少数。他们对自己在社会生活的各个领域的处境十分关心，十分敏感。基于此，成都市各级民族工作组织从不同少数民族群体的实际需要出发，开展各种真诚服务，时时把涉及少数民族群众安危冷暖的一件件“小事”，当作大事来抓，把党和政府的关心送到实处，在社会生活的各个方面体现对少数民族的人本化关怀和服务，使少数民族感到民族大家庭的温暖。例如，金牛区土桥的穆斯林颐年院，是回族老人“老有所归”之所。平常约有50人入住，主要是来自全省各地的穆斯林老人。为了使回族老人晚年生活条件舒适幸福，今年区政府筹集资助60多万元对颐年院进行维修加固，改善了居住条件，使回族老人生活舒适，安度晚年。这些措施，无不出于真诚关怀，让散居的少数民族感受到大家庭的温暖，增强了各民族群众的凝聚力，为民族认同、民族团结打下基础。

3. 求真务实，做好城市少数民族服务与管理工作。尊重少数民族宗教信仰、风俗习惯是城市民族工作的重要内容。做好对少数民族的服务与管理工作，注重在服务中加强管理，在管理中体现服务，以维护民族利益作为巩固社会稳定的基础。成都市金牛区土桥地区是常住回族人口相对集中之地。2002年区委、区政府筹集资助20多万元对该区清真寺进行维修加固。修葺一新的清真寺吸引了大量穆斯林群众前往做礼拜，信众以当地的回民穆斯林为主，也有来自全国各地的穆斯林。维护了回族的宗教信仰自由，也就带来一方的安定。在生活习俗上，回族的清真饮食习惯和土葬习俗具有民族特性，必须认真对待，以体现对少数民族权益的保护。为了方便散居回族群众的生活需求，有关部门在认真完善清真饮食管理制度等方面做了大量工作，为回民的生活提供了保障。在殡葬问题上，对市内七座回民公墓进行了规范化管理和规划建设，基本满足了回民土葬习俗的需求，切实做到尊重和保障少数民族的风俗习惯。

在对少数民族流动人员的管理上，实行双向互动管理模式。一方面，民族工作部门重在做好服务。对流动频繁的少数民族人员，重点进行城市有关管理规定的宣传，成都市民族工作部门集中力量自编了《民族政策、民族知识及少数民族风俗习惯》《城市管理有关规定及条例》《城市服务指南》等资料，并翻译成藏文、彝文，到外来少数民族流动人员相对集中地进行宣传，对外来少数民族认识成都、了解成都，尽快适应城市新环境起到了积极作用。另一方面，对少数民族流动人员加强“自我管理、自我教育、自我约束”教育和依法管理。成都市民族工作管理部门针对部分少数民族群众存在的“特殊公民”的错误认识进行了遵纪守法、法律面前人人平等的教育，并与少数民族流动人员中有影响的人员建立长期联系和沟通，为少数民族流动人员提供方便和帮助，也通过他们掌握信息和动态，切实做好民族关系的协调工作。

4. 利用地区优势，大力推进城市民族经济的长足发展。成都市在全国首创了两个民族用品生产基地：邛崃民族用品生产基地、青白江回族食品用品生产基地（简称“两基地”），得到了国家民委、四川省民委和有关领导的充分肯定，首创的“基地”模式被国家民委称为新形势下发展民族用品生产的“成都模式”。两基地以龙头企业为骨干、其他企业或农户为基础，通过“基地”形式，组建成松散型的民族用品生产企业联合体，以生产氆氇、哈达、民族服装、清真牛羊肉等为主，产品主要销往印度、尼泊尔、锡金等国家和西藏、甘孜、阿坝、内蒙、广西等民族地区。“两基地”2004 年共实现销售收入达 2.72 亿元，既创造了可观的经济效益，带动了当地群众的增收，又推进了民族用品的生产，满足了少数民族群众的生活需求。

随着市场经济的发展，城市人员交流的频繁，来蓉经商的少数民族日渐增多，逐步自发形成了以经营藏族用品为主的武侯区浆洗街民族用品一条街和以三州牦牛等牲畜交易为主的郫县安德镇西部民族贸易市场（简称“一街一市”），为民族地区来蓉少数民族提供创业发展的条件。为推动“一街一市”向规模化、规范化方向发展，成都市民族工作部门会同有关部门搞调查、拟方案，对两地市场进行了规范整修和挂牌宣传，对入场经营的少数民族，有关部门简化办证程序、提供纳税方便，促进了“一街一市”长足、有序地发展。

“一街一市两基地”的建设不仅对成都市民族经济的发展起到了带动和促进作用，而且成为周边少数民族到成都发展的窗口和交流平台，成为成都市利用城市优势，为民族地区改革发展服务，为实施西部大开发战略服务的有力支持。民族文化商品市场的繁荣，对西部少数民族地区经济进行辐射，带来联动效益，促进西部的经济发展。“一街一市两基地”不仅对推动全省、全市民族经济的发展、提高少数民族人民生活水平有着深远的意义，而且对形成多元文化城市的贡献也具有重要的现实意义。

5. 以法为准，以人为本，正确处理民族之间的矛盾纠纷。在各民族交往与互动日益密切的新形势下，保持地方社会的有序运行，民族之间的有序互动，社会规范发挥着不可替代的作用，尤其是法律调控愈来愈成为一种重要手段。成都市民宗局制定了《处理涉及少数民族突发事件的有关规定》，强调依法处理和严格区分两类不同性质的矛盾，坚持“三不”原则：实事求是，是什么问题就按什么问题处理的原则，绝不把经济、治安问题上升为民族问题；在法律面前人人平等的原则，在切实维护少数民族的合法权益的同时，绝不允许有特殊公民存在；在处理涉及少数民族的矛盾纠纷时要做到及时、稳妥，力求把矛盾化解在萌芽状态、解决在当地和基层，绝不将矛盾上交。按照这个原则，近几年来，成都市民族工作管理部门在具体处理民族关系的纠纷中，既注重把握原则，又充分考虑民族因素的特殊性，以人为本，对少数民族当事方倾注了真诚关怀和周到服务，妥善处理了涉及少数民族人员因经济、治安等问题引起的矛盾纠纷 31 件，有效地促进了民族团结，维护了社会稳定。

三、探索创新，创建发展协调民族关系网络

成都市民委最早建立的民族关系的规范化调控机制，是源起于全国之先的民族团结协调小组，以后逐渐发展为层级网络式的三大组织形式。

1. 加强协调民族关系的网络建设。成都市已经形成了分工各异、互为补充的三大协调民族关系网络：民族团结协调小组、民族地区驻蓉办事处联席制度和成都市少数民族联谊会。这三大网络在协调民族关系、处理民族矛盾中发挥了极其重要的作用，是协调民族关系、解决棘手问题的有效途径。

民族团结协调小组。这是成都市 1988 年率先在全国首创的协调民族关系

的一种组织形式，是成都市最基层的民族工作组织。民族团结协调小组以宣传党的政策、加强信息反馈、协调处理矛盾纠纷为工作重点。

如何使少数民族的服务和管理工作纵向延伸、横向拓展，成都市民族工作管理部门进行了新的探索和创新。这就是把服务于少数民族的网点纵到基层，横到全市城乡，在全市所属社区完善发展服务体系，编织服务网络。自1998年以来，成都市相继建立民族团结协调小组29个、民族工作网点131个、落实联络员605人。2003年，又将民族团结协调小组向社区延伸，建立区政府民族工作领导小组—街、乡、镇民族团结协调小组—社区、村委会民族团结协调小组模式的“三级民族团结协调工作网络体系”。依托这一体系，落实了社区民族工作机构，并开展了一系列服务活动。如建立走访制度，加强与少数民族单位与少数民族家庭的联系，定期进行走访、慰问，听取他们对民族工作及少数民族流动人口管理的意见和建议，共同做好区内民族团结进步工作，收到了实效。

民族地区驻蓉办事处联席制度。2002年，由民族地区的驻蓉办事处与市民族宗教局联合组成的一种组织形式，其目的在于沟通情况、协调关系、加强协作、共谋发展，其功能是配合有关部门协调处理好涉及外来少数民族的矛盾纠纷。办事处在必要时召开联席会议，互通情况，分析问题，研究对策。几年来，解决了20多起涉及面广、关系复杂的纠纷事件，化解了民族矛盾，维护了社会稳定。

成都市少数民族联谊会。该联谊会以联络感情、加强交流、促进合作为工作重点，这是做好民族关系协调工作不可忽视的力量。多年来，通过迎春联欢活动、不定期召开茶话会、赠送理事《民族》杂志等方式，向他们宣传党的民族政策，宣传成都市民族工作新思路、新精神，再通过他们传递给全市的少数民族群众。同时，又通过他们听取少数民族心声，是上情下达，下情上报的有效渠道。

以上说明，三级民族工作网络的建立使协调民族关系工作级级有人抓，层层有人管，了解信息快，处理问题及时。社区又具有明情况、易沟通的优势，有利于民族工作的开展，有利于将党的民族政策的宣传深入到家庭和个人，有利于增强信息反馈的速度和准确度。信息的及时通报，杜绝了大的民族纠纷和突发事件的产生，为维护社会稳定做出了积极贡献。

2. 建立和完善调控民族关系的工作机制。成都市民族工作管理部门在实践中，通过完善协调机制，有效整合了部门资源，形成合力，做到联建、建管、联动，大大增强了协调的整体服务功能。

——分级负责，建立责任制。按照“属地管理”“一把手负总责”的原则，对民族领域中的不稳定因素进行定期排查、定期报告和重大问题随时报告的责任制以及责任追究制，加强了防范措施，强化了民族工作部门维护民族团结保持社会稳定的责任意识。

——相互配合，建立协调机制。成都市民族工作管理部门积极与城管、公安、国安、工商等有关部门密切联系，建立了民族关系协调机制，不定期召开会议，通报和分析民族关系方面的不稳定因素，各司其职，相互配合，及时妥善处理好影响民族关系的矛盾纠纷。

——制定预案，建立防范机制。例如，制定了预防和处理突发事件的预案，对妥善处理影响成都市民族关系的问题起到了防范和规范作用。

——加强沟通，建立联系机制。与少数民族代表人士保持密切的联系，采取召开座谈会和联欢活动的形式，听取少数民族代表的意见和要求，不定期地走访和慰问少数民族，宣传他们在各自岗位上做出的业绩，对于发挥少数民族代表人士的作用，做好少数民族群众的工作，化解矛盾，增进团结，维护稳定都起到了积极的作用。

四、结语

民族问题是一个十分复杂的社会问题，它与政治、经济、文化、宗教、习俗相交织、相渗透，具有复杂性、敏感性、辐射性、连锁反应性等特点，是影响和作用于民族关系的深层因素。随着城市化进程和民族地区改革开放步伐的加快，少数民族人口流迁到都市的越来越多。在各民族的交往过程中，民族之间的相生相融有一个磨合的过程，这个过程也是各民族在各自传统文化背景下的碰撞、冲突与共生、整合的过程。在这一过程中，城市民族关系问题日益凸显，城市民族工作全面扩展。而一个多民族城市是否有序和谐，标志着这座城市的文明程度，表征着这座城市的民族关系。城市民族工作在这种新形势下，如何与时俱进，是摆在每一个民族工作单位面前的艰巨任务。

成都市民族工作近年的工作实践经验说明，在新形势下做好城市民族工作的要旨，就是突出服务与调控管理功能。成都市民族工作管理部门在竭诚为少数民族群众办实事的同时，在市区及所属社区，不断完善服务体系，编织服务网络，在服务中进行管理，在管理中体现服务。尤其是在民族关系的协调机制方面，创建了民族团结协调小组、民族地区驻蓉办事处联席制度和成都市少数民族联谊会三大协调民族关系网络建设的组织形式，在协调民族关系、处理民族矛盾中发挥了极其重要的作用，成都市近年来没有发生过大的民族事端。因此，以服务为前提的网络管理，是做好城市民族工作的有效途径。

都市社会的族群认同及其表述实践

张应强　朱爱冬

伴随都市化与全球化发展进程，都市多元社会文化现象进一步凸现出来。在人类学乃至整个人文科学的视野中，都市族群认同与族群关系等问题已成为最为流行的研究主题之一。本文以广州满族为分析对象，从历史与现实的某些侧面，来探讨当代中国城市社会中的族群认同及表述实践问题，以之作为认识和理解都市多元社会文化现象的一种粗浅尝试。

一

满族起源于东北，17世纪中叶入主中原后，部分成员先后扩散到国土境内以大中城市为主的近百个驻防点，形成了今天多民族大家庭中极为特别的分布格局。除仍聚居在东北地区某些边远村屯的满族中仍有少数老人会讲满语，保存着较多民族特点外，散居全国各地尤其是中心城市的满人，因与当地居民在经济、文化、社会生活等方面长期的密切交往，已融入各自生存的区域社会。

据1990年第四次全国人口普查材料，广州市的满族有4155人，是该市已有40多个民族成分中人口数相对较多的少数民族之一；而1953年第一次全国人口普查时，则为1492人。在此需要提及的是，被视为广州满族先民（即“落广祖”）的清代满洲八旗官兵1500余人携其眷属，先后在乾隆二十一年至三十一年间（1756—1766）分五批自北京和天津抽调到广州驻防。经过一百多年之后，到同治十三年（1874），满洲八旗男女老幼共有6013人；光绪十年（1884），增至6272人①。无论是清代的满洲八旗人，还是今天的满

① 长善，等：《驻粤八旗志》（卷一），辽宁大学出版社，1992。

族，其人口规模在广州城市社会中从来都是少数。清末民初的社会政治变动以及1953年的普查结果，可以帮助我们想象并理解在一定历史条件下，这一族群对变化了的社会环境所择取的应对策略。

在今天当地的城市民族工作者和研究者的观念中，满族是广东“世居”的5个少数民族（即壮族、瑶族、回族、满族、畲族）之一，其特殊的发展历史和非常强烈的族群认同意识备受关注。尽管广州的满族在日常生活中已以“白话”为交际沟通手段，与汉族或其他民族的广州人无异。原来相对集中的聚居格局在历史发展的过程中，已渐渐淡去。时至今日，满族成员族内婚姻已为数不多，而历代都是满人结婚形式的家庭更是少见①。然而，所有诸如此类的事象，并没有模糊这个特殊族群尤其是它的知识分子成员的观念意识层面的某种界限划分。相反，在人群姓氏、信仰崇拜、生活习俗等方面尚存的某些民族性的印记以及对这些印记的回忆和强调，都使得相关的专业研究者乃至同样生活在其间的都市社会其他成员自然而然地观察到或感觉出这种都市社会中的与众不同。

二

我们看到，乾隆年间满洲八旗先后来到广州后，集中聚居于广州城区的西南部，其相当于今天的东起解放中路，西至人民中路，南起大德路，北至光塔路。由此形成了一个特别的“旗民区”。区内各旗居住区域也有清楚的界划②。八旗制度配合“钱粮”制度，使广州八旗满人成为一个专事军事驻防的特殊社会群体，朝廷规定八旗兵丁及家属不得经商习技，不准与汉人往来。直到晚清，八旗生计日趋困窘。道光五年（1925）始许八旗余丁外出谋生，同治三年（1864）则所有生计维艰旗民俱“听往各地谋生”。但是，20世纪50年代末的民族调查显示，80%—90%的满族仍然居住在传统的“旗民区”

① 汪宗猷：《广州满族志》（概况），广东人民出版社，1994。
② 长善，等：《驻粤八旗志》（卷二），辽宁大学出版社，1992。

内①。辛亥革命后，广东和平易帜，满人的八旗官兵身份不复存在。

尽管有制度上的诸多限制，旗人与广州城中的汉人及其他族群的交往和相互影响在所难免。新中国成立初的民族调查称："广州市的满族，由于长期和汉族杂居，以及经济文化上的相互交流与影响，风俗习惯和宗教信仰已经起了很大变化。现在基本上和当地汉族没有什么差别。"② 语言上由汉语官话（北京话）向广州话过渡。清末民初的满姓改汉姓，清后期即已开始的满汉通婚，以及节庆、信仰等方面的改变，这些自然已是不争的事实。值得去仔细揣摩和探究的是这些由交互影响而产生的变化所蕴含的历史意味。一个有趣的例子是，每每提及广州满族的宗教信仰，除了以"祖宗袋"为象征物的先人崇拜外，必加以强调的是普遍的观音信仰。满人入关之后，由于与汉人的接触，观音成为其最为重视的民间信仰的神祇之一，因而驻粤八旗满人崇奉观音自在情理之中。据民国年间所刻《重修观音楼敬建妙吉祥室记》载：广州满族观音楼，"原名万寿宫，所供观音菩萨法像，乃有清尚藩入粤所载南来四像之一"③。而在满族民间则流传，该观音像是八旗官兵离京来粤时，乾隆皇帝特别"恩赐"的。姑且不去考辨两种说法的可信度，其中强调该观音像的与众不同则如出一辙，而且隐约可见某种对正统性的祈求。

更能引起我们注意的变化是，满洲八旗进驻广州城不久，嘉庆六年（1801）由正红旗创始，建立了该旗的"宗祠"，至道光年间，各旗以旗为单位也都有了自己的"宗祠"。按照普遍的解释，当时八旗子弟必须要有一个供奉先人的地方，作为祭祀之用，于是仿效广东汉族祠堂的形式，在各旗住地内设立"宗祠"，供奉该旗各姓先人牌位④。清代满洲八旗官兵驻防遍及全国各地，唯独在广州建有"宗祠"，这确是满汉交往和相互影响中出现的一种独特的文化现象。不过，如果我们将此文化现象放在地方社会历史发展的脉络

---

① 白瑜、王驹：《广东省广州市满族情况调查报告》，载《民族问题五种丛书》辽宁省编辑委员会：《满族社会历史调查》，辽宁人民出版社，1985。

② 长善，等：《驻粤八旗志》，辽宁大学出版社，1992，第199页。

③ 汪宗猷：《广州满族志》（碑记），广东人民出版社，1994。

④ 汪宗猷：《广州满族在发展过程中形成的历史特殊性》，载广东省民族研究学会，等：《广东民族研究论丛》（第四辑），广东人民出版社，1988，第286页。

中加以考察，则不难理解。明清时期，华南地区普遍经历了一个构建宗族的过程，并且入清以后，在乡村得到充分发展的宗族语言，逐渐被运用到广州等城市社会中，合族祠大量出现在广州城中。这些合族祠“原为应试居住及合族受屈讼事与输粮往来暂寓”，至“乾隆三十七年，巡抚张彭祖以城内合族祠类多把持讼事、挟众抗官，奏请一律禁毁，于是各姓宗祠皆题改为书院”。广州城内的合族祠和后来的书院，成为广大乡村宗族势力在城市中的利益代言人，或者说成为参与分配城市政治经济文化资源的一种重要机构实体。八旗满人置身于这样的地方社会文化氛围中，很快就借鉴发展出形式相类的“宗祠”，似乎是理所当然的事情。或许，由于实行常川驻守制，八旗满人不能依照旧有习俗在军事换防时将先人骨骸带回故乡，也是其仿效汉人构建本旗各姓“宗祠”的动因之一。但在很大程度上，作为群体认同的象征性符号，以及在城市社会资源分配和权力结构中，“宗祠”发挥相应作用的可能性是存在的。至于它在满人群体中的具体功用，以及在性质、形态、功能等方面与汉人合族祠的异同，有待于进一步的研究。

至此，我们大致可以肯定，在一定的历史时空条件下来考察族群认同问题，对于认识和理解现实都市环境中的族群关系以及都市多元社会文化的整体面貌将不无裨益。广州满族人群“在民族感情上直到现在还较浓厚，族内联系也较频繁”① 的状态，有其历史的和现实的原因。尽管因为身份上的缘由，八旗满洲人有着政治经济上的优越地位，但以区区数千人来到南疆广州驻守，很容易就湮没于以汉族人口为主体的城市社会的海洋之中。已有学者指出，“明代以后，以省城广州为中心的广府人，控制了广东大部分的政治和经济资源，也控制了地方历史的编撰”。而且明清两代是广东汉人群体广府人、潮州人以及随后的客家人的族群自我意识发展的重要时期，他们各自都在以同样的方式为自己的文化身份辩护②。处于这样一个社会文化环境，满洲八旗可能也会有一个由被知觉的存在到一个有意识的存在的发展过程，即在

---

① 白瑜、王驹：《广东省广州市满族情况调查报告》，载《民族问题五种丛书》辽宁省编辑委员会：《满族社会历史调查》，辽宁人民出版社，1985，第 200 页。

② 程美宝：《地域文化与国家认同——晚清以来“广东文化”观的形成》，《中国社会科学季刊》（香港）1988 年。

某些权力和利益关系中对自我逐步认识，进而与他人或他群区分开来的过程。

可以推断，与汉人的互动尤其是不可避免的冲突，是一定历史过程中形塑这种族群认同意识的诸多可能因素之一。那么，光绪年间修成的《驻粤八旗志》是否就是这一逻辑发展的某种结果呢？前述以旗为单位的同旗各姓共建一“宗祠”的现象是否也是自我认同意识被强烈刺激和唤醒的一种客观反映？考虑到满洲八旗驻粤之前，汉军八旗余丁实际上已经参与了广州米铺的垄断性经营，并在雍正初年发动冲击官府平粜米厂，继而大闹巡抚衙门的严重事件（且得到八旗将军的怂恿和支持，以致最终惊动了雍正皇帝）①，以及后来广州八旗将军与地方官员常常出现的不和、八旗兵丁与其他当地汉人不时的冲突，我们可以对八旗满人的族群认同意识的凸现有更多的认识和理解。

也许，就此做这样的判断尚嫌证据不足或过于牵强，我们还是通过下面的分析做进一步的讨论。前面提到的观音楼，坐落于满洲正红旗驻地，是八旗满洲人祭拜供有传说是皇帝恩赐的观音像的场所，时至光绪年间，这里的香火日渐凋零，不得不雇请和尚主持管理。民国初年，观音楼先后两次出现产权变动，第二次经过诉讼，产权重归于广东满族集体所有，随即组成“万善佛教讲经堂”；后又发起捐款修建活动，于1935年底重修落成，易名“万善宫”为“妙吉祥室”，成为一间普通公开的神庙。中华人民共和国成立后，观音楼的主权问题在1952年的广东省第一次民族工作会议上被满族代表提出来。1954年4月26日，该楼交由满族群众接管，成立了“广州市满族人民观音楼管理委员会”。1959年不再作为求神拜佛的场所对外开放，而改称“广州市少数民族第二俱乐部”，成为广州满族人的活动场所。原来供奉的观音像及神龛一直保留着，直到“文革”被毁坏。1984年9月新成立的“广州市满族联谊会”以观音楼为会址②。从以上对观音楼历史变迁过程的扼要概述中，我们不难体察到它所具有的某种象征意味。不同历史时期、不同政治背景下，观音楼作为不同的象征事象被表述，却都作为族群认同的标志性事物之一发

---

① 陈春声：《市场机制与社会变迁——18世纪广东米价分析》，中山大学出版社，1992，第78页。

② 汪宗猷：《广州满族志》，广东人民出版社，1994，第133—135页。

挥其功能。不同历史条件下，满人代表人物一次次对观音楼所有权的争取，既是基于对现实经济利益的考虑，更是在现实权力结构中对自身主体地位的祈求。观音楼属于满人群体所有，是一个一再被强调的主题；对于民国年间“妙吉祥室”成为对外开放的公共祭拜的神庙，以及后来观音像被毁坏，在满人群体尤其是族群精英分子中引起的不满情绪，也从另一个侧面反映了满人所拥有的特别的主体意识。

三

我们从今天满族作为一个少数民族所拥有的特殊的政治经济地位，也可以看到在城市多元社会环境中族群认同对于群体成员的重要意义。例如，广州市满族小学是全省唯一的满族小学，也是广州市三所民族小学之一（另两所是回民小学和畲族小学），满族子弟入学不受地区限制，学校除有正常教育经费外，另有少数民族教育事业费。仅此尚不足以说明其中可能包含的深层意义，倒是相关文本对满族人士无条件献出“宗祠”作为学校校舍的一再强调，以及对学校历史包括校名变更的叙述①在一定程度上反映了现实生活中满族人群的主体意识发展和自我表达的某些侧面。

我们还可以看到，满族先人骨殖土葬的风俗习惯受到政府的特殊照顾。新中国成立之初，在广州市麓景路“杉窿岗”划地建立了“广州满族坟场”，由满族自行管理。1962 年，市政府已不准在白云山风景区再葬，而满族坟场例外，且有所扩展。坟场门楼和纪念碑的捐修及陵园墓道的整饬，在逐渐使之“成为规范化、园林化的民族坟场”② 的同时，又何尝不是表达和巩固民族群体意识、促进族群文化认同的一种努力？八旗的划分早已远离了赋予其特定的军事和社会意义的历史场景，因此《广东满族志》对于新中国成立初的 1952 年 12 月在广州满族内部按八旗旗别所做人口登记调查统计的追述，无疑也有对族群发展历史回顾所折射出来的群体意识唤醒的意味，尽管今天

① 汪宗猷：《广州满族志》（教育），广东人民出版社，1994。
② 汪宗猷：《广州满族志》，广东人民出版社，1994，第 148 页。

在人们的心目中旗别划分可能已经十分淡漠。同样，在关于广州满族汉姓转变，满人内部流行的有差别的广州话，以及生活中略为不同的社会习俗的细节，无不向我们昭示着这个特殊族群发展着的族群文化认同的种种信息。

诚然，广州市已有的40多个民族成分，聚居且人口已形成一定规模的族群为数不少，但满族以其独特的历史和强烈的认同意识在都市社会的多元性构成中显现出突出的文化个性。据有关民族工作材料，群众性的少数民族联谊组织有满族联谊会、回族联谊会、少数民族知识分子联谊会、五个区级联谊会、一个街道联谊会和两个联络组。这些组织无疑在展现民族文化个性和形塑族群认同的过程中发挥着重要作用；尤其是置身其间的族群精英在诸多领域和场合的表述实践，不仅表达着族群主体现实与理想的诉求，而且引导和创造着族群认同。

此外，如果说清末编撰《驻粤八旗志》尚属满人族群主体在最终成为“有意识的存在”前的一种仍显散漫的自我表达，那么近期在“广州市满族联谊会”的旗帜下，本族知识分子则在这种重要的表述实践中将其族群认同意识推到极致。由爱新觉罗·溥杰题写书名的《广州满族简史》于1990年5月由广东人民出版社出版，1992年12月辽宁大学出版社出版了点校注释后的《驻粤八旗志》，1994年2月广东人民出版社又出版了《广州满族志》；编辑出版的文本还有《广州市满族小学校史》《满族文史资料选辑》《满族通讯》等；而广州的满族人物与活动的介绍、粤港满族族胞往来及其前往东北访祖之行的报道、描写和讨论广州满族的历史文化及风俗习惯的文章，也屡屡见诸报端。所有这些，无疑都是充分运用现有文化资源所做的广泛而复杂的表述实践。在此过程中，我们可以清楚地看到，在民族工作、民族政策中发展起来的国家话语，如何被用于民族历史与文化的重新创造和表述中。

非物质文化遗产的保护与民族文化现代化

何星亮

自20世纪90年代以来，世界各国的学术界十分关注全球化与文化多样性的关系问题。大多数学者认为，经济全球化为各国、各民族和各群体之间相互交流、理解和对话创造了条件，但文化多样性与生态多样性一样重要，不能容忍世界文化多样性状态受到破坏。然而，如何保护世界文化的多样性？如何保护和传承各民族的传统文化？则意见不一。

随着现代化进程的加快和经济全球化浪潮的冲击，我国许多地方对保护民族传统文化的重要性认识不足，缺乏责任感和使命感，使传统文化保护工作面临着严峻的形势：一是许多富有特色的民间工艺已经失传或正在消失；二是大批具有历史、科学和文化价值的村落、村寨遭到破坏；三是民间艺人后继乏人，一些口头和非物质文化已经失传或面临失传，许多艺术属独门绝技，口传心授，往往因人而存，人亡艺绝；四是具有特色的民族传统文化资源流失严重，许多稀有民族工艺品及其技术大量外流。本文主要就非物质文化遗产概念和保护的必要性及其与民族文化现代化的关系问题，谈谈自己的看法。

一、非物质文化遗产的概念和特征

“非物质文化遗产”或称“无形文化遗产”，相对于“物质文化遗产”或“有形文化遗产”而言。根据联合国教科文组织2003年10月通过的《保护非物质文化遗产公约》的定义，非物质文化遗产是指“被各群体、团体、有时为个人视为其文化遗产的各种实践、表演、表现形式、知识和技能及其有关的工具、实物、工艺品和文化场所。各个群体和团体随着其所处环境，与自然界的相互关系和历史条件的变化不断使这种代代相传的非物质文化遗产得到创新，同时使他们自己具有一种认同感和历史感，从而促进了文化多样性和人类的创造力”。具体地说，非物质文化遗产包括各种类型的民族传统和民间知识，它包括五个方面：（1）口头传说和表述，包括作为非物质文化遗产媒介的语言；（2）表演艺术，包括音乐、舞蹈、戏剧、曲艺等；（3）社会风俗、礼仪、节庆；（4）有关自然界和宇宙的知识和实践；（5）传统的手工艺技能。①

非物质文化遗产有三个基本特征：

1. 相对性。每一个民族的非物质文化都有其独特的价值，都是适应本民族生存环境的体系。一切非物质文化的价值都是相对的，绝对的价值标准是不存在的。例如风俗习惯、宗教信仰、音乐、舞蹈等，没有优劣之分、高低之别。

2. 活态性。非物质文化遗产通常是指现存的民族传统文化，是以活的形态出现的，与人本身是密不可分的，是以人为本的活态文化。非物质文化更注重的是技能和知识的承传，它是人类历史发展过程中各国或各民族的生活方式、智慧与情感的活的载体，是活态的文化财富。

3. 大众性。非物质文化的载体是民族或族群，它属于该民族或该族群全体人民，是满足广大人民大众需要的文化，具有很强的大众性。

二、保护非物质文化遗产的必要性

为什么要保护非物质文化遗产？这是必须首先明确的问题。

1. 保护民族传统文化，是世界各国的共识。一些发达国家在19世纪末至20世纪初便开始立法保护本国的文化遗产。例如，日本于1882年发布了《关于保存古器旧物的布告》，后来又制定多部法律，1950年颁布了综合、全面的《文化财产保护法》（包括有形文化遗产、无形文化遗产、民俗文化遗产、史迹名胜天然纪念物、传统建筑群、埋藏文化遗产等）。美国于1906年通过古

---

① 联合国教科文组织：《保护非物质文化遗产公约》（第一章“总则”）. http://www.folkcn.org/shownews.asp?newsid=465，2003-11-24.

迹法，授权总统以文告形式设立国家遗址，其后又制定多部法律保护非物质文化遗产。其他西方发达国家也很早就开始立法保护非物质文化遗产。

联合国教科文组织于1972年制定了《保护世界文化和自然遗产公约》，把文化遗产和自然遗产纳入保护的范围，注重文物、历史遗址等物质文化遗产和自然文化景观的保护。

1989年开始，联合国教科文组织注重非物质文化遗产的保护。1989年11月，在联合国教科文组织第25届大会上，通过了《关于保护传统和民间文化的建议》，提出了“传统和民间文化”的概念，在传统和民间文化的保护、发展等方面制定了指导原则，建议各国把民族传统和民俗文化也纳入保护的范围，并要求有关国家通过立法措施或其他步骤，执行保护传统和民间文化的各项规定，以便在其领土上实施该建议所规定的原则和措施，对那些容易受到世界全球化影响的遗产进行必要的鉴别、维护、保护和宣传，以便保护该遗产免遭种种人为的和自然的危害。

1993年，联合国教科文组织在第142届执行局会议上做出决议，建立了“活态文化财产”（又译“活文化财产”，即人类活态财富）制度。1997年，联合国教科文组织通过了评选“人类口头和非物质遗产代表作”的国际荣誉称号的决议。1998年10月，在联合国教科文组织第155届执行局会议上，通过了《人类口头和非物质遗产代表作条例》，使保护非物质文化遗产工作走向制度化。

2000年，教科文组织开始实施“人类口头和非物质遗产代表作”（简称“代表作”）项目评选。2001年，宣布了第一批19个代表作；2003年，宣布了第二批28个代表作。中国的昆曲和古琴成功申报，使中国的申报工作走在世界的前列，其代表作总数与其他6个国家并列世界第一。

2001年11月2日，联合国教科文组织在巴黎举行的第31届会议上通过了《世界文化多样性宣言》。该宣言分“特性、多样性和多元化”“文化多样性与人权”“文化多样性与创作”“文化多样性与国际团结”四部分共十二条，为各国保护自己的传统和民间文化提供了保障。

2003年10月17日，联合国教科文组织在第32届大会上通过了《保护非物质文化遗产公约》，对非物质文化遗产做了明确的定义。要求对各国和各地区现有的非物质文化遗产进行清点，列出急需抢救的重点和有重要代表意义的遗产项目，并要求建立一个由专家和各会员代表组成的非物质文化遗产保护委员会，协调有关工作①。

总的来说，保护世界各民族的传统文化，是世界各国的共识，也是各民族的普遍要求。正如联合国教科文组织指出的，“尊重文化多样性、宽容、对话及合作是国际和平与安全的最佳保障之一”②。

2. 保护民族传统文化，是我国党和政府的重要文化战略，是社会各界的共识。我国党和政府近年来也十分重视传统和民间文化的保护，采取多种措施进行保护。十六大报告明确指出：“立足于改革开放和现代化建设的实践，着眼于世界文化发展的前沿，发扬民族文化的优良传统，汲取世界各民族的长处，在内容和形式上积极创新，不断增强中国特色的社会主义文化的吸引力和影响力。”并特别提出“要扶持对重要文化遗产和优秀民间艺术的保护工作”。

近10多年来，全国人大代表、全国政协委员及许多有识之士也通过各种渠道，强烈呼吁要采取措施保护好各民族的传统文化。

2003年初，文化部与财政部联合国家民委、中国文联启动中国民族民间文化保护工程，并于2004年成立中国民族民间文化保护工程中心，具体负责保护工程的日常事务。2004年8月28日，十届全国人大常委会第十一次会议表决通过了全国人大常委会关于批准联合国教科文组织《保护非物质文化遗产公约》的决定。这标志着我国为保护非物质文化遗产提供了法律保障。

3. 保护非物质文化遗产，是实现可持续发展的重要举措。可持续发展是当代世界各国普遍关注的问题，也是科学发展观的重要组成部分。自20世纪80年代起，国际社会便提出了“可持续发展”的概念和问题。20世纪90年代起，可持续发展问题成为联合国的重要议事日程，成为世界各国政界和学界的共识，并把它看作是21世纪世界经济发展模式。我国的现代化建设一方

---

① 联合国教科文组织：《保护非物质文化遗产公约》（第一章“总则”）http：//www.folkcn.org/shownews.asp? newsid=465，2003-11-24.

② 联合国教科文组织：《世界文化多样性宣言》.http：//www.folkcn.org/shownews.asp? newsid=1814，2003-04-28.

面应注重工业发展与环境保护相结合的可持续发展道路，另一方面应充分发挥文化与自然遗产资源的优势，发展没有污染的旅游业及相关的服务行为。

文化遗产具有双重价值：一是存在价值，包括物质价值和研究、观赏、教育的价值，它是核心的、主要的价值，这一价值决定了保护第一的原则。二是经济价值，它是存在价值派生的，它包括直接和间接的经济价值。存在价值是源，经济价值是流。存在价值越大，潜在的经济价值也越大，其转化为直接的经济效益也就越大。国内外大量事实表明，保护和开发文化遗产资源在社会和经济发展中具有十分重要的作用。在发达国家和一些发展中国家，十分注重文化遗产资源的保护、开发和利用，由文化遗产资源带动的旅游业在整个国家的经济中占有相当高的比重，有些国家的旅游业及其相关产业的收入成为国家主要的财政收入。在欧洲，文化遗产一直被视为民族身份和国家象征。

4. 保护和继承优秀的非物质文化，是实现物质文明和精神文明协调发展的重要一环。物质财富的迅速增长，精神需求也会快速增长。只有物质文明和精神文明协调发展，才能有效保障人们的身心健康，才能促进人的全面发展。非物质文化有许多内容属于精神文化的范畴，具有了解历史、教育后人、凝聚国民、鼓舞人心、陶冶情操、净化灵魂的功能。它对人们的文化心理具有特殊的功能，可以不断给人以滋润和慰藉。据有关研究，从世界范围来看，经济趋势已经冲破第一产业、第二产业、第三产业的传统划分，全面转向以人的文化需求为中心的新经济时代，精神文化消费在人类活动中越来越占据着主导地位。

文化是人与动物相区别的主要标志，人是有文化的动物。人的这一基本属性决定着经济活动终究服务于人的文化价值与文化目的。在物质财富极为丰富的条件下，人们还需要适合本民族社会环境的价值观和伦理道德来平衡心理。由于“文化大革命”，传统文化受到严重的摧残。改革开放以来，物质文明的建设远远超过精神文明的建设，使我国的文化产业远远落后于发达国家。保护和继承优秀的文化传统，弘扬优秀的传统艺术和各种娱乐活动，将大大改善各民族人民的文化生活环境，提高人们精神生活的质量。

5. 保护非物质文化，对于维护我国的文化主权，复兴中华民族文化，具有重要的战略意义。在当代世界，文化已成为人类社会发展的重要资源，谁拥有先进的知识和技术，谁掌握了全球文化发展的主导权，谁就占据了未来社会发展的制高点。托夫勒认为，军事力量与经济力量将不再作为衡量国家实力的主要指标，知识的控制是明日世界争夺权力的焦点。谁家的文化成为主流文化，谁家就是国家权力斗争的赢家。约瑟夫·奈也认为，在当今世界倘若一个国家的文化处于中心地位，别国就会自动向它靠拢；倘若一个国家的价值观支配了国际政治秩序，它就必然在国际社会中居于领导地位①。

两千多年来，中华文化是世界主流文化之一。但是近代以来，由于国力的衰弱，中华文化的影响力和辐射范围逐步缩小。在以西方某些超强国家为主导的经济全球化浪潮的冲击下，中华民族的传统文化再次经受着巨大的冲击。如何继续保护中华文化的独特性，如何维护作为主流文化的地位，是一个十分重要的问题。从历史上看，大多数国家都在现代化过程中，采取各种措施，努力保护和延续自己的传统文化。日本是世界上最发达的国家之一，但日本保留传统文化之多却令人惊奇，其原因是日本自明治维新时期便开始立法保护文化遗产。欧洲主要国家虽然也同属西方文化类型，但各国均努力保留自己的文化特色，以相互区分，如法国与英国，文化差异较大，特色明显。在21世纪，文化在国际政治中具有十分重要的意义。如不采取措施保护，不仅少数民族的文化将逐步消失，甚至作为世界主流文化之一的中华文化也将会逐步衰落，成为西方文化的附庸。文化上没有特色，政治上也就不会有地位。因此，保护非物质文化遗产，既是各民族文化传承和发展的基础，同时也是维护中华文化独特性和复兴中华文化的重要一环，具有重要的战略意义。

6. 保护非物质文化遗产，有利于各民族文化的交流和创新。文化多样性是创新和创作的源泉。它表现在两方面：一是文化创新或某种新文化的创造，在许多情况下是在不同文化的交流中产生的，有不少是在异民族文化的基础上或吸收了其精华而创造的。古今中外许多著名舞蹈、音乐、绘画、工艺等，

① 陈筠泉：《加强国际战略的研究》，载中国社会科学院“世界文明”课题组：《国际文化思潮评论》，中国社会科学出版社，1999，第6页。

都是在不同文化的交流中产生的。二是许多民族的各类创作，如文学艺术等，都根基于本民族的文化传统。离开本民族的文化传统，创作出来的作品也就不会有鲜明的民族特色。因此，各种形式的文化遗产都应当得到保护、开发利用和代代相传。联合国教科文组织《世界文化多样性宣言》第一条也指出："文化多样性是交流、革新和创作的源泉，对人类来讲就像生物多样性对维持生物平衡那样必不可少。从这个意义上讲，文化多样性是人类的共同遗产，应当从当代人和子孙后代的利益考虑予以承认和肯定。"

7. 保护非物质文化遗产，是维护民族团结和国家统一的迫切要求。非物质文化遗产具有极强的凝聚力和向心力，是维系民族团结、国家统一的基础。各民族无论大小，无论其社会处于何种发展阶段，都一律平等。各民族应该相互尊重各自的文化，并相互理解和相互认同。正如联合国教科文组织所指出的，"文化权利是人权的一个组成部分，它们是一致的、不可分割的和相互依存的"①。每个人都有选择语言文字，特别是用自己的母语来表达自己的思想及进行创作和传播自己的作品的权利。只有充分保护各民族的文化，才有可能真正实现民族平等，才有可能保障每个人均能自由使用本民族文化的权利。因此，保护非物质文化对于弘扬中华民族的人文精神，增强中华民族的凝聚力和向心力，维护民族团结和国家统一，具有不可替代的作用。

三、保护非物质文化遗产的方式与方法

在经济全球化浪潮的冲击下，如何保护民族文化？是当前面临的重大问题。

联合国教科文组织 2003 年 10 月 17 日在第 32 届会议正式通过《保护非物质文化遗产公约》，为如何保护非物质文化遗产规定了基本原则。该公约第十三条规定："为了确保其领土上的非物质文化遗产得到保护、弘扬和展示，各缔约国应努力做到：（a）制定一项总的政策，使非物质文化遗产在社会中

① 联合国教科文组织：《世界文化多样性宣言》. http://www.folkcn.org/shownews.asp?newsid=1814，2003-04-28.

发挥应有的作用，并将这种遗产的保护纳入规划工作；（b）指定或建立一个或数个主管保护其领土上的非物质文化遗产的机构；（c）鼓励开展有效保护非物质文化遗产，特别是濒危非物质文化遗产的科学、技术和艺术研究以及方法研究；（d）采取适当的法律、技术、行政和财政措施，以便：（i）促进建立或加强培训管理非物质文化遗产的机构以及通过为这种遗产提供活动和表现的场所和空间，促进这种遗产的承传；（ii）确保对非物质文化遗产的享用，同时对享用这种遗产的特殊方面的习俗做法予以尊重；（iii）建立非物质文化遗产文献机构并创造条件促进对它的利用。”

从我国的现实情况来看，需要采取多方面的措施。

1. 加大宣传。使全社会形成自觉保护非物质文化的意识，“使非物质文化遗产在社会中得到确认、尊重和弘扬”①。目前许多单位和地区对保护非物质文化的重要性认识不足，有些人甚至认为没有必要保护。尤其是各级党政领导，如果不充分认识保护非物质文化遗产的重要意义，保护工作也就无从谈起。

2. 国家制定长远的规划，分步实施。非物质文化保护是巨大的工程，没有规划是不可能达到保护的目的的。必须“制定一项总的政策，使非物质文化遗产在社会中发挥应有的作用，并将这种遗产的保护纳入规划工作”②。首先应该保护那些濒危的并具有历史、文化和科学价值的非物质文化，逐步建立起比较完备的非物质文化保护制度和保护体系。

3. 立法保护。建立一系列相关的保护措施，否则无法可依，无章可循，保护工作会受到各种制约或阻碍。据联合国教科文组织《2000年世界文化报告》资料，世界上57个国家将无形文化和民俗文化遗产保护作为国家文化政策的一部分，52个国家的立法中包含了非物质文化和民俗文化遗产的“知识产权”方面的条款。《保护非物质文化遗产公约》也规定：各缔约国应该

---

① 联合国教科文组织：《保护非物质文化遗产公约》（第一章“总则”）. http://www.folkcn.org/shownews.asp?newsid=465，2003-11-24.

② 联合国教科文组织：《保护非物质文化遗产公约》，（第一章“总则”）. http://www.folkcn.org/shownews.asp?newsid=465，2003-11-24.

“采取必要措施确保其领土上的非物质文化遗产受到保护”①。

4. 建立保护非物质文化遗产的专门机构。《保护非物质文化遗产公约》规定：必须“指定或建立一个或数个主管保护其领土上的非物质文化遗产的机构”，并强调“促进建立或加强培训管理非物质文化遗产的机构以及通过为这种遗产提供活动和表现的场所和空间，促进这种遗产的承传”②。目前我国已成立中国民族民间文化保护中心，但这还不够，各省、自治区、直辖市也应建立保护中心。否则，无人专门管理保护工作，难以进行有效的保护。

5. 政府主导，社会参与。保护好民族文化遗产，是政府义不容辞的责任。一是把握保护工程的大方向，进行指导和规范；二是政府主导立法，建立完善的保护体系；三是在资金上给予支持，尤其是对那些具有历史和科学价值的文化应该给予较大的投入。同时，调动社会各方面的积极性，鼓励、吸纳社会力量的广泛参与，社会各界不仅要有责任心，而且要从人力、物力上给予支持。从国外的经验来看，民间和一些企业设有众多的文化遗产保护基金，以支持本民族的文化遗产的保护和传承。

6. 科学保护。必须“鼓励开展有效保护非物质文化遗产，特别是濒危非物质文化遗产的科学、技术和艺术研究以及方法研究”③。必须组织科研人员进行科学研究，一是要研究如何进行保护，研究科学、有效的保护技术与方法，否则将会因保护不当而遭受损失；二是要研究如何恢复已经失传或保存不全的非物质文化，以恢复传统文化的原有风貌。

7. 开发保护。开发保护有两种主要方式：一是多办专门从事传统的婚丧嫁娶仪式的文化产业，既方便了大众，又起到了保护和弘扬非物质文化的作用。二是多办文化旅游产业，使传统文化恢复活力，使各族人民重新认识本民族的文化。英国是世界上最发达的国家之一，同样十分注重开发遗产资源，

---

① 联合国教科文组织：《保护非物质文化遗产公约》（第一章“总则”）. http://www.folkcn.org/shownews.asp? newsid=465, 2003-11-24.

② 联合国教科文组织：《保护非物质文化遗产公约》，（第一章“总则”）. http://www.folkcn.org/shownews.asp? newsid=465, 2003-11-24.

③ 联合国教科文组织：《保护非物质文化遗产公约》，（第一章“总则”）. http://www.folkcn.org/shownews.asp? newsid=465, 2003-11-24.

旅游业十分发达。如伦敦两日一次的白金汉宫皇家卫队换岗仪式，几乎每次都吸引数万至数十万游客。法、德等欧洲各国也十分重视自己的文化传统，并通过各种方式开发保护。

四、非物质文化遗产保护与民族文化现代化

1. 传统文化与现代化。从广义的文化概念来看，一个国家或民族的文化可分为两部分：民族性文化和世界性文化，或者说，民族性较强的文化和世界性较强的文化。不少西方学者和中国学者认为，科学技术及其物质文明是世界性的，是“发明”出来的；而人的价值、信仰、伦理、道德、制度、礼俗、艺术等是民族性的，是“创造”出来的。我们所说的非物质文化，也就是民族性文化。世界性文化具有可比性，有高低和优劣之分，有先进与落后之别。民族性文化具有相对性，每一个民族都有自己独特的文化传统和价值观念，它与其他民族的文化传统和价值标准是难以比较的，如宗教信仰、价值观念、伦理道德和风俗习惯等，无法进行比较和衡量。

传承中华文明，主要继承和发展民族性文化，也就是继承和弘扬中华民族的非物质文化。保护和传承民族非物质文化，与建设现代民族文化并不矛盾。建设现代民族文化，不可能建立在空中楼阁之上。传统与现代并不是对立的一对结构，两者的关系并不是水火不相容的关系，而是辩证统一的关系。传统文化是建设现代文化的基础，是现代化成功的保障，而现代文化又是未来的传统文化。“传统—现代—传统—现代”，循环往复，生生不息。传统文化不会消亡，现代化也不会终止。纵观历史，没有传统作为依托，现代化难以成功。新秩序在旧秩序基础上有序地形成，完全脱离旧秩序而创立的新秩序将不会长久，即使成功也很难长久维持。因此，传统是历史上所达到的最新境界，而现代化是把传统看作未来的开端。现代化之前必须有一个传统的阶段，现代化之后又将形成新的传统。保护传统就是为现代化打下更好的基础，而现代化则是为新的传统的形成准备了条件。现代化在实质上是传统的制度和观念根据现代社会变化需要所做的功能上的适应。因此，离开对传统文化的保护、继承，文化创新和建设现代民族文化就会成为无本之木，无源之水。

传统文化的现实性和大众性，是建设现代民族文化的坚实基础。

2. 保护与利用。保护和传承本民族的传统文化，具有重大的现实意义。不过，应该正确处理好保护和利用的关系。两者的关系是相辅相成的关系，保护是前提，只有保护好才能合理利用，才有可能继承和发展。合理利用有利于保护，但利用的同时不能损害文化遗产。只有完整保护非物质文化特色，才具有较高的经济价值和利用价值；只有有特色的非物质文化，才会吸引大量的游客，文化产业才有可能得到发展。旅游业的发展将带动本地区的经济的发展，财政收入的增加，将使各级政府加大对文化遗产的保护力度，使文化遗产得到进一步的保护。保护得越好，其价值也就越大，知名度也就越高，旅游业和其他相关产业将会得到进一步发展。这种良性循环是可持续发展的主要模式之一。此外，一些国内外投资者会通过旅游了解旅游地区的资源和环境，将会吸引他们到这些地区投资办企业，从而促进当地的经济发展。如果确实利用好民族文化，就有利于发挥其社会经济效益，有利于民族文化的保护工作。

3. 保护与创新。文化是运动的，并且是生生不息的。任何一种民族文化都处在不断变化之中。文化需要在保护和继承的基础上，进行不断的创新和发展。现代西方“保守主义”的先驱、英国著名学者布尔克在他的名著《法国革命的反思录》中说：“一个国家若没有改变的能力，也就不会有保守的能力。没有这种能力，它将不免冒着一种危险：即失去其体制中它所最想保存的部分。”①传统文化如果不加以创新和变革，也就没有生命力，也就无法与当代社会相适应，并将逐步失去功能。创新的目的是使传统文化恢复活力，提升传统文化的质量，并使之成为与当代社会相适应的高一级文明。中国著名哲学家冯友兰先生一生追求的理念是振兴中华，希望古老的文明之邦走上现代化的道路，用他自己的话说，即“旧邦新命”。所谓“旧邦新命”，即尊重传统并弘扬传统，但不因袭传统，而是适应时代前进的要求，吸收新思维、新概念，对传统的东西进行新的诠释，推陈以至其新，从而丰富中华文化的内容②。

---

① 余英时：《中华文化与现代变迁》，台湾三民书局，1995，第105页。

② 《传统与创新——冯友兰学术思想研讨会召开》，《光明日报》2000年12月19日。

文化创新的形式多样，其一是在传统文化的基础上进行改良和再造，使之更趋完善，更适合于中国人，更适合于世界市场的竞争，使传统文明升华为现代文明；其二是转换功能，使某些传统文化在现代社会具有新的功能。

4. 保护与引进。保护与引进并不矛盾，两者不是相互排斥，而是互为前提，互为补充。保护的目的是维护自己的文化权利和特色，引进是为了发展自己的文化，赶上或超越发达国家。我们既要保护自己的优良传统，又要不断引进和借鉴其他民族的文化精华，并使之与本民族的文化融为一体，以丰富自己的文化。在现代社会，一个民族是否善于吸收、引进先进民族的文化，决定着该民族社会和文化发展的速度。因此，我们在保护自己优秀传统文化的同时，必须有选择地引进外来的先进文化。著名哲学家罗素在《中国问题》一书中曾说："我相信，假如中国人对于西方文明能够自由地吸收其优点，而扬弃其缺点的话，他们一定能从他们自己的传统中获得有生机的成长，一定能产生一种糅合中西文明之长的辉煌之业绩。"①张岱年也曾说："经济趋于全球化，科学技术也将趋于全球化，同时必须保持民族文化的独立性，这才是中国新文化建设的道路。"②

综上所述，文化多样性是人类社会的基本特征，也是人类文明发展进步的动力。保护文化多样性与保护生态多样性一样重要，各民族的文化遗产是中华文明的宝贵财富，是建设社会主义先进文化的基础。保护非物质文化与民族文化的现代化并不矛盾。保护非物质文化，并不是自我封闭，而是在相互交流中保护自己的特色，在竞争和比较中取长补短，在求同存异中共同发展。在保护的基础上创新，在不断创新中发展。一个民族如果没有创新的能力，也就不可能保护传统。一个民族的传统文化如果不加以创新和变革，也就没有生命力，也就无法与当代社会相适应，并将逐步失去功能。历史上成功的文化现代化运动大多是一个双向运动过程，即传统因素与现代因素相辅相成，既善于克服传统因素对现代化运动的阻力，也善于使传统文明转换成现代文明。

---

① B, Russell. *The Problem of China*. London: Ceorge Allen, 1922: 42.

② 张岱年：《经济全球化与中国文化发展道路》，《光明日报》2000 年 10 月 17 日。

“乡土中国”的文化困境
——关于“乡土传统”的百年论说

徐新建

一、引子：乡民进城与市民涌乡

2001年，我到贵州六枝的梭嘎村寨调查。那里建立了中国第一座以民族文化为内容的生态博物馆。我们与当时村里最有希望被培养为博物馆本土接班人的苗族姑娘交谈，满以为会听到对本地未来的美好憧憬。不料回答却是她们不想在村里待了。

> ……村里没意思。
> 那想去哪里呢？
> 进城。
> 为什么呢？
> 城里才有前途……①

乡村不如城、村民低一等。这便是当代中国日益普及的一种社会常识。这常识不仅导致了中国社会的剧烈变迁，驱赶大量乡民拥挤进城，而且也促使了乡村结构的日趋瓦解和乡土传统的日渐消亡。

如今在中国农村，“乡民进城”的境况越来越常见，并且主要表现为年轻劳力的流失：在高原、在山地、在苗岭、在边疆……青年男女成批外出，抛下一个老弱病残的家乡。对此，已有学者不同意仅视之为“时代进步”，相反

① 徐新建：《梭嘎记事：国家和底层的关联与互动》，《民族艺术》2005年第3期。

认为那是迫于无奈的外逃——因为在农村不再有出路。为什么呢？现代化以来，中国的农业状况不是一直在好转，社会条件也不断在改善么？难道有什么灭顶之灾使农民们“活不下去”以至于会甘愿纷纷逃离曾世代相守的土地，进到城里做没有保障的“次等民工”？不是。根本的原因在于价值颠覆：现代化无情地摧毁了以往大部分的乡土传统，把后者“从经济到文化到意识形态上所有的价值”连根夺走，同时还一步步地扩大着“城市对现代性的垄断和农村的虚空化”①。

不过值得对照的是，在中国，与“乡民进城”相反的浪潮也正以日益高涨的趋势蔓延着，那就是随着旅游业的兴起，越来越多的城市居民源源不断以游客身份涌向乡村。是什么吸引他们呢？回答是：“乡土魅力。”更值得关注的是，在纷纷涌入乡村的市民人群中，还包括不少身份特殊的专家学者。他们也在“乡土魅力”的吸引下，积极地出谋划策，力图将许多曾被斥为愚昧落后的传统事象，申报为可为国争光的“世界遗产”②。

一面是乡民进城，一面是市民涌乡，彼此相反，各自矛盾。该如何解释呢？在我看来，在这种方向相反的流动后面，深藏着“乡土中国的文化困境”。而若要梳理此“困境”的由来及内外原因，还得从百年来的乡土论争说起。

二、乡土中国：问题的提出

1913—1914年，一位美国政治学教授被派往中国，受聘担任民国政府特别顾问。回国后，他将自己的考察成果四处演讲，基本判断是：中国是一个农业大国，其文明建立在农耕生产的基础上。迄今为止，中国虽然历史悠久，经济水平却落后欧洲六百年，而且从文明比较的角度而论，中国的负面状况显而易见，比如：欧洲是工业的，中国是农业的；欧洲文明以矿物为基础，中国文明以植物为基础……差别是：

---

① 严海蓉：《虚空的农村和空虚的主体》，《读书》2005年第7期。

② 徐新建：《梭嘎记事：国家和底层的关联与互动》，《民族艺术》2005年第3期。

中国人的社会生活不仅以农业生产为中心，而且它还是一种自给自足的排斥外来影响的生活方式。他们现在的生活方式与过去两千年中人们的生活方式一样，没有发生什么变化。他们的视野必然是狭窄的，他们的生活是艰辛的。由于人口太多，因此尽管他们在农业上很有效率，他们仍然要靠自然条件的恩赐才能继续生存……而且，他们除了不停地劳作之外，再也没有时间去干别的事情。①

这位教授的名字叫古德诺，聘他的人是袁世凯。在回国出任霍普金斯大学校长之前，古德诺此行对中国社会最大的影响，是撰写了《共和与君主论》一文，为袁世凯称帝的那场短暂“闹剧”，提供了来自西方的“理论支援”；而他的主要依据便是中国庞大落后的农业人口及其乡村式的经济条件“有利于专制制度”②。

暂不论古教授与洪宪帝结合的因果如何，在此我要讨论的问题是，晚清至民国，在不断与西方对照的情形下，中国形象的旁观和自识发生了怎样的剧变。

如今看来，类似于古德诺这样的很多事例告诉我们，20世纪中西碰撞的结果之一是，由于工业化西方的强大威猛，使中国原有的身份认同发生了两个根本性变化，一是从政治上自我中心的“天下—王朝”变为一个“民族国家”，另一便是从文化上无比优越的“礼仪之邦”变成了“乡土中国”。而仅认识上（以进化论为基础）的（使）中国“乡土化”这一点，就足以成为导致其自身急速变样及至传统瓦解的根本动因。

晚清民初以来，把传统中国视为农业国家并以此作为认识基点的做法，在中国本土知识界也日渐普遍。钱穆所著的《中国文化史导论》，开篇即论述中国如何以唯一的“大型农国”屹立于世，绵延四五千年。为了突出农业中

---

① 古德诺：《解析中国》，国际文化出版公司，2005，第25—26页。

② 古德诺的《共和与君主论》一文，于1915年8月15日在北京《亚细亚日报》上发表，认为“中国如用君主制，较共和制为宜。此殆无可疑者也”。个中原因，在于“其国之历史习惯、社会经济之状况”。见《解析中国》，国际文化出版公司，2005，第148—154页。

国的特征，钱氏也进行了比较，只不过在认识到其与西方近代工业文化之纵向落差的同时，指出了与其他游牧、商业类型等不同的横向优越①。有关钱穆观点的不同之处暂且不谈，留待下文展开。这里仅就当时在中外对比中凸现“乡土中国”特质的思路如何持续多年，再做几点梳理。

直至20世纪后半期，中外学界强调以“农业国家”看待中国及其文化传统者亦不乏其人，而且问题越谈越深，范围越论越广。如美籍学者萧公权于1960年出版的史学专著，就直接把中国称为“乡土中国”（Rural China）；而后以专家的口气告诉读者：中华帝国是一个农业国家，农业人口占据乡村居民的绝对多数；因此，“如果不对乡村社会居民的生活态度、行为模式进行研究，那么对于中国历史和社会的探讨也就无从谈起”②。后来，另一位著名的美国人类学家施坚雅（William Skinner）不但把萧氏此著誉为人类学者的必读书，而且在自己的著述中，也同样使用“乡土”一词来指称“中国”③。

可见，在自那时以来中国社会的思潮脉络里，“乡土中国”一词就绝非作为随意的比喻存在。所以无论单纯指称还是特别强调，“乡土中国”的含义意味着“有待开化”。本来，此种与“城乡区分”与“雅俗之别”传统相关的认识，在中国社会的历史记忆和现实经验里并不新鲜；可因与西方“发展观”和“进化论”结合，再与富强的“工业文明”对照，推导出“落后便要挨打”这种民族国家层面的生死要义，“乡土中国”所激起的，便是一场自上而下、由外及内对本邦国度的掀翻重建。由于目标对准“农业国家”，重点也就

---

① 钱穆：《中国文化史导论》，商务印书馆，1994，第1－7页。

② 萧公权：*Rural China*：*Imperial Control in the Nineteenth Century*，华盛顿出版社，1960。该著的原名可直译为《乡土中国：19世纪的帝国控制》。其中的“Rural”一词也可译作“乡村”或“农业”。

③ William Skinner. *Marketing and Social Structure in Rural China*。相关论述参见汪荣祖：《萧公权先生学术次第》，（http：//www. legal－history. net/articleshow. asp？ c _ class = 5&id = 1458&c _ page = 1）。施坚雅的论述后来也有了中文翻译，如《中国乡村的市场与社会结构》（史建云等译，中国社会科学出版社，1998，《中华帝国晚期的城市》（叶光庭等译，中华书局，2001等。但需要注意的是，在关注“乡土中国”时，多了两个重要关联，即城市与乡村、农区与草原，从而使讨论的对象和问题有了更为广阔的空间拓展。关于后一方面，笔者也曾提及。参见徐新建：《族群地理与生态史观：从“藏彝走廊”说起》，（香港）《二十一世纪》2005年8月号，第104—114页。

落实在与“乡土”关联的两个方面，即开化乡村，改造中国。

三、乡土论争：对于农耕之本的分歧

晚清以来，在主要是与“工业西方”比较中视中国为“农业国家”的人士里，把“乡土”看作“落后”者居多数。而一旦在此二者间画上等号，持这种看法的人自然便把中国落后的原因与出路都归在了“乡土”之上：乡土既是落后的表现又是落后的基础。于是若要根本改变“落后”，必得先行改造乡土。正是在这样的认识推动下，一场规模浩大的乡村重建运动便在中国各地推行开来。参与运动的突出人物有晏阳初、梁漱溟等。

晏阳初在四川中部乡村出生，后到香港、美国留学。个人的时代经历，尤其是与西洋列强的对比，使他深切感受到“国弱民贫”的悲哀，为此立下“救国救世”的志向。而迈往此志向的第一步不在别处，就在新的时代背景下“认识中国”。晏阳初说“中国人必知中国，然后能救中国”①。与当时大多数救国者一样，晏也认为中国的问题在于患了民族大病，而且病入膏肓。这个病就是：民族衰老、民族堕落和民族涣散；若要治病，重在乡土，要“先抓住国家的命根，治它的症结，培养它的元气”。具体措施是：通过乡村运动实现民族再造②。而之所以把乡村运动提升到完成民族再造之使命的高度，是因为中国的特点在于：以农立国，人口的绝大多数是农民，乡土农村是“中国百分之八十五以上人民的着落地”③。这就等于为“乡土中国”从性质、比重到功能做了比较客观完整的界定。不过对于此中国的当下境况，晏氏的结论却充满着强烈的价值取向，认为从这时的中国乡土中几乎找不出什么正面意义，相反倒存在着明显的四大弊端，那就是：愚、贫、弱、私，需要彻底改造和重建。由此推之，所谓乡村重建，核心即为进化农村，重建乡土。为此，

① 晏阳初、赛珍珠、宋恩荣：《告语人民》，广西师范大学出版社，2003，第3页。

② 晏阳初、赛珍珠、宋恩荣：《告语人民》，广西师范大学出版社，2003，第32—34页。

③ 晏阳初、赛珍珠、宋恩荣：《告语人民》，广西师范大学出版社，2003，第27—31页。

晏阳初等人不但开展了轰轰烈烈的社会宣传，而且选择河北的定县等基层乡村，发起了具有示范效用的重建试验。

值得强调的是，定县试验的这种“乡土面向”并不是要逃循、归隐，像古代陶渊明那样远离时代主流；相反，对于发起者们来说，作为一场“再造民族”的运动，乡土重建不但从未与时代主流远离，反而更加贴近和深入了，因为他们在儒学传统中找回来一条重要古训，那就是，“民为邦本，本固邦宁”。有鉴于此，晏阳初不但批评了五四以来“新文化运动”的精英取向，指出其“都是少数学者的笔墨运动，和多数平民真是‘风马牛不相及’”——结果是一方面精英们说得天花乱坠，一方面平民的状况依然如故，未见好转①——而且把其所参与的“乡建运动”称为近代中国的第六次革命②。仅就定县试验的一处而言，在1929年其所动员参与的知识分子就有60余人，其中不少博士、教授，还有2位大学校长；而与此相关创立的“平教会”理事中，包括有3位内阁成员，其余则为当时教育、工商界的知名人物③……不可不谓盛大空前。

那么，是什么原因致使晏阳初等人视“乡土中国”为病者从而要起而诊治呢？换句话说，他们理直气壮指证一个具有数千年传统的文明古邦“患了重病”的根据何在？如今，回顾和分析晏氏等人的言论和实践，答案乃在“中西对照”。晏阳初一再强调的看法是：因为进行中西对比，中国社会才令人感到“事事不如人”④。因为有了“事事不如人”的对照，中国人才开始觉

---

① 晏阳初、赛珍珠、宋恩荣：《告语人民》，广西师范大学出版社，2003，第14—26页。

② 晏所指的前五次革命（或运动）依次是：“太平天国”“宪政运动”“辛亥革命”“五四运动”和“国民革命”。晏认为作为具有和平建设性质的“第六次革命”，乡村建设可补前几次之缺陷。参见晏阳初：《十年来的中国乡村建设》，转引自孟雷编著：《从晏阳初到温铁军》，华夏出版社，2005，第117—131页。

③ 晏阳初、赛珍珠、宋恩荣：《告语人民》，广西师范大学出版社，2003，第302、312页。

④ 此种看法在当时较为普遍，例如胡适就提出过中西对比，中国“百事不如人”：“不但物质机器上不如人，不但政治制度上不如人，而且道德不如人、知识不如人、文学不如人、音乐不如人、艺术不如人、身体不如人……”从而提出要“全盘西化”的主张。《胡适文存》（卷二），1924，第69—70页。

醒；也因了这样的觉醒，国家才有可能绝处逢生，重新强盛。用晏阳初的话说，便是：

> 中国今日之所有问题，可以说完全由外来势力所激起。假如中国没有外力进门，环境不变，或者还会沉沉地长睡下去。①

所以归结来看，“乡土中国”的病是因外力进入而知，是一种比较出来的病；病在乡土，根在农民。所谓“愚、贫、弱、私”合在一起，其实是一个意思：“没有文化”。通俗些讲，就是“睁眼瞎”“文盲”：明明长有两眼，却不懂得文化，不认识文字，看不见世界，既不知道卫生良习，不关心社会变迁，更不了解工业之进步，不热衷国家的大业……总之，和现代化的“工业西方”相比，衰老落后的“乡土中国”几乎一无是处。疗治需对症。晏阳初等开出的疗方是：“除文盲，做新民”；具体措施是让“博士下乡”，参与乡村重建，以文艺教育治愚、生计教育治贫、卫生教育治弱、公民教育治私，提升乡土民众的智识力、生产力、强健力和团结力，从而达到拯救中国的宏伟目标。

此可称为乡土中国的“治农派”。其中的“治”即指“医治”——三农皆病，需要救治；农业、农村、农民，无一例外。

与晏氏一样，梁漱溟也极为看重乡村重建的国家意义。在其著作《乡村建设理论》中，梁特别指出：“乡村建设，实非乡村建设，而意在整个中国社会之建设。”在此推论的前提上，二人表面看上去差不多。梁也认为，中国根基在乡村。他说：“中国社会是以乡村为基础，并以乡村为主体的。”由此提出了由乡村建设出发的口号：“开出新道路，救活老民族。”② 然而在接下来的判断上，彼此就有了分歧。梁漱溟认为：

> （中国）所有文化多半是从乡村而来，又为乡村而设——法制、

---

① 胡适：《胡适文存》（卷二），亚东图书馆，1924，第 119 页。

② 梁漱溟：《梁漱溟全集》（一），山东人民出版社，1989，第 614 页。

礼俗、工商业等莫不如是。①

这不仅分析了在“乡土中国”内部，文化与乡村的联系，承认其拥有自身的文化和传统，而且强调该文化传统几乎莫不从乡村而来。换句话说，中国有自己的文化，其文化的根基在乡土；乡土不是中国的病体，而是传统的根基。至于近代以来中国乡村的普遍危机，梁漱溟也同意主要原因在西方。但他的判断与晏阳初相反，认为西方的作用不是有利而是有害，有害于乡土中国的自身存在；同时在此过程中，许多本土知识阶层也帮了倒忙。他说：

在近百年中，帝国主义的侵略果然直接间接都在破坏乡村，即中国人所作所为，一切维新革命、民族自救，亦无非是破坏乡村。②

一句话，在梁漱溟看来，如果真要说“乡土中国”有病的话，病根乃在国人“跟着近代都市文明的路，学西洋而破坏了乡村”③。这里，“破坏”一词的含义是深刻的。它表明作为中国根基的乡土，原本是有其文化原创的；这文化之所以陷入病态，不在自身内部而乃因为近代以来的外力摧毁。基于这样的看法，梁漱溟主张的乡村建设，在最初的动机上，其实起因于“乡村救济”。正如其《乡村建设理论》指出的那样：

国人因鉴于乡村破坏乃起而有救济之举；更因为乡村之无限制地破坏，迫得不能不自救，乃再进而有乡村积极建设的要求。④

内中的关联是：没有救济就不会有建设，没有破坏也就无需救济；而在此之前，那没被破坏的乡村理应有其生存的合法性，是自在而为的。

至此，问题显得尖锐起来。分歧在于：乡土传统有无文化？农业立国是

---

① 梁漱溟：《乡村建设理论》，邹平出版社，1937。

② 梁漱溟：《乡村建设理论》，邹平出版社，1937。

③ 梁漱溟：《梁漱溟全集》（二），山东人民出版社，1989，第151页。

④ 梁漱溟：《乡村建设理论》，邹平出版社，1937。

否合理？从二人的上述见解来看，晏阳初和梁漱溟正好代表了两种不同倾向。后者可称为乡土中国的“自治派”。自治的“治”，根于乡村，意在治理。如果说依据前述“治病论”一派的主张，在文明进化的阶梯上，“乡土中国”代表落后，其本身就是病体，患着“睁眼瞎”（愚、贫、弱、私）的大病，需借外助方能根治；那么，其便已隐含了一个可怕的推论：身为农民，便是罪过；若不让人改造，永无翻身。

可是，按照“自治派”的看法，乡土农村不仅自有文化，而且这文化须经自治方可保其活力。民国初年，在“乡治”方面堪称典范的，有河北定县米氏乡绅等在翟城村开展的一系列实践。在“以农立国”信念的支持下，米鉴三、米迪刚父子和其他当地人士不但创办学校，规划村庄，而且推动选举，实行村治①，并以条文规章的形式倡明本地村治，“由全村村民组织之”。回顾中国所谓的“前现代史”，这种彰显乡土、肯定传统的做法并非民国产物，而是早在清代便已有之。其在晚清时还曾有一个响亮的名字，叫作“村落主义”。积极倡导者之一是清末状元兼实业家张謇。张謇的主张就是“以农立国”：“立国之本不在商也，在乎工与农，而农为尤要。”② 后来梁启超加以发挥，把“村落”和“国家”连为一体，认为对于中国的传统来说，村落才是国家的雏形。梁说：“国家者村落之集合体也，假使全国之人皆行其‘村落主义’，则扩充之即可成一村落国家。”③ 此一脉络发展到民国初年，才继而有米氏等人的定县实践，故其不过堪称“贯彻此种村落主义之典范”而已④。

① 有关定县村治的内容近来已有不少介绍和评述。此处参见杜芳琴：《农村现代化运动中的妇女与性别议题——以定县为例（1912—1937）》，http：//www. chinagender. org/chinas/xuezhewenku/dufangqin/d14. htm.

② 张謇：《请兴农会奏》，光绪丁酉（1897）。

③ 梁启超：《南通杂志》，一卷二期。

④ 晚清坚守“村落主义”最有影响者之一，是状元兼实业家张謇。依其主张，王朝国土的“治本”方略“即各人抱村落主义，自治其地方之谓也”；“自一人一村一镇始，治之而已”。他“自持村落主义益坚”，因而以自己后半生经历“以绵力经营地方”。参见沈延生：《村政的兴衰与重建》，http：//www. usc. cuhk. edu. hk/wk_ wzdetails. asp? id = 2305.

四、国家根基与乡土价值

晚清以来，“乡土中国”（以及许多类似的）概念和名称就这样被日益广泛地用来用去，但少数真正通过深入考察而对其加以系统阐发的学者当中，值得特别提出的是社会人类学家费孝通。

1947年，继其关于个案式的调查报告《花篮瑶社会组织》《江村经济》和《云南三村》等之后，费孝通发表了对中国社会进行总体分析的学术论著，取名就叫《乡土中国》。该论著的突出贡献在于不仅回答了“乡土中国”是否有其自在文化的疑问，并且较为完整地对此一文化的特征、结构乃至功能等诸多方面做出了自己的尝试性阐发。

与当时肯定乡土作为中国传统之根基的其他人士一样，费孝通在《乡土中国》的开篇便指出：“中国社会的基层是乡土性的。”针对时下瞧不起乡村传统，把其讥讽为“土气”的说法，费孝通从正面予以回应，说讲得不错，一个“土”字即已把握到了“乡土中国”的根本要义。土是土地，土气就是土地之气。中国社会的一切，皆由这“土气”中产生、延续①。在很大程度上可以说，费孝通的学术起点，就是从“土”和“乡”两个层面来论说中国的社会与文化。对《乡土中国》一书的英文名称，他选择译为“From the Soil”，直译是“来自土地”；后来把《云南三村》翻为“Earthbound China”——“土地束缚的中国”；再后来又发表《乡土重建》，都围绕这两个层面做文章。

费孝通指出：“要认识中国社会，认识中国人，不认识农民生活，不认识农村经济是不行的。”从经验上看，单讲述这样的看法并不困难，难在让人信服其中的道理。费孝通提出的理由是：

> 集约种植五谷作物的农民构成了中国绝大多数的人口，他们是

---

① 费孝通：《乡土中国》，北京出版社，2005，第1—9页。

中国文化源远流长的深厚基础。①

费孝通对中国的“乡土性”特点加以阐发，总结出一个重要的学术观点，即“五谷文化”。“五谷文化”就是农耕和乡土文化，其所派生的社会特点很多，比如种粮为生、世代定居、自给自足以及差序格局等。②

下面来看费孝通在“乡土论争”中的特殊意义。

联系当时的背景，《乡土中国》一书虽然没有直接明说，但通观其中篇章，不难发现，它的主旨之一其实是在对“乡建运动”所蕴含的理论基点进行批评。例如针对晏阳初等提出的所谓乡村“愚、贫、弱、私”四大痼疾，费孝通几乎一一驳斥。他说，“愚”不等于不识字，“私”不等于不道德。要想弄清个中原由，须得从了解乡土中国的底层结构做起，在认识和比较当中，还要放下城市人的偏见以及西方标准的误差。费孝通分析说，乡人生活在“熟人社会”当中，可称为“面对面社群”。对他们而言，文字是多余的。倘若硬要因不识字而说其“愚”，只能表现出说者的无知和傲慢。如果进行公平的比较，这道理不难理解，正像乡下孩子在教室认字认不过教授的孩子，与后者在田野里捉蚱蜢捉不过乡下孩子是一样的——都基于知识和经验，而与智力无关。由此，费孝通幽默而又寓意深刻地打了个比方：

> 如果我们不承认郊游的仕女们一听见狗吠就变色是‘白痴’，自然没有理由说乡下人不知道‘靠左边走’或‘靠右边走’等时常会因政令而改变的方向是因为他们‘愚不可及’了。③

而后反问道：“‘愚’在什么地方呢?”于是在是否识字的问题上，费孝通提出了一个重要观点：乡土社会的特点在口传，文字最早不在乡土发生，文字的本质是庙堂性的。至于所谓“私”与“公”的对立，按费孝通的阐释，也不过是乡土中国“推己及人”之伦理所派生的“差序格局”，与西洋

---

① 费孝通：《社会调查自白》，知识出版社，1985，第 27 页。

② 费孝通：《农村调查》，载费孝通：《走出江村》，人民日报出版社，1997，第 47—60 页。

③ 费孝通：《乡土中国》，北京出版社，2005，第 10—19 页。

社会之“团体格局”的类型区别而已，各有长短和存在的原因①。

从《乡土中国》使用的委婉语气来看，费孝通并没有与晏阳初等人公开论战，而还是称他们为“提倡乡村工作的朋友们”。但与此同时，费孝通实际上已经看到并指出了问题的严重性，那就是，一方面“在现代化的过程中，我们已开始抛离乡土社会”，导致以往的传统尚难存留；另一方面乡村建设者们看问题的起点和解决的方法都未必正确有效，因此他们倡导的前景并不令人乐观：

> 所以在提倡文字下乡的人，必须先考虑到文字和语言的基础，否则开几个乡村学校和使乡下人多识几个字，也许并不能使乡下人“聪明”起来。②

如果说费孝通对“乡土中国”社会特征的评述，还止于近乎相对主义之对比和肯定的话，钱穆从价值意义出发，对其做出的宏观发挥，即可谓提升到了“形而上”的道统高度。钱穆认为，纵观人类世界，文化的类型无外乎三种：游牧、商业和农耕。减缩来看，游牧与商业可以归一，特点都在“富、强、动、进”；与之不同，农耕的特质乃在“安、足、静、定”。近代以来，西洋商业与工业结合日趋强大，对农耕国家构成挑战，但二型相比且长期来看，唯有农耕能给人类带来永久的和平、稳定。

为了在比较中凸现“乡土中国”的世界意义，钱穆展开论证说，古往今来，全球社会有过不少农耕国家，比如以往的古埃及和巴比伦等小国，以及现代的苏、美二强。可惜前者早已消逝，后者称不上农耕本位。数千年来，唯有中国配称真正的“大型农国”。因此，即便面对近代工商文明的剧烈挑战，若能保其农本，同时与新的科技结合，建成一个依旧安足的“大型农国”，那么，不仅中国不亡，而“领导当前世界之和平者，亦必此等国家是

---

① 费孝通：《乡土中国》，北京出版社，2005，第29—50页。

② 费孝通：《农村调查》，载费孝通：《走出江村》，人民日报出版社，1997，第47—60页。

也"[1]。

钱穆的书初版于20世纪40年代。1987年，在著者已达93岁高龄时，仍强调说，数十年来自己的大体论点"并无越出本书"，足见十分看重[2]。

不过，深入来看，钱穆对于游牧、商业与农耕文化各自特质在于"富、强、动、进"与"安、足、静、定"的区分还缺乏实证说明与充分论证，因而其关于中国作为"大型农国"之文化如何优越的判断也就说服不足。在此问题上，另有一批人的讨论可资弥补。他们中的代表人物是来自美国的金恩博士（Dr. F. H. King）。

金恩博士是农业科学家，生于19世纪，以倡导"土壤可持续使用的施肥与灌溉"闻名。他关注并比较世界不同地区人们对土地的态度和利用。1909年，金恩远渡重洋，到远东地区考察，经过历时9月的走访，发表了那本影响深远的名著《四十个世纪的农民》（Farmers of Forty Centuries）。该书在20世纪60年代被李约瑟誉为关于中国农业的经典[3]。再后来又被阿波特·拉文霍特（Albert Ravenholt）称赞说提供了理解远东文明基础的"最佳起点"[4]。

金恩博士不远万里前往中日韩三国考察的主要动力，是想了解这些位于东方的农业古国，何以在土地利用方面取得持续数千年的成绩。结果他发现，其所面对的是一个拥有近40个世纪"文化遗产"的农耕人群。该人群数量庞大——将近五亿，和平勤劳，充满智慧，机械能力也很强，并且很早就懂得几乎所有的利用，而类似的觉醒直到很晚才以科技的方式出现在西方列国[5]。

到达中国后，在山东和长江沿岸，金恩博士深入乡间与农民们面对面交谈，调查大量的家庭个案，学习村民的农作技艺，亲身体会东方农耕的乡土传统。结果他惊喜地发现，这种传统有一个重要特点，即资源和生命的循环：生产的耕耘与收获皆取之于土，归终于地；并能世代相传，平衡稳定，以简

---

① 钱穆：《中国文化史导论》，商务印书馆，1994，第1—7页。

② 钱穆：《中国文化史导论》，商务印书馆，1994，第1页。

③ 李约瑟：《现代中国的古代传统》，载李约瑟：《四海之内》，劳陇译，三联书店，1992，第39页。

④ C. B. Tanner and R. W. Simonson. *Franklin Hiram King – Pioneer Scientist*, http://www.soils.wisc.edu/soils/people/poets/fh_king.htm.

⑤ 此话出自金恩《四十个世纪的农民》一书的"导论"。

朴的耗费供养密集的种群。

金恩的研究报告对中美两国乃至东西方文化做了多方面比较，向西方读者宣传远东农业传统的伟大成就，呼吁为了人类和平，一定要增强不同文化间的相互学习。

多年以后，金恩的著作被费孝通读到并产生了重要影响。1982 年，受冲击后重新复出的费孝通发表对农村调查的演讲，总结自己研究“乡土中国”的历程与金恩的关联，并较为细致地对金恩的观点重做介绍。费孝通突出了金恩“从土地为基础描写中国文化”和“循环论”的特点。

他认为，中国人是整个生态平衡里的一环。这个循环就是人和“土”的循环。人从土里出生，食物取之于土，泄物还之于土，一生结束，又回到土地。一代又一代，周而复始。靠着这个自然循环，人类在这块土地上生活了五千年。人成为这个循环的一部分。他们的农业不是和土地对立的农业，而是协和的农业。在亚洲这块土地上长期以来生产了多少粮食，养育了多少人，谁也无法估计，而且这块土地还将继续养育人，看不到终点。他称颂中国人是懂得生存于世的人。

接着，费明确承认自己“在农村调查里也得到同样的观念”，其《乡土中国》一书，强调的正是金恩指出过的“循环”：“人同土地结合在一起，生于斯，死于斯。土地生产四季循环不已”，也正是这个循环，“构造了乡土社会人的特点”①。

回到本文的开头。值得对照的是，金恩的研究也影响了成为袁世凯顾问的古德诺。后者在其《解析中国》书中专门有一节就叫“中国人：四十个世纪的农民”。不过，尽管也承认金恩所说的中国农民拥有“非常科学的作物轮植措施”等一系列文化优点，乃至“很值得西方国家停下来反思”，古德诺还是从经济上得出中国比欧洲“落后两三百年”的结论，并在政治上推演出中

---

① 费孝通这篇题为《农村调查》的文章，源于 1984 年在民盟中央组织的系列讲座。后以“社会调查自白”为题收入《学术自述与反思》（三联书店 1996，第 1—84 页）；并又以《农村调查》的单篇形式载入费孝通文集《走出江村》（人民日报出版社，1997，第 47—60 页）。需要指出的是，内中提到金恩著作时把其书名误写为“五十个世纪的农民”，以至于有人转引时也未加订正。

国需要实行帝制的建议①。

显而易见，彼此间的鸿沟是巨大的。而若要讨论这样的分歧，只把目光限于底层社会和乡土文化是不够的，还需上下打通，政经关联。

五、讨论：“小传统”和“大传统”间的对照关联

本文前面的论述关注了百余年来学界围绕“乡土中国”的主要论争。

被我简称为“治病”和“自治”的两派，围绕“乡土中国”发表的不同观点，从往后的社会演变来看，影响都无疑是深远的。不过如若扩展到国家结构的整体层面，则“乡土中国”的论争各方又表现出一个论述上的共同局限，即仿佛都有意无意忽略了这样一个事实：千百年来，在以乡土为其根基的底层之上，中国社会一直存在着威严无比的官僚政权。这政权如同传统建筑里的“大屋顶”。它既高高在上，又统摄底层，形成一个等级分明的控制结构。其中，“屋顶”和“底层”之间的关联是双向的：赋税劳役由下至上贡献，王权皇威自上而下行使。“普天之下莫非王土，率土之滨莫非王臣”，即便荒唐无理或朝令夕改，一切出自王权的上层号令无不令所有地方的“草根社会”闻风而动，遵照执行，否则即会招来灭顶之灾。

这就是说，20 世纪以来，学界文人对“乡土中国”的论说其实是关注作为根基或附属而存在的“小传统”；“小传统”之外或之上还有“大传统”，即所谓“官僚中国”。自秦汉以降，作为“大传统”而存在的“官僚中国”便一直对“乡土中国”起着统领、控制作用，忽略于此就看不到问题的全部和本质。

这一点，在萧公权以晚清帝政对中国乡村控制的实况为例的研究中，已有详细说明。经过三年专攻并翻阅近千种中西文书刊后，萧公权向世人报告了自己的结论：“乡土”固然是中国的根基，然而这根基却并不像许多人所想的那样，全然是民众自理的社会，或言之“天高帝远，与王权无涉”；相反，

---

① 古德诺：《解析中国》，蔡向阳、李茂增译，国际文化出版公司，2005，第 20—23 页。

这些表面可称为“自然村寨”的社区莫不在各式各样的形式下受帝政控制。也就是说，在“乡土中国”里，实际存在着两种重叠的底层，一个是农民生活的乡村，另一是帝政控制的乡村①。忽略这种区分就忽略了乡土中国的特质，从而也就无法深入理解乡村变革与王朝更替的成败兴衰。

到了20世纪八九十年代，杜赞奇的研究又进一步“挖掘”出夹杂在顶层王权与底层农民之间的政治经纪人——吏役知县以及地保，强调这些以压榨乡村为特征中间层对维系自上而下的王权政治起到了十分关键的作用，使得在经纪体制中，“吏役专权”成为普遍现象②。而在弗里德曼等另几位美国学者的笔下，类似的国家与乡村的权力交往关系则被表述为“赐惠”与“讨好”③。

由此来看，在维护还是瓦解乡土传统的论争中，其实还隐含着“官治”与“民治”的分别。前者导向乡土社会的“国家化”，强调以“公民教育”来治疗不知国家大事的乡民之“愚”，所以其所重提的“民为邦本”，重点也在邦而不在民；相反，“民治”的理论主张是在“乡土化”和“地方化”，往前再推，还可导向“民本化”，从而正视和珍惜藏于乡土和民间的文化财富。一句话，邦本还是民本，治民还是民治，即成为乡土传统的论争核心。

所以，有关“乡土中国”及其价值、命运的论争，既绕不开古今中西的联系，也离不了上下内外的纠葛。也就是说，仅就认识论上的完整需要而言，研究者既要考察乡村也得关注城市，同时还需分析上层官僚政治与底层乡村生活间的内在关联。最后，在价值论意义上，还得追问各自的立场和起点。

---

① 即便论及所谓的乡村组织，萧公权通过研究也发现，其极大部分“皆由政府设立”；并且“这些政府部署，从长远看，对帝国与乡民两蒙其害。对此，汪荣祖评论说，“此一发现更加澄清了帝政的性格，以及晚清的历史变化”。参见汪荣祖：《萧公权先生学术次第》。

② 杜赞奇的著作也以“乡土中国”命题，探讨乡村与国家的关系，全名叫：Culture，Power and the State：Rural China，1900—1942。但其中译本将此题改换为“华北农村”，参见杜赞奇：《文化，权力与国家：1900—1942年的华北农村》（中译本），江苏人民出版社，2004，第30—31页。

③ 弗里德曼，等：《中国乡村：社会主义国家》，陶鹤山译，社会科学文献出版社，2002。

因为如若站在农本和民治一边的话，对“乡土中国”的认知想必就会有所不同，或许会对农业、农村和农民代表的文化传统产生敬意，从而赞同许倬云先生在其《汉代农业》新版序言里的判断：“几千年来，中国发展了举世无双的精耕农业”；以及他写给中国农民的“题词”：

> 正是这些世代相传、在田地上劳作的无名英雄，创造出了人类历史上最复杂的农作体系之一。①

可以参照的此类论述还有很多。比如，西方当代的农学家则在比较全球各地文明演变兴衰的历史后强调指出：由于“农业耕作者一方面给土壤带来营养物质，另一方面也从土壤中收获自身所需的物质”，因此“农业耕作者和土地之间存在着真正的互动关系”。相比之下，现代的城市和工业文明则不是这样，后者的出现和“发展”，正在给人类生存的地球带来破坏和威胁②。

六、余　论

最后需要说明的是，本文关注“乡土传统”的百年论说，目光集中于学界，但这并不意味着问题只限于此。百余年来，对于“乡土中国”的改造和影响，在实际的社会生活中，莫过于国家和政党主导下的政治运作；而无论20世纪早期的“农民运动”还是中期的“人民公社”直至后期的“土地承包”，都充分体现出学界的论说往往只是附着于其间或其外的思想探讨，意义重大，却难以定夺。

现在的问题是，如果不走出对于乡土中国在根本认识上的“文化困境”——即判定乡村世界是中国文明的根基和希望还是陷阱和泥潭，或简言之不摆脱认识农民世界“好得很”还是“糟得很”这样的二元对峙，政治解

---

① 许倬云：《汉代农业——中国农业经济的起源及特性》，广西师范大学出版社，2005，第1—3页。

② 拉巴·拉马尔，等：《多元文化视野中的土壤与社会》，张璐译，商务印书馆，2005，第5—6页、第193—202页。

决和社会生活层面的最后定夺未必就能完满实现；城乡之间日益猛烈的双向涌流或许还会进一步激化社会和价值的紊乱，中国人“走向世界”的前景也还会因缺乏本土根基及其自身大、小传统的重新整合而流于漂茫。

中华优秀传统文化当代传承体系建构研究

段　超

胡锦涛总书记在党的十七大报告中指出："中华文化是中华民族生生不息、团结奋进的不竭动力。要全面认识祖国传统文化，取其精华，去其糟粕，使之与当代社会相适应，与现代文明相协调，保持民族性，体现时代性。"① 在纪念《告台湾同胞书》发表30周年座谈会上的讲话中，胡锦涛同志强调："中华文化源远流长，瑰丽灿烂，是两岸同胞共同的宝贵财富，是维系两岸同胞民族感情的重要纽带。"② 温家宝同志也强调："中华传统文化塑造了中华民族醇厚中和、刚健自强的人文品格和道德标准，不仅对中国的经济和社会发展发挥着巨大影响，也为中国人的世界观和行为方式的形成奠定了基础。它的影响一直延续至今。"③ 在新的时期，全面总结中华传统文化的内容，充分认识其当代价值，借鉴历史上文化传承的经验，以及有关国家和地区传统文化传承的经验，建立科学的传承体系，对于促进当今中华优秀传统文化的有效传承，建设社会主义文化强国具有重要意义。

一、中华优秀传统文化传承体系建设的意义

在经济全球化的当代社会，中华优秀传统文化传承面临一些困境。一是在外来文化冲击下，一些人乐于接受外来文化，对传统文化关注不多，甚至

① 胡锦涛：《在中国共产党第十七次全国代表大会上的报告》，人民出版社，2007。

② 胡锦涛：《携手推动两岸关系和平发展同心实现中华民族伟大复兴——在纪念〈告台湾同胞书〉发表30周年座谈会上的讲话》，《人民日报》2009年1月1日。

③ 温家宝：《温家宝谈中国传统文化的一些主要精神及其现实意义》，《人民日报》2009年2月1日。

否定传统文化；二是当代社会科技发展日新月异，现代科技改变着人们的生活方式、审美情趣和价值观念，一定程度上影响着人们对于传统文化的接受，并且影响着文化传承的传统方式作用的发挥；三是由于文化生态变化，一些传统文化事象的生命力和影响力下降，有的传统文化事象功能萎缩、作用被代替；四是由于缺乏对传统文化内容、受众等深入研究，许多传统文化传承方式和传承策略不当，传承内容没有考虑不同受众的接受能力和认知方式，文化传承效果不理想。文化传承困境导致许多优秀传统文化事象消失、消解、扭曲、变异等，对传统文化的保护、发展和创新产生了消极影响。加强传承体系研究，建构中华优秀传统文化传承的科学体系意义重大。

1. 传承中华民族的传统美德和民族精神，为建设社会主义核心价值体系服务。社会主义核心价值体系的灵魂是马克思主义指导思想，其主题是中国特色社会主义共同理想，其精髓是以爱国主义为核心的民族精神和以改革创新为核心的时代精神，其基础是社会主义荣辱观。民族精神与社会主义荣辱观等都与中华优秀传统文化的继承创新有密切关系。中华传统文化中的爱国主义、团结奋斗、诚实守信、帮扶济困、自强不息等积极思想，是社会主义核心价值体系的重要内容。继承这些积极思想，对于建设社会主义核心价值体系有着十分重要的意义。

2. 促进中华民族共有精神家园建设。任何一种文化都有历史传承性，任何一个民族文化的持续发展都是在既有的文化传统基础上进行的。否定传统，隔断历史，民族的精神家园就没有依托。中华优秀传统文化是中华民族几千年共同创造的文化遗产，是中华民族生存之本、发展之根，凝聚着中华儿女的深厚感情。建设中华民族共有的精神家园，必须继承和弘扬中华优秀传统文化。

3. 为开发利用文化资源，发展文化产业奠定坚实的基础。文化具有多种属性，一些文化要素可以发展成文化产品，形成文化产业。西方国家文化产业发展起步早，目前已成为这些国家国民经济的支柱产业，创造了大量财富和收入。我国文化产业目前只处于起步阶段，文化产业水平不高。2010 年，中国文化产业产值仅为1.11万亿元，占GDP比重为2.78%①。但我国文化资源丰富，文化产业发展前景十分广阔。随着经济的快速发展，人民群众对文化产品的需求与日俱增，大力发展文化产业可以满足人民群众日益增长的文化生活需求。中华传统文化中许多内容如民族歌舞、传统工艺、传统医药等均可作为文化产品开发，是发展文化产业的重要资源。传承与保护中华优秀传统文化，是文化产业发展的重要基石。

4. 有利于中华民族的统一。中华优秀传统文化是中华民族赖以生存的精神支柱，是海内外华人一致认知的思想基础，是海峡两岸统一的文化基石。有效传承中华优秀传统文化，对中华民族立于世界民族之林，特别是对于建设社会主义先进文化，完成中华民族的统一大业，实现中华民族的伟大复兴，都具有重大而深远的意义。

5. 促进优秀传统文化的有效传承，推动中华文化的创新与发展。传统文化是一个民族的“根”，是文化发展进步的基础。文化发展与创新必须在继承传统的基础上进行，离开传统文化，文化的发展与创新便是无本之木，无源之水。在当今社会，要发展、创新中华文化，必须首先继承中华优秀传统文化。优秀传统文化的丰富内容和独特方式体现出民族风格，中国气派、中国风格的文化很大程度上要通过继承民族传统文化来体现。加强中华优秀传统文化的传承体系建设，促进中华优秀传统文化的不断传承，是中华文化发展创新的需要。

二、传承体系构成的要素

中华优秀传统文化传承体系是一个复杂的系统，笔者认为其构成要素主要有：传者与受者、传承场、传承内容、传承方式、保障体系等。

1. 传者与受者。传者与受者是文化传承的主体，传者是文化的传递者、

① 白瀛：《预计2016年文化产业成为国民经济支柱性产业——文化部部长蔡武解读十七届六中全会精神》.［2011－10－23］. http://www.gov.cn/jrzg/2011－10/23/content 1976395.htm

传播者，受者是文化的接受者、继承者。传者的核心是人，在传统社会中，传统文化代际传承的传者往往为师者、父兄、尊长。横向传播的传者较为复杂，多表现为社区、村落、同龄群体间的横向传播，但官员、商人、士兵、传教士等在文化传播中均发挥过重要作用。在现代社会中，学校、政府、企业、社会组织、现代媒体等也成为传统文化的传者。传统文化的受者主要是人，其中青少年是主要群体。受者对于传统文化的接受受到传统文化内容、传承方式与策略等影响，也受到受者的文化程度、职业类别等因素的影响。

2. 传承场。所谓传承场是传者与受者进行文化传承所建立的关系网络，它可以表现为特定的自然空间，也可以表现为复杂的社会文化空间，但更多的是自然空间与社会文化空间的结合。如壮族歌圩，集市是一种自然空间，在集市中建立的人际网络则是社会文化空间。

3. 传承内容。传承内容主要指中华优秀传统文化。任何民族的文化都有优劣之分，中华文化的传承内容应是其优秀、精华部分，包括中华文化代表性的民族伦理精神、文化符号、民族艺术、社会制度、知识体系、节日习俗、生活方式等。

4. 传承方式。传承方式是文化传承的形式、方法、工具、手段和策略等的总和。中华优秀传统文化的传承方式是传统传承方式与现代传承方式的结合。主要有民间传承，包括体现于生产、生活方式中的师徒、家庭、社区、节日等各种传统传承方式；学校教育传承，历史上的官学与私学对于中华文化，特别是上层精英文化的传承发挥过重要作用，现代学校教育仍是文化传承的主要场所；媒体传承，传统社会的各种媒介，特别是以典籍为代表的纸质媒介是文化传承的主要方式之一，在现代社会中，又增加了报纸、杂志、广播、电视、网络等现代媒介；场馆传承，在现代社会，博物馆、纪念馆、文化馆、艺术馆、资料馆、图书馆、档案馆等场馆对于文化传承越来越重要。文化产业传承是一种消费型的动态传承方式，产业化的传统文化以一种形象化的手段和新的形式对受者产生教育。

5. 保障体系。所谓保障体系是指保障文化传承良性运行的制度、法律、政策、措施，以及民间传承机制等方面构成，还包括运行机制、监控与评估体系等。

三、传承体系要素之间的关系

中华优秀传统文化传承体系是一个复杂的系统，我们可以借助控制论、系统论的方法对这一体系进行理解，并建构如下传承体系图：

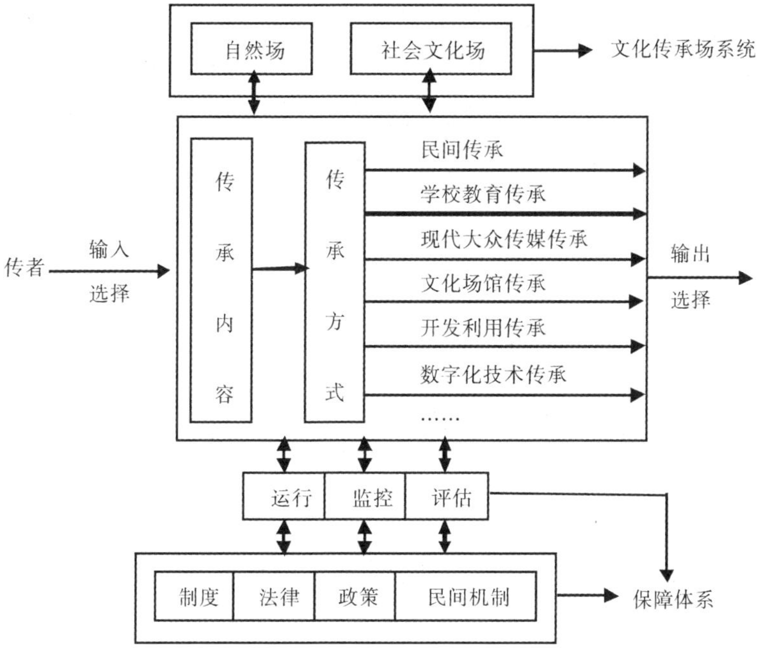

中华优秀传统文化传承体系图

传承场和保障体系既是中华优秀传统文化传承体系的一部分，也是它的环境系统。传承场是文化由传者到受者传承的基本空间，这种空间或以物理空间形式存在，或以社会文化网络形式存在；保障体系是文化传承良性运行的保障系统，它提供了文化传承的外在动力。

传者与受者是一种二元对立统一的关系。传者传输文化，受者接受文化，它们形成了文化传承的二元。传者的形式和特点直接影响到受者对文化的理解以及接受方式与程度，受者的特点与对文化的反应反作用于传者，促使传者采取与调整文化传输的策略。当然，传者本身也是传统文化的受者，受者也可以充当传统文化的传者。

传承内容是文化传承的核心，抽去了这个核心，文化传承便不存在。但传承内容既受制于传承场、保障体系，也受制于传者与受者。不同的传承内容在不同的传承场得以展现与传递，如民间技艺只适合于在一种师徒组成的社会关系场中传承，如壮族歌圩文化只适合于在一种集市与社区交易网中进行展现与传承。不同的传承内容也需要不同的保障机制，如我国代表性传承人制度只为特定的非物质文化遗产传习设计的制度，这种制度对春节习俗等大众性的文化内容和一些物质文化遗产不提供有效的保障机制。传承内容还受到传者与受者的选择，传者与受者的年龄、文化程度、喜好以及对文化内涵的理解等都影响到传承内容。传者与受者对传承方式与策略的选择也对传承内容产生直接的影响。

四、传承体系的运行

体系内传承场、传者、受者、传承内容、传承方式、保障体系等元素对于体系的良性运行不可或缺，否则，文化传承将不同程度受阻，甚者会导致文化失传。以海南黎族织锦为例，其传承场是黎族各方言社区（五大方言区织锦均有区别），传者是年长妇女，受者是青年女性，传承内容是织锦技艺与文化，传承方式是一对一的口传身授，保障体系是民间的女性参与机制（这一机制促使每一妇女有权利与义务去传习织锦技艺）。在现代化的背景下，黎锦文化传承体系也受到冲击，主要表现为传者与受者的减少，前者主要因为死亡，后者则因受到市场经济的影响，多外出打工而不愿传习。当然，在当代社会，黎锦的传承增加了许多新的保障机制，如法律、传承人制度、代表作名录制度等，黎锦传承体系正重新朝着良性运行的方向发展。

中华优秀传统文化传承体系是多种元素组成的复杂系统，传承体系各要素之间是一种相互影响、相互制约的多重关系。

中华优秀传统文化传承体系的良性运行是体系中各种元素的有效整合，各种元素功能的充分发挥是整个体系功能发挥即体系良性运行的前提。

无论是上层文化，还是民间文化，无论是汉族文化，还是少数民族文化，其得以传承的关键均在于文化传承体系的统筹建设，而具体文化内容的传承则依赖于传承体系中特定方式与特定保障手段的科学应用。

建构中华优秀传统文化传承体系必须具有系统论、控制论的视野。

五、传承体系的建设

1. 加强传承方式建设。传承方式在传承体系中居重要地位，加强传承方式建设，对于促进传统文化的有效传承十分重要，这里就如下几种传承方式建设提出看法。

(1)当代民间传承。包括师徒传承、家庭家族传承、行业传承、节日传承、民间典籍传承等方式在内的民间传承，历来都是文化传承的重要形式。不同时期，民间传承在保护和传承传统文化方面发挥了重要作用。由于社会环境变化，许多民间传承方式在当代社会面临着困境，其作用发挥有限。一是现代传承方式如数字技术传承等，以强大的力量挤占了传统民间传承方式的空间。年轻一代更喜欢通过现代传媒来获取信息，了解文化，而对于传统的民间传承方式缺乏兴趣。二是民间传承人正面临着后继无人的困境，许多民间传承人大都年事已高，其子孙出于经济方面的考虑，不愿意子承父业、女承母业。三是民间传承方式的各类机构随着传统社会的转型，或消亡或是失去活力，如行业组织、宗族组织、民间宗教组织的消亡或削弱，使得民间文化活动失去了强有力的组织者，民间文化活动展开困难。四是受经济利益的驱使，一些地方民间自发组织的文化活动也成了牟利的工具，以致陷入低级庸俗。

要采取措施完善民间传承方式，发挥其在当代社会中的作用。一是要全面认识民间传承方式在当代优秀传统文化传承中的价值，不能全面否定其作用；二是要保护和建设民间传承方式生存的文化生态，推动民间文化活动的继承发展；三是要实现文化传承的传统与现代方式的优势互补。

(2)当代学校教育传承。当代学校教育在文化传承中具有系统性、完整性、稳定性、强制性等特点，它在传统文化传承中具有十分重要的价值和地位。目前我国学校教育在传承传统文化方面的作用发挥得不够充分，主要是学校教育中传统文化的内容缺乏系统性、递进性、连贯性，没有根据不同年级、不同地区的情况，开展教育传承工作，民族传统文化知识在考试等环节中涉及不多等。

要制定政策，完善措施，充分发挥当代学校教育在传统文化传承中的重要作用。一是强化当代学校教育在传承传统文化中的主渠道、主阵地地位与作用；二是在不同层次、不同类型的学校教育中，选择与之相适应的传承内容和传承方式方法，确立不同的传承任务；三是文化传承内容要与时俱进，要在继承和弘扬中国优秀传统文化的基础上，创新和发展社会主义先进文化；四是根据不同地域、不同民族的特点有针对性地开展文化传承工作。

(3)当代数字化技术传承。利用当代数字化技术传承文化具有快捷、直观、生动、形象等特点，受到广大受众特别是青少年的喜欢。世界发达国家都重视利用数字化技术传承传统文化，并且取得了很好的效果。我国利用数字化技术传承文化的时间较短，取得了一些成绩，但也存在不少问题。例如，当代数字技术与传统文化内容有机结合不够，适应不同受众的数字化传承形式不够丰富，许多具有民族特色的传统文化内容还未利用数字化技术开发出来等。

要加强利用数字化技术传承文化的研究，生产出更多更生动的文化产品。一是高度重视运用数字化技术来传承中国传统文化，在政策指导、体制保证、制度落实、管理控制等多个方面制定若干措施；二是不仅要推进文化典籍资源的数字化工作，也要推动整个非物质文化遗产的数字化工作，要培育和发展中国传统文化创意产业；三是在数字化技术传承中，要充分考虑到少数民族文化的内容和特点，体现出数字化技术背景下中国传统文化传承的多样性；四是要不断探寻出利用数字化技术传承传统文化的新方法；五是认真学习西方发达国家利用数字化技术传承传统文化的经验。

(4)当代开发利用传承。发展旅游业、文化产业，利用优秀传统文化开展群众文化活动等，都是通过对传统文化资源的开发利用，传承传统文化的有效形式。这种传承方式，使传统文化与经济建设、现实生活紧密结合在一起，使传统文化根植于人们的日常生活，具有强大的生命力。目前，我国在利用“开发利用”这种方式传承传统文化方面进行了积极尝试，积累了一些成效和经验，但也存在一些问题，主要是：过度开发利用民俗文化；开发利用传统文化时，脱离文化本体，迎合一些人的低俗需要，满足人们的猎奇心理等。这种片面、破坏式的开发利用，导致传统文化不仅没能有效传承，而且造成传统文化的曲解、扭曲。

要认真研究“开发利用”方式传承传统文化的科学办法和对策，使传统文化融于经济建设，融于现代生活。一是政府要发挥宏观调控和公共服务作用，提供科学规划、政策支持和项目筛选服务，建立文化资源配置的市场机制，使文化资源向文化资本转变；二是在做大做强文化企业，打造文化品牌企业的同时，扶持民间小作坊、家庭小产业以及自主创业的小企业的发展，为它们提供成长的良好条件与环境，激发民间智慧；三是加强专家学者的指导、社会舆论的监督以及开发利用效果的评估，使文化资源科学、合理、有序、适度地开发利用，避免掠夺式和功利性开发；四是打破地域和行业限制，构筑良好的政策环境，加强文化产业的高端人才培养，例如将东北二人转打造成为全国知名演艺品牌的赵本山，让《云南映象》走向世界的杨丽萍，以及将中国传统文化通过奥运会向全世界完美呈现的张艺谋等领军人物；五是加强文化安全的立法工作，不让传统文化资源流失。

(5)当代文化场馆传承。以博物馆、图书馆、文化馆、艺术馆等为代表的公共文化场馆是传承传统文化的重要方式，这种传承方式具有受众面广、传承内容精当、形式直观、文化氛围浓烈、传承场域独特等特点。与发达国家相比，目前我国在利用公共文化场馆传承传统文化方面存在许多问题，许多文化场馆的文化传承作用发挥不充分。

要认真研究利用公共文化场馆传承优秀传统文化的对策和办法。一是增加场馆数量，在政府建设公共文化设施的同时，鼓励和扶持民间和私人建设文化场馆。二是促进文化场馆类型的多元化，建立文化类、艺术类、自然类、民俗学和人类学等多类型的公共文化场馆，满足不同公众的文化需求。三是完善免费开放政策，提升场馆文化传承质量。针对目前免费开放的弊端，实行有选择性的免费开放，提升公众参观质量，强化文化传承效果。四是借鉴国外经验，拓展场馆教育职能，积极与学校、科研院所、家庭、社区以及其他机构合作，使文化场馆融入社会之中。

2. 研究传承内容。中华传统文化有双重内涵，一种是古代社会形成和发展出来的古代文化传统，另一种是“五四运动”之后形成和发展起来的社会主义文化传统。许多学者在界定中华传统文化概念的时候，往往只将鸦片战争或“五四运动”以前的中国古代文化作为中华传统文化的内涵，而将“五四运动”之后形成和发展起来的社会主义文化传统排斥在中华传统文化之外。我们认为，新民主主义革命之后发展起来的文化，也是中华传统文化的重要组成部分。

中华传统文化可以分成三大类：物质文化、精神文化和社会生活文化。物质文化类型包括所有以物质形式出现的传统文化，例如服饰文化、饮食文化、建筑文化、交通文化等等；精神文化类型包括价值观念、伦理道德、典章制度、哲学思想、文学艺术、宗教信仰等等；社会生活文化类型包括日常生活、民风民俗、社会实践、行为方式等等。中华传统文化既以物化的经典文献、文化物品等形式存在和延续，又以民族思维方式、价值观念、伦理道德、性格特征、审美趣味、知识结构、行为规范、风俗习惯等形式存在和延续。

3. 加强传统文化传承的保障体系建设。保障体系既是文化传承体系的组成部分，也是文化传承体系相关要素、环节发挥作用的保证。例如，非物质文化传承人要发挥作用，社会必须为他们提供必要条件，政府国家要制定表彰激励、保障其生计等办法；当代学校教育、文化场馆等传承方式要发挥作用，政府要对学校教育、公共文化场馆提出要求。

保障体系涉及认识、政策、法规、制度和具体措施等。例如，要对传统文化的价值和作用有科学的认识，树立正确的传统文化传承理念；要不断深化对传统文化传承规律的认识；要正确处理保护、创新与传承的关系；要制定和完善促进文化传承的相关规定，如完善名城、名村、名镇保护制度，完善非遗传承人保护条例，制定《非物质文化遗产保护法》的实施办法；保证传统文化传承的经费投入；培养和激发全民族的文化自觉及自信；借鉴台湾及国外文化传承的经验；制定促进传统文化传承的具体措施，如建立统一机构、交流传承经验、宣传传承典型、营造社会氛围等。

4. 总结我国历史上文化传承的经验。我国历史上的许多时期，都十分重视文化的传承工作。许多王朝都制定了传统文化传承的政策、方略、方式、措施、方法等。总结历史上传统文化传承政策，以及传承体系建设的经验，对于我们今天传统文化传承体系建设有重要的借鉴作用。例如，历史上各朝代均设置修史机构，整理传承文化；重视文化典籍的整理，例如西周对《诗经》的整理，明代编撰《永乐大典》，清代乾嘉时期进行文化大整理，编撰《四库全书》等；许多朝代设置有民间文化搜集整理的专门机构和人员，促进民间文化的传承；鼓励民间、私人收集整理传承传统文化，涌现出一大批成就卓著的文化大师和成果，冯梦龙及其凌濛初创作的“三言”“二拍”，是其典型代表；重视在蒙童教育中传承文化，产生了《增广贤文》《三字经》《千字文》《弟子规》等蒙学读物，对传承传统文化产生了重要影响。

5. 借鉴台湾地区及国外文化传承的实践经验。我国台湾地区和许多西方发达国家，在传统文化传承方面开展的工作较早，经过几十年、上百年的探索，积累了较为丰富的经验，这些经验值得我们借鉴。

台湾地区从光复后就开始实施“中华文化复兴运动”，20 世纪 80 年代开始实施生态博物馆建设、台湾原住民文化保护传承运动等。注重寺庙团体、文化团体、私立博物馆、补习专科学校、大学相关文化资产系所及艺术社团、小学传统艺术社团等民间团体在文化传承中的作用，传统文化的传承取得重要成效。

日本从明治维新起就开始以立法的形式促进传统物质文化和非物质文化的传承，如《古器旧物保存法》（1871）、《古社寺保护法》（1897）、《古迹名胜天然纪念物保护法》（1919）、《文化财保护法》（1920）、《国宝保存法》（1929）、《重要美术品保护法》（1933）等等。特别是战后实施的《文化财保护法》强化了文化财的传承体制，强调了政府与民间团体协同传承的规定。政府拨出专款进行物质与非物质文化遗产登记和维护工作，还规定中小学在学期间必须观看一次能剧等传统文化艺术。日本的文化遗产都由文化厅委托各部、道、县的教育委员会进行直接的保护和管理。自 20 世纪 80 年代起，日本实施了由国家组织的“民俗资料紧急调查”“民俗文化分布调查”“民谣紧急调查”，同时不断举行全国性民俗艺能大赛等，以促使国人对其传统文化保护和传承的重视。日本实施的“人间国宝”认定制度，是对“无形文化财持有者”个人成就的一种最高赞誉。20 世纪中叶以来，日本还广泛开展了以弘扬乡土文化和公共艺术为特征的“造乡运动”。

韩国受日本影响很大，1962 年颁布的《文化财保护法》将文化财划分为有形文化财、无形文化财、纪念物、民俗文化财四大类。韩国对全国文化遗产进行了系统而全面的普查，使文化遗产传承进入良性状态。1964 年，韩国开始启动“人间国宝”工程，扶助民间技艺传承人，把能够最佳表现单个文化遗产项目的人确定为“活的人类珍品”，大力促进传统文化技艺的传承保护和发展。为落实对文化遗产的法律保护，韩国不仅实行了“事故问责”制度，还实行了专门的挖掘、论证、推荐遗产的“发现”责任制度。韩国政府举办一些大型文化活动，广播、电视、报纸、杂志、网络等各种媒体进行大规模宣传，许多民族民间艺术类别和能人脱颖而出。韩国的传统文化传承还得益于实行商业和旅游业参与政策，在新乡村建设和民俗村建设中，非常注重传统文化的传承。

法国在文化遗产的传承方面起步较早且成效卓著。1840 年，法国颁布了世界最早的关于文化遗产保护法律——梅里美《历史性建筑法案》。此后，陆续颁布《纪念物保护法》（1887）、《历史文物建筑及具有艺术价值的自然景区保护法》（1906）、《历史古迹法》（1913）、《景观保护法》（1930）。第二次世界大战后，法国通过了一部新的《历史街区保护法》，并于 1973 年颁布《城市规划法》。法国文化部下设有文化遗产局，地方上也有相应机构，负责依法调查、监督文化遗产的现状和维护情况。法国政府管理的重点文化遗产不足 5%，近一半的由市级部门管理，另一半以上则为私人管理。目前法国有 1. 8 万多个文化协会保护和展示文化遗产。法国政府采取划定历史文化遗产保护区的措施，保护区内的历史文化遗产多达 4 万多处，如今这样的保护区已有 100 多个，向公众开放。法国人还设立“文化遗产日”，采取税收优惠、宣传推介等手段促进广大国民参与文化遗产参观学习活动。法国还实施了保护法语运动。20 世纪 70 年代，在法国兴起的生态博物馆思想先后在欧美等许多国家和地区成为一个重要的博物馆概念，对各国的传统文化保护、传承影响重大，至今世界上已有 300 多座。

台湾地区及国外传统文化传承的成功经验主要体现在如下几点：一是重视立法，实现了文化传承的法制化；二是机构明确，确保了文化传承体系的正常运转；三是全民参与，注重发挥传统文化传承人的主体性作用，特别是注意培育和引导民间社团参与文化传承；四是确保经费投入；五是注重多元文化传承；六是文化传承与产业开发相结合。

（本文写作过程中，吸收了柏贵喜等教授的意见，在此表示感谢。）

文化自觉的技术路径：非物质文化遗产保护的中国意义

高丙中　赵　萱

非物质文化遗产保护虽说已经在100多个国家开展起来，但是它对于不同的国家所具有的意义应该是有所不同的。中国举国上下对非物质文化遗产保护都有十足的参与热情，这在世界上是首屈一指的。要理解非物质文化遗产保护何以在中国引起如此广泛的反响，有必要把它与中国的社会思想的时代脉动联系起来看待。

1997年，费孝通先生开始在中国学界阐释“文化自觉”的概念。联合国教科文组织正式提出“非物质文化遗产”的概念。进入21世纪后，“文化自觉”逐渐流行开来，成为中国思想界、学术界最核心的概念。与此同时，“非物质文化遗产”保护很快成为中国最重大的文化事件和持续展开的社会过程。“文化自觉”和“非物质文化遗产”的概念同时在中国广泛传播与被接受，内中是具有很强关联的。然而，它们究竟是怎样关联的，这是学界尚未深入探究的有趣问题。

一、“文化自觉”概念的提出

通常以为，“文化自觉”是费孝通先生在1997年北京大学举办的社会学人类学第二届高级研讨班上提出的概念，此后，费先生多次把这个概念展开来加以论说，还把自己有关的思考文字汇编成《论人类学与文化自觉》① 一书出版。在这个时期，众多的学人都是呼应费先生而谈论文化自觉的。

费先生结合自己的学术历程，在思考中国现代的文化变迁和国际社会发

① 费孝通：《论人类学与文化自觉》，华夏出版社，2004。

展大局中的知识分子的作用时，提出文化自觉的概念。文化自觉是在具有文化自信的基础上对自己的文化的来源、得失的清醒反思。文化自觉是在跨文化交流的前提下对文化自我的一种自知之明。文化自觉是要克服文化上的盲目性，是要建立从本民族的文化实际思考民族未来的宏观意识。在这个全球化的时代，追求民族国家的文化自觉，就是要准确认知中国在国际格局中的文化身份与社会位置①。

其实，文化自觉概念的含义并不是如此简单明了，因为它在中国的思想学术史上具有复杂的经历。这不是费孝通先生第一次反思民族文化，而且无论是文化自觉的理念还是“文化自觉”这个概念，都不是费孝通先生第一个提出来的。文化自觉的理念在中国新文化运动之初就出现过，梁启超在第一次世界大战之后写成《欧游心影录》，对此有充分的阐发②。在新时期，至少从1986年以来，就陆续有学者在论述“文化自觉”这个概念③。

费先生则是在20世纪40年代开始注意这个问题的。“文化自觉”是要在跨文化关系中才发生的，它必须以异民族、异文化的参照为前提。费先生是从1943年夏天初访美国时才有意识地开始思考“民族自省”“自觉”的议题。他在美国时注意到学者们对玛格丽特·米德女士关于美国人性格的表述，当时就有这是“美国人自觉的开始”的说法④。费先生当时认为这是非常难得的“民族自省”的尝试，值得我们国人效法。笔者不妨在此略做引述，看看与先生后来所说的“文化自觉”有怎样的联系：

> 我总觉各种文化里长大的人不能互相了解是当前世界的一个严

---

① 费孝通：《论人类学与文化自觉》，华夏出版社，2004，第76—197页。

② 陈其泰：《梁启超晚年的文化自觉——《欧游心影录》思想价值》，《学术研究》2003年第7期。郑师渠：《欧战后梁启超的文化自觉》，《北京师范大学学报》2006年第3期。

③ 许苏民：《论中华民族的文化自觉》，《青年论坛》1986年第11期。许苏民：《先验批判、经验反思与不受人惑的方法——重提“中华民族的文化自觉”》，《福建论坛》2003年第5期。

④ 费孝通：《美国人的性格·后记》，载费孝通：《费孝通文集》，群言出版社，1999，第41页。

> 重的问题。以往，世界上各地的人民各自孤立地在个别的处境里发展他们的生活方式。……现在却因交通工具的发达，四海一体，天下一家……但是各地的人民却还有着他们从个别历史中积累成的文化，不同的文化中有不少价值标准是不相同的。……在各个别文化中生活的人对于不同于自己的文化只觉得可厌甚至可怕。我们如果要改变这种态度，只有充分发挥人们的理性，这就是我在上面所说的民族自省。在这件工作上，社会科学可以有它们极重要的贡献。①
>
> 我们对于自己文化的传统、处境和发展方向是必须要有一个全盘清理一次。我现在所做的工作可以说只是在迎接这个时候。……这一本《美国人的性格》不过是这项工作所做的微小的准备。我希望还有继续为这项工作而努力的机会。②

在这两段写于20世纪40年代的引文中，可以看到某种与费先生50多年后所说的“文化自觉”相似的意涵，同时也能够感觉到某种不一样的东西。人类各个群体带着自己固有的文化进入“人类大家庭”，各个群体文化的“自我中心观”造成了相互冲突，束缚了自己的发展。通过理性对待自己固有的文化达到“民族自省”，实际上就是民族的“文化自省”。这里的“自省”显然是指发现、承认自己文化的弊端。这似乎与不限于发现问题的文化自觉概念不同。但是，费先生明确提出要全面清理自己文化的传统、处境和发展方向，又保留着超越“自省”的侧重点的维度，隐隐蕴含着“文化自觉”的意识，有意借此提供各个群体自谋出路以及人类共谋出路的必要条件。

由此我们知道，“文化自觉”的概念曾经出现在多位学人笔下，出现在多种社会背景里。但是，我们仍然坚持认为，今天中国社会流行的文化自觉的概念确实是费孝通先生睿智提出的一个新概念，或者说，我们今天应该把这个概念当作新事物看待。不过，对其含义的理解恰恰需要参照其他的用法。

---

① 费孝通：《美国人的性格·后记》，载费孝通：《费孝通文集》，群言出版社，1999，第49—50页。

② 费孝通：《美国人的性格·后记》，载费孝通：《费孝通文集》，群言出版社，1999，第51页。

二、“文化自觉”的两种主体

对于“文化自觉”的理解，关键是对于“自觉”的分析。谈“文化自觉”中的“自觉”，或许有人会与“他觉”并列成为两种类型，但是，我们认为与自觉相并的“他觉”是不存在的，因为“觉”是只能发生在自我身上的，是自我内在的。文化自觉的概念背后有两个理论预设，一是文化自我的存在，二是文化之自我作为主体的存在，也就是文化主体的存在。

“文化自觉”的“自”有两个层次：一是个人之“自”，即个人作为文化的自我意识的主体；一是共同体之“自”，即社会共同体作为文化的自我意识的主体。从个人角度而言，思想的“觉悟”“了悟”总是在发生的，并且总是首先要发生在具体的个人身上的。这种思想意识的觉悟被表达出来就是个人的言说。个人的言说或是作为先知先觉传达给众人，或是通过对集体心声的敏锐表达来代表这个集体，都需要一个社会过程。理解费孝通先生的“文化自觉”概念的关键，是用社会过程贯通个人之“自觉”与共同体之“自觉”，也就是凭借社会过程让个人的自觉成为共同体的自觉。

费孝通先生提出“文化自觉”，一方面，是他个人早年提出对于文化的民族自省的使命在晚年的延续。他在 20 世纪 40 年代所写的前引文字中就说，他编撰《美国人的性格》是为未来对于自己的文化传统的全面清理做一项小小的准备。另一方面，也是他有感于中国的时移世易的变化而发出的时代声音。接续他的声音，众多具有同感的学者热情回应，呈现为一种时代意识、民族心态，以至于政府机构已经把“文化自觉”越来越频繁地写进文件里①。费孝通先生赋予独特意涵的“文化自觉”是一个具有实践效用的概念，“自觉”的主体显然是文化共同体。因此，当前谈“文化自觉”的主体，都是用在第二个层次上，即社会和国家的共同体层次上。真正的文化自觉必须表现为集体意识、时代精神，同时表现为影响广泛的社会过程，甚至有时候表现

① 如十七届六中全会《中共中央关于深化文化体制改革推动社会主义文化大发展大繁荣若干重大问题的决定》《国家“十二五”文化改革发展规划纲要》等。

为集体行动。

在此，笔者想对梁启超曾经天才地揭橥的文化自觉理念与费孝通先生反复论述的“文化自觉”做一个辨析。概略地说，梁启超在1920年连载于北京《晨报》和上海《时事新报》的系列文章（后以《欧游心影录》结集出版），讲述了第一次世界大战对欧洲的破坏和欧洲文明的败相，表达了作者对中国文化的正面价值在人类新文明中获得一席之地的信心。第一次世界大战之后，欧洲经济凋敝，人民生活困苦。“谁又敢说那老英、老法、老德这些阔佬倌，也一个个像我们一般叫起穷来，靠着重利借债过日子？谁又敢说那如火如荼的欧洲各国，它那很舒服过活的人民，竟会有一日要煤没煤，要米没米……”① 由此引出欧洲的先进并不是必然的、永恒的，中国因为落后而做出的完全的自我否定也就没有必然性了。尽管梁启超在系列文章中仍然批评了中国社会的缺失，但是，他也明确倡导，“要人人存一个尊重爱护本国文化的诚意”，同时也要吸纳西洋的成就，“起一种化合作用，成了一个新文化系统”②。梁启超的论述可以说已经具备费孝通先生所用的“文化自觉”的基本含义。差别在于梁启超还没有把“文化自觉”打造为一个独立的概念，更没有机遇让这个概念成为社会的共识。

相比较而言，梁启超在现代之初所谈的文化“自觉”，在历史上被证明，只是学者的个人性认识，尽管他也呼吁了，但是并没有引起足够的“社会”共鸣，因此只能是第一个层次的自觉，只能是一种个人性的知识活动。梁启超在这一点上是先知先觉，但是社会并没有跟上他的思想。在20世纪20年代，中国的经济发展和社会进步还不足以支撑国人对于自己的固有文化的信心。而1997年以来的形势越来越彰显中国相对于西方的优势，也就越来越有力地支撑起国人对于传统文化的信心。

---

① 梁启超：《欧游心影录》（节录），载梁启超：《饮冰室文集》，吴松等点校，云南教育出版社，2001，第3475页。

② 梁启超：《欧游心影录》（节录），梁启超：《饮冰室文集》，吴松等点校，云南教育出版社，2001，第3496页。

三、文化自觉与文化自省的世纪差异

费孝通先生在两个反差巨大的时代谈文化与自我的关系，其关怀是很不一样的。其中的差异可以用“文化自省”和“文化自觉”概念的对比来辨析。我们读费孝通先生的文集，看到他在20世纪40年代的中外比较中讲文化的民族自省，突出感觉到他的思想既有连续性，也有变化。如果把那个年代费老思想中的“文化自省”和今天再讲的“文化自觉”这两个概念放在一起，可以看出这是两种非常不一样的思想方式。

“文化自省”，在文化上自我反省，是新文化运动本身和之后形成的社会基调。新文化运动要全体国人在文化上自醒，也就是说，这场运动的思想领袖告诉国人，我们在文化上将自己看大了、看高了，事实上我们的文化没有我们一直自认的那么好。对此，我们原来不知道。我们与西方的遭遇及失败证明我们的自我认识是一种错误的自大。现在这些领袖“省悟”了，告诉我们了，要我们也明白不是那么回事儿了。于是，大家都逐渐养成新文化运动知识分子的思维方式，将社会不好的地方归罪于固有的文化，传统文化在公共生活中就成为一种负面价值的东西，处于被唾弃之列。“文化自省”引起了一个长期而深刻的破除旧文化的社会过程。

到20世纪80年代的文化热时期，对传统文化和经过社会主义革命的当下文化进行检讨，仍然是五四新文化运动的文化反思在当代的延续。不过，这个时期也有学者使用“文化自觉”的概念，如哲学学者许苏民的论著，但是，“文化自觉”的概念仍然是一个批判传统文化的武器。

许苏民在1986年使用“文化自觉”，是指意识到“中国要实现现代化，必须花大气力来摆脱旧的拖住新的、死的拖住活的的历史惰性”①。非常有意思，也对笔者的分析构成非常好的支持，他后来在自己的著作中竟然把“文化反省”和“文化自觉”放在一起论述。他大致是用文化反省指对旧文化的批判与否定，用文化自觉指对新文化的认同。他说，“所谓文化自觉，乃是指

① 许苏：《中华民族的文化自觉》，《青年论坛》1986年第11期。

这样一种文化心态：它是通过文化反省的途径来认识旧文化的没落和新文化的产生的必然趋势”①。这两个概念其实只是他的一个概念的不同措辞，都是否定传统文化的。他在结论中说：“通过反封建的思想启蒙来推动全民族的文化反省和文化自觉，乃是使中华民族彻底摆脱旧的拖住新的、死的拖住活的的历史惰性的关键。”② 很显然，20 世纪 80 年代的文化热沿袭的是饱含文化启蒙、文化反思意蕴的五四精神，是中国知识界重新感知中国大大落后于国际主流社会的思想反映，当然不会有 20 世纪 90 年代末期以来逐渐增强的文化自信气氛。

现代的文化自省是“归罪”，是自责、自戕，相比之下，今天的文化自觉要把“归罪”改成“除罪”。“文化自省”是指我们明白我们高看了自己和自己的文化；“文化自觉”这一次的反思是说我们再次明白我们原来低看了自己，低估了自己的文化，这次我们建立的观念就是我们要自信、自爱和自立。前者是否定传统文化，后者是对前者所否定的传统文化的肯定。在这个新的历史阶段，关键问题不在于知识分子个人要建立这种观念，而是整个社会要一起树立自信、自爱和自立的观念。困难的是，中国当前已经是一个高度分化的社会，要让一个一个在社会范畴充满差别的“我”通过文化凝聚成为“我们”，是一件何等艰难的事情！只有传统文化，这种曾经的共同经验重新被视为共同财富，才能够达到这个难能可贵的目标。

四、文化自觉：共同相信自己的社会是文化的来源

进行过文化的自我否定的社会才需要费孝通先生意义上的文化自觉。欧美社会所有的从来都是文化自在。他们提出国际社会准则，对他们而言是内在的东西。讲和平，那可以说作为他们的社会的基本价值来源的“基督教”本来就倡导这个观念；要以正义的名义在国际上行使武力打人，在南斯拉夫、利比亚开战，也是基于他们社会中广泛认可的人权逻辑。这两种现象在我们

① 许苏民：《文化哲学》，上海人民出版社，1990，第 305 页。

② 许苏民：《文化哲学》，上海人民出版社，1990，第 315 页。

看来是矛盾的，但是在他们的社会都是经过公众讨论而讲得通的，也都经过民主决策的程序，因为相关的价值标准和逻辑都来源于他们自己。欧美社会中，通过政治选举、内部辩论都能够消解这些矛盾，最终达成共识。在国际舞台上，他们怎么做，怎么自在，因为都是基于他们社会内部的“理所当然”的共同文化，也就是自身的文化传统。而我们是经过了自我否定之后，才需要有“文化自觉”，即通过一个社会过程让公众重新具有文化上的共识。我们对文化自觉的需要源于我们这个共同体在文化认同上的问题。其实很多社会都有认同危机，但并不必然有文化自觉的呼吁与启动，其中还要有知识分子愿意把这个问题呈现出来，通过传播使社会愿意把它作为一个议题拿出来进行讨论，获得解决的机会。第二次世界大战后殖民地解放运动和“八九”柏林墙拆毁以来，一些国家解体了，因为价值和认同发生分裂的社会无法达成共识、认同，就干脆分出另外的共同体，成立新的国家。也就是说，在认同危机面前，还需要有国家的体制和知识分子愿意解释和解决这个问题，也还得有历史机遇留下空间来逐步实施这些步骤。

显然，中国社会已经“自然”发展到一个历史阶段，有了一定的政治、经济等方面的信心，只是尚未达到文化自信，因为文化自信不能“自然”达到。就像一个在自卑中长期生活的人，现在富裕了，他对自己的物质财富有信心，在文化上还不够自信，但是他有钱可以让他有条件对自己的成就寻求文化上的建设和支撑。也就是说在这个历史阶段，社会的自信心并没有完全建立起来，或者只是片面的、局部的自信，某种意义上文化自信的缺乏，使其更加需要从整体上完全和真正实现民族自信。

谈“文化自觉”就会谈及东西方文化。在学习西方文化的过程中我们会发现其中也有糟粕，也有消极的东西，那么就是说中国或者西方文化都有精华和糟粕。近代以来，我们一直在用这个分析模式区分文化的精华和糟粕，无论是古代的，还是外来的。要是“文化自觉”还是只做如此这般的事情，那么这个概念就没有多么特殊的意义。也就是说，在内容层次上谈费老所指的“文化自觉”，无法真正把握和突出这一概念在特殊时代所体现的敏锐独到的地方。因此，虽说很多学者都认为“文化自觉”很重要，也一直在阐释它的重要意义，但是在学理上，它的重要性并没有被揭示出来。

笔者以为更加重要的是，我们先要思考究竟应该把文化自觉放在哪一个层次来谈。笔者觉得这个问题还没有人提出来说清楚，所以笔者想谈的是，“文化自觉”究竟是要回答哪一个层次的问题。

“文化自觉”是在“觉”（悟）什么？当然是文化。“文化自觉”从字面上看，就是自己醒悟到自己的文化。“觉文化”有两个层次，一层是从内容上讲，“觉”到什么东西构成中国文化；另一层次就是“觉”到中国文化在哪里，其实也就是中国文化的来源和出处。“文化自觉”这个概念的真正深刻和高屋建瓴，不在于在内容分析层次上回答什么构成中国文化，而恰恰在于讲重新发现原来被否定或忽视的中国文化自己的来源和出处。

在概念辨析之外，笔者想用费老的思想和概念去理解当下的非物质文化遗产保护工作——这个在国内的媒体和社会上搞得风风火火，但是主流学术圈并没有太在意的一个大事件，以便找到一个打通二者的机会。

五、文化自觉的路径：非物质文化遗产保护

中国的文化自觉需要公众形成对中国文化在世界文化中的独特位置的公共认识。在这样一个社会大分化时期，这确实是艰巨的。如果知识分子要有所作为，必须去寻找实现“文化自觉”的技术路径。

社会共同体要建立“我们共同的文化”。我们都认同一个文化是我们共同体的东西，这是很难的事情。例如，这些年新儒家不厌其烦地宣传儒家思想是我们的传统，可是在社会上也没有办法凝聚成这样的共识。真正要找到一个东西，让社会上下、官民等不同的阶层达成共识是非常困难的。恰恰非物质文化遗产保护，既通过程序操作确认了什么文化是“我们”共同的文化，还确认了文化可以来自我们的社会，或者说确认了我们的社会也是文化的来源。

联合国在世界范围内提倡的非物质文化遗产保护这项工作，在很多国家推行之后的反应很不一样，在中国的反应尤其热烈。从中央政府到乡镇政府，这种热烈的反应在世界上都是独一无二的，也许只有费老的“文化自觉”这个概念才能解释这个时代这种发烧的征候。很多学科的学者都没法回答，一

个剪纸，一个烧饼，这些从来就有的东西，为什么对我们的时代、我们的思想、我们的共同体会有那么重要的意义呢？很多人不以为然，因为他没有加入到我们这个国家当前一个划时代的思想转换进程，或者说，他身处其中但是没有自觉到这一历史进程。

非物质文化遗产保护工程，建立国家级和省级非物质文化遗产代表作名录体系，就是要在民间的文化项目自近代以来长期被贬低之后重新承认它们的价值。这些民间文化项目，按照现代的新标准，要么不赚钱，要么不美，就像农村原来的剪纸窗花，被大美人照代替。非物质文化遗产保护工程把它们列为国家的遗产，赋予其法定的身份，成为国家正式承认价值的文化。这造成了一种社会现象，在这么大的国家中，无论是汉族还是少数民族，边缘族体、边缘人群，无论其政治财富、思想文化各项指标处于多么边缘的位置，通过非物质文化遗产保护名录体系的建立，使得底层的、下面的东西一下子变成了电视、报纸等新闻媒体报道，省市县各级政府重视，以中央国务院名义发布光荣榜的东西。自现代以来，从未像现在这样一致地承认我们的社会（由普通人所代表的社会）也是文化之源。

从执政党和政府的角度来说，我们中国文化的内涵是社会主义、马克思主义，对于从事自然科学技术研究的人员而言，文化是现代科学技术，还有搞学校教育、博物馆工作的群体，他们认同的“文化”都不是直接来自中国社会的文化，而是从外面传播进来的现代文化。在非物质文化遗产以法定形式认定中国文化的社会来源之外，通常在正式体制里的中国文化就是现代以来从外部引进的文化，尽管经过各种再创造。费孝通先生有过国外留学的经历，具备开阔的学术视野，同时积累了深厚的传统素养，又经历了传统的时代和现代文化的变迁。在这种文化背景下，他提出的“文化自觉”的概念恰恰是要解决共同体的文化究竟从哪里来的问题，从这样的一个层次上对中国的文化定位问题给予回答。

就现阶段而论，在中国社会里面，中国的文化可以部分来自中国社会，我们可以非物质文化遗产的来路为例。也就是说，中国文化在一定意义上来自中国的日常社会，来自中国普通人的生活。非物质文化遗产保护行动带来的文化局面已经说明，它可以看作一个完成中国文化自觉的路径。它是一个不断向前运动的过程，最终要达到什么阶段呢，就是中国文化的出处和来源，就是中国社会自己的日常生活。

非物质文化被列为遗产，就表明这些文化项目是共同体的固有文化，是足以表示共同体的自我表征的。因为中国的正式制度、官方文化是在反传统、抑民间的现代革命意识形态中从西方移植的，所以中国的公共文化在性质上是现代的，在来源上是引进的。

非物质文化遗产保护在中国的实践主要表现在四级（国家级、省级、市级、县级）名录的建立和对名录项目的法律保护和财政支持。这些措施给予名录项目法定的公共文化地位，这就造成了一个新的局面：正式承认的公共文化有了民间社会的来源。或者说，民间社会也被正式承认是共同体文化的来源。

非物质文化成为公共文化，大致发生在两个层次：一个是在观念上被大众公认，并且得到公众的自愿参与；一个是在体制上被政府部门正式承认，并且以一定的公共资源加以支持。对于公共物品，政府的作用首先是建立并维护法律秩序，保障参与的各方都遵守游戏规则。在国家层次，2004 年 8 月，经全国人大常委会批准，中国加入了联合国教科文组织《保护非物质文化遗产公约》，于是把原拟设立的《中华人民共和国民族民间传统文化保护法》改为《中华人民共和国非物质文化遗产法》，该法在 2011 年 2 月终于得以公布。在地方层次，近几年已经有多个省、自治区（如云南省、贵州省、福建省、广西壮族自治区等）和一些地级政府（如湖南湘西、湖北恩施、江苏苏州等）相继颁布了民族民间传统文化保护条例。

公共文化需要专门的机构发挥管理和服务的功能，如果非物质文化被正式列为国家、地方的公共遗产，就需要建立相当的专门机构来组织并推动申报、评审、监督、实施具体的工作。因为非物质文化遗产是由私人承载的，所以它们转化为公共遗产的过程、后续管理与公共服务都是难度很大的专业性工作，需要建立配套的行政管理系统。在中国，国家在 2003 年建立了由文化部、财政部和国家民委、中国文联等有关部委的代表参加的“保护工程”领导小组，成立了由各学科专家组成的专家委员会。在 2005 年，非物质文化遗产保护工作部际联席会议制度建立，联席会议由文化部、发展改革委、教育部、国家民委、财政部、建设部、旅游局、宗教局、文物局等部门组成，可谓兴师动众。为贯彻落实国务院颁布的《关于加强文化遗产保护的通知》，2006年，在九个部门联合的基础上，又由国务院办公厅牵头，增加了公安部、国土资源部、海关总署、林业局、法制办等部门，建立了国家文化遗产保护领导小组。在这类领导机构之下，专门的日常运行机构也成立起来，经中央机构编制委员会批准，中国非物质文化遗产保护中心于2006年9月正式挂牌成立，集中承担开展非物质文化遗产理论、实践和科学保护方面的任务。中国非物质文化遗产保护中心还建立了中国非物质文化遗产网站，并正在将现有非物质文化遗产资料数字化，建立数据库，使之成为中国非物质文化遗产数字博物馆的基础。一些地方政府和社会力量建立了一批非物质文化遗产专题博物馆，如各地展示服饰及其制作工艺的博物馆、民俗博物馆、文化生态博物馆。当然，最基础的还是国家财政经费的投入，从2003年开始，国家财政每年都列支非物质文化遗产保护专项经费。

公共文化必须在大众媒介中有相当的能见度，必须方便公众获得信息、自主参与。得益于非物质文化遗产保护运动的推动，2005年12月23日，国务院颁发《关于加强文化遗产保护工作的通知》，提出每年6月的第二个星期六为全国“文化遗产日”。2006年的第一个“文化遗产日”，北京和全国各大博物馆举办有关文化遗产保护的专题展，参照国际惯例，在“文化遗产日”期间，具备开放条件的全国各级文物保护单位、博物馆、纪念馆等公共文化设施向公众免费开放。非物质文化遗产的专题展览也以多种形式在全国多次举办。

非物质文化以法定遗产的方式进入公共文化，在整个国家体制里为非物质文化在今后成为整个社会的公共文化的重要来源开创了路径。现在还是以单项特批的方式让非物质文化“提升”为公共文化，这种“鲤鱼跳龙门”的空间还是很狭窄的。不过，一些正在进行的文化工作有可能带来巨大的改进。文化部从2006年就启动了全面了解和掌握各地各民族非物质文化遗产资源的种类、数量、分布状况、生存环境、保护现状及存在问题的普查工作，非物质文化遗产名录体系也正在国家、省、市、县四级逐步建立，已经公布三批名录，并在实施第四批名录的申报工作。这些重大文化项目的顺利进行以及在此过程中所产生的社会影响，对于我们日常生活中的传统在得到重构的国家公共文化中扮演文化根基、认同核心的作用将具有深远意义。

可能有必要澄清一个问题。在今天这个文化多元的时代，任何社会的文化都必然是多个来源的。但是我们要理解和强调的是，“文化自觉”是要解决对于文化的出处和来源的共同认识，不是回答文化的具体内容，是对我们“自己有文化”，对我们有“文化的自我”这个概念有信心，并实现这个信心的社会共享，而并不是说要社会分清楚文化哪部分是别人的，哪部分是自己的。在经过100多年现代化历程的中国，在文化全球化背景下，没有哪一种文化单纯是自己的，或者完全就是别人的，因为现实中的文化往往都是混合的。但是作为一个文化共同体，对于有自己的文化自我，对于自我的文化可以来自自己的社会，必须有这份信心。这才是“文化自觉”这个概念在这个特殊的历史时期获得广泛的社会反响的原因。而非物质文化遗产保护作为一个造就广泛的社会参与的社会过程，使文化自觉由学者倡导的理念转化为共同体集体的实践，从而成为中华民族的文化自觉的技术路径。

（此文稿得到阮元星、刘朝晖所负责的非物质文化遗产研究项目的支持，特此致谢。）

土家族传统文化的当代变迁

柏贵喜

土家族文化变迁是一个长期的历史过程。廪君之后，土家族文化在历史上大致经历了三次大的变迁时期。这在刘孝瑜、王炬堡等先生编著的《土家族简史》一书中反映得较为透彻。然而，土家族文化在历史上的任何一次变迁都没有当代变迁这么剧烈。本文以笔者1989年在鄂西卯洞社区调查的第一手材料为基础，对土家族传统文化当代变迁的主要侧面加以浅析，以求教于各位专家、学者。

一、物质文化的当代变迁

物质文化是人类所创造的物质财富的总和，包括人力作用于其上的物质对象和人类物质生活方式。土家族物质文化在当代的变迁表现在如下方面。

1. 生产工具。社会主义制度的建立，特别是农具改革的开展和农业机械的使用与推广，卯洞社区一些传统的生产工具逐渐销声匿迹，代之以起的是先进的农用工具和动力机械，如耕作工具中的双轮双铧犁、孝感步犁、铜犁、北方楼等，动力机械中的耕种机械、农田配套机械、排灌机械、脱粒机械、加工机械和植保机械等，大都是从先进地区引进的。与此同时，他们还采用引进与自制相结合的方式制造农业机具。例如1980年，卯洞农机厂试制的6BT－960型桐果剥壳机，通过了省级鉴定，并获得了国家经委颁发的优秀新产品金龙奖。但由于有些机械的造价高和使用范围窄而未得到推广或被废弃。

2. 衣饰。土家族传统服饰，女装为短衣大袖，左衽开襟，滚镶2—3层花边，着镶边筒裤；男装为对襟短衫，穿自做的布鞋和草鞋。妇女的装饰品有银发花、银耳环、手圈、戒指等。随着商品经济的发展，汉区工业品的大量输入，现在穿土家族服装的人已较少。例如，对舍米村102人的调查显示，全穿土家族服装的只有2人，部分穿土家族服装的为32人，其余的人都不穿土家族服装。穿着土家族服装的程度与年龄大小成正比，性别差异变化不大，一般妇女穿土家族服装的偏多。

新时期土家族服饰变化特点有三：其一，衣质由麻向棉毛和化纤品过渡；其二，衣饰品由家庭手工制品向机器制品过渡；其三，青年人中烫发和涂口红的增多。

3. 饮食。土家族饮食变迁首先表现在主食由苞谷、土豆辅以稻米向主食稻米辅以苞谷、土豆、荞麦转化。根据对六户彭姓土家族家庭（以下简称"六彭"）的家计调查显示，1988年，稻米的消耗量占主食消耗量的32.7%，是新中国成立初的2.5倍，主食中面食量不断增加，"六彭"平均每人消费面条18.2筒。其次是副食的品种日益多样化，已基本摆脱了"四季腊肉，终年酸菜"的格局。现在土家族家庭的副食可达十几种，"鲜"已是许多家庭追求的新意向。佐料除传统的盐、干辣椒、桔子皮外，还有五香粉和味精。再次是餐具、炊具的变化。餐具中陶瓷器逐步取代竹木器，炊具中铁锅的使用已很普遍，并且已开始使用铝锅。最后是传统的二餐制趋少，三餐制渐多。

4. 居室。土家族居室变迁较衣食变迁要缓慢得多。其原因大致有：好风水不应改变，建房艰难，木质房耐用。但新建居室多由"高岭"向集镇、交通路口、平坝转移，房屋结构也逐渐由纯木或木石结构的"三柱四骑三间"或"五柱四骑三间"向木瓦砖或砖瓦结构的三间瓦房转化，有些富裕之家还盖上钢筋水泥结构的楼房，并出现了三面是围墙的"四合院"。

5. 交通。交通变迁主要表现在三个方面：其一是道路由山道到人行大道到公路的变化及航道、渡口的改造。土家族传统道路是"对山喊得应，走路要半天"的崎岖山道。1939年才修筑一条来凤至百福司的人行大道，1949—1955年，建百福司至湘西龙山桂塘坝的人行大道，1955—1965年建来百公路。现区乡公路已达8条。新中国成立后，还改造了社区内百福司至鸡笼滩17公里酉水河道和百福司至安抚司10公里怯道河航道，改造渡口11处，各种桥梁5座，百福司桥正在建设中。其二是交通工具和运输方式的变化。卯洞社区中土家族传统的运输工具为扁担、背篓、木制独轮车、长柄竹箕、竹筏、木筏等，所谓"桑木扁担软绵绵，上挑桐油下挑盐"，"背不离篓，篓不离背”的运输方式是也。畜力运输不多见。随着公路的修筑，机械运输在增多。现全区已拥有拖拉机 26 台，汽车 2 辆，每天尚有两班客车往返来百之间。自行车已成为交通运输的重要工具，舍米村 150 户人家中，有自行车 43 辆，平均 3.19 户 1 辆。1983—1989 年，百福司供销社共销售自行车 708 辆。其三是邮电事业的发展。1955 年 8 月，百福司设邮电所，区至乡设邮路两条，1958 年开始采用自行车和步行相结合的方式投递，1970 年开办县城至百福司的摩托车邮运路线。现邮运线路可通达各乡、村、组。

二、精神文化的当代变迁

精神文化是指相对于物质文化而言的存在于人类记忆中的信息，包括人类的知识、风俗、法律、宗教、艺术，也包括人类的语言、社会结构、组织以及社会心理等。这里着重从政治生活、社会风俗、社群结构、宗族制度、信仰、文学艺术、语言和民族心理等方面来分析土家族传统的精神文化在当代的变迁。

1. 政治生活。社会主义制度建立以后，土家族人民当家做主的平等权利得到了保障，政治热情在增强。他们中的许多人以主人翁的姿态投身到社区建设中，青年中近一半人想从政。其态度以“为了获得民族平等权利，建设家乡”为主，有的“想出人头地”，部分人“想端一碗国家的饭吃”。土家族干部在增多。现卯洞社区土家族干部数占干部总数的 67%，许多土家人还成为县级以上的干部，有的还是全国人大代表。

2. 风俗习惯。新中国成立后，随着新婚姻法的制定和贯彻，土家族传统的“弟坐兄床”“兄坐弟床”“扁担亲”“瓜藤亲”等婚姻类型渐次消失，姑舅表婚、族内婚和包办婚逐渐减少。据卯洞社区 1976 年至 1988 年完婚夫妇的不完全统计，75 对夫妇中，姑舅表婚 9.33%，土家族与汉族、苗族等民族通婚的占 53.43%，自由缔结姻缘的 13 对，占 17.33%，其中由于抗婚而曾出走或私奔过的有 4 对。只有一对是“瓜藤亲”，仅占 1.33%。

节庆的当代变迁，一方面表现为青年人和城镇居民开始过元旦、“三八”、“五四”、国庆、圣诞等节日，另一方面表现为土家族传统节序民俗内容的变化，如腊月二十九，土家族过赶年，过去要互赠年粑，跳摆手舞，打飞棒，赶麂、獐等。而现在主要有乡村干部组织团拜，中青年人和小孩则是去看电影、看录像，或组织球赛、联谊会等。社会习俗中的丧葬、病痛、生育、禁忌也都发生了一些变异。过去土家族病则无医，唯锥牛羊，师巫击鼓，摇卜铃竹筮，以祀鬼。现在这种状况已经改变，一般疾病都去医院治疗，或以土方草药医治。百福司卫生院有医务人员 20 多人，病床 40 多张，日均接待病人 50—60 人次，有效地提高了人民的健康水平。

3. 社群结构和宗族制度。家庭结构的变化是社群结构变迁的重要内容。由于土家族和其他民族间通婚的增多，民族复合型家庭和核心家庭在逐渐增多。社群结构变迁的另一表现是青年人出外谋生（劳务、经商）和从社群内向外搬迁的增多，如舍米村 1983 年以来出外谋生的有 25 人，搬迁的有 9 户。家庭结构变化使同一家庭按几种民族习惯来生活，这就动摇了土家族的宗族制，房头和族长的地位下降，职能减弱。

4. 信仰。土家族信仰的当代变迁，有以下几个特点：一是土家族族神的淡化。多数土家族人尤其是中青年对白虎神很漠然，他们的祭祀活动往往只局限于自己的近祖，而且许多家庭原来放神龛的地方，都已挂上“天地君亲师位”的中堂。摆手堂的消失使彭公爵主、田好汉、向大官人在土家族祖先神祇中的地位下降。二是自然神的基本消失。生态的变化改变了在土家族生产生活中占有重要地位的自然神的形象，现在人们已不祭梅山猎神了。三是巫鬼迷信的革除。巫鬼迷信革除的第一个表现就是土老师、端公在土家族的祭祀中很少活动了。现卯洞社区很难找到一个真正的土老师或端公。某些祭祀活动往往由老人尤其是有知识的或精明能干的老人主持，但职能范围已很小，如在舍米村仅限组织跳摆手舞、建房和排解纠纷等。第二个表现是青年人对巫鬼迷信活动不感兴趣。据对 58 名青年的问卷调查统计，只有 17 人喜欢拜佛敬神、“跳仙”、看风水、做道场等活动，而且一半以上是为看稀奇、凑热闹的。

5. 文学艺术。土家族文学艺术在当代发生了重大的变迁。现代文学艺术形式的借入使传统的文学艺术形式经过改造已初步形成了一个以民族民间文学特色为基调的文学艺术体系。一是传统文学艺术形式的改造。现土家族神歌、孝歌已基本消失，哭嫁歌、民歌（山歌、薅草锣鼓歌）形式得到改造，注入了歌颂党的领导、富民政策和现代化建设的新内容。摆手舞和铜铃舞经过优选和整理，不仅艺术化了，而且增加了新生活的内容。二是新的文学艺术形式例如电影、电视、舞台艺术渐次传入卯洞社区。土家族青年中还发现了一批美术、摄影、文学创作等业余爱好者。他们参加县、州办的各种文学艺术社团和组织，用现代文学艺术形式讴歌新生活，展示了土家族的风土民情。三是其他民族的文学艺术形式不仅逐渐被土家族吸收、改造，而且还同其传统的文学艺术形式相结合，形成了新的文艺作品。例如，南剧流入土家族地区后，其部分道白改用土家族语言，并渗进土家族的民间小调，一些角色的穿着打扮也逐步接近土家族服装，给人以新的感觉。

6. 土家族语言。土家族语言基本消失。现只有河东乡一些老人可以说部分土家话，而占人口大多数的中青年人和小孩都讲汉语，有的中年人可听懂土家语。在现存的土家语中借用了大量的汉语词汇，如十以上的数词和序数词等都借自汉语。汉语借词分为早期借词和近期借词。早期借词一般采用音译加注和半音译半意译的形式，而土家语在当代变迁中借用的汉语词汇多为音译形式。此外，土家族青年中还借用流行的英语词汇。

7. 民族文化心理。民族文化心理在当代的变迁表现为民族意识的弱化、民族性格的某些型变和开放意识的启蒙。第一，民族意识的弱化。其他文化的变迁，使多数土家族青年更多地接受汉族文化和现代文化，他们对本民族的文化知之甚少。当问到“你为什么认为你是土家人”时，老年人多回答“我们祖祖辈辈都生活在这里”，青年人多半回答“搞不清白”，一部分人说是“听别人说的”。特别是民族复合家庭的增多，产生的下一代承继了两个民族的文化基因，其民族意识更加弱化。第二，民族性格的某些型变。土家族勤劳勇取的民族性格是在恶劣的自然环境和落后的生产力以及统治阶级的压迫下形成的。今天，这种精神注入了新的价值取向，许多人除了依靠勤劳勇敢来致富外，还不惜代价投师学习科学技术。在对卯洞社区 50 名土家青年问“你最需要的是什么”时，有 88% 的青年回答：“需要学习掌握实用技术。”在发展互帮互助的人际关系的基础上，过于礼让的淳朴风尚有所改变。50 名土家族青年在回答“你为亲友干活要不要收费或收物”时，有 86% 的人回答："要。"第三，开放意识的启蒙。土家族的一些青年不再恪守"铜不粘铁，土不粘客"的古训，走出"自家土窝"去经商、做工、学艺，与汉族和苗族青年交往，搞致富技术、信息的收集和传递。

三、土家族传统文化当代变迁的机制

土家族传统文化当代变迁是多种因素整合的结果。其主要机制是：

1. 内在机制——物质生产生活条件的变化。生产力的逐步提高，经济复合体系的初步建立和商品经济的不断发展，构成了土家族传统文化当代变迁内在机制的主要层面。生产力的提高，首先表现在生产工具的改进尤其是动力机械的广泛使用上。截至 1989 年 5 月底，卯洞社区已拥有各种动力机械 1721 台。其次是化学肥料的普遍施用和优良农作物新品种的引进和推广。这就为各种作物产量的提高和生产力的发展打下了良好的基础。

卯洞社区土家族集镇率先把农业专业户各类家庭副业生产和集镇内较大规模的各类农副产品加工业联系起来，使集镇形成了比较齐全的生产门类和社会化的服务体系，并由此带动了乡村相关生产门类的发展和庭院经济的兴起。从而，产生了一种城乡结合的复合型经济体系。1988 年卯洞社区复合型经济体系总收入为 1394.03 万元，其中农业 826.89 万元，林业 51.79 万元，牧业 387.85 万元，副业 33.03 万元，渔业 3.44 万元，工业 16.69 万元，交通运输 14.25 万元，建筑 5.65 万元，商业饮食业 11.99 万元，服务业 5.24 万元，庭院经济 37.18 万元。

商品经济的发展促进了商品流通渠道的开通。土家族集镇是土家族地区的商品交换中心，它具有集散农副土特产品和供应日用工业品的功能。在通常情况下，卯洞社区商品流量 90% 以上通过集镇。1988 年，仅百福司供销社系统就从全国各地购进物资金额达 81.51 万元，其中购进农副产品 46.68 万元，百福司供销社系统向国内纯销售为 319.58 万元，其中售给农民工业品为 188.26 万元。集市贸易也有较大发展。1988 年，百福司集市贸易总额为 184.38 万元。商品经济的发展还表现为土家族农副土特产品商品率的提高。"六彭" 1988 年家庭经济收入总额为 1.1153 万元，其中有 69.05% 即 7701 元是出售农、林、畜产品的收入。

2. 外在机制——异质文化的传播。文化传播在土家族传统文化的当代变迁中起着非常重要的作用。卯洞社区文化传播首先是在人口迁徙、族际互动过程中进行的。交通的发展，使社区各部分连为一个网络，而集镇则是这个网络之结。土家族集镇把不同民族的人口有效地集中起来，一定程度地打破了土家族小聚居的格局，促进了土家族与其他民族及其文化间的交往和互动。百福司集镇集中起来的人口有四种存在形态：一是集镇内有固定住所和相对稳定工作的人口 1717 人；二是居住和职业在城乡之间游移的人口 770 人；三是在校的学生 764 人；四是长住农村但经常到集镇赶场的人，百福司每场有 8000 人左右往返于集镇和乡村之间，旺季可达 12000 人。另外，百福司与县城和其他大中城市之间的人口流量，按 1989 年 6 月份的统计，平均每天达 191 人。这些人在集镇中建立了密切的劳动联系、生活联系、学习联系等。土家族正是通过这些联系来吸收其他民族文化而使本族文化发生变迁的。其次是物质文化设施和文化生活用品的增加。现在，全区乡有中学，村有小学。百福司镇中小学校校舍 4212 平方米，新中国成立 40 多年来，为土家族地区培养各类毕业生 4000 余人。卯洞民族影院有座位 820 余座，日映一场，上座率均在 70% 以上。广播入户率为 61%，广播电视转播站建立后，使区内 79% 的群众可以收看到中央和省台的电视节目。1988 年，百福司邮局共处理函件 1.9 万多件，包裹 200 多件，电话 4000 多次，电报 120 多份，报刊发行 30 多万份。镇内图书室藏书已达 1.7 万多册，年均借阅量 8000 余人次。此外，还有农技站、录像室等文化传播设施。

3. 自调适机制——主体性文化选择。土家族是其文化变迁的主体。面对生产生活条件的变化和现代文化的冲击，主体的文化知觉由旧而新进行转换，新的文化氛围刺激其进行文化创造、扬弃和采借。

文化创造是土家族文化选择的基本形式。如桐果剥壳机的研制，土家族妇女把衣裙、巾带的纹样加以汇合，构成单一性的连续几何纹，以用于被面的构图。与文化创造相联系的文化选择形式是文化扬弃，如摆手舞的挖掘、整理即为扬，土家梅山猎神之不祭可为弃。

社会主义现代化建设是我国各个民族文化变迁的强大动力。尽管各个民族文化变迁的模式可能不一致，但其目标和归宿必然相同。通过对土家族传统文化当代变迁的分析，可以得到如下启示。

第一，土家族传统文化在当代不是个别特质的某些变异，而是结构性的变迁。这种变迁是文化进步的标识和动力，也是土家族人民自觉的选择。因此，我们不必为失去某些“传统”而茫然，而应感到欣慰。这里，在理论上需要澄清的是，“汉化”在当代不适合于土家族文化的变迁，尽管汉族文化对土家族产生过很大的影响，但现代化是每一个民族文化发展的必然趋势，也是马克思主义民族融合理论的要求。

第二，土家族传统文化当代变迁也呈现出负面征象。变迁后的土家族文化与现代文化既呈融化态势，又呈排抗态势。文化变迁中的退行或回归也是难于求解之题。如阖族祭祖已沉寂良久，但随着生活的富足，此风重新荡起。有的土家族群众说：“钱是祖先给的，应还给祖先。”财富和愚昧形成悖论。其他文化遗存诸如大办婚丧事、公吃共喝、储存腊肉等都已经和正在对经济社会的发展起着阻滞作用。

第三，政策上，应既尊重土家族群众自己的创造和选择，又必须进行必要的文化刺激和引导，以便使土家族传统文化在向社会主义现代化变迁的过程中摆脱世界上许多民族文化变迁的“苦难历程”。在具体实践上，可以土家族集镇的发展为突破口，加强和健全集镇的经济功能和文化功能，使之成为土家族传统文化变迁内外机制的整合点。

中国水崇拜文化初探

向柏松

水是万物之源。水带给人类的祸福远远超过了其他自然物，因而成为原始初民最崇拜的对象之一。人类进入文明时代后，水崇拜作为一种原始自然崇拜，本应渐渐消失它的声威。但是，由于中国进入农耕时代较早，中国上下五千年的历史一直以农耕经济为主，农业对水的过分倚重，使得中国人对水的崇拜有增无减，愈演愈烈，形成了千奇百怪、无以计数的水崇拜衍变形式。水崇拜延续历史久远，影响深广，渗透到了中国人物质生活和精神生活的各个方面。研究水崇拜，不仅可以揭示种种与水有关联的民俗事象的底蕴，而且可以探究中国某些传统精神文化现象的形成原因及构成因素。

一、水崇拜的产生及其原始形态

水崇拜起源于原始社会早期。我们的祖先最早大都傍水而居，以便汲水，就是明证。同时，水也带给人类毁灭性的灾难，引起人们的恐惧。我国南部、西南部广为流传的洪水灭绝人烟的神话，就保留了远古人类恐惧水的记忆。对水的依赖和恐惧，终于导致了对水的乞求膜拜。于是，原始水崇拜逐渐形成了。

最初，原始初民的水崇拜应直接表现为对水体本身的崇拜。仰韶文化、细石器文化、印纹陶文化、大溪文化、屈家岭文化等史前文化遗址出土的陶器上，绘有大量的条纹、涡纹、三角涡纹、水波纹、漩纹、曲纹、漩涡纹等代表水的饰纹①。对于原始初民来说，把水的各种形象刻绘在陶器上，绝不是出于装饰和审美的目的，因为“人最初是从功利观点来观察事物和现象，只

① 参见《江南地区印纹陶学术讨论会纪要》，《文物》1979 年第 1 期。

有后来才站到审美的观点来看待它们”①。这些陶器上的水纹，是先民们为功利目的而刻绘上去的，它们表现了先民们对水的信仰和乞求。由此可见，史前文化时期的一个相当长的阶段，原始初民水崇拜的对象就是水本身，没有像后世那样依附于其他物象之上。最早的水体崇拜，在一些传统节日和生活习俗中，还可以找到它的遗存。如新疆北部维吾尔族的谒水节，藏族的沐浴节，德昂族的浇花水，湖南、江西交界处的万山石一带汉族的敬水节，水族的洗澡节，等等。把水称为甘泉、甘露、神水，或跪拜或焚香，或饮用或洗浴，表现出对水的虔敬崇拜之意。此外，水体崇拜还表现在乞子、生育、婚仪等习俗中。

水有云、雨、虹、雾、雪等变化形式。因此，对水的各种转换形式的崇拜，也都应属于水体崇拜的范畴。此处只论雨、云崇拜。先说雨崇拜。甲骨文有关殷人祈雨的记载不少，从中可见先民雨崇拜之一斑。殷人祈雨，或卜或祭，十分虔诚。如卜雨之类，癸卯卜：今日雨？其自东来雨？其自南来雨？其自西南雨？其自北来雨？（《缀》240）贞：多雨？王占曰：吉，多雨。（《乙》8296）不雨？乙，幺雨，小。（《粹》618）至来辛，亡大雨？（《粹》785）己卯卜，殼贞：雨？王占曰：雨？佳壬年？允雨。（《乙》）4524）②

又如求雨舞乐祭祀和焚巫祭祀之类：

舞，允从雨。（《续》1.33.5）贞我舞，雨。（《乙》7171）甲午奏舞，雨。（《甲》8069）羽乙巳我奏舞，至于丙午〔雨〕。（《金》502）今日烄从雨（《续》4.18.1）烄雨—不雨。（《甲》637）其烄高，又雨。（《粹》657）“烄”，《说文》解释说：“烄交木然也。”《玉篇》说：“烄，交木然以尞柴天。”“烄，即巫立于火上焚烧以求雨。”③

再说云崇拜。从甲骨文的有关记载来看，人类很早就知道了行云致雨的道理。庚寅卜，贞：丝（兹）云，其雨？（《存》1.107）贞：丝（兹）云，

---

① 普列汉诺夫：《论艺术——没有地址的信》，生活·读书·新知三联书店，1973，第93页。

② 温少峰、袁庭栋：《殷墟卜辞研究——科学技术篇》，四川省社会科学院出版社，1983，第138—147页。

③ 陈梦家：《殷墟卜辞综述》，中华书局，1988，第599—603页。

其雨？（《库》1331）两条卜辞都说，有了这块云，会下雨吧？既知云与雨的因果关系，故有祭云降雨之举。祭云多用尞祭。贞：尞于帝云？（《续》2.4.11）尞云，不雨？（《人》3081）贞：尞于二云？……（《林》1.14.18）？……尞于云，犬？（《乙》5317）己卯卜，尞豕，四云？（《库》972）癸酉卜，又（有）尞于六云，五豕，卯五羊？癸酉卜，又（有）尞于六云，六豕，卯六羊？（《后》上22.3）①

“尞”，是积柴焚烟。尞祭要用到犬、羊、豕等牲畜，而且一次竟有五羊、五豕，六羊、六豕之多，可见古人对云之崇拜程度。殷人崇拜云，实是为了祈雨。云崇拜和雨崇拜同属水崇拜。“从自然现象看，云雨两者实质上也属一类物象，水气凝聚而成云，云积聚多而降雨，云雨在原始初民的想象中，应是一神。”② 所以《庄子·天运》说：“云者为雨乎？雨者为云乎？”两者实在难以区别。

二、水崇拜的原始文化内涵

同古往今来的一切宗教信仰一样，任何原始崇拜都有其功利目的，水崇拜也不例外。那么，原始水崇拜的功利目的是什么呢？主要有两个：

第一个目的是祈求适量的雨水，促使植物尤其是农作物的生长，以获得维持生存的生活资料。在以采集为生的原始社会时期，原始初民就体验到了雨水与植物生长的关系。只有雨水充沛，植物生长旺盛，人们才能从植物中采集到较多的叶、茎、果实和根块。进入农耕时代后，原始农业的丰收几乎完全建立在风调雨顺的基础上。在距今约7000年的河姆渡文化遗址中，发掘出一种叫骨耜的农具。宋兆麟考证说，这既是翻地的农具，又是水利工具③。说明当时人们已经懂得引水灌溉农田。对水的依赖，必然导致对水的祈求，因为干旱和少雨是经常发生的。殷商甲骨文中，卜雨之辞占了很大的比例，

① 温少峰、袁庭栋：《殷墟卜辞研究——科学技术篇》，四川省社会科学院出版社，1983，第138—147页。

② 徐志啸：《九歌：求生长繁殖之歌》，《文学评论》1990年第3期。

③ 宋兆麟：《河姆渡遗址出土骨耜研究》，《考古》1975年第2期。

而且有些卜辞把卜雨与祈丰年直接联系起来了，表达了水崇拜祈求农作物生长、丰收的内涵。如：黍年㞢足雨——饮亾壱（《乙》3285 + 3319）。禾㞢及雨，三月。（《前》3. 29. 3）黍年㞢足雨。（《前》4. 40. 1）帝令雨足年——帝令雨弗其足年（《前》1. 50. 1）。帝令雨足〔年〕。（《明》1382）在卜辞中，年、禾指谷子或谷类。《说文》说：“年，谷熟也。”“稔，谷熟也。”年和稔同训谷熟，年是稔的假借字，可作“禾”字解。黍、禾都是粮食作物。上组卜辞表现了祈雨使粮食作物生长、丰收的同一内容。

对于原始先民来说，祈雨、求丰收是关系到人类生存的头等要事，因而应是先民水崇拜最重要、最古老的目的之一。尽管后世水崇拜在内容和形式上发生了一连串的变化，而这一要义却始终没有消失。

水崇拜还有第二个目的，就是祈求人类自身的生殖繁衍。这跟先民们的认识有关。从少数民族的创世史诗和后世典籍可以看出，原始人曾认为人是从水中生出来的。云南乌蒙山彝族的彝文典籍《六祖史诗》说：“人祖来自水，我祖水中生。”在先民眼里，不仅人是水生的，而且天地万物皆从水生。《管子·水地篇》说：“水者，何也？万物之本原、诸生之宗室也，……万物莫不尽其几，反其常者，水之内度适也。”这种水生人、生万物的观念，并非后世的杜撰，它是原始观念的延续。少数民族的创世神话形象地表现了这种原始观念。哈尼族创世神话说：“相传，远古年代，世间只有一团混沌的雾，这团雾无声无息地翻腾了不知多少年代，才变成无边无际的汪洋大海，从当中生出一条看不清首尾的大鱼。大鱼见世间上无天，下无地，空荡荡，冷清清，便把右鳍往上甩，变成天，把左鳍向下甩，变成地，把身子一摆，从脊背里送出来七对神和一对人。世间这才有了天和地，有了神和人。”① 藏族创世神话说：“天地未形成时，什么也没有，后来逐渐出现了大海……在海面上飘浮着一层蒙蒙的雾气，四面八方刮着大风。慢慢地，大风和雾气才使大海中积起了许多硬块，这些硬块又聚在一起成了大地。”② 景颇族创世神话说：“远古时代，世界是一片蒸腾的雾气，没有天，没有地，整个世界都是混混沌

---

① 李子贤编：《云南少数民族神话选》，云南人民出版社，1990，第119、368、373页。

② 李子贤编：《云南少数民族神话选》，云南人民出版社，第119、368、373页。

沌的……不知过了多少年，雾气升腾……世界朦朦胧胧的，有了一些光亮，开始显现出不太明显的轮廓。"① 上述创世神话虽然掺进了不同时代的因素，但其中雾、海水对天、地、人的形成仍起着决定性的作用。

先民们既有相信水生人的观念，必然要向水祈求生殖力量，使人类自身得以繁衍。祈求人类自身的繁殖，对原始人群来讲，其重要意义几乎不亚于祈求丰年。当时生活资料极度匮乏，生存环境十分险恶，原始先民的寿命很短。因此，要维持种族延续，必须大量繁殖后代。原始先民当然不懂得生儿育女的道理，他们只能从相似律的思维方式和"万物有灵"的观念出发，根据自然界一些比较直观的生命现象，来推测人类自身生殖繁衍的原因，从而对某些自然物产生生殖崇拜。水能使植物发芽、生长、结实，这是原始人能观察到的现象。原始人又惯于把人与植物等量齐观，视为同类。一些民族往往把某些植物当作自己的图腾祖先就是明证。人与植物既然属于同类，水能使植物生长，也就能使人生育繁殖了。所以向水祈求生育就成为水崇拜的原始内涵之一。后世形形色色的祈子、婚仪等习俗还保留了这种原始内涵。

云南永宁纳西族有喝水、洗浴的祈子习俗。久婚不育的妇女，须由巫师、丈夫和伴娘陪同，来到有水的山洞。先是巫师施行巫术，然后祈子妇和伴娘跳入洞中水池洗澡。浴毕，祈子妇还要来到一种叫作"久木鲁"的石头旁喝水。"久木鲁"为祈子石之意，尖端有凹坑，坑内积满了水。巫师拿来一根上下穿通的竹管，插入水中，让祈子妇嘴含竹管吸饮石坑内的水，吸饮三次方告结束。据说，经过如此洗浴、饮水后的妇女，就能怀孕生育②。洗浴、饮水，象征着把水的生殖力量传到妇女身上或注入她的体内，使其受孕、生育，犹如以水浇灌植物，促其生长、结实一样。

古时有在上巳节临河祓禊祈子的活动。《周礼·女巫》说："掌岁祓除衅浴。"郑玄注释为上巳习俗："岁时拔除，如今三月上巳，如水上之类，衅浴以香薰草沐浴。"可见周时已将洗浴作为上巳节的基本活动。宋《太平御览》引晋成公绥《洛禊赋》说："考吉日，简良辰，祓除解禊，同会洛滨，妖童媛

① 李子贤编：《云南少数民族神话选》，云南人民出版社，1990，第119、368、373页。

② 严汝娴、宋兆麟：《永宁纳西族的母系制》，云南人民出版社，1983，第206页。

女，嬉游河曲，或涣纤手，或濯素足。”可见上巳节的洗浴往往只是洗洗手、洗洗脚。洗浴既然是上巳节的主要活动，那么，它所蕴含的意义是什么呢？《后汉书·礼仪志上》说：“是月上巳，官民皆洁于东流水上，曰洗濯祓除，去宿垢疢，为大洁。”此处所说洗浴的目的是为了祓除不祥、祛病消灾。此说已非上巳洗浴的本义，而是魏晋以降的后起之义了。其实，上巳节临水祓禊的原始意义是祈子，这在一些文献中时有披露。《北齐书·窦泰传》说：“泰母梦风雷暴起，……寤而惊汗，遂有娠，期而不产，大惧。有巫曰：‘渡河湔裙，产子必易。’”渡河湔裙，就是洗浴祓禊活动。经过河水的洗浴，就能达到顺产的目的。《汉书·外戚传》明确地指出过祓禊的祈子功能：“武帝即位，数年无子。平阳主求良家女十余人，饰置家。帝拔霸上，还过平阳主。”《汉书》注引孟康的话说：“拔，除，于霸水上自拔除，今三月上巳祓禊也。”武帝为求子，采用的正是三月上巳祓禊方法。祓禊以洗浴获得生殖力量，体现了水生殖崇拜的意义。

傣族等民族的泼水节，最初也有祈子的意义。傣历新年，盛行泼水习俗。男女老少提着桶、端着盆，来到街上，互相泼水。泼水的近现代意义在于表示祝福、消灾除病，然而其原始意义当与祈雨、祈子有关。傣族古歌《十二月》在叙述泼水节的来源时，描绘了亚热带旱季逢雨的情景：“五月到了，遍地烧起燎原大火，干枯的树枝堆堆拢来，茂密的野草一起割倒。六月下了一场急雨，带来了欢乐的新生命，辽阔的大地啊，正是播种的季节……”① 气候炎热，野火遍烧，又正值播种季节，迫切需要雨水，只好祈雨。泼水就是祈雨的一种模拟巫术。在原始巫术中，祈雨与祈子经常相伴相随。泼水节中，有青年男女泼水交际恋爱的活动。男女各方，总是尽情地朝意中人泼水。泼水之后，还要通过丢花包进一步交流感情。由此看来，泼水与抛绣球等民俗活动一样，具有缔结婚姻的功能，而婚姻的结局就是生子。因此，向意中人泼水，潜含有祝对方生殖力强的意义。这从泼水的某些表现形式也可看出：泼水者拉开对方的衣襟，舀起一瓢清水往里倒，让水沿着脊梁流下去。活脱

① 杨丽珍：《试论傣族和东南亚的泼水节及其传说》，载《民间文艺集刊》（第三集），上海文艺出版社，1982，第290页。

脱是沿着农作物根部浇水动作的再现。

上古有男女在河边相会交际、择偶欢娱的习俗。这种习俗融婚恋与祈子为一体，让两者同步进行，颇有意味。在河边恋爱，边恋爱边祈子，河水就是祈子的对象。《墨子·明鬼》说："燕之有祖，当齐之社稷，宋之桑林，楚之云梦也，此男女所属而观也。""祖""社""桑林""云梦"都是男女相会欢娱的场所。"云梦"即水边的欢娱场所。《初学记》卷五引《五经通义》说："郑国有溱洧之水，男女聚会讴歌相感。"《后汉书·鲜卑传》说："以春季大会饶乐水上，饮宴毕，然后婚配。"这些记载都表明，曾经有一种婚配与水有密切关系。《诗经》中有不少篇章描写了这种婚俗。《郑风·溱洧》描绘了仲春时节青年男女在溱水、洧水边聚会的盛大场面。男女相约赴会，调笑戏谑，互赠芍药，极尽狂欢。不同的水域又有不同的诗歌讴歌其事。溱水、洧水边的恋歌除上例外，还有《郑风·褰裳》；淇水边的恋歌有《鄘风·桑中》《卫风·淇澳》《卫风·有狐》《卫风·竹竿》《卫风·氓》；汝水边的恋歌有《周南·汝愤》；长江、汉水边的恋歌有《周南·汉广》；汾水边的恋歌有《魏风·汾沮洳》；湖畔、池畔的恋歌有《陈风·泽陂》《陈风·东门之池》。此外，还有无法考证具体场所的水边恋歌如《陈风·衡门》《邶风·柏舟》《鄘风·柏舟》《周南·关雎》等等。《诗经》中大量的婚恋择偶习俗描写，均以水为背景，绝非偶然，它是以水生殖崇拜为底蕴的婚恋习俗的反映。借水来发展爱情，是男女青年对婚姻的一种寄托，是他们祈愿婚姻美满、生子繁衍的曲折表达。

水作为繁殖人类生命的崇拜物，还被我国一些少数民族经常用在婚姻礼仪中。纳西族有以水还酒的婚俗。男女双方定亲时，男方要送礼品给女方家。其中，一坛酒是必不可少的。女方还礼时，要用男方送来的酒坛装满清水作为回赠。清水作为缔结婚姻的信物，具有祝福生子的寓意。哈萨克族有踏水的订婚仪式。届时，媒人要带领男女双方及亲属来到河滨，涉水过河。贵州一带的仡佬族有打湿亲的婚礼仪式。娶亲之日，男方家要在大门边放上装满清水的两个窝箩，由青年妇女守候。新娘跨进屋时，要向她浇水。云南禄劝、武定一带的彝族有泼水送亲习俗。当迎亲的队伍进入村寨时，姑娘们便用大桶、大盆装上清水，向迎亲的小伙子猛烈地泼、淋、灌、浇。水族、基诺族等民族也有形式各异的泼水婚仪习俗。俗语有："嫁出去的姑娘，泼出去的水。"用泼出去的水来比喻嫁出去的姑娘，可能是由婚娶时的泼水活动取譬设喻而来，中国人用比喻向来有即景取譬的传统，泼水与婚娶恐怕不是毫无联系的吧。看来，泼水婚俗曾经十分流行。

由上述可知，水崇拜的原始文化内涵主要表现在祈求风调雨顺、农作物丰收和祈求人的生殖繁衍上。两者之所以能统一在水崇拜中，是因为农作物的生长和人类的繁衍具有相似性，而原始人类思维的特征之一就是根据相似性来确立事物的同一性。还要指出的是，原始初民既能从农作物的生长离不开水想象到人的生育跟水有着密切关系，又能从人的生殖现象推想到降雨的奥秘，创造了以人的交配来刺激自然界降雨的巫术。《路史·余论》引董仲舒《祈雨法》说："令吏妻各往视其夫，到起雨而止。"就是说的男女交媾祈雨的巫术。可见，在水崇拜中，人类社会的两种生产有着何等密切的联系。先民们的祈雨求丰收与祈子求繁衍常常是相互交融、相互渗透、难分彼此的。恩格斯指出："根据唯物主义观点，历史中的决定性因素，归根结底是直接生活的生产和再生产。但是，生产本身又有两种：一方面是生活资料即食物、衣服、住房以及为此所必需的工具的生产；另一方面是人类自身的生产，即种的蕃衍。"① 水崇拜恰好表现了原始初民要求两种生产均获"丰收"的渴望以及为此而做出的努力。虽然他们的种种努力都是徒劳的，但其中蕴含的求生存、求延续的顽强意志却有一定的积极意义和可取之处。

（本文为作者中国水崇拜文化研究系列论文之一）

① 《马克思恩格斯选集》（第4卷），人民出版社，1972，第2页。

文明，及有关于此的民族学、社会人类学与社会学观点

王铭铭

一

文明覆盖面大于多数古代共同体与近代国族（社会、文化、“人民”这些概念代表的实体，常与之对应），又不等于“世界体系”。文明“在空间上超越了单一国族的领土范围，在时间上超出了单一社会存在的历史时段”①。不过，这类实体不是与社会无关的，它们常为社会所“兼收”，常穿插于社会之间，成为不同社会之间关系的结果②。虽然人们以固定的地域想象社会或国家，但国族中的文明，向来活跃于疆界内外。文明在超出疆界方面的“活动”，有时与军事征服有关，但学者之所以用文明来形容这类超社会的实体，正是因为这类实体有别于帝国（有些文明成为帝国的文化基础，有些则成为不同王国共有的知识或宗教，在不同王国中同时起聚合与分化的作用），不由武力，而由技术、神话—宗教、知识而构成。文明往往以“风尚”的面目出现，与“不文明”形成反差，既可能排斥其他实体并因而遭到后者的反对，又可能对后者潜移默化或受其追随。

二

作为文明的摇篮，欧亚大陆是诸文明并存互动的地带。诸文明在这一地

① 莫斯、涂尔干、于贝尔：《论技术、技艺与文明》，蒙养山人译，罗杨校，世界图书出版公司，2010。

② 莫斯、涂尔干、于贝尔：《论技术、技艺与文明》，蒙养山人译，罗杨校，世界图书出版公司，2010，第38页。

带的地理分布，相当于穆勒（Max Müller，1823—1900）所定义的“方言区”。据穆勒分析，这是人类语言分化的初期，是“民族”兴起之前人类语言分化的产物（当时，穆勒尚认为，“方言时期”经神话时期的过渡，在历史的黎明期，已进入“民族时期”，但一个世纪后，学者多将“民族”与18世纪欧洲的社会变迁联系起来）。穆勒将欧亚大陆分为印欧（条顿或日耳曼语、凯尔特语、温德语、意大利语、希腊语、伊朗语、印度语的范围）、闪米特（阿拉伯语、阿拉米语、希伯来语的范围）、图兰［印欧与闪米特之外的“方言”，图兰原指游牧，其扩大含义所指涉的范围，有些接近后来拉铁摩尔（Owen Lattimore，1900—1989）探索的历史地理范围①，穆勒称其分布范围“从中国到比利牛斯山脉，从科摩瑞海角越过高加索，再到拉普兰”］三大方言区，认为这些语言文化区域先于“民族”出现②。

穆勒的三个“方言区”在19世纪进化人类学中基本被放在“古式社会”里论述。进化人类学持一种旧式的“三圈说”，认为人类史是由原始向古式再向政治文明过渡的，这一过程既是时间性的，又是空间性的：原始离欧洲最远，古式社会则与欧洲有双重关系，一方面有别于欧洲，另一方面也包括古代欧洲。进化人类学将文明定义为原始社会之后出现的非血缘性的、宗教性的、军事化的、公民化的社会形态。在这一定义下，全人类都具有文明的潜质，欧洲之所以最早进入文明，是由于它在特定的历史阶段（如古希腊—罗马）中偶然或必然地出现了一切其他地区没有出现的革新。

这种由外而内步步推进的进步历史观，在19世纪末20世纪初遭到传播人类学的批判。持这一观点的学者认为，进步不是历史的基调，古式社会处在欧洲的自我与他者之间，其文明成熟最早，远比原始和近代欧洲文化辉煌，古式社会构成的“中间圈”，是进化人类学意象中的欧洲“核心圈”和原始“外圈”的文明源泉。

20世纪初杰出的人类学家波亚士（Franz Boas，1858—1942）交互使用文

① 拉铁摩尔：《中国的亚洲内陆边疆》，唐晓峰译，江苏人民出版社，2005。

② 穆勒：《比较神话学》，金泽译，上海文艺出版社，1989，第9页。

明与文化概念，时常以“其他文明”来形容“原始文化”①。第一次世界大战后，人类学家的这种倾向得到了进一步加强。在那段时间里，社会人类学者追随马林诺夫斯基（Bronislaw Malinowski，1884—1942）、拉德克里夫 - 布朗（A. R. Radcliffe - Brown，1881—1955）、埃文思 - 普里查德（E. E. Evans - Pritchard，1902 - 1973）等进入“部落社会”。一时间，研究“简单社会”成为学术风尚，而这些社会之典范（马林诺夫斯基的特洛布里恩德岛、拉德克里夫 - 布朗的安达曼岛、埃文思 - 普里查德的努尔②）都位于欧亚大陆之外，要么在大洋里，要么在非洲。人类学家主张，它们那些嵌入生活的经济、自然形成的社会与适应于生态的组织，与欧亚大陆规模宏大、结构复杂、高度集权的“复杂社会”形成反差。尤其是埃文思—普里查德笔下的努尔人社会，可谓与黑格尔笔下的国家相反。黑格尔认为，与国家相联系的约束机制不是“自由”的桎梏，“我们应当把这样的限制看作是解放的必要条件”③。与黑格尔相反，埃文思—普里查德笔下的努尔人社会，表面上似乎有些接近黑格尔意象下的那种实现“自由”的社会，但实际上与之大相径庭。黑格尔的“国家”是“唯一文明”，是精神的国家理念，是现实的国家背后的影子，是伦理理念的现实，是绝对理性。这一意义上的“国家”，与社会有清晰区分。黑格尔认为，社会是“外在的国家”，是主观意志、个人利益的结合形式；而国家则不同，它含有至高无上的意志、伦理精神，这些东西是民族凝聚的有机的整体，是决定其他社会形式的前提。与黑格尔的“国家”相反，努尔人社会的构成与精神、伦理无关，它应合生态的节律、血缘—地缘关系的传统脉络，以及生命周期的线条，而与“自由意志”无关，它是一种结合与分化的动态制度，这一制度自然调节着社会生活，使之充满生机。如果一定要说努尔人

① 1907 年波亚士在演讲中强调，“人类学比其他学科更善于教导我们，文明价值是有相对性的”（Franz Boas：*A Franz Boas Reader*：*The Shaping of American Anthropology* 1883 - 1911，edited by George Stocking jr.，P. 280，Chicago：University of Chicago Press，1974），他所说的固然包括诸古代文明，但主要是指有别于后来人的原始人的文明，实指其引领下的现代美国文化人类学定义下的“文化”。

② 对这些著作的述评，参见王铭铭主编：《20 世纪西方人类学主要著作指南》，世界图书出版公司，2008，第 39—46 页、47—52 页、133—137 页。

③ 黑格尔：《历史哲学》，王造时译，上海书店出版社，1999，第 43 页。

社会接近“自由”，那么，这个“自由”绝对与黑格尔意象中的“国家”无关。

在埃文思—普里查德的引领下，以《非洲政治制度》① 一书为标志，英国人类学家沉浸于非洲学中，视非洲式的另类政治秩序为反观启蒙及19世纪“政治文明”观念的“他者的镜片”，从而，主张将20世纪的动荡归因于欧洲的启蒙和文明的理念。

自20世纪20年代中期，法国社会学年鉴派已建立自己的民族学研究所，曾担任所长的列维－布留尔（Lucien Lévy－Bruhl，1857—1939），以原始心灵研究为着重点，在其于1922年出版的《原始思维》中提出，原始人心灵中的世界与人存在神秘的相互渗透关系，原始人看待世界的方式不同于文明人的逻辑思维②。列维－布留尔的著述，深刻影响到了埃文思－普里查德后期的研究，后者虽然不赞同列氏以逻辑与非逻辑来区分文明与非文明的他者的做法，但是却在这个区分建立的概念框架下，着重强调了非文明社会的逻辑思维对于社会人类学理论探究的重要价值③。

并不是说人类学家不研究文明，相反，通过参与到“非文明社会”中去，他们在自身所处的文明之外寻找另一些文明（小规模的共同体与它们的文化形态），他们通过这些“另类文明”的镜子映照出两次世界大战之间欧洲的“内在野蛮”——对他们来说，无文字、有社会而无国家的那些所谓“未开化民族”，是“文明之外的文明”。致力于制作“文明之外的文明”的清晰图像，人类学家有将“未开化民族”割裂于欧亚大陆文明之外的倾向。然而，他们运用的概念和理论，却时常来自对印欧、闪米特文明制度的研究——如无论是政治人类学还是宗教人类学，都凭靠着穆勒在印欧神话和宗教研究中提出的命题，以及斯密（Robertson Smith，1846—1894）在闪米特—阿拉伯图

---

① Meyer Fortes and E. E. Evans－Pritchard. *African Political Systems*Oxford：Oxford University Press，1940.

② 列维－布留尔：《原始思维》，丁由译，商务印书馆，1981。

③ E. E. Evans－Pritchard. *Theories of Primitive Religion*Oxford：Oxford University Press，1965.

腾与祭祀仪式中提出的社会理论①。

三

然而，对文明的反思，前提条件不见得是社会人类学家致力于求索的“文明的另类”。正是在社会人类学家眼光飘离欧亚大陆之同时，不少历史研究者选择回归到欧亚大陆，以介于文明为研究单元，直面西方文明兴衰的历程与未来。其中，杰出者如斯宾格勒（Oswald Spengler，1880—1936），1918年即发表《西方的没落》②，分八个文明体系来叙述世界的历史及西方在其中地位的起落。又如汤恩比（Arnold Toynbee，1889—1975），1922 年开始构思《历史研究》③ 一书。在书中，他主张文明是超越民族的，且认为，少数有创造力的精英领袖对文明兴起极为关键，他们一旦停止创造性地回应时代问题，则文明必然衰微。汤恩比甚至从文明自身的研究中提出一个与埃文思 - 普里查德的比较政治制度研究一样的结论：民族主义、军国主义、专制的暴政必然致使文明沦亡④。

对斯宾格勒、汤恩比之流的流行史学家，人类学界多加以鄙视，如法国的莫斯（Marcel Mauss，1872—1950），以比较民族学囊括原始、古式、近代“三圈”，对作为古今之变的中间环节的“古式社会”（也就是语言学家、民族学家和社会学家定义中的文明）颇为关注。莫斯承认斯宾格勒之流学者所写的著作有“启发性价值”。不过，他批评说，它们如同“文明的历史地图集”。对斯宾格勒，莫斯的批评更为直接，他说，其文明形态学研究“有点矫情”，“那些从道德上将文明和国家分为强大的和弱小的、有机的和松散的做法，加之对历史哲学的过分考虑真的只对普通大众有所裨益。这毫无疑问又

---

① E. E. Evans - Pritchard. *A History of Anthropological Thought*New York：Basic Books 1981：69—81.

② 斯宾格勒：《西方的没落》，齐世荣、田农译，商务印书馆，2001。

③ 汤恩比：《历史研究》，陈晓林译，台北桂冠图书股份有限公司，1978。

④ 此类观点不是传播人类学的，但与传播人类学一样，此观点的持有者相信，文明是历史上实现过的伟大文化体系，由于令人遗憾的原因而往往与近代无缘。

倒退到过时的诸如‘文化命运’‘历史使命’概念，倒退到阻碍大众历史的甚至达到自称政党社会科学的社会学的术语中。社会学家们真应该在基佐那儿寻找更多的概念和事实……如果形态学还是必须去做物品传播的地域和层次的简单分类，抑或被先验的‘文化’概念或所谓的‘某某文化’牵着鼻子走”①。

不过，持相反观点的大师也是有的。如加州伯克利文化人类学家克虏伯（Alfred Kroeber）从文明形态学得到的启发颇多，在其巨著《文化成长的形貌》② 中运用了这种方法。克虏伯称，其文明著述“基本上是根据斯宾格勒提出的两项研究原则写就的，其一，每种文化都有其具有特色的基本模式，其二，这些模式是在有限度的成长（limited growths）中出现的”③。在该书导论中，克虏伯还耗费大量笔墨，阐述了一种接近于汤恩比的“天才”概念，论述了此类人物之研究对于文化人类学的挑战④。

在文化相对主义概念的支配下，美国文化人类学界其他成员多轻视文明的研究。这一状况几乎维持到20世纪50年代，此时，新进化人类学出现，文化人类学界恢复了对古史的兴趣，重新叙说了19世纪进化人类学和传播人类学提出的不同观点。在同一个阶段中，有时被归到新进化人类学一类中的德澳裔英籍考古学家柴尔德（Gordon Childe，1892—1957），明确定义了文明的范畴，并考察了其起源的机理。

穆勒论著给人的印象是，作为文明体系的根基的“方言区”先于由英雄缔造的“民族”出现，其形成时代是后来学者所说的“史前”；而柴尔德虽也强调文明孕育于新石器时代食物生产（农业）革命的文化土壤中，但认为其成长却是在“史前之后”（青铜时代）。柴尔德认为，文明是城市革命的成

① 莫斯、涂尔干、于贝尔：《论技术、技艺与文明》，蒙养山人译，罗杨校，世界图书出版公司，2010，第6页。

② Alfred Kroeber: *Configurations of Culture Growth*. Berkeley: University of California Press, 1944.

③ Alfred Kroeber: *Configurations of Culture Growth*. Berkeley: University of California Press, 1944: 828.

④ Alfred Kroeber: *Configurations of Culture Growth*. Berkeley: University of California Press, 1944: 7-16.

果。城市革命大约在距今5000年前首先发生于美索不达米亚，稍后，在埃及、印度河流域以及中国华北地区发生。美洲地区已知最早的城市中心约在公元前1000年出现于中美洲和秘鲁，那个地区的文明也大致是那个阶段出现的。柴尔德认为，文明有若干特征。文明既是以高度发达的农业为基础的，又是对乡村的革命。文明出现的标志是成熟的城市的出现。自城市出现后，政治结构、生产和交换结构都变得比新石器时代的乡村社会复杂。受涂尔干社会学的影响，柴尔德几乎将文明视为严格意义上的社会，认为文明比新石器时代村社具有更高的社会凝聚力，“农人、工匠、祭司、统治者形成一个共同体，不仅因为语言与信仰相同，而且因为他们起相互补充的作用，这些作用，对于共同体全部（即被冠以‘文明’的实体）的福祉，十分必要”①。另外，文明的一个重要特征是有了文字、庙宇和历法，这使文明社会与原始部落和村社明确区分开来②。尽管文明的兴起总是伴随着城市势力向“蛮夷”之地的扩张，但柴尔德坚持认为，文明与野蛮之地之间的关系是交换性质的：“埃及人、苏美尔人和印度人积累了大量剩余食物。同时，他们需要从海外进口必要的原材料，如金属、建筑所用的木材及奢侈品。那些控制这些自然资源的共同体由此能通过交换而从城市的剩余财富中分一杯羹。它们用所得作为资本来支持全职专家——工匠或统治者，直到后者取得其技术与组织上的成就，并进而丰富了的野蛮人的经济，使它也有可能生产出实质性的剩余。”③

旧世界最早出现的文明中心（核心地带为美索不达米亚与埃及地区）④将文明与城市革命相联系，使学者空前重视城市建筑的研究。如持城市革命论的芒福德（Lewis Murnford，1895—1990），比柴尔德更系统地论述了由巨大的公共建筑展现出来的王权与宗教，由建筑规模和形式区分展现出来的阶级，由水渠、城墙及其他公共设施展现出来的王国对公共事业的把持。芒福德的

---

① Gordon Childe. *The urban revolution*. Town Planning Review，1950，21（1）.16.

② Gordon Childe. *The urban revolution*. Town Planning Review，1950，21（1）.12—16.

③ Gordon Childe. *The urban revolution*. Town Planning Review，1950，21（1）.19.

④ Gordon Childe. *The urban revolution*. Town Planning Review，1950，21（1）.8.

研究表明，文明的进程是村庄文化逐步向城市文明退让的过程①。

文明的原初地理分布形成甚早，但文明的观念，却反映着其与能够播化己身“风尚”的城市之密切关系。由此，文明通过其与野蛮（汉语中的“夷”，西文中的“alterity”“barbarian”“savage”“other”）的区分而获得意义，指文明中人与在文明影响力之外（尤其是城市之外）生活的人们的差异。因而，不难理解，文明（civilization）来自拉丁 civilis，意为 civil，与拉丁 civis（citizen，市民）有关，也与 civitas（city or city - state，城市或城邦）有关②。

专注文明研究的城市革命理论，深受19世纪摩尔根（Lewis Henry Morgan，1818—1881）的进化人类学③的影响，但这一学说给我们展现了一幅“满天星斗”的文明形成图景，其持有者主张，在世界的各个方位中寻找文明成就的不同源泉。

四

城市革命理论是对历史的一种破裂式的解释，其旨趣在于强调青铜时代人类生活的巨变。这一解释已受到持绵延历史观的学者的质疑。如专注于中国上古史中商文明研究的张光直，认为这一文明延续了之前的巫的传统④；又如更早一些专注于周文明及其持续影响之研究的葛兰言（Marcel Granet），认为这一文明延续了之前的农耕、原始亲属制度、季节性社会活动的传统⑤。张光直与葛兰言提出的观点可谓是“纵式”宇宙论与“横式”宇宙论，前者重视考察以巫和王为主轴的上下关系，后者注重考察礼仪的社会关系制度形成中的内外关系，若对二者加以综合，便可得到下述认识：（1）无论是纵式的关系，还是横式的关系，都早已于青铜时代之前形成；（2）青铜时代不同朝

---

① 芒福德：《城市发展史——起源、演变和前景》，倪文彦、宋俊岭译，中国建筑工业出版社，1989。

② 威廉斯：《关键词》，刘建基译，生活·读书·生活三联书店，2005，第46页。

③ 王铭铭：《裂缝间的桥——解读摩尔根〈古代社会〉》，山东人民出版社，2004。

④ 张光直：《商文明》，辽宁教育出版社，2002。

⑤ Marcel Granet. *Chinese Civilization*. London：Routledge and Kegan Paul，1930.

代存在不同的关系类型，商侧重纵式，周侧重横式，从而形成某种鲜明的朝代文明特征；（3）上古朝代文明特征本存在与异类的交错，而这种交错经过历史的积累，到后世（如汉武帝时期），则衍化为一种“综合模式”①。

穆勒区分的欧亚大陆三大“方言区”中，东方不过三者之一。在发明欧亚大陆三区理论时，穆勒有视欧洲与印度为一体的倾向（在他笔下，古代印度既是欧洲文明的“母亲”——我们可以从梵文记载的文明情状了解古代欧洲的文明情状，又是欧洲文明的“幼稚时代”——近世印度文明不过是欧洲文明之童年），他将闪米特文明与东亚文明归类为离欧洲文明距离遥远的文明。作为离欧洲文明距离遥远的文明之一，无论是商，还是周，其与欧洲文明的对反，都得到了重视。但这并不意味着从这一遥远的文明得出的结论就与其另类毫无关联：尽管文明确如柴尔德等指出的那样，意味着城市革命之后社会生活的巨变，但文明对于“前文明”的延续（尤其是对穆勒所区分的三大“方言区”文明的延续），是普遍的。

五

20世纪60年代，完成了地中海中心的世界史叙述的法国年鉴派史学领袖之一布罗代尔（Fernand Braudel，1902—1985）写就了一部《文明史纲》，以文明而非其通常关注的世界政治经济体系为单位呈现历史。布罗代尔借传统区分，将文明区分为欧洲以外的文明（伊斯兰与穆斯林世界、非洲、远东等）及欧洲文明（欧洲、美洲及“另一个欧洲”，包括东欧与俄罗斯）。从欧洲与欧洲以外的文明的对比中，布罗代尔得出一个结论：“自希腊思想的发展开始，西方文明一直趋向于理性主义，并因此摆脱了宗教生活……除了少数例外（中国的智者、12世纪的阿拉伯哲学家），在西方之外的世界历史上还没有发现过这样明显地摆脱宗教的事例。”②

① Wang Mingming. *Directions, Seasons, and Alterities: Notes on the Rarly History of Chinese Political Cosmology*The Journal of the Traditional Cosmology Society, 2013, 29 (1): 25 – 58.

② 布罗代尔：《文明史纲》，肖昶等译，广西师范大学出版社，1987，第43页。

在布罗代尔之前很久，韦伯（Max Weber，1864—1920）早已于1897年著有《古代文明之农业社会学》一书，该书区分欧亚大陆东西两部，开篇即提出，西部农业从畜养牲畜转为以农耕为主、畜养牲畜为辅，而东部则相反，从牧业转为农业，但没有保留产奶牲畜的畜养传统。两种农业传统致使东西方文化走了全然不同的道路：（1）西方形成将共有土地区分为小块私有土地的传统，东方没有；（2）即使是在共有土地方面，西方与东方给予的定位也不同；（3）西方拥有与牲畜的个人拥有权相关的“个人主义”，而东方缺乏等等①。

文明的东西方之分也被赋予一种“东洋定义”。日本民族学界梅棹忠夫（1920—2010），于20世纪五六十年代发表代表其战后民族学思想的文明生态史论，重新思考东西方的区分，将欧亚区分为一区与二区，前者指大陆周边产生资本主义和民主文明的西欧与日本，后者指包括中国、印度、奥斯曼土耳其、俄罗斯在内的由卫星国环绕的帝国。

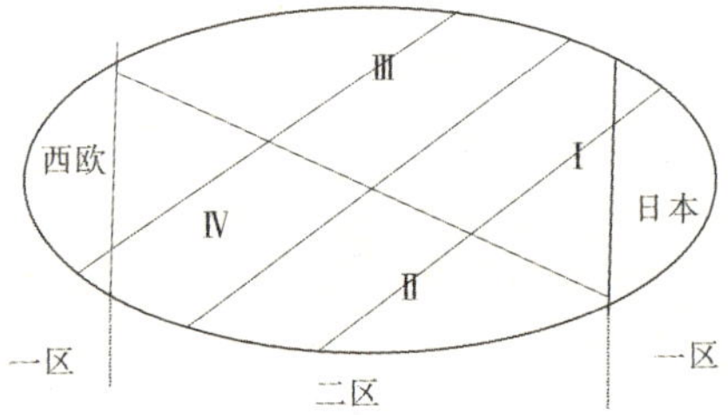

梅棹忠夫一、二区格局示意图②

梅棹忠夫认为，由于“生态”原因，一区（欧亚大陆边缘）走了一条不同于二区（内陆）的道路。他说：

一区的民族历史上起源于“蛮夷”，或者说，文明领域的外部。后来，这些民族从二区的中心汲取了文明养分，经历了封建主义、绝对主义和资产阶级革命的阶段。在当今世界，一区的国族基于资

① Max Weber. *The Agrarian Sociology of Ancient Civilizations*. trans. R. I. Frank. London: Verso, 2013: 37.

② Tadao Umesao: *An Ecological View of History: Japanese Civilization in the World Context*, P. 96, Melbourne: Trans Pacific Press, 2003。本图为笔者草临。

> 本主义基础，抵达了现代文明的高层次。至于二区，此为所有古代文明的家园。然而，二区所含诸区域并没有经历封建分化时期，而是发展了大规模专制帝国，这些帝国常因内部矛盾而分裂。最终，二区的许多地区成为殖民地或类殖民地。近些年，二区的国家经历了一系列革命，终于追随一条迈向现代化的新道路。①

梅棹忠夫的文明论，饶有趣味，它描绘了一幅文明与“蛮夷”内外互动的历史图景，认为一区（“蛮夷”）之所以比较早地现代化，是由于这个区域存在向二区（文明）汲取养分的传统，而一区自身的政体特色（封建主义和绝对主义），又是现代化的必要条件。在梅棹忠夫看来，处于二区的大规模帝国因没有容许封建分化的王国文化的“主体性”存在，因而长期陷于内部纷争，最后只能追随一区的“蛮夷”，成为现代化的后来者。

六

近代，以欧洲或一区为中心出现了“世界史”，其主调若不是被看作黑格尔式的“绝对理性”的全球化，便是被看作承继了所谓的“封建主义”和“绝对主义”的近代主权国家及其之间有“契约”关系的政治经济制度（世界体系）。无论是欧洲的韦伯、布罗代尔，还是日本的梅棹忠夫，都有将欧洲或一区特殊化为席卷世界的现代性动力源的倾向。然而，此阶段，介于国族与世界体系之间的文明，持续作为世界史的结构因素发挥着作用——即使是强调地中海特殊性的布罗代尔也承认：“一个文明既不是某种特定的经济，也不是特定的社会，而是存在于一系列经济或社会之中，不易发生渐变的某种东西。”②

---

① Tadao Umesao. *An Ecological View of History*: *Japanese Civilization in the World Context*. Melbourne: Trans Pacific Press, 2003: 95 - 96.

② 布罗代尔：《文明史纲》，肖昶等译，广西师范大学出版社，1987，第54页。

七

在近代观念世界里，文明的诸定义无一不与上述的文明历史破裂与绵延的双重性特征密切相关。

18世纪末期起，文明成为通用词，是不可数的，意指过程和确立的状态，强调的是世俗的、进步的人类自我发展，“不仅表达历史过程的含义，而且凸显了现代性的相关意涵：一种确立的优雅、秩序状态”①。这个意义上的文明既是动词（civilize），又是名词（civilization，或“civilize”的结果），它在法国、苏格兰的启蒙思想家中得到广泛使用，代表现代主义活动，指与传统形成破裂关系的进步和启蒙。

19世纪，不可数的文明与社会达尔文主义对文化高低的看法联系起来，在社会科学界得到更为广泛的流传。这一不可数的文明概念19世纪中后期传到东亚，得到知识人的青睐。如日本人福泽谕吉（1835—1901）1875年著《文明论概略》一书，用《易经》中已有的“文明”来翻译“civilization”，称文明是知识与教育境界的提高。这一“文明的翻译”19世纪末传入中国②。

与此同时，也是从18世纪末起，文明即以复数形式（“诸文明”或civilizations）出现，有时被用来指与“诸文化”（cultures）相近的事物，而“诸文化”被定义为构成一个民族生活方式的艺术、风俗习惯、信仰、价值、行为、物质生活等内容。与可数的文明定义出现的同时，文明也变得可以不指境界的提升或对进步的追求，而作为自然、文化、社会这个连续统一的令人失望的阶段③。如卢梭对文化与文明加以区分，认为相对于文化来说，文明是指更理性化和社会化的秩序，与指代人之本原的文化不同。卢梭理想中的境界，是对前话语、前理性的人类一致性的回归，他将人类一致性定义为文化，

---

① 威廉斯：《关键词》，刘建基译，生活·读书·生活三联书店，2005，第47页。

② 黄兴涛：《晚清民初现代“文明”和“文化”概念的形成及其历史实践》，《近代史研究》2006年第6期。

③ Isaiah Berlin. *Three Critics of the Enlightenment*: *Vico*, *Harmann*, *Herder*. London: Pimlico, 2000.

并以“高贵的野蛮人”来加以代表；顿时，文明可以指人类不平等和自我分裂的加剧。卢梭之后，德国赫尔德（Johann Gottfried Herder，1744—1803）等浪漫主义哲学家，赋予复数的“文化”以“前理性的民众精神”的定义，抨击贵族式文明论的虚伪，主张不同国家、不同时期里有不同的文化，这些文化是与民族相对应的民间精神体系，与理性主义、工业主义的文明不同①。不仅如此，赫尔德得出一个全貌的历史观，这一历史观“拒斥启蒙运动”，不同于后者，对文明采取了相对主义的伦理价值观。

卢梭、赫尔德这一观点对社会学与民族学影响深远。德国社会学界确立了文化概念的优越性，倾向于认为文明指的是实用性技术等一系列应对自然的方式，而文化则是一套更值得研究的规范性的原则、价值和理想②。在法国，20世纪最杰出的社会人类学家列维－斯特劳斯（Claude Levi－Strauss，1908—2009）则将社会、文化、自然定义为人类学的主要研究对象。列维－斯特劳斯相信，卢梭告诫了西方人，是原始人躲避了文明的不可忍受的矛盾。继承卢梭的思想，列维－斯特劳斯相信，人类学之使命在于使人类心灵回到文化，亦即社会与自然之间的中间环节③。

尽管多数人类学研究者持不同于列维－斯特劳斯的观点，但几乎所有人类学家对19世纪进化和传播人类学中盛极一时的文明嗤之以鼻，在反观本学科的历史时，总是站在文化和社会之类概念（这个概念之所指，与民族的地理范畴相对应）一边，批判文明之类概念那一边④。

卢梭、赫尔德等对文明的反动，导致以文化为中心的民族、社会、观念形态等大批具有民粹主义风格的概念的流行。直到20世纪后期，在人类学和社会学研究中，将文明比作“吃人的礼教”的做法，依旧更易得到学者们的接受。一个例外是埃利亚斯（Norbert Elias，1897—1990）。这位德裔学者，

---

① 威廉斯：《关键词》，刘建基译，生活·读书·生活三联书店，2005，第89—91页。

② 布罗代尔：《文明史纲》，肖昶等译，广西师范大学出版社，1987，第25页。

③ 列维－斯特劳斯、让－雅克·卢梭：《人的科学的奠基人》，载列维－斯特劳斯：《结构人类学》（第二卷），俞宣孟等译，上海译文出版社，1999，第38—49页。

④ 如 George Stocking Jr.，*Victorian Anthropology*. New York：The Free Press，1987：PP. 8—45.

自20世纪30年代至其逝世之前致力于复兴不可数文明概念。在一本口述访谈录中，埃利亚斯说，惯用文化概念的德国人，虽然以在宫廷中讲法语来显示自己的风度，但并没有吸收贵族的文明风度，由此，德国近代史上没有办法冲破贵族与资产阶级之间的界限；而法国人则不同，由于其惯用文明概念，更易于冲破这条界限，将贵族的风尚推向宫廷与社会，这就使近代法国相比近代德国更加平和①。

八

文明到底是传统还是现代化？近代欧洲对文明的纷繁复杂的不同定义，本身包含着这个问题。以文明为不可数过程和成就者，多认文明为一，认为文明乃近世进步之进程与成就；以文明为可数实体者，则多认文明为多，认为诸文明即为诸传统。

不过，20世纪以来，结合一与多两种文明论的，也大有人在。其中，致力于对社会学问题加以人类学呈现的芝加哥大学人类学家雷德菲尔德（Robert Redfield，1897—1958）提出的大小传统之说，便兼有文明的两种含义。

雷德菲尔德的人类学研究，属于芝加哥学派社会学风格，后者对城市人文区位学尤为重视②。雷德菲尔德的经典研究是在墨西哥尤卡坦地区展开的，其关注的历史时间线条，是将部落、乡民村落、市镇、城市诸地点联系起来的。对他而言，若社会人类学家要研究历史，便要重视现代化的历史，而这部历史是部落、乡民村落的小传统向文明——即他定义下的现代化——演进的过程，这个过程的实质内容是有丰富社会内涵的乡村向城市中社会个体化的转变。所谓“小传统”，实指有别于个体化了的城市人类生活的另一种生活，这种生活集中反映于乡民的生活观中，意味着文化的有组织性和内在一致性及社会学意义上的社会元素的整合。雷德菲尔德将“大传统”定义为与

---

① Norbert Elias. *Reflections on a Life*. Cambridge：Polity Press，1994：57.

② 费孝通：《师承·补课·治学》，生活·读书·新知三联书店，2001，第206—337页。

“小传统”形成反差的现代性，它的特征包括文化的失序、金钱经济的支配、家庭的解体、神灵信仰的衰落、神圣历法向世俗历法的变异、医药对巫术的替代。雷德菲尔德明确认为，“文明”可用来描绘作为大传统的现代化在“为人”方面的总特征——社会个体化①。

20世纪50年代起，雷德菲尔德试图赋予大小传统以更富普遍意义的定义。他提出，诸复杂社会均存在大小传统之分。其中，大传统指高级、经典、学究性、等级化、少数人专有的文明，以学校、庙宇和个人的修养为象征；而小传统则指低级、民间、流行、无专业化、多数人共有，以无文字和无意识为表现方式的“文化”（乡民文化）②。为了完善其文明定义，此时，雷德菲尔德一改之前直接将文明等同于现代化或社会个体化的做法，转而认定历史上存在的所有“农民社会”，都不过是“局部性的社会”（part societies），是“文明整体的组成部分”（parts of the whole of civilization）③。

雷氏并未对一元性文明与多元性文明做明确区分，但从其著述看，其早期运用的文明概念，指的是正在对世界加以一元化的现代性，而晚期运用的文明概念，则包含“先在文明”（primary civilization）与“后到文明”（secondary civilizations）。所谓“先在文明”指的是现代化进入之前非西方之地本已存在的文明传统，如其所研究的尤卡坦地区的玛雅文明、中国士绅传递的经典文明、印度吠陀经代表的文明，这些文明都是本地生成的大传统，在外来的殖民现代化文明进入之前，即已进入乡村社会，成为乡民生活内涵的一部分④。

---

① Robert Redfield. *The Folk Culture of Yuvcatan.* Chicago: University of Chicago Press, 1941.

② Robert Redfield. *Peasant Society and Culture.* Chicago: University of Chicago Press, 1956: 41—42.

③ Robert Redfield. *Peasant Society and Culture.* Chicago: University of Chicago Press, 1956: 23—39.

④ Robert Redfield. *Peasant Society and Culture.* Chicago: University of Chicago Press, 1956: 40 - 59.

九

雷德菲尔德的文明论前后不一。早期的他影响许多人类学家研究现代化的进程，晚期的他则带动了一大批学者对世界各地诸文明之地方化进程展开比较研究。由于看到在非西方乡民社会中历史文明早已存在，因此，雷德菲尔德本人部分舍弃了其早期的城市社会学风格，而转向乡民社会民族志方法的探究，批评传统民族志局限于部落，认为这种方法若不改造便不足以描写乡民社会，要研究作为文明整体的“局部社会”的乡民社会，雷氏主张结合民族志的情景性（contextual）研究与史学、文学、宗教学、哲学的文本性（textual）研究。其他学者，尤其是专攻印度与东南亚研究的学者如马里奥特（Mckim Marriott），根据其印度文明研究重新将大小传统定义为普遍化（universalization）和地方化（parochialization）①。又如谭拜尔（Stanley Tambiah），将之重新解释为诸新旧宗教的延续与转变②。认为雷德菲尔德大小传统之说无甚大价值的学者亦有之，如杜蒙（Louis Dumont，1911—1998）便认为，对“村落研究”而言，对传统之大小加以区分是不必要的，因为，这些传统都不过是乡民生活的内容，不可区分③。

雷德菲尔德等依旧致力于非西方社会的研究，与之前人类学研究不同的是，他们认为从原始部落社会研究转向较为复杂的乡民社会研究，有益于学科自身视野的开拓。所谓“乡民社会”随之被定义为“文明体的局部”，而这些文明体，也被视作早于现代化进入“乡民社会”的“先在文明”。至于“先在文明”与近代进入的“后到文明”之间在现代化进程中构成何种关系，雷德菲尔德本人并未直接给予论述。然而，雷氏本人集中研究作为兼具传统

① Mckim Marriott. *Little Communities in an Indigenous Civilization*//Marriot. *Village India*: *Studies in the Little Community*. Chicago: University of Chicago Press, 1955: 171 - 222.

② Stanley Tambiah. *Buddhism and the Spirit Cults in Northeast Thailand*. Cambridge: Cambridge University Press, 1970.

③ Louis Dumont. *The "village community" from Munro to Maine*//Contributions to Indian Sociology 9, 1966: 67—89.

文明大小传统的“小社区”，并深信这类小社区有着组织大小传统的能力。同时，他对现代化采取相当灰暗的态度，将之视作“社会个体化”，而如以上所说，所谓“社会个体化”，即指组织传统的社会结构方式的丧失。这也便是说，在雷德菲尔德看来，非西方本地文明与来自西方的外来文明之间的现代关系，总体上是有矛盾性的。

曾与雷德菲尔德交往甚密的费孝通，早已于20世纪30年代后期关注同类问题。费孝通没有明确使用大小传统概念，但他持续关注中国社会上下之间的中间环节——士绅——在现代化进程中所起的推动工业化的作用。对费孝通而言，介于上层与下层的士绅，拥有某种文明力量，能够从本地的角度化解传统与现代的矛盾①。致力于研究印度和东南亚地区的人类学家，在实地考察中见识到的不是费孝通在中国体悟到的士绅地位（这包括了费孝通的自我定位），而是深入渗透于乡间的宗教。例如，研究印度的杜蒙和孔恩（Bernard Cohn，1928—2003），不约而同地关注作为观念形态的宗教，杜蒙不分大小传统，将印度宗教整体视作一个既对反于基督宗教又对反于现代性的观念形态②；作为芝加哥人类学家，孔恩深受雷德菲尔德文明论的影响，但将眼光转向殖民主义与被研究社会之间关系的研究，指出，诸如印度这样的社会已难摆脱英国殖民主义的影响，后者在现代印度政体和知识的建构中起到关键性作用。所谓殖民主义，即雷德菲尔德早先定义的现代化，孔恩对其研究的贡献，既在于揭示出“现代化”是某种权力—知识体系，又在于揭示研究这一体系的历史谱系的重要性③。这无疑表明，先在与后到两种文明的研究，也是一种内外关系的研究。与此相关，同是芝加哥大学人类学家的萨林斯（Marshall Sahlins），对“文明”一词向来没有好感，因他研究的主要对象是非文明的岛民社会，故易于将“文明”概念直接与近世西方的“文明播化”

---

① Hsiao－Tung Fei. *Peasant Life in China*. London：Routledge and Kegan Paul，1939. 费孝通、吴晗：《皇权与绅权》，天津人民出版社，1988。费孝通：《中国绅士》，惠海鸣译，中国社会科学出版社，2006。

② Louis Dumont. *Homo Hierarchicus*：*The Caste System and Its Implications*. Chicago：University of Chicago Press，1970.

③ Bernard Cohn. *The Bernard Cohn Omnibus*. New Dehli：Oxford University Press，2004.

联系。不过，这位建树颇高的人类学家将结构人类学的联姻理论延伸到跨文化关系研究，提出“并接结构”（structure of conjuncture）概念，以“并接结构”指称“土著”政治宇宙论基于自身对进入当地的“文明”（帝国主义、殖民主义“文明”）的“本土化”①。“并接结构”的概念，实则是文明人类学的概念。研究泰国的谭拜尔，注重泰国佛教的整体研究，但相比杜蒙和孔恩，其观点更接近于萨林斯，他更为乐见东南亚“先在文明”自身政治宇宙论的动态结构——即其所定义的“星系政体”（galactic polity，这个概念与日本民族学家梅棹忠夫提出的对二区政体特征分析相近）特征，以及这一特征含有的在现代化进程中的自我再生能力②。

在解释历史文明与现代文明之间的关系时，人类学研究者要么采取阶层性的解释（如雷德菲尔德、孔恩、费孝通），要么采取整体性的解释（如杜蒙、萨林斯、谭拜尔），至20世纪70年代初，已有人类学者提出有必要“从介入者的文化分类、世界观、价值系统，考察其所预想的现代化过程”③。然而，由于人类学研究者有忽略被研究文明的思想人物的习惯，因此，他们并未真正触及作为“先在文明”核心成分的文明之上层与现代化的关系。在这方面，社会学界的艾森斯塔特（S. N. Eisenstadt，1923—2010）则做了重要的补充。艾森斯塔特，当代以色列社会学家，新功能主义和现代化理论的重要代表人物之一，他根据轴心时代文明理论提出多元现代性的看法。“轴心时代文明”指哲人雅思贝司（Karl Jaspers，1883—1969，德国心理分析学家、哲学家）据韦伯的历史研究提出的观点阐发的概念。“大传统”（轴心时代文明），具体指公元前800年到前200年出现于世界，尤其是欧亚大陆的宗教和哲学伟人之文明创造，这些包括古希腊哲人、巴勒斯坦先知、伊朗袄教的开创者琐罗亚斯德、中国的诸子百家、印度的佛陀释迦牟尼等之文明创造。显然“轴心时代文明”实质等同于诸文明区域涌现的“大传统”，这些大传统，有些注重宗教超越性的培养，有些注

① Marshall Sahlins. *Islands of History*. Chicago：University of Chicago Press，1985.

② Stanley Tambiah. *World Conqueror and World Renouncer：A Study of Buddhism and Polity in Thailand against a Historical Background*. Cambridge：Cambridge University Press，1976.

③ Milton Singer. *When a Great Tradition Modernizes：An Approach to Indian Civilization*. Chicago：University of Chicago Press，1972：384.

重知识境界的提升，无论是对其产出地的诸文明还是对全世界都有着至为重要的影响，它们奠定了时至今日依旧为人类思想所依据的基本范畴，创立了人类仍赖以存活的世界宗教之源端，因此，可谓缔造了一个使人类意识到整体的存在及自我和自我的限度的“精神化时代”。艾森斯塔特2003年将此前所写的有关轴心时代文明与现代性的论述结集成书出版①，在此书中，他提出，轴心文明的传统对现代化的走势有深刻影响，因此，可以导出多种现代性的未来。接续韦伯主义的观点，艾森斯塔特认为，相比于那些不存在轴心时代文明的社会，有轴心时代文明的社会都是非叠合式社会（noncongruent societies），历史上即已存在着明确的劳动社会分工和精英功能的清晰界定②。然而，艾森斯塔特也认为，诸轴心时代文明各有特色，对世界和人自身有不同见解，这些特色和见解的存在与持续影响，使我们有必要将“现代性”改成复数形式。艾森斯塔特虽长期在韦伯社会学传统下探索，但一反欧洲特殊论传统（这种传统往往将理性与现代化归功于欧洲），而采取一个复数文明、可数现代性的主张。借用人类学家克利福德（James Clifford）的话说，在这样的论述中，“传统变成了在新方式上复杂的、开放的主体”，成为“通向不同而相互关联的未来的未解体的而有生命力的图景”③。

十

按柴尔德呈现的古代文明分布情景，芝加哥社会学派及与之关联的人类学对文明之探究，地理起点是雷德菲尔德的尤卡坦（玛雅文明的传承地），之后，进一步覆盖南亚、中东、东亚、东南亚。这一风格的文明人类学研究，理论的关注点起先是现代化，到最后，此派虽保留其对现代化的关注，但从20世纪70年代晚期起，已将现代化与殖民主义、帝国主义、民族主义紧密联

---

① S. N. Eisenstadt. *Comparative Civilizations and Multiple Modernities*. Leiden：Brill，2003.

② S. N. Eisenstadt. *Comparative Civilizations and Multiple Modernities*. Leiden：Brill，2003：68.

③ James Clifford. *Traditional futures*//Mark Philips and Gordon Schochet. *Questions of Tradition*. Toronto：University of Toronto Press，2001：152－170.

系起来，且越来越关注诸生活在“先在”文明之下的各共同体及其既有政治宇宙论的内在历史动力与在外来文明压力下延续己身生命的力量。致力于比较文明研究的社会学家艾森斯塔特，侧重从轴心时代文明诸哲学、宗教和制度形态入手，考察现代性的多样性，所著《比较文明与多样的现代性》，与文明人类学研究异曲同工。

所有这些文明研究最终都面对诸如此类的问题：“先在”与“后到”文明之间存在差异，这些差异在“后到”文明来临后会不会得到保留？倘若没有“后到”文明的来临，这些文明会不会如18世纪以来欧洲启蒙思想家和进步论者所预料的那样，自然产生不可数的文明（往往被等同于“后到”文明）？换言之，诸文明之间原本是否有共同的深层结构与历史动力？可以想见，这些问题的出现，与通过文明研究而感受这些问题，或反过来说，通过感受这些问题而从事文明研究的人类学和社会学研究者对于其共同文明体（韦伯定义下的“西方”，布罗代尔定义下的“欧洲”，梅棹忠夫定义下的“一区”）下属单位——民族或国族——之间关系的体悟或思考不无关系。如莫斯表白的，近代西方虽是一个文明体，欧美各国，宗教和语言之根相通，同时，“每个社会都依靠相互间的借鉴来生存”，然而，各国为了建立自身的国族认同，恰恰是通过否认相互之间共享的“先在文明”，“恰恰是通过否认这种借鉴来定义自己的”①。西方文明内部的这种一与多的双重性，致使西方学者在论述社会、文明、文化诸概念时，长期存在普遍主义与民族主义的双重性，如莫斯所说的：

> 这种同时兼具的普遍主义和民族主义信仰，事实上是西欧和美国的国际主义与民族主义的独特特征。有的人会将“文明”视为一个完美的国家形态，就如费希特的“闭合状态”（the closed state），它是自治的、自足的，其文明和文明的语言延伸至这个国家的政治边界。有的国家已经实现了这个理想，但是有的却还在蓄意追求，

---

① 莫斯、涂尔干、于贝尔：《论技术、技艺与文明》，蒙养山人译，罗杨校，世界图书出版公司，2010，第45页。

> 比如美国。其他的作者和演讲家则认为人类文明是抽象的、未来的。“进步中的”人类在哲学和政治学里都是司空见惯的话题。最终，有人将两种概念整合在了一起：和大写的“文明”相比，国家的阶层、国族及相关各种文明都只是历史上的一个阶段。这种文明自然总是西方的文明。它被拔高到既是人类的普遍理想，也是人类进步的理性基础；在乐观主义的帮助下，它成为人类幸福的条件。19世纪混合着这两种思想，将“西方的”文明变成了“唯一的”文明。每个国家和每个阶级都在做同样的事情，这也为无数的借口提供了材料。尽管如此，我们可以认为生活中的那些新奇事物已经按它们的既定秩序创造了一些新的东西。似乎对我们而言，在我们自己的时代，诸如“唯一的文明”这类事情的实现是体现在事实上而不再是思想上。首先，国家没有消失，有的甚至还没建立，但一个国际性的事实和观念是新兴资本主义正在崛起。文明事实的国际性特征越来越强烈。这类现象日益增多：它们在蔓延并相互繁殖。①

鉴于普遍主义与民族主义各自的问题，莫斯提出过一种介于二者之间的文明论。这位杰出的社会学家和民族学家及他的同人在前后发表于19世纪90年代至20世纪20年代之间的论著中，对社会的构成提出了注重关系而非决定性的理论，尤其是在对献祭的研究中强调了祭品和祭祀的中间纽带作用，在对社会形态学的研究中强调了季节、气候、食品分布、人员流动、技术（身体性和非身体性技术）与社会密度的对应性，在对流动的礼物的研究中强调了物在联系人人关系中的“交流地位”。莫斯的研究告诫我们，社会不单单是人事，社会构成于以上三类中间之物中②。在其对文明与技术学的阐述（这些阐述的片段最近被整理于《论技艺、技术与文明》一书中）中，莫斯进一步将其有关中间物的概念延伸到文明研究中。莫斯文

① 莫斯、涂尔干、于贝尔：《论技术、技艺与文明》，蒙养山人译，罗杨校，世界图书出版公司，2010，第73页。

② 王铭铭：《莫斯民族学的“社会论”》，《西北民族研究》2013年第3期。

明论有下述五个要点。

其一，包括民族在内的任何社会，在历史上都有自己的物质和精神文化创造，生活于其中的人们，为其创造而自豪，并生发对其所处的社会的认同。然而，不同社会的文化创造都不可避免地与周遭的其他社会产生相互借用、影响和共享关系。这些关系超越社会的界限，既包含物质性特征，又包含精神性因素，久而久之形成自己的体系。

其二，所谓“文明”，在民族学中特指不同群体和社会之间借用、共享、相通的特征，这些特征超出“社会”的范围，而与之相适应，成为一个“超社会体系”。

其三，包括民族在内的社会单元，不是一切整合体的形态，在社会整合体层次之上，还形成若干规模巨大的“文明体”，其存在有相应的区域性，构成“文明的区域”，即“文明的标志性特征的普遍现象得以完全传播的地理范围”，及“共享构成这一文明遗产的象征、实践和产物的社会所占据的全部地域”①。

其四，作为超社会体系的文明，相互之间并不是隔绝的，相反，在历史与当下的现实中，文明区域之间的互动频繁而密集。无论是在社会的层次，还是在超社会的层次，“跨文明互动”均发生于以下诸领域：（1）技术；（2）故事和观念；（3）贸易；（4）思想、语言、知识；（5）宗教。其结果是，“神话、传统、货币、贸易、艺术品、技艺、工具、语言、词汇、科学知识、文化形式和理念——所有这些都是流动的，相互借用的”②。

其五，尽管社会和文明之间的互动频繁而密集，但文明总是多元的，并不存在一个单一的人类文明。

莫斯指出，诸文明各有特点，各文明的产物都有自己的风貌，整体分析这些风貌，可以得出诸文明各自专有的独特形式，这一形式可称为“文明类型”。文明类型的地理分布有中心—边缘格局，民族学家若借助考古学

---

① 莫斯、涂尔干、于贝尔：《论技术、技艺与文明》，蒙养山人译，罗杨校，世界图书出版公司，2010，第62页。

② 莫斯、涂尔干、于贝尔：《论技术、技艺与文明》，蒙养山人译，罗杨校，世界图书出版公司，2010，第39页。

和历史学的引导，将有可能识别出这些文明类型的分布格局①。在研究文明类型的过程中，莫斯一面强调“可触摸的”身体、工具与运用这些技术和知识载体的方法的重要性，一面强调这些工具、技术和知识载体作为社会现象的存在，强调其作为“集体意识”的产物②。长期致力于宗教研究的莫斯，在解析文明的社会实质并由此引申出文明类型的区分中，难以避免地重新回到道德和宗教领域，对非洲原始宗教、印度教、希伯来人的宗教、东方宗教、基督教诸类型加以论述③。莫斯一向有贯通原始、古代、近代“三圈”的追求，且对物质文化颇为重视，因而，他对诸宗教文明的论述，不可能等同于韦伯的同类论述。然而，比较韦伯的《古代文明之农业社会学》与莫斯关于“集体表象与文明的多样性”的相关论述，可以发现，二者有不少共同点。

十一

莫斯认定，文明是人类达到的成就，而他的民族学传人社会人类学家列维-斯特劳斯则一改这一对文明的乐观态度。在莫斯的论著里，我们尚看到诸多关于古式社会（这些多“文明体”）在连接原始与现代上的作用，而在列维-斯特劳斯的著述中，这一作用偶尔出现，我们看到的更多的不再是原始、古代、近代“三圈”的形象，而是原始与文明二元对立的对比。“对列维-斯特劳斯来说，原始文化是平均主义社会的果实，在这样的社会里，群体之间的关系一成不变、确定不移；而文明则是建立在等级制社会的基础上的，群体之间存在着很大的隔阂，因此，紧张局势、社会冲突、政治斗争以及持续的发展交替进行着。”④ 为了看透不同于文明的“高贵的野蛮人”，列维-

① 莫斯、涂尔干、于贝尔：《论技术、技艺与文明》，蒙养山人译，罗杨校，世界图书出版公司，2010，第67—68页。

② 莫斯、涂尔干、于贝尔：《论技术、技艺与文明》，蒙养山人译，罗杨校，世界图书出版公司，2010，第68—69页。

③ Marcel Mauss. Oevres 2, Représentations Collectives et Diversité des Civilisations. Paris: Les Éditions de Minuit, 1974: 527-698.

④ 布罗代尔：《文明史纲》，肖昶等译，广西师范大学出版社，1987，第37页。

斯特劳斯将其一生几近全部奉献给了部落社会的研究。然而，在其于 20 世纪 50 年代出版的杰作《忧郁的热带》① 的最后篇章，在叙述了一段漫长的、走向原始文化的身心之旅后，列维—斯特劳斯却浓墨重彩地阐述了其对诸文明的观点。

列维 - 斯特劳斯看透了诸文明的困境：这些文明如同莫斯所言，都是由于跨社会交流的成果，然而，一旦它们形成界限明确的宗教——如佛教、伊斯兰教、基督教，便不仅创造出自身的世界观和社会性，而且由此与其他文明类型相区分。诸文明中，有的（如伊斯兰教和天主教）“在一层法律的与拘泥形式的理性主义掩护下”，“把世界与社会描绘成其中所有问题都可能以逻辑诡辩加以解决”②，有的（如佛教）使我们面对两个令人不安的选择：“任何人如果觉得个人救赎必须建基于全人类的救赎的话，便会把自己封闭于修道院里面；任何对此问题提出否定方案（即认为个人救赎不必和全人类均得到救赎有关）的人则在唯我主义的美德中得到廉价的满足自得”③。与柴尔德不同，列维—斯特劳斯也没有看到基于新石器时代革命产生的城市革命及其近代的翻版的“革命性”，而是相信，这一革命导致的文明，制造出过度的交流，使往昔因封闭而有着的更系统的组织解体于文明的惰性之中④。

恰好是在列维 - 斯特劳斯写作《忧郁的热带》之前约 100 年，英国维多利亚时代的人类学家致力于呈现文明的伟大。100 年之后，列维 - 斯特劳斯却从其比较文明论中得出一个相反的结论：“人类自己似乎成为整个世界事物秩

---

① 列维 - 斯特劳斯：《忧郁的热带》，王志明译，生活 · 读书 · 新知三联书店，2000。

② 列维 - 斯特劳斯：《忧郁的热带》，王志明译，生活 · 读书 · 新知三联书店，2000，第 531 页。

③ 列维 - 斯特劳斯：《忧郁的热带》，王志明译，生活 · 读书 · 新知三联书店，2000，第 541 页。

④ 列维 - 斯特劳斯：《忧郁的热带》，王志明译，生活 · 读书 · 新知三联书店，2000，第 544 页。

序瓦解过程最强有力的催化剂。”①

这样一种几近绝望的文明观，到21世纪来临前夕，在大西洋彼岸转化成了另一种叙述。此间，作为比国族大的实体，文明的挑战性再次得到了关注。政治学家塞缪尔·亨廷顿（Samuel Huntington，1927—2008）1993年发表《文明冲突》一文，三年后将之扩充为著名的《文明的冲突与世界秩序的重建》一书，该书指出：后冷战的冲突主要是文化原因导致的，不是意识形态导致的；有长时期历史影响的文化，形成八个有中心与外延的文明类型，包括西方文明、拉美文明、伊斯兰文明、华夏文明、印度教文明、东正教文明、日本文明与非洲文明，要理解世界冲突，就要理解文明冲突关系，尤其是欧亚大陆历史上即存在文明界限导致的冲突、从非洲到中亚的半月形地带边缘的国家形成的文明体系的问题、宗教之间与内部教派之间的冲突、华夏文明带来的挑战②。亨廷顿是个政治学家，不可能不暗藏某种美国中心的战略考虑。然而，在梳理了诸文明的历史形态与当下面貌后，他做出了与列维-斯特劳斯几乎一样的论断："在世界范围内，文明似乎在许多方面都正在让位于野蛮状态，它导致了一个前所未有的现象，一个全球的'黑暗时代'也许正在降临人类"。③

亨廷顿明确主张通过国际的理解和合作来克服文明冲突，是重建世界秩序的前提，但作为一位西方学者，他提出的概念——"文明的冲突"的字面含义很快被赋予另一些含义。从"东方"，或者说，从被"一区"包围的"二区"，在早已被穆勒定义为西方的他者的"闪米特"和"图兰"文明板块中，尤其是在伊朗和中国，以"对话""和而不同"之类词汇替代"文明的冲突"的言论不绝于耳。作为对亨廷顿"文明冲突论"的回应，伊朗前总统于1998年在联合大会提出创办文明对话空间的建议。随之，2001年被确认为"联合国文明对话年"，伊朗也在国内寻找早已有跨文明共荣传统的城市（如

---

① 列维-斯特劳斯：《忧郁的热带》，王志明译，生活·读书·新知三联书店，2000，第543页。

② 亨廷顿：《文明的冲突与世界秩序的重建》，周琪等译，新华出版社，1998。

③ 亨廷顿：《文明的冲突与世界秩序的重建》，周琪等译，新华出版社，1998，第372页。

伊斯法罕），以之为符号，表达被列维－斯特劳斯视作割裂东西方的文明板块带动跨文明交流的决心。在中国，在“文明冲突论”成为人们关注焦点之一的同时，向历史文明（尤其是儒家社会思想）的回归，成为持不同政治主张的学者的共同追求。虽然这一回归并未致使中国学者放弃其先辈既有的“古为今用，洋为中用”传统，但是，对历史文明的回归，自然引导了中国学界加盟东西方，一、二区的知识机构中。

正是在这样的国际环境下，有民族考古学家重新深入“文明的摇篮”（美索不达米亚和埃及），仰仗莫斯的“借用”概念与考古学证据，批判亨廷顿那一认为早期文明之间无互动的观点①。与此同时，也有社会人类学家试图以更宏大的视野，对“东西之辨”加以更历史而理论的反思。如2006年，杰出人类学家古迪发表《偷窃历史》② 一书，耗费三分之一的篇幅分析有关三种文明的论述，包括李约瑟对中国文明与科技史的研究、埃利亚斯对于欧洲文艺复兴与文明进程的起源的研究及布罗代尔对地中海资本主义起源的研究。古迪并不认为这些重要的研究一无是处，不过，从中他敏锐地看到，他的三位前辈分别都将欧洲视作真正科学、真正近代文明与“礼教”、真正资本主义的起源地。他们在论著中都会涉及其他文明，但在对比研究中一致强调了欧洲文明的特性，并将近代人类文明成就归功于欧洲代表的那条“设想中具有例外性质的发展线条”③，特别是将科学、礼仪与资本主义归功于欧洲理性主义、法兰西宫廷社会、地中海地区的商贸事业。古迪的结论是，李约瑟、埃利亚斯、布罗代尔之类的大学者，虽对历史目的论和民族中心主义具有高度警惕，但也难免可能陷入历史目的论和民族中心主义的陷阱。在著作的其他部分，古迪考察了欧洲对东方封建主义与暴君主义的看法及欧洲“民间”（包括一般学者和行外人）将城镇、大学、民主、个人主义及诸如爱情之类的浪漫情感类传统的兴起全然归因于欧洲的做法，从另外两个重要侧面，透视了欧洲历史目的论与民族中心主义文明观的内里。

---

① David Wengrow. *What Makes Civilization? The Ancient Near East and Future of the West*. Oxford: Oxford University Press, 2010.

② Jack Goody. *The Theft of History*. Cmabridge: Cambridge University Press, 2006.

③ Jack Goody. *The Theft of History*. Cmabridge: Cambridge University Press, 2006: 9.

对古迪来说，文明的历史事实是：世界文明是多中心的，而诸文明之间数千年来存在着密切的交流，如在欧亚大陆，一向存在东西方交流，而近代欧洲的科学、礼仪与资本主义，可谓是交流的成就①。然而，文明的观念事实却是，人们虽然承认文明是多中心的，虽然也并非无视诸文明之间的交流，但是，即使是最伟大、最有良知的学者，也可能淡化交流对于文明形成的关键贡献，采取对比研究法，割裂文明之间的关系纽带。从某一角度看，这似乎表明，当下诸多关于文明的隔离和冲突的历史起因的论述，也可能成为隔离和冲突的推手。

十二

表明文明是一个超社会体系，有时是为了说明不要将近代产生的，和国族对应的社会范畴强加在本与这一范畴不同的另外一些范畴之上（大到中国的天下、印度的种姓制度“整体性”，小到村社和部落，都属于这些范畴），有时则是为了表明，倘若我们没有对民族自豪感与这种自豪感所凭靠的事实做对比，并考察这种自豪感的局限，那么，民族自豪感就可能自毁根基。将文明与“世界体系”划清界限，既是为了说明不可数、唯一文明的观点从来没有准确描绘过世界的本相，又是为了说明诸文明不会因共享一个世界而变成一个世界。之所以说文明是交流的成就，是因为文明虽然互为主体，互为文化转译的不同版本，但是各自还是自有体系，相互之间既“你中有我，我中有你”，又“你我有别”。如果说这样一些体系、这样一些区别会导致一个“黑暗时代”的来临，那么，也可以说，这不是因为文明存在相互之间的界限，而主要是因为这些界限不仅存在于诸文明的边界上，而且已内在于比文明小的国族。没有一个国族大于文明，但与此同时，没有一个国族不包括诸文明（不仅包括雷德菲尔德笔下“先在”“后到”文明，而且还包括两种文明各自的多样性，即多样的“先在”“后到”文明）。诸文明的不同内容在一个国族中的并存，或许有时能处在“和而不同”的状态中，但由于并存在多

---

① Jack Goody. *The East in the West*. Cambridge：Cambridge University Press，1996.

数情景下并不意味着平等相处，向来有“主次”之分，因此，如同阶级那样的区分与矛盾，诸文明之间也发生着内在于国族的区分与矛盾。如莫斯、古迪、列维-斯特劳斯那样，通过接受交流来纠正国族的文明自恋，是通向希望的必由之路，但我们尚待更深刻地认识国族与文明之间双重关系导致的问题。

文化与边界：社会如何分类

纳日碧力戈

一、社会如何分类

法国社会人类学家爱弥尔·涂尔干和马塞尔·莫斯合著的《原始分类》认为，“人类心灵是从不加分别的状态中发展出来的”，分类观念是一部历史和史前史①。他们举出澳洲祖尼人、苏人和中国人的例证，强调事物的分类“再现了人的分类”②。也就是说，人类最初的分类是根据自己的社会分类尤其是亲属分类，来对自然万物进行分类；分类也不是人类心智所固有和内生的能力，而是首先基于最熟悉的亲属关系而后天习得的：

> 我们把同一属的各个种说成是由亲属关系联系起来的；我们把某种类别称之为“族”（family）；另外，属（genre）这个词本身原本指的不就是一个亲属群体吗？这些事实使我们得出这样的推断：分类图式不是抽象理解的自发产物，而是某一过程的结果，而这个过程是由各种各样的外来因素组成的。③

如果从一个侧面来说，图腾制度是依据自然事物（相关的图腾物种）把

---

① 爱弥尔·涂尔干、马塞尔·莫斯：《原始分类》，汲喆译，上海人民出版社，2004，第5页。

② 爱弥尔·涂尔干、马塞尔·莫斯：《原始分类》，汲喆译，上海人民出版社，2004，第12页。

③ Leach E. *The Political Systems of Highland Burma*. Cambridge：Cambridge University Press，1954：281.

人们分成氏族群体，那么，反过来讲，图腾制度也是按照社会群体对自然事物的分类①。弗雷泽认为，人类依据事先已存在的食物分类来划分出氏族，涂尔干和莫斯反驳说，人类根据氏族分类来给自然界分类②。此外，涂尔干和莫斯还把观念和分类的起源归因于情感，“纯粹知性的法则”不会给分类提供依据，分类的对象也不是概念；“事实上，对于那些所谓的原始人来说，一种食物并不是单纯的知识客体，而首先对应的是一种特定的情感态度”③。

尼达姆在肯定涂尔干和莫斯在历史、方法和理论上的重大贡献的同时，也尖锐地批评他们关于社会分类决定符号分类的观点，并批评了他们关于分类的演化序列（如二分先于四分，四分先于八分，等等）④。尼达姆在为《原始分类》写的导言中指出：首先，各地的民族志材料并不能支持符号分类源于社会分类的观点；恰恰相反，这些民族志材料都能证明这两种分类往往是不一致的。其次，尼达姆指出，涂尔干和莫斯把符号分类看作是概念的堆砌，属于认知的内容，不涉及认知的能力，换句话说，符号分类是后天习得的，不是内在的先天能力。但是，如果没有人类先天具有的对于空间和时间的认知能力，那么符号分类是不可想象的。尼达姆还认为，人类各种符号分类系统最终符合二元图式⑤。

涂尔干和莫斯有专章提到中国古代文化中的分类体系，如东青龙、南朱雀、西白虎、北玄武，罗盘八分，金木水火土五行，天干地支，二十四节气，等等，时空万物、脾性色味共同构成“混杂”的符号系统⑥。尼达姆用中国

---

① 爱弥尔·涂尔干、马塞尔·莫斯：《原始分类》，汲喆译，上海人民出版社，2004，第16页。

② 爱弥尔·涂尔干、马塞尔·莫斯：《原始分类》，汲喆译，上海人民出版社，2004，第89页。

③ 爱弥尔·涂尔干、马塞尔·莫斯：《原始分类》，汲喆译，上海人民出版社，2004，第92页。

④ 爱弥尔·涂尔干、马塞尔·莫斯：《原始分类》，汲喆译，上海人民出版社，2004，第96—141页。

⑤ 爱弥尔·涂尔干、马塞尔·莫斯：《原始分类》，汲喆译，上海人民出版社，2004，第121—122页。

⑥ 爱弥尔·涂尔干、马塞尔·莫斯：《原始分类》，汲喆译，上海人民出版社，2004，第73—78页。

古代的这种“混杂”符号分类系统，以其矛攻其盾，反驳符号体系“循序渐进”的演化观，认为：

> 一个社会并不一定非得使用单一的分类模式；而且，在采用两种或更多种分类模式的社会中，即使它们是可以相互还原的，这也并不意味着每一种分类就一定代表着社会范畴的发展过程中的一个历史阶段。①

尼达姆和涂尔干、莫斯之间的分歧也反映了人文社会科学中长期存在的“内”“外”之争，即人类的认知从何而来，是先天的，还是后天的，是“内在的”，还是“社会的”。尽管尼达姆在《原始分类》导言中指出列维－斯特劳斯受到涂尔干和莫斯的影响，但列维－斯特劳斯的结构主义思想和他们的核心观点即人对自然的分类起源于对社会的分类有所不同，认为人类的认知能力来自无意识的“深层结构”或心智“语法”，它潜在于心灵而非社会，与生俱来。涂尔干和莫斯认为社会认知先于个体认知，而列维－施特劳斯认为个体认知先于集体认知。持心智论观点的古迪纳夫和施耐德都认为意义来自人类心智而非外部世界，内在于人类心智。持社会论观点的格尔茨则认为意义来自公共领域，外在于人类心智。

从皮尔士指号三元论分析，这些争论可以得到合理解释。任何指号都有“质”的要素，即自然现实的特征，自然现实面前“人人平等”，人类的物觉和物感具有普适性、原生性和唯一性，拟声词和图像即是贴切的例子；任何标指都有“指”的要素，即指号从“自指”变成“他指”，即“一物指另一物”的特质，但这种指向关系是自然关联的或者是逻辑的，子弹和弹洞、兽迹和野兽是通常用的例子；任何指号也都具有“约”的要素，即基于任意性的象征性约定俗成，人类语言中充满了这样的例子，如汉语的“水”在英语里是“water”，在蒙古语里是“os”，等等。不过，“约定俗成”并非完全脱

---

① 爱弥尔·涂尔干、马塞尔·莫斯：《原始分类》，汲喆译，上海人民出版社，2004，第106页。

离物觉物感和指向关系，如亚里士多德所说，外界对于心灵的触动是同一普适的，而用来表达这一触动的声音却多种多样。皮尔士始终强调“质”“指”“约”之间的关联一体、不可分割的性质，当我们认知到“质”的刹那间它已经指向“他”，与此同时，“质”和“指”又变成“约”，它们互相关联，在抽象度和具体性上有所差别。例如，我们会看到红色的“质”，几乎同时，我们知道它是“红旗”之“指”，也几乎同时，我们知道它象征革命，与共产主义信仰有关，等等。在现实生活当中，我们很难将这个环环相扣的“红色现象”中的“质”“指”“约”一一明确区分开来，它们总是“一拥而上”，占据了我们的感官和认知，无意识和有意识地交织在一起，难分主次。因此，把内在和外在截然区别开来，争论哪一个更加重要恐怕是徒劳的，它们属于不同的抽象层面，具有互补共生的性质，没有必要“关羽战秦琼”。

人对于客观外界的分类既有对于人类自身的社会分类的根据，也有对于诸如“空间”“时间”之类的先天认知的基础；既有对于群体的分类根据，也有对于个人身体的认知基础。社会、文化、自然、概念的分类是一个互动的综合过程，从普遍意义上说，很难有哪一个分类系统会占据优势。不过，从相对意义上说，在具体文化中确实存在基于某种“特质”或者“物象”的分类优势。谢莉·奥尔特纳（Sherry Ortner）引戈弗雷·林哈特（Godfrey Lienhardt）在《神性与经验》① 一书中对于苏丹南部丁卡人以牛分类的讨论，指出牛为丁卡人对于自己经验的认知和分类提供了细致入微的概念范畴，牛的颜色分类被投射到周围世界，从亮度到浓淡都和“牛色”难以分割，离开“牛色”词汇，他们就无法描述自己的色觉经验②。

二、投射式分类：近取诸身，远取诸物

古人言：“近取诸身，远取诸物。”人类也通过自己的身体来认知“身外

① Godfrey Lienhardt. *Divinity and Experience*. Oxford: Clarendon Press, 1961.

② Ortner Sherry B. *On Key Symbols*. American Anthropologist, 1973, 75 (5): 1338 - 1346.

之物”，以身体比拟客体，以身体知识推演客观知识。同时，人类也能够以物喻物，物物相指，以亲知之物比喻欲知之物，举一反三。这种模拟有时候是明显的，有时候是暗含的，如“人潮涌动”“心旌摇荡”“川流不息”“壮士断腕”“巧妇难为无米之炊”等等，其中“人潮涌动”“心旌摇荡”是明喻，“川流不息”“壮士断腕”“巧妇难为无米之炊”是暗喻。

金特纳（Gentner & Gentner）研究心理模型，发表了著名的《水流或人潮：电的心智模型》（Flowing Waters or Teeming Crowds：Mental Models of Electricity）一文。他们在文中引用的这段对答比较典型：

> 问：你插上电源，灯就亮了，为什么？
>
> 答：……大概来说，你插上就有电源了……电流进入设备的电线，就是灯的电线，流动上去了——流动——我想它是流动的，因为我脑子里有从负极流向正极的图像，也因为……电线是有负荷的细长东西，就像一条河。①

在心理学认知领域有“表层术语假说”（surface terminology hypothesis）和“生成模拟假说”（generative analogy hypothesis）之争。“表层术语假说”认为，认知者为了方便，用来自其他范围的词汇来描述认知对象，例如把电流比作水流，把电线比作水管，但是不会影响原有的思维方式。“生成模拟假说”则认为，这个过程是一个“结构映射”过程，能够把原属于甲范围的结构映射到乙范围之上，从而影响认知方式和认知结果。使用不同的模拟会产生不同的认知方式，也会影响对于事物的解释。金特纳支持“生成模拟假说”，认为“人流模型”和“水流模型”导致对于电流的不同解释。

人流模型（the moving crowd model）把电流量和电压的变化想象成密集的人群涌出大门时的流量和拥挤的程度：

---

① Dedre Gentner and Donald R Gentner. *Flowing Waters or Teeming Crowds：Mental Models of Electricity*//Dedre Gentner and Albert L Stevens. *Mental Models*. New York and London：Psychology Press，1983：129.

人流	电路
通道	电线
人群	电池
人	电子
拥挤	电压
大门	电阻
人流量	电流

“水流模型”（the flowing water model）把电流量和电压的变化可以想象成水压系统中水流量和水压的变化：

水压系统	电路
管道	电线
泵	电池
细管	电阻器
水压	电压
管道的狭小阻塞	电阻
水流量	电流

金特纳与金特纳的研究证明，“水流模型”把并联电路中的电阻理解为“双重阻力”，因此通电量要比串联电路中小（不符合事实）；“人流模型”把并联电路中的电阻理解为两扇门，人流先从一扇门蜂拥而出，然后从两扇门分流，当然流量就比一扇门要大（符合事实）。借用什么样的模拟显然对认知过程和结论有重要影响。

语言学家乔治·拉科夫（George Lakoff）等对美国英语中的“生气”隐喻进行了研究①，涉及的仍然是“容器”：身体是情绪的容器（the body is a container for the emotions）；情绪是容器里的液体（emotions are contained liquids）；情绪是热的（emotion is heat）。加热到沸点的水会变成蒸汽，美国英语的蒸汽（steam）也表示“生气”；当容器里的压力增加到一定程度时，它

① Foley William A. *Anthropological Linguistics*. Massachusetts & Oxford: Blackwell Publishers, 1997: 187 – 188.

就要爆炸：blow（爆炸）在美国英语里也表示“发脾气”。在英语里还有“piss off”（恼火）这样一个短语，原意为“解小便”：膀胱里憋的液体聚多了，压力大了，就要放出去。人类认识世界始于自我，以自我推知非我，以所知类比未知，并由此反观自我，循环往复。汉字偏旁是最好的说明：“提手旁”“足字旁”“目字旁”“肉（月）字旁”“口字旁”“言字旁”“耳字旁”，由我及他，从具体入抽象，几千年的文明都是靠人体“写”出来的①。

隐喻表现了典型的标指关系，以弹洞喻子弹，以烟喻火，以云喻雨，等等。喻体和喻指之间有部分代替整体、结果代替原因、过程代替因果的关系，具有生动能产的特点，不仅和日常生活关联，也和抽象思维关联，是人类生活每天都不能离开的交流和思想工具。从抽象程度讲，隐喻—标指相对于象似和象征属于“中度”，而象征属于“高度”，象似属于“低度”。抽象的象征分类具有稳定性，例如宗教信仰，上帝的存在不容置疑，无须论证，要么信，要么不信，直截了当。

抽象度偏中偏低的象似分类和标指分类，则相对变化多端，它们直接属于“生活世界”，时时事事都要“协商”，各种人类主体在内的社会和非社会因素在反复互动中取得各种意义，每一阶段的互动都获得暂时的意义，接下来的互动又获得新的意义。值得一提的是，标指并不总是表达弹洞和子弹之类那般逻辑性很强的关系，它也表示社会习性，即法国人类学家布尔迪厄所说的“惯习”（habitus），指人们在特定文化中养成的习性或者行为举止，它是沉淀在身体及其活动中的历史遗产，社会成员不能加以完全摆脱，也不能加以完全认知②。在民众生活中，在正统和闰统两极之间，存在一种客观秩序和主观组织原则之间的近乎完美的和谐一致，于是，自然和社会显现出“自明”的存在状态，布尔迪厄把这种体验称为“信习”（doxa）。“信习”不同于正统和闰统，它不会让人认识到信仰的差别或者对抗，而只能在无意识状

① 纳日碧力戈：《语言中的身体隐喻》，《贵州大学学报》2012 年第 1 期。

② Bourdieu Pierre. *Outline of a Theory of Practice*. Cambridge：Cambridge University Press，1977：159 - 197.

态下让主客观互渗，让一切变得自然而然①。倘若真要追究其中的因果关系，追究者就会陷入“鸡生蛋还是蛋生鸡”的逻辑怪圈之中。这种状态表现了象似、标指、象征之间的高度圆融，象似给予象征物感的支持，而象征又反过来对物感进行“指导”或者暗示，而标指是其中重要的“沟通者”，令象似和象征能够互相指涉，共成一体。

不过，这种主客观互融状态之下的主客观分类的和谐一致，在族际交流互动中会受到挑战，全球化时代的市场逻辑和经济理性，更加凸显了这样的挑战：传统时间节奏和空间格局被打破，各个非主流社会“哭着喊着被推向现代化”，城市化、市场化似乎成了不可摆脱的宿命，传统的分类系统忽然变得支离破碎，从主体分类范畴到群体分类规则都发生了根本变化。

三、族群分类的边界

40多年以前，1969年，弗里德里克·巴特（Fredrick Barth）主编出版了《族群和边界》② 一书，他为该书撰写的序言成为族群边界论的代表作。他主要从现象学角度观察和解释族群现象，侧重族群的结构性对立差异以及由此产生的族群边界，避免用历史主义和原生论。在边界论的框架中，族群起源无足轻重，族群要素可有可无，均予以搁置，找不到把民族看成是“想象的社群”和“现代工业化产物”之类的宏大论述。族群研究者一般认为，文化是关于人类行为的知识和规则，每一个族群都有自己特有的相应文化。与此同时，族群研究者一直关注族群的历史边界和族群之间的关系，但并不重视族群的构成和族际边界的性质。仅仅用抽象的“社会”概念去描述和指称一个庞大的社会制度，分析其中的小群体和小单位，这不能解决和解释族群的实际特征和具体边界，不能上升到较高的理论层面。巴特指出，过去有学者认为一个部落或者人们共同体故意忽视相邻部落或者人们共同体，以期由此

---

① Bourdieu Pierre. *Outline of a Theory of Practice*. Cambridge：Cambridge University Press，1977：159－160.

② Barth Fredrik. *Ethnic Groups and Boundaries*. Boston：Little，Brown and Company，1969.

保持自己的文化，这种幼稚的观点显然已经被人类学家放弃。但是，仍然有人坚持，文化差异取决于地理和社会隔离，这是至关重要的因素。然而，巴特指出，尽管人们有可能已经在地理和社会意义上“越界”，但是原有的边界观念依然存在，也就是说，族群范畴不取决于人口的稳定和缺乏流动，不取决于互不接触和互不交流信息，即不取决于社会隔绝和社会封闭。但是，族群范畴却隐喻着排除与合并的社会过程，正是通过这样的社会过程，互不相关的范畴得到保持，不受制于社会身份的变化和参与社会方式的变化。同时，我们还可以注意到，持久、稳定和重要的社会关系，恰好跨越了这样的边界，并且建立在二分的族群地位之上。社会互动和社会接受并不一定导致民族特征的丧失；族群接触和互相依赖并不导致文化差别的消失①。边界论认为，族群首先是族群成员的归属和认同范畴，它对于族群之间的互动具有组织和协调作用。边界论不强调族群和族群关系的类型和分类，而是关注和探讨族群得以产生和存在的不同过程，其重点在族群边界和族群边界的保持，而不是不同群体的内部构成和历史。许多民族志材料表明，族群之间的密切接触，并不意味着接触某一方或者双方的互化或消亡，相反，它们仍然会顽强地存在，有时甚至产生比过去更加强烈的族群意识。两个或者多个族群在接触中继续保持各自的独立存在，它们有各自的准则和标记，形成互动结构，保持文化差异。族群关系的稳定取决于族群交往的规则和惯例，在一些方面允许甚至鼓励族际交往，在另一些方面加以禁止，避免外来文化的“腐蚀”，保持本族文化的“纯洁”。有的时候，交往禁忌不仅限于经济、文化和政治等方面，还涉及“人身禁忌”或者“种的禁忌”，例如一些族群的习俗禁止本族女性与外族通婚，但男子可娶外族女性，也有完全禁止本族男女与外族通婚的严格禁忌。一方面，这种禁忌分类具有“非我族类，其心必异”的思维基础，表现出对于外族的高度不信任，且拥有大量谚语、成语、故事、传说、神话之类的“话语”支持。另一方面，这些对立的族群之间在历史上可能发生过战争，形成随时付诸行动的“敌对语法”和仇视态度，其背后有强大的

① Barth Fredrik. *Ethnic Groups and Boundaries*. Boston：Little，Brown and Company，1969：9－10.

历史记忆和社会记忆的支持，日常生活中的族群成员之间的磕磕碰碰，被等同于族群之间的磕磕碰碰，从而也强化了这类敌对和仇视的历史记忆和社会记忆。

从文化生态角度观察，如果几个族群能够在某些文化特点上结成互补共存的关系，它们之间的关系就是积极的和建设性的。根据巴特的分析，在族群接触的时候，它们互相依赖的生态关系具有几种不同形式。首先，它们可能在自然界各有自己的明确生存范围，不存在激烈的资源竞争，此时它们之间的互相依赖程度是有限的，贸易和仪式具有标志族群边界的作用。其次，各族群可能垄断各自居住的地域，它们之间存在资源竞争，沿边界的政治活动会划定族群边界。再次，各族群可能互相给对方提供重要的物品和服务，形成互相依赖的关系。最后，在群体杂居的地方，至少存在某种程度的竞争，在经过一段时间后，一个族群会取代另一个族群，或者它们包容共生，更加互相依赖，互相补充①。

分类体系对于建构和保持族群边界至关重要。分类范畴属于理想模式，相对独立于具体经验、具体行为和具体文化因素。例如在族群的亲属制度中，亲属地位并不取决于一个人的财产多少，也不取决于他的社会行为：一个没有尽到义务的父亲仍然是一个父亲。在族群接触和文化变迁的过程中，族群成员努力维护传统，信任对于当下形势的文化解释。当然，这种文化解释有它自身的文化逻辑，是有选择的、临场的和约束性的，除此而外，要找到其他更合适的解释并不那么容易。里奇在描述缅甸克钦人时认为，他们的族群应当作为社会单位而不是文化单位看待②，换句话说，稳定的族群边界是社会的或者是政治的边界，而文化边界则可能变化多端。族群的这种社会边界或者政治边界具有对立于其他族群的结构功能。族群之间的差别主要是结构上的差别，而不是文化上的差别。巴特认为，族群认同来源于族群成员的出身和背景，而他们所拥有的共同文化只不过是一种暗示或者结果，它们不是族

---

① Barth Fredrik. *Ethnic Groups and Boundaries*. Boston：Little，Brown and Company，1969：19－20.

② Leach E. *The Political Systems of Highland Burma*. Cambridge：Cambridge University Press，1954：281.

群首要的和决定性的特征。但是，有的学者并不同意这个看法，认为一个族群用不着非要拥有一系列文化特质才称其为族群，族群认同本身就为族群提供了确定的文化特质[①]。根据巴特的族群认同来源于族群成员的出身和背景的说法，族群认同是遗传的或者是以某种神秘方式获得的，这显然不确切。族群认同产生于交流和表达，渗透在神话、宗教、信仰、仪式、民间历史、民间文学和艺术之中，族群认同及其相关文化交流和表达从不同角度保持和强化传统的符号分类体系，同时也为族群关系赋予社会意义[②]。尽管文化特征是族群存在的必要条件，但它毕竟不是充分条件，应该同时保证族群边界存在的结构性对立。结构性对立不仅存在于族群之间对生产资源的争夺，而且也存在于对权力、知识以及合法权力等等的争夺。族群认同是人们对于某种特定社会经验的适应策略。如果族群的结构性对立消失，那么最明显的文化差异也会随之消失，族群和族群成员的同化也就会出现。一个族群成员可以根据不同的场景和需要采用不同的身份，而且不会造成认同危机。以泰国的克伦人（Karen）为例，他们中有从事柚木贸易的极少数人，兼有泰人的身份，曾在泰语学校受教育，熟悉泰人的风俗习惯。同时，他们是泰国公民，忠于泰国国王，为国家履行应尽的义务。由此可以看出，族群成员的认同边界也会随着不同的时间和地点，出于利益和价值的考虑而有所变化。但是，族群成员的多样性认同并不影响族群本身作为一个独立群体的存在，因为结构性对立一直是族群存在的基础，而不会因为个人或者部分人的认同多样性而发生动摇。

巴特在《族群与边界》的前言中再次总结了他的观点：族群是一种社会组织，与实际的文化特征没有直接关系；族群身份是互动双方自识与他识的结果，即“我认为我自己是谁”和“别人认为我是谁”，不取决于研究者对族群文化的建构；文化特征的重要性和边界相关，即在“界内”的人会遵守

---

① Keyes C. *Ethnic Adaptation and Identity*: *The Karen on the Thai Frontier with Burma*. Philadelphia: A Publication of the Institute for the Study of Human Issues, 1979: 4.

② Keyes C. *Ethnic Adaptation and Identity*: *The Karen on the Thai Frontier with Burma*. Philadelphia: A Publication of the Institute for the Study of Human Issues, 1979: 4.

同样的“游戏规则”，会接受同样的文化表征①。1994 年，汉斯·韦尔默朗（Hans Vermeulen）和克拉·格沃斯（Cora Govers）主编了《族群人类学：超越〈族群与边界〉》（The Anthropology of Ethnicity）一书，再次肯定了巴特为《族群与边界》撰写的序言中提出的核心观点：族群是一种社会组织形式；研究焦点是族群边界而非文化材料；自识与他识对于建构族群认同和族群身份具有同等重要性②。不过，如尤金·卢森斯（Eugeen Roosens）和其他一些学者所指出的那样，把族群看作是社会载体而不是文化载体，并不能完全解决问题，因为宗教群体、语言群体和其他类的群体，也都属于社会载体，也在自识和他识中维持自己的边界。那么，族群的特点到底是什么？卢森斯的回答是家系（genealogical dimension）③。家系总会和亲族及家庭的隐喻交织在一起，这类“家隐喻”和“边界”结合在一起，成为族群认同的主要根基。艾伯纳·科恩（Abner Cohen）认为，族群是政治经济的利益集团，家族、宗教、仪式等等文化要素不过是用来维持这个利益集团边界的符号工具，也就是说，从族群的组织原则出发，“利益”重于“血缘”，“血缘”为“利益”服务，族群是利益集团，不是血缘集团④。

四、云南蒙古族个案

以上关于族群的争论同样是关于形物要素与象征要素在群体分类中扮演何种角色的争论，也是在族群分类体系中形物要素与象征要素之间存在何种

---

① Barth Fredrik. *Ethnic Groups and Boundaries*. Boston：Little，Brown and Company，1969：6.

② Hans Vermeulen and Cora Govers. *Anthropology of Ethnicity：Beyond 'Ethnic Groups and Boundaries'*. Amsterdam：Het Spinhuis，1994：1.

③ Roosen Eugeen. *The Primordial Nature of Origins in Migrant Ethnicity*//Hans Vermeulen and Cora Govers. Anthropology of Ethnicity：Beyond 'Ethnic Groups and Boundaries'. Amsterdam：Het Spinhuis，1994：84－104.

④ Cohen Abner. *Variables in Ethnicity*//Keyes Charles F. Ethnic Change. Washington：University of Washington Press，1981：307—331.

关系的争论。如果说涂尔干和莫斯在《原始分类》中提出的社会分类投射说①主要属于约定俗成的象征维度②，那么，卢森斯等学者的“家系原生说”③则相当执着地遵守了形物的维度。也许巴特在论说自己的族群边界论时对于“家系原生说”所持的暧昧态度，表达了他要超越这种形物与象征互不关联的一种努力：一方面，族群认同来源于族群成员的出身和背景，族群认同由遗传方式或者某种神秘方式获得；另一方面，族群是对于差异的社会分类，不一定和非得与族群成员的出身背景或者遗传方式挂钩，因为宗教、语言群体等等也可以培养和造就群体认同，也属于“对差异的社会分类”。巴特所说的“边界”就像“索绪尔棋法”，制作棋子的材料不重要，重要的是下棋的规则；同样，族群的经济、政治、文化等等方面的外在要素并不重要，重要的是族群边界，重要的是族群对于这些外在要素的社会分类，即“族群语法”。居住在中国云南通海县的蒙古族的民族认同比较符合巴特的解释，同时也肯定了卢森斯等学者关于族群认同源于家系隐喻的观点。家系隐喻为族群边界提供稳定的参照，也为社会分类提供主要的根据，物料、物象、物觉、利益、情感等等可以跨界流动，但界限和原则不会发生变化，我还是我，你还是你，只是换穿了不同的衣服，使用了不同语言，有了不同国籍，如此这般。

---

① 人类首先有社会分类，然后把社会分类投射到社会以外的领域，对于自然的分类是仿照对于社会的分类，不存在天生的分类范畴，一切都是后天习得。

② 不过涂尔干和莫斯的社会投射说始于亲族认知，其中不乏亚里士多德所说的“灵魂之感”，因为亲族体验毕竟有直观的物感物觉基础，不像语言系统主要建立在基于“灵魂之感”的约定俗成之上，属于“来料加工”后的“次生产品”。亚里士多德说：“口语是内心经验的符号，文字是口语的符号。”虽然民族没有共同的文字，也没有相同的口语，但语言毕竟是内心经验的符号，而全人类的内心经验是相同的。（参见《亚里士多德全集·卷1·解释篇》，苗力田译，中国人民大学出版社，1992，第49页。）亚里士多德用“灵魂之感”概括人类认知的本质，因感生觉，因感生情，情与觉的合一才是人类认知的天性。（参见 Harris，Roy，Rethinking Writing，P. 18. Bloomington：Indiana University Press，2000.）因此，涂尔干和莫斯的社会投射论仍然含有基于物感物觉的象似要素和基于“自然逻辑”的标指要素。生身父母兄弟姐妹毕竟不是“约定俗成”之物，他们相对于我的存在毕竟有象似和标指的基础，只是由此产生的分类体系以及亲属制度却符合约定俗成的规则。

③ 即族群源于家系（genealogical dimension）及其隐喻。

居住在云南通海县西部的兴蒙乡近6000位蒙古族是元代入滇蒙古军的后裔，他们的祖先镇守河西曲陀关，落籍在那里，迄今已有700多年。1252年，成吉思汗之孙忽必烈统率10万大军进攻云南，由宁夏经甘肃入四川，然后兵分三路：兀良合台率西路军，途经今松潘、理塘、稻城、中甸一带；东路、中路经今茂州、鱼通、泸定、汉源，至西昌分兵；抄合也只烈率领东路军，经今德昌、会理；忽必烈率领中路军，经今盐源、宁蒗，抵金沙江后，灭云南大理国。1254年，忽必烈还师，大将兀良合台镇守云南①。1279年，南宋灭亡。元朝统一中国的时间为89年（1279—1368），但统治云南则长达128年（1253—1381）。1368年，朱元璋建立明朝，云南的蒙古梁王拒守不降。1381年，明将傅友德、沐英率30万大军进攻云南，梁王把匝拉瓦尔密兵败，在晋宁自杀。元末明初，建治在今通海县曲陀关的"宣慰司都元帅府"都元帅阿喇帖木耳与荫任都元帅的儿子旃檀"一十五翼"官兵镇守曲陀关，后迁居凤山脚下，形成现在的中村、白阁、下村、交椅湾、桃家嘴等蒙古族村庄，成为云南唯一的蒙古族聚居地。兴蒙乡蒙古族的先人们为了生存，学会了捕鱼、种田、建筑，从牧民和军人变成渔民、农民和工匠，生活发生了巨大变化。他们居住的地方曾被称为"中渔村"和"下渔村"，他们自己也被周边诸族称为"渔夫"。近现代以来，兴蒙之地以"建筑之乡"闻名，他们在清代和民国期间，曾参加昆明、通海、个旧、蒙自、开远等地的建筑工程，建造了聚奎阁、清真寺、兴文银行、震庄等中西建筑。兴蒙乡蒙古族使用的卡佐语属于汉藏语系藏缅语族彝语支语言，尤其在基本词汇和基本语法上与彝语存在较大的一致性，语音上也有严整的对应关系②。从使用无声调的阿尔泰语系蒙古语的牧民，到转用汉藏语系卡佐语的渔民、农民和工匠，兴蒙乡的蒙古族饱经沧桑。兴蒙乡蒙古族的丧葬随汉俗，行棺木土葬，墓前立碑。长子继承门户，能多分一些遗产；女子不能继承财产。居住样式亦与汉族同，过去殷实人家住三坊一照壁或四合院，有的住洋式楼房，现在情况也是如此，

① 杜玉亭、陈吕范：《云南蒙古族简史》，云南人民出版社，1979。

② 戴庆厦、刘菊黄、傅爱兰：《云南蒙古族嘎卓语研究》，《语言研究》1987年第1期。

只是房子的质量更好，盖的楼层数也更多。节日有春节、清明节、端午节、中秋节、火把节等，还有多种宗教仪式，如太平会、观音会等。兴蒙乡蒙古族的族性重建，首先离不开与“老家”内蒙古自治区的频繁来往，那里的同胞为他们提供重要的历史记忆和文化联想，在你来我往中交流感情，重建认同。族性的重建要建立在“事件”和互动之上，它是一个活生生的过程。先是在1956年，有两个蒙古国的访客“发现”了这里的蒙古族；而在1976年内蒙古师范学院云南蒙古族调查组来此调查之后，北方的蒙古族来“探亲”的人越来越多；1984年，从内蒙古来的客人达到116人。过去，白阁村的关圣宫里供的是关云长，后来在“文革”期间被毁掉。改革开放以后，经过村民们商议，1989年，把关圣宫改成三圣宫，“三圣”指成吉思汗、蒙哥、忽必烈。每当有贵宾或北方的蒙古族兄弟来访，村里人总会带着他们去看看三圣宫。大殿里有“三圣”泥塑：成吉思汗居中，东侧是忽必烈，西侧是蒙哥。兴蒙乡和内蒙古频繁互动，推动本地的蒙古族文化重建。服装店里有鄂尔多斯蒙古袍，乡政府大楼有蒙古包样式的穹庐顶，新立的墓碑上也刻上了蒙古文和其他怀念北方族源的纪念文字。

兴蒙乡通过多族参加的庆典和仪式形成多族互构的民族格局，蒙古族也在多族共建中保持民族意识。这里的社会活动多族参与，生活方式反映多重文化，宗教儒释道三教合一①。桃家嘴的北海寺里面正中（庙坐南朝北）供着观世音（面向北），其右侧是龙王，左侧是“三圣”（中间是成吉思汗，其右为蒙哥，左为忽必烈）东侧为财神菩萨；西侧为鲁班和啊吒哩神（驯龙神）。本地的蒙古族失去了北方的“物质文化”（语言文字、服装、居住形式等等）与生产和生活方式（游牧、祭敖包等等），但是，他们有北方的蒙古族万里来探亲，有周围各族一道“跳乐”，并且自认为也被承认为是蒙古族。通海蒙古人的身份是在各种各样的互动中维持和创新的，而这些互动的空间范围和样式，大大超过以往任何一个时代。兴蒙乡的个案告诉我们，历史可以传递“如何分类”，但不会涉及用什么样的“材料”去分类。历史上，包括蒙古人在内的内亚游牧诸族，尽管家庭生活和畜牧业生产上非常相似，但他

① 现在还要加上“三圣”崇拜。

们的政治组织、与外界的经济纽带以及集权的程度却千差万别。究其原因，这种差别出自不同的对外关系，即互动的对象不同，而非内部的发展①。边界两侧居民对自己国家的忠诚，会由于经济利益而变化：他们在非法交易中利益共同体即“我群”；而其他本族人，尤其是统治者，成为“他群”②。蒙古人自古就和周边诸族构成共生关系，通过边境贸易互通有无，形成“结构映射”关系。不同的民族在政治上也互相依存，中原的安定或动荡，会直接影响草原社会。兴蒙乡的蒙古族继承了前辈们“如何做”的历史，用彝语支的语言和舞蹈，借汉族的亲属称谓和居住方式，以多族相聚的“跳乐”，靠对太上老君、孔子、如来佛、鲁班、成吉思汗的崇拜，在远离故土的南方建构蒙古族的新形象。

兴蒙乡的蒙古族有建立在诸如旃氏族谱之类的家系书写传统之上的隐喻扩展的“民族语法”，他们借助与周边诸族共同参与的节庆及其他活动互构共建，文化要素的借入借出，民族成员的流出流进，不仅没有让民族边界和民族分类淡化或者消除，反而得以维持和强化。从语言宗教到农事庆典，形物维度的文化要素和象征维度的分类范畴，结成形气神的共生态，在狂欢中让各种族性得到彰显、复制、强化和延续。无可否认，人类生来具有空间和时间的认知能力，但这并不足以让他们产生族群认同，还需要借助出身和成长的培育过程并加以隐喻推衍，方能成就这样的认同。其实，人类的生长培育过程，是形气神共同“在场”的过程，触觉、味觉、嗅觉、听觉和视觉与时空逻辑的认知相结合，与比较概括的文化解释构成“三一”过程，使家系和家系隐喻具有真正的“质感”“物觉”和“俗成”的坚实基础。社会分类的基础是人类与生俱来的时空感及其成长过程中的亲族感和身体物觉，它要同时依赖先天的认知能力和后天的家族感受和身体物觉，形成关键性的“社会语法”。

---

① Barfield Thomas J. *The Perilous Frontier*. Oxford: Blackwell Publishers, 1989: 11.

② 欧文·拉铁摩尔：《中国的亚洲内陆边疆》，江苏人民出版社，2005。

五、讨论

从上述关于社会分类的多角度讨论，可以得出下述结论。

第一，社会分类的基础是人类与生俱来的时空感及其出生成长过程中的亲族感和身体物觉。社会分类和符号分类共同属于兼有“形物”和“精神”的“指号分类”。

第二，兴蒙乡的例子充分说明了原有分类意识的沉积与复活，比较切合巴特的边界理论，即服装、习俗甚至语言等“物质材料”可以变，但其分类结构却保持稳定。需要指出的是，与内蒙古的密切联系和周边民族的分类和“被分类”都参与了兴蒙乡蒙古族民族认同的强化过程。

第三，社会分类体现了“形物结构”和“超验结构”的交互作用，以及二者之间的部分关联。一方面，如同“生成模拟假说”所证明的那样，原有事物分类会对后来的事物分类产生影响；另一方面，即便是原有的事物分类也是人类“客体化”的结果，因而离不开人的主体认知的潜质，离不开人类时空认知的先天能力，即确实存在“表层术语假说”支持的人类自主认知的“元能力”。总之，社会分类体现的维特根斯坦式的“家族相似性”结果，符合玛丽莲·斯特拉森（Marilyn Strathern）的“部分关联”理论。一种分类是另一种分类的延伸，一种分类是另一种分类的条件，各种分类之间互为条件，你中有我，我中有你。

与社会学结缘的中国人类学
——基于20世纪前半期的学科史讨论

王建民

中国近代以来在社会科学学科体系的建设过程中，与西方学术界有着密切的互动，在学科发展的初期尤其如此。在中国人类学和社会学发展历程中，人类学与社会学的密切联系已经引起了一些研究者的注意，并有一些论述先后发表①。在中国社会学史著作中也多有讨论人类学、民族学的田野工作对社会学学科发展的重要作用，不少人类学家在中国社会学史中都有一席之地，甚或一身兼二任。然而，在最近有关这几个学科之间的关系和学科目录调整的争论中，对于为什么中国社会学与人类学关系密切或略有差异等方面的解释和讨论却略显不足，多有浅尝辄止之嫌。本文拟从学科史的角度就此进行更多探讨，以浅愚之见抛砖引玉，就教于各位方家。

一

人类学和社会学在国际社会科学领域作为独立学科早已为世界各国学者所公认，也在不同国度里经历了各自的发展历程。然而，在中国人类学发展的早期阶段，即20世纪前半期，民族学、人类学却与社会学有着纠缠不清的关系，在学科发展史讨论中是一个难以回避的话题。

为了使本文的讨论更加清晰，首先应当明确这一时期民族学和人类学在中国语境中的使用状况及其内涵。“民族学”（Ethnology）与“文化人类学”（Cultural Anthropology）、“社会人类学”（Social Anthropology）在研究对象和

① 胡鸿保：《中国社会学中的人类学传统》，《黑龙江民族丛刊》1998年第4期。胡鸿保：《当前中国的社会学/人类学学科建设——从学科史和互为学科性角度谈起》，《华中理工大学学报》2000年第2期。

范围上基本相近，也采用基本相同的理论和研究方法，在学理上可以视为同义语或相似词，只不过由于这三个概念产生和使用的背景不同，而与不同的国家学术传统相连接，形成学术范式和研究倾向上的差异。主要在欧洲大陆使用的民族学基于自启蒙运动之后对人性的思考之传统，强调民族性和文明的概念，或关注民族的生物和文化特征上的差异性，或聚焦于人类在思维和精神世界与其他动物相区别的普同性；英国人类学家似乎更相信科学对于人类文明的贡献，希望将自然科学的理念和方法移植到社会科学中，更为严谨而细致地探讨人类社会的发展，社会结构、社会组织和社会关系成为他们讨论的主题；美国人类学界受到德国学术传统的影响和美国对国际政治的日益介入，更多地讨论世界各地文化的表现形态，并努力说明其文化逻辑和独特价值。

中国人类学民族学的学术引进过程表现出一种多元性，在学科奠基和发展初期更是如此。来自于欧洲并由日本转述的欧洲学术概念——民族学进入中国，在人种学、人文学等早期译名后，1926 年，蔡元培著《说民族学》一文，始用民族学一词。1928 年，他又在中央研究院社会科学研究所建立了民族学组，并兼任组长。此后，学界逐渐以民族学作为多数学者共同沿用的学科名称。当时欧洲大陆概念系统中的人类学主要指体质人类学，而在民族学传入中国后稍晚一些时间，文化人类学和社会人类学的概念也传入中国，只不过由于学术设计者的作用和欧洲大陆学术当时有更大的影响力，至少在第二次世界大战结束之前人类学较之民族学略逊一筹。

在现代学科体系确立之后，人类学、民族学和社会学有关研究机构通常分属不同系统。自中国人类学、民族学和社会学学科初创伊始，在同一研究和教学机构中就有同时设有人类学、民族学和社会学机构的。如 1928 年中央研究院社会科学研究所组建时，就分别设立了社会学组和民族学组，历史语言研究所则建立了人类学与民物学组。抗战胜利后，清华大学分别设有人类学系和社会学系，分属于该校文学院和法学院。在学会组织上，20 世纪 30 年代就已经分别建立中国社会学社和中国民族学学会。80 年代，又分别成立中国民族学学会和中国社会学会。从学科重建以后的机构设置来看，中国社会科学院分别设有民族学与人类学研究所和社会学研究所，至今民族学与人类学研究所的诸研究室和社会学研究所社会人类学研究室并存。中山大学同时设社会学系和人类学系（含民族学和考古学专业）。中央民族大学民族学与社会学学院同时设民族学系、人类学研究所和社会学系。中南民族大学民族学与社会学学院不分系，而分别设立民族学教研室、社会学教研室、人类学研究所。厦门大学人文学院设人类学与民族学系，公共事务学院设社会学系。兰州大学民族学专业设在历史文化学院，社会学专业设在哲学社会学院。云南大学民族学专业设在人文学院，社会学专业设在公共管理学院，民族研究院则设有人类学博物馆、民族学研究所、人类学教研室；民族学和社会学作为云南民族大学有特色和优势的学科都设在人文学院，分为民族学和社会学两个系。贵州民族大学 2009 年 12 月将原社会发展学院的社会学、社会工作两学科专业与原民族文化学院的民族学、历史学两学科专业合并成立民族学与社会学学院，但专业依然是分设的。一些省级社会科学院中也分别有民族学和社会学两个研究所。

近年来，虽然各大学和研究机构有学科调整，但基本格局未曾改变。不过，值得注意的是，分设机构的情况更频繁地出现在近年各大学机构扩展的过程中。北京大学、南京大学、复旦大学、浙江大学、华东师范大学等全国著名高校先后建立社会学专业及研究所，今年又纷纷建立人类学研究机构。

抗战之前，在大学中，除了南开大学存在一个 1923 年开设但仅延续两年左右的人类学系，清华大学有一个寿命只有几年的社会学与人类学系之外，并没有其他以人类学、民族学命名的专业系科。抗日战争结束后，伴随着美国学术影响的扩大，人类学这一学科概念逐渐被更多人所接受，国民政府教育部自 1947 年至 1949 年先后批准暨南大学、清华大学、中山大学、浙江大学建立人类学系，台北大学也建立了考古人类学系。如果再加上 1944 年建立的与民族学有关的中央大学和西北大学的边政学系，全国专业系科中设有民族学、人类学专业的也并不多。

在中国人类学和社会学发展的早期阶段，因为研究力量的局限，将人类学、民族学和社会学这些关系较为密切的学科置于同一研究机构中的状况更为常见。如 20 世纪 30 年代，清华大学曾一度建立社会学与人类学系，不久，因主要从事人类学研究的史禄国等教授离校，又复名为社会学系。更多的社会学系当时并没有挂上人类学或民族学之名，但通常都要开设相关课程。对中国人类学和社会学学科的早期历史略有研究的学者都知道，除了上述人类学系和中央研究院等研究机构外，许多人类学家在社会学系中工作，一些社会学家具有人类学倾向。若细数名单，学界的主要代表人物吴文藻、徐声金、赵承信、杨堃、吴泽霖、柯象峰、陶云逵、徐益棠、胡鉴民、伍锐麟、陈序经、林惠祥、费孝通、林耀华、李安宅、岑家梧、谷苞、胡庆钧、陈国钧、陈永龄等都曾经在社会学系中任教，在社会学系中或讲授人类学、民族学课程，或从事过相关田野工作，或撰写过相关论著。其中不少人类学学家还出任过当时一些著名大学的社会学系主任。

20 世纪前半期，大学社会学系多开设有关于人类学、民族学的课程。如私立厦门大学历史社会学系（社会组）课程纲要中列有社会基础、社会变迁、社会起源、社会进化、人类起源、民俗学等课程①。北方著名的教会大学燕京大学社会学系在拉德克利夫－布朗访华前后，开设有吴文藻讲授的社会人类学、家族制度，赵承信讲授的社区调查，拉德克利夫－布朗讲授的比较社会学、社会学研究等课程②。国立清华大学社会学与人类学系开设普通人类学、社会研究法入门、家庭演化、初民社会等课程。其中初民社会一课由史禄国讲授，以史氏亲自调查过的北方通古斯族为例讨论初民社会的简单组织，以便与其他民族做比较研究③。抗战期间，边疆民族问题引起了更多有识之士的重视，国民政府也在经济十分紧张的状况下，对边政研究给予了更多投入。当时设立的金陵大学社会学系边疆社会组开设的课程有民族学大纲（或称民族学）、边疆地理及人文地理（或设边疆史地通论）、中国民族、西南边疆、西北边疆、东北边疆等④。抗战胜利之后，随着人类学的扩展，不仅有人类学单独设系，类似课程在各校社会学系中也更为普遍。

---

① 厦门大学：《私立厦门大学文学院一览》（1935 年至 1966 年），厦门大学，1935。

② 燕京大学社会学系：《燕京大学社会学及社会服务系 1934 至 1936 年度概况》，《社会学界》1936 年第 9 期。

③ 清华大学：《清华大学一览》，清华大学，1937。

④ 金陵大学：《文学院社会学系边疆社会组概况》，《金陵大学校刊》，1943。本校边疆研究经费教育部准予增加补助，《金陵大学校刊》，1944。

上述诸课程均是较为典型的人类学、民族学课程，从课程体系来看，尽管课时量不多，但基本上是从学科结构出发考虑课程设置，在课程内容上也体现了当时世界的最新研究成果。如吴文藻的社会人类学为社会学系主修学生的必修课程，具体内容包括导言与背景、文化的分析、文化的综合、文化的研究法等。“从社区着眼，以求了解中国之边疆民族及其社会文化；附带注意部落社区与乡村社区之对比。”① 由于当时社会学系开设的课程多由国外引进，一些大学，特别是教会大学社会学系使用外国原版教材者较其他文科系为多。尽管外文教材多选取国外人类学、民族学名著，有利于更直接地吸收国际学术的养分，减小了与国际学术界的差异，但这类教材一是距离中国的实际太远，二是读者面小，影响了民族学的广泛传播。因而，从一开始，一些大学教师就试图编写符合本校学生要求、适合中国实际情况、包括中国资料的教材。厦门大学历史社会学系社会学组使用自编教材，1928—1929 年度，在社会学原理、社会起源、社会进化、社会调查、家庭研究等有关民族学的课程教学中，都使用该校教授自编的教学大纲，并制定参考书②。时任该系教授的林惠祥由各国材料编译成《文化人类学》，1934 年作为大学教材由商务印书馆出版。作者从物质文化、社会组织、宗教、艺术、语言文字五个部分论述，以包容文化人类学的各种材料，又以人类学总论作为导言，并加文化人类学略史，以说明各种重要原则及学派。

当时，各大学社会学系多数较为重视实地调查，特别是 20 世纪 30 年代以后，学生经常参加各种类型的考察。在抗战之前，虽然许多学校的实地调查较为侧重于社会学方面，如人力车夫生活状况调查等，也时常仅以问卷形式进行，民族学田野调查所占比例并不算大，但也已经成为一些学生的自觉选择。许多教师注意要求学生联系中国的实际来学习和调查研究。抗日战争爆发后，燕京大学社会学系在平郊村的研究中，由系主任赵承信领导三、四年级学生每星期下乡两三次，由当地人做向导，逐户拜访，并编制表格，记

① 燕京大学社会学系：《燕京大学社会学及社会服务系 1934 至 1936 年度概况》，《社会学界》1936 年第 9 期。

② 厦门大学：《厦门大学文科布告》（1928—1929 年），厦门大学，1929。

录日记，搜集实地资料①。

除学校组织的集体调查研究外，也积极鼓励学生利用假期进行调查。燕京大学学生陈礼颂在校期间选修了吴文藻开设的“家庭学”课程，他对潮州村落社区的宗族问题产生兴趣，“全是吴师文藻循循善诱之功，并承他介绍葛（学溥）氏一书所引起的”，吴文藻“早就知道笔者（陈礼颂）籍隶潮州澄海县，同时又素知潮州宗族色彩浓厚，故此他便极力鼓励笔者趁返乡度假之便，不妨利用机会试做一次初步的调查研究”②。

在国际学术交流中，一些人类学界的重要学者也在20世纪前半期到中国进行讲学。1935年秋，英国著名的功能学派人类学家拉德克利夫－布朗应吴文藻邀请，到中国讲学和访问。自是年10月起，用约一个半月的时间，在燕京大学开设了“比较社会学”课程，并主持了“中国乡村社会学调查”讨论班，其间有百余名学生研习这两门课程。当时的燕京大学社会学系研究生林耀华参加了拉德克利夫－布朗教授的课程学习，并请他担任了其硕士论文的材料组织导师。拉德克利夫－布朗在中国讲学期间，“学生所有报告建议，皆一一指导，批评得失，鼓励学业”③。他针对当时的情况，提出“在中国研究，最适宜于开始的单位是乡村，因为大部分的中国人都住在乡村里；而且乡村是够小的社区，可供给一两个调查员在一两年之内完成一种精密研究的机会”，并对怎样进行这种调查进行了具体指导④。拉德克利夫－布朗对功能主义理论与方法的阐发，在中国学者中产生了一定的影响。林耀华为欢迎拉德克利夫－布朗，在其到达北京前夕即写成《从人类学的观点考察中国近代社会》一文，在天津《益世报》副刊《社会研究》上发表，介绍了功能学派理论特色，并运用功能学派理论对中国近代社会进行了简略分析。林耀华当时已经受功能学派的影响数年，立意要下乡实地考察，抱着研究起始为实地

---

① 燕京大学社会学系：《社会学系近十年概况》，《燕京社会科学》1948年第1期。

② 陈礼颂：《1949年前潮州宗族村落社区的研究》，上海古籍出版社，1995。

③ 燕京大学社会学系：《燕京大学社会学及社会服务系1934至1936年度概况》，《社会学界》1936年第9期。

④ Radcliffe－Brown A. D（拉德克利夫－布朗）：《对于中国乡村生活社会学调查的建议》，吴文藻译，《社会学界》1936年第9期。

工作，至终仍是实地工作的态度，对福建莆田宗族乡村进行考察①。得到拉德克利夫-布朗指导之后，林耀华又发表题为《从人类学的观点考察中国宗族社会》的论文，以宗族、家族和个人为起点分析宗族社会，在不同层次的讨论中，运用了功能学派社区是各部分各方面互相联系的整体的观点②。他1935年写成了15万字的硕士学位论文《义序宗族研究》，由于学习中接受了功能学派的理论，论文形成阶段又受到功能学派代表人物的启发，表现出明显的功能学派的影响。

结束了在燕京大学的讲学后，吴文藻陪同拉德克利夫-布朗，南下武汉、南京、上海、广州诸城市进行访问、考察，通过学术报告等形式与当地学者进行交流。燕京大学社会学系将当时中国社会学界的重要刊物《社会学界》第九卷作为纪念布朗教授来华讲学特辑出版，其中刊登了拉德克利夫-布朗的四篇论文：《社会科学中之功能观念》《人类学研究之现状》《对于中国乡村生活社会学调查的建议》和《原始法律》。吴文藻在该辑刊物上发表《布朗教授的思想背景及其在学术上的贡献》一文。

1936—1937年间，吴文藻教授请美国密执安大学教授怀特（L. White）在燕京大学做长期讲学，以人类学及方法论为讲题。还曾计划请当时在国际人类学界已经显露头角的美国耶鲁大学人类学系人类学家萨丕尔（E. Sapir）、哈佛大学阿伦斯伯格（C. M. Arensberg）和英国伦敦大学人类学家弗思（R. Firth）等到燕京大学讲学。后因“七·七事变”计划中断。

上述20世纪前半期中国学术发展中将人类学、民族学置于社会学机构之内，彼此相互联系开展研究的状况，可以视为研究力量不足的表现，也可以归因于人们对于人类学、民族学学科的重视和认识不足。然而，若从学术史角度更深入地反思，也许问题不仅于此。

---

① 林耀华：《从人类学的观点考察中国近代社会》，《社会研究》（天津《益世报》副刊）1935年第108期。

② 林耀华：《从人类学的观点考察中国宗族乡村》，《社会学界》1936年第9期。

二

尽管有人认为人类学属于人文学科或属于历史学科，还有人主张它是政治学科或科学社会主义的一部分，但大部分学者还是把它纳入社会科学学科中，被视为社会科学中的独立学科。由于人类学这样的学科地位，与同属社会科学的社会学学科之间的关系更为密切，具备在研究中互相启发、互相借鉴的更大可能性。不过，在人类学、民族学和社会学的关系讨论中有许多不同观点。法国社会学年刊派的学者曾经将民族学视为社会学的一部分，认为民族学是为社会学提供资料的，仅仅是一门叙述性的学科。人类学和民族学的含义最初非常广泛，有部分学者甚至认为社会学是人类学或民族学的一部分。1997 年修订的国务院学位委员会学科目录上，在将民族学作为民族学一级学科下的二级学科之一的同时，把人类学调整置于社会学一级学科之下，作为其中的二级学科，与社会学、人口学、民俗学并列。2012 年的目录调整经过激烈争执，依然维持了这个格局，并将目录扩展到了大学本科专业层次。这一举措反映了无论在学科分类还是在现实研究中，人类学、民族学、社会学学科的关系直至今日至少在部分学者心目中依然处于比较混乱或模糊的状态。从前文的讨论中，笔者也追溯了中国学科发展场景中人类学与社会学在 20 世纪前半期的密切关系。对此问题的深入认识和解释需要从以往对两个学科的关系认识的梳理和重新思考开始。

20 世纪前半期，一些中国学者就试图对社会学与人类学或民族学的关系进行梳理。林惠祥在《文化人类学》一书中认为："社会学讨论人类社会的根本原则，而人类的社会的现象其实就是'超有机现象'，即文化的现象，而人类学研究的也就是文化的现象。由这样看来，这二科几于全同了。所以社会学家与人类学家很多为同一人（如斯宾塞、萨姆纳、托马斯、哥登威塞等人），而这两种著作也常相通，社会学中论'社会起源'之处更完全是人类学的材料，而大学中也常将这两种科学合为一系。"① 当时许多中国学者的研究

① 林惠祥：《文化人类学》，商务印书馆，1991，第 15—16 页。

都涉及两个领域，不易简单地划定到底哪项属于民族学，哪项属于社会学。他们在这两个学科发展初期分工并不明确，往往采用兼容并蓄的办法，在学术实践中表现出交叉或相近关系，有时甚至是同一的。许多老一辈中国社会学家也是民族学家，研究的课题往往涉及两个学科，著作既被视为民族学杰作，又被列入社会学书目。杨堃也明确指出，新中国成立前民族学和社会学是很难划分的①。

在现代学科分类体系中，人类学、民族学和社会学相互之间的确存在着某种关联性。一方面，尽管民族、族群、文化、社会等概念均有不同，但民族或族群通常是社会的重要组成成分或社会概念，社会都是由遵循某种特定的文化观念的人类群体构成的。另一方面，所有民族或族群都生活在特定的社会中，文化是人类社会活动的结果，是社会的产物，在这个意义上说，被群体共享的文化观念和行为也是一种社会行为。

在人类学传统中，在许多学者将注意力集中于文化的同时，也存在着兴趣在作为一个社会单位的社会之上的理论范式。"最初人类学基本上关注的是社会的性质：人类怎样开始互相协作，社会如何以及为什么随着时间推移而变迁。当历时研究的兴趣被颠覆之后，关注的是社会怎样被组织起来的，或者关注其功能。功能主义者、结构—功能主义者和结构主义者互相争论不休，他们对究竟应当强调个体间的关系、社会制度间的关系，还是个体占据的社会范畴间的关系莫衷一是。然而，对社会的关注都超过了文化，在这样一种基本兴趣上他们是大体一致的。互动论者、过程论者和马克思主义者也是如此。"② 正如功能学派人类学家拉德克利夫－布朗也把他自己的学问称为"比较社会学"一样，这些理论流派常常被视为人类学和社会学的共同遗产。

与此同时，我们又应该看到两个学科之间的差异。在学科初创时期，林惠祥认为："(1) 人类学的性质是历史的，社会学则为理论的。人类学是实地研究各种制度的原始状况而寻出相对的原理，社会学则就取这种原理，并广

① 杨堃：《民族学概论》，中国社会科学出版社，1984。

② 艾伦·巴纳德：《人类学历史与理论》（修订版），王建民等译，华夏出版社，2008，第12页。

取别种社会科学所得的原理合并一处，而统论人类社会的全局。（2）社会学详究人类的‘结合’，即社会的生活；人类学则对此问题不过考究其原始状况，此外人类的物质生活、心灵生活都要顾到；至于人类的发生与种族的区分，全属于体质方面的，更和社会学无关了。（3）社会学常就文明社会特别是现代社会而论，人类学虽也涉及文明社会，然其研究多关于史前时代及野蛮社会。”① 吴文藻先生也主张，“文化人类学必须以代表原始人类的现代未开化民族的生活状况为范围”②。蔡元培曾在中国社会学社成立时发表关于社会学与民族学的演说，他主张社会学是研究现代社会的，但要知道现代社会的真相，就要知道其历史发展，研究“现代未开化民族”的民族学可以补助社会学③。至今不少学者对两个学科关系的认识依然与这些中国第一代人类学家并无二致。

从学科的缘起上看，可以说这种见解不无道理。社会学是为了解决西方社会工业革命和资产阶级革命后的社会问题而诞生的，而人类学、民族学的产生和早期发展则与西方向外殖民扩张有着密切的关系。因此，西方某些学者在讨论人类学、民族学和社会学的关系时，认为两者的区别是：前者主要研究异质的、他者的社会，即“原始”“落后”“野蛮”民族，后者研究同质的、自我的社会，即现代社会、文明社会和西方社会；前者探讨的是过去或者现在的“过去”，后者研究“现实存在”。这种看法明显地带有西方民族学殖民主义色彩的烙印。然而，也应当认识到，将这种区分运用到中国之时，构成了一种新的隐喻，到了中国学术中，内地汉人社会被看成是现代社会，少数民族社会则成为原始社会的替代品。某一项研究在中国属于社会学，到了国外就被列入人类学或民族学之中。由于西方社会学多侧重于研究本国工业社会，而20世纪前半期西方人类学、民族学则多研究异民族，中国和西方学者根据田野调查所做的中国社会与文化的研究著作到西方语境中，也被西方学术界理所当然地视为文化人类学著作。与此同时，在西方国家研究中国

---

① 林惠祥：《文化人类学》，商务印书馆，1991，第16页。

② 吴文藻：载《文化人类学》，载孙寒冰：《社会科学大纲》，黎明书局，1932。

③ 蔡元培：《社会学与民族学——在中国社会学社成立会演说辞》，《社会学刊》1930年第4期。

汉人社会的学者在这种学科分类系统下，在他们自己的体系中可能属于人类学、民族学，而这些人到了中国就可能会被称为社会学家。

在中国学者的实践中，费孝通用他心目中更偏向社会学的作品《江村经济》，获得了马林诺夫斯基的首肯，成为国际人类学界研究中国社会文化的名著。而费孝通千里迢迢带到英国的他和王同惠一起搜集的广西大瑶山社会组织调查和体质测量资料，原本是他心目中更人类学的材料却被马林诺夫斯基否定了。另一本中国人类学名著《金翼》，是林耀华在哈佛大学获得博士学位之后利用做助教的余暇完成的。他在哈佛大学的博士学位论文是《贵州的苗蛮》，尽管主要是根据文献完成的，但更接近当时中国学者心目中的人类学。至于《一个中国的乡村——山东省台头村》的作者杨懋春在西方人眼中是一位人类学家，在中国学者心目中却是农村社会学家。

这种将研究对象按照假想的等级进行排列的做法表现出西方中心主义在学科分类上的强烈影响，但似乎也表现出中国学者对于少数民族和民族问题的认识立场，并可以说明国族主义影响下的中国人类学和社会学界受西方学术思想影响颇深。20世纪前半期，更多中国学者具有更为强烈的民族主义情愫，力求说明中国社会的性质，透过中国古代文化和边疆民族文化发展历程来论证中国社会文化发展的方向，希望个人的学术研究成果能够为国家和民族贫弱状况的改变贡献力量。实证主义科学理念占据统治地位的人类学理论取向因此在中国社会学界得到了较为普遍的响应，许多社会学家不仅乐意将相关知识加入到课程体系中，亦积极从事人类学、民族学田野工作。在“抗战建国”的政治动员之后更是如此。

应当看到，至今这种学科关系的认识依然有一席之地，则说明对于这些学科研究对象仍然缺乏深入的分析和反思。有学者指出，在人类学、民族学界，主张民族学只研究落后民族，不研究先进民族，只研究少数民族，不研究多数民族，势必将民族学的手脚束缚起来，学科发展受到限制，甚至等于取消民族学①。第二次世界大战之后，国际人类学、民族学的发展已经突破了

① 翁乃群：《山野研究与走出山野——对中国社会文化人类学的反思》，《广西民族学院学报》1997年第3期。

过去的局限，将视野放在各民族和族群互动于其中的当代社会文化之上。而国内部分学者至今依然坚持只研究少数民族或以少数民族研究为主的策略，另一部分学者则采取更为包容和扩展的角度进行研究，加之学术理论和方法追求不同及对国际学术的认识差异，近年来国内人类学、民族学两个学科逐渐主动剥离或被动分离①。

事实上，人类学与社会学学科之间的差异更多地表现在研究方法上。早期的人类学因为研究无文字社会，必须进行田野工作来获取材料，而在那个时候社会学家把时间更多地花费在图书馆里②。尽管在这种背景下形成的人类学、民族学学术传统被批评为“只见树木不见森林”，但人类学家更重视深入到作为他者的研究对象群体内部做以局内参与观察为特色的田野调查，研究程序的基础是记述细节和对被观察现象的解释，如果讨论涉及变量关系更侧重对为什么的讨论。社会学逐渐有了更多的实地调查，强调研究方法，甚至被刻薄地批评为“方法最讲究而结果最小化的学科”，主流社会学注重统计资料的搜集和积累，注意量化研究，以问卷和抽样调查为最常用的手段，以变量关系和根据统计学做出规律性解释为基本研究程序。不过，到了中国场景中，特别是在乡村社区，由于研究的限制，许多外国学者在对作为他者的中国社会文化研究中往往更多地采用实地观察和访谈方法③，即使一些学科定位偏向社会学的学者也是如此。也许与研究方法的差异有关，学科分工有时也和城乡间的差异联系起来，研究乡村社会的因为问卷调查方法使用不易，往往需要调查者用类似结构性访谈的方式完成，而这多为人类学家。研究城市

① 关于民族学、文化人类学、社会人类学的关系，参见和少英：《“文化人类学”、“社会人类学”、“民族学”辨析》一文，载《云南社会科学》1992年第2期；近年中国人类学与民族学出现的学科分离问题，参见拙文《论中国场景下人类学与民族学的关系》一文，载《中国人类学评论》第1辑，世界图书出版公司，2007。但在本文的论述中，因为更多涉及20世纪前半期，用人类学、民族学的表述方式以更加彰显其相似或基本相同的性质。

② Clyde Kluckhohn. *Mirror of Man*：*Anthropology and Modern Life*. New York：McGraw - Hill Book Company, 1949：11.

③ 许多国外学者在中国进行田野工作时，由于制度和语言等因素的限制，实际上很难做到参与观察。

社会的大部分属于社会学家，研究中也更多采用问卷和量表之类的工具。

近几十年来，国内外人类学、民族学界和社会学界对于研究方法有了很大的突破，非主流社会学也有更多的人开始强调详尽的田野民族志调查，且经常被其他学科的研究工作者借鉴，受到整个学术界的高度评价。而人类学家开始使用抽样问卷调查，在研究中增加了量化分析，但以周密细致的田野工作为基础的描述性民族志资料仍然是其解释和理论发展的基础。由于人类学重视田野民族志调查，在田野工作设计，参与观察和进行深度访谈，民族志资料获取、整理和分析等方面都发展了不少经验，并通过民族学博物馆积累和展示世界各地民族或族群的文化。在研究方法上经过文化主位和文化客位角度的认识和分析，发展到对民族志的反思，强调研究者和研究对象的主体间性（intersubjectivity）。

从宏观的研究方法来讲，人类学较多地采用归纳法，社会学在研究中多用演绎法。前者在研究时，往往把所研究的对象作为文化独特性的体现者加以认识，注意利用历史比较和跨文化比较方法找出异同，强调作为民族或族群特性的文化特征。社会学即使是进行小范围的、社区的研究，亦往往试图从个别中进行抽象，以求总结和认识至少是一定范围的共同规律或普遍社会现象。当然，这种方法上的差别只是相对而言，人类学家也有人更多关注共同性，社会学研究免不了对各种特殊性的认识。

也许我们对学科差别的认识可以从研究方法扩展到研究的侧重点和角度之上。美国著名人类学家克劳德·克拉克洪（Clyde Kluckhohn）指出，人类学和社会学都研究人类，但有各自的园地：社会学研究人类的相互关系，人类学则关注人类基本的解剖学和文化上的联系与差异①。在摒除了研究对象等级性排列和内外差别的前提下，人类学、民族学和社会学研究的侧重点或角度的差别表现在：人类学、民族学研究不同文化群体的生活方式，社会学则关注社会结构、社会过程和社会问题。民族或族群是由共同文化作为纽带的

---

① Clyde Kluckhohn. The Branches of Anthropology and the Relation of Anthropology to Other Studies of Man//Clyde Kluckhohn. *Mirror of Man*: *Anthropology and Modern Life*. New York: McGraw - Hill Book Company, 1949: 290 - 300.

人类群体，在相互联系和互动的同时，有着各自在经济生活、分布地域、语言、宗教信仰、文化表现等方面的差异，强调的是人们在文化上的共享性。社会是由人群组成的，是人们相互交往、相互作用的产物，是以共同的物质生产活动为基础而相互联系的人们的有机体，强调的是人们的社会关系和生产关系。

从更具体的研究来说，在研究社会化过程时，人类学将注意力集中于文化的濡化，强调某一文化对于社会成员的作用和文化差异的影响；社会学则注重探讨一个生物人怎样向一个社会人转化，考虑社会生活的延续、文化的传递、个性的传递和社会结构的维持与发展。在研究当代社会发展问题时，人类学往往将注意力集中在人们的传统文化对于发展造成如何的障碍和怎样克服文化障碍，实现文化调适；社会学则去关心社会矛盾的解决、社会的冲突或协调。人类学家在研究问题之前考虑的是文化的保持、发展和变化，社会学家在此时则主要考虑社会问题的解决或社会矛盾的缓和。人类学研究的目的是发现和阐述文化的延续、演变和变异，社会学的研究目的则在探讨社会运行和发展的条件与机制。由此推衍，也许在具体的研究个案中，我们就可以认识到两个学科的差异。

学科分野的意识和对学科纯洁性的追求有关。学科恢复和重建以来，人类学、民族学与社会学在各自的领域有了蓬勃的发展，加强各自的学科建设，推进多学科的学术繁荣，是势所必然。每一门学科均在探索自身的面貌，以在映出其形象的镜子里找到界定自己的特征，为了奠定自己的生存基础都会坚持各种标准，都要在共同目标、对象、概念工具和能力的关系中来构想学科自身。然而，在通过讨论学科之间的关系来确定学科定位的同时，应当关注跨学科的统一性，并努力从事跨学科的研究实践①。必须强调学科园地之间的这些篱笆并不是一种必然性的存在，无论生活方式还是社会结构和社会问题，甚至学科界限和学科本身都免不了建构的成分。人类社会文化研究园地内的花卉需要更多样的养料，也有许多肥沃的土地未能开垦，通过学科之间

① 弗朗克·阿瓦莱-佩列雷：《从纯洁性的欲望到统一性的要求：面临跨学科研究考验的人类学诸学科》，乔亚译，《第欧根尼》1993年第1期。

相互扶助、帮衬和支援的双向乃至多向互动，借鉴学科边界之外的理论和方法，超越篱笆的隔离不断探索，甚或共同协作耕耘，才能使上述各学科的研究有更多、更丰富的结果。

当代人类学社会学理论的比较分析：后现代主义，还是新制度主义

张继焦

一、问题的提出

2009 年 7 月 27—31 日，国际人类学与民族学联合会第十六届世界大会在中国昆明圆满召开。笔者曾在总结这届世界大会之后指出：中国第四代到第八代[①]学者和学子在这届世界大会上的集体亮相，特别是成熟的第五代学者[②]和新兴的第六代学者[③]的突出表现，标志着中国人类学民族学界的群体崛起。2010 年，第五代学者为纪念费孝通和林耀华两位第二代学者诞辰 100 周年组

---

① 对中国大陆人类学民族学的世代，有不同的划分标准和方法。最常见的划分方法是，大致每十年为一个世代。第一代学者，多为 19 世纪 80 年代到 20 世纪头几年出生的，如蔡元培、吴文藻、林惠祥、杨成志、吴泽霖、杨堃、潘光旦、翁独健、黄现璠、方国瑜、吴定良、欧阳翥等。第一代是一个跨了二十年的世代。因为当时处于中国人类学民族学的创立期，主要有这两个不同年龄段的学者被吸引去，参与了有关调研和教学工作，共同形成了第一代学者。第二代学者，多是 1910 年前后出生的，如费孝通、林耀华、梁钊韬、江应樑、李有义、马曜、马长寿等。第三代学者，多为 1920 年前后出生的，如刘尧汉、陈永龄、宋蜀华、容观琼、阮西湖、胡庆均等。第四代学者，多为 20 世纪三四十年代出生的，如童恩正、陈国强、李绍明、孙宏开、何耀华、照那斯图、周光大、黄淑聘、汪宁生等。以后各代，依此类推。第四代学者，宝刀不老，依然发挥着余热。

② 第五代学者多是 20 世纪 50 年代前后出生的。在少年和青年时期，被“文革”耽误了一些宝贵的求学时间，但是，他们后来迎头赶上，参与了中国改革开放之后人类学民族学的重建过程，当时（2009 年）多为中国各主要相关机构的领导或学科带头人。

③ 第六代学者多是 1960 年之后出生的。这一代人，虽经历过一些政治运动，但到接受高等教育的时期正是改革开放之初，有一定数量的人比较系统地接受过人类学、民族学、社会学、民俗学、历史学等相关学科的正规专业训练，大多数人曾在国内或海外获得了相关专业的博士或硕士学位。

织了一些纪念活动。这时，大家似乎是在潜意识影响下将一句近些年藏于内心的话说了出来："大师已去，来者为谁?"①

仔细思索之后，笔者觉得：人类学民族学传入中国百年之后，虽然我们兴办了这次世界性的学术盛会，取得了一定的成绩，但是，在人类学学科理论创新方面，我们依然站在时代的十字路口，不知前路在何方?

二十多年前，笔者作为一位新入行的年轻人曾经探讨人类学民族学的现状和发展前途②；十多年前，笔者曾指出人类学方法的特点、不足和改进方向；几年前，笔者与人类学民族学同行一起经历了世界性学术盛会洗礼；今天，中国人类学民族学正在谋求理论创新与突破的方向。为此，笔者不但要探讨人类学民族学自身的理论思潮，而且以社会学这个相关学科的学术思潮作为参照。由此，我们从人类学社会学两个学科主流学术思潮的角度，看待人类学社会学的发展中各自所存在的老问题、所凸显的新现象，并从比较分析的视角，看待人类学社会学这两个学科的主要成果、现实状况和发展趋势。

二、当代世界的两大思潮：人类学的后现代主义和社会学的新制度主义

当代世界，国际社会科学研究范式的重大变化是对经济、社会和文化的阐释性理解。其中，20 世纪 80 年代以来，人类学的后现代主义和社会学的新制度主义，是当今国际社会科学的两大学术思潮。

(一)人类学的后现代主义

中国的人类学民族学同行一直都想知道：我们的理论水平与西方人类学

---

① 张继焦：《从第十六届世界大会看中国人类学民族学的现状与发展趋势》，载黄忠彩、张继焦：《世界的盛会　丰硕的成果——国际人类学与民族学联合会第十六届大会最新学术成果概述》，知识产权出版社，2012，第 93—112 页。

② 关于学科的发展前途，笔者连续撰写和发表了一组共三篇论文，进行了比较系统的思考。参阅张继焦：《中外人类学和民族学的比较分析——略谈我国人类学和民族学的研究和发展》，《云南社会科学》1992 年第 1 期；张继焦：《当代西方人类学发展的四种趋势》，《民族研究动态》1991 年第 5 期；张继焦：《人类学在第三世界》，《民族研究动态》1990 年第 3 期。

民族学有什么差距？

西方人类学民族学从来不是铁板一块。当代人类学民族学的发展有其国别传统。英国是进化论与功能主义的“巢穴”，法国是结构主义的大本营，德国是传播论的发源地，而美国则是文化相对论直至后现代主义的策源地。经历两次世界大战的洗礼，许多人类学家（如列维－斯特劳斯、博厄斯等）四处迁移，把人类学民族学思想从西方国家带到了非西方的国度和地区。随着这些大学者的迁移，人类学民族学的理论范式与论争议题，也随之在全球传播开来，人类学民族学的发展史就是这样一场范式变革与议题跳转的过程。

1. 人类学后现代主义的兴起和影响力。20 世纪六七十年代，正当结构主义盛行之时，西方社会科学界产生了后现代主义①。20 世纪 80 年代以来，在后现代主义思潮的猛烈冲击下，人类学也出现了后现代主义，即作为一种新兴的人类学流派逐渐形成，其要点在于对人类学的学科本质和功能，尤其是民族志方法论和认识论等问题加以质疑。

人类学的后现代主义主要表现为三种自我批评倾向：第一，反思人类学传统田野工作的认识论及其作为一种社会科学方法的地位。第二，对人类学与殖民主义、新殖民主义的历史关系的质疑。第三，基于阐释人类学的文化分析概念和理念，展开了对传统民族志写作的深度理论探讨，并对传统观念甚至欧洲哲学进行了反思。可以说，这些对传统民族志描写的“真实性”与“客观性”的质疑，与人类学家对西方世界与非西方世界的文化权力关系或文化政治问题的反思密切相关。人类学的后现代主义，被称之为“后现代主义人类学”，或称“后现代主义民族志”“反思人类学”等。

这一思潮形成之后，在人类学领域内外逐渐显示出其思想和实践的影响力。时至今日，已是 2015 年，在过去的三十多年时间里，人类学的后现代主义一直是国际人类学民族学界最为前沿的话题之一；甚至时至今日，后现代主义仍然是世界人类学中最有影响的学术思潮或学派之一。

---

① 自 20 世纪 60 年代以来，西方思想界出现了一个质疑权威、质疑科学主义、质疑集体意识、质疑结构的思潮。这个内容庞杂、主张繁多的思潮被统称为“后现代主义”（post modernism）。显然，后现代主义的主要诉求就是要“质疑”，也就是德里达所倡导的“解构”。这种思潮的影响遍及几乎所有的社会科学和人文学科。

2. 人类学后现代主义的领军人物、代表作品及其主要观点。人类学后现代主义的代表人物有詹姆斯·克利福德（James Clifford）、乔治·E. 马尔库斯（George E. Marcus）、米开尔·M. J. 费切尔（Michael M. J. Fischer）和詹姆斯·布恩（James Boon）等人。1986 年出版的两部人类学论著——《作为文化批评的人类学：一个人文科学的实验时代》① 和《写文化：民族志的诗学与政治学》②，被认为是后现代主要思潮在人类学领域的标志性成果，形成了本学科特征鲜明的倾向和主张，在人类学学派演进历史上具有划时代的意义。这两部学术论著引发了人类学家进一步思考应描述什么、如何描述、为什么描述等问题。

詹姆斯（Alloson James）、哈奇（Jenny Hockey）和党森（Andrew Dawson）联合主编的《写文化之后：当代人类学的认识论和实践》，于 1997 年正式在美国出版，贯穿这本文集的主要内容是表述的人文主义、表述的关系（表述谁与被谁表述）、表述的形式、表述的政治与伦理等。这本论文集对上述“写文化”大讨论之后人类学所能扮演的理论和实践角色做了更为深入的探讨，试图在人类学领域内综合现代主义理论和后现代主义理论以及所关注的相关问题③。

人类学界以《作为文化批评的人类学》《写文化》《写文化之后》三部论著为代表的后现代主义，之所以关注叙事政治和表述策略，其根本性的学术背景是人类学认识论和方法论的转向。在人类学的理论发展历史上，普遍主义与特殊主义之争一直以来从未停歇，总是处于此起彼伏、各领风骚的状态之中。此两者最大的分野在于对“同”或“异”的强调：普遍主义的主张是发现人类文化的共同结构或普遍规律；而特殊主义则强调各种不同文化的差异性特征，注重细致入微的个案研究，不提倡（忽略甚至避免）宏大叙事。

人类学从现代主义到后现代主义的转向，有以下几个特点：（1）事物本

① 参阅乔治·E. 马尔库斯、米开尔·M. J. 费切尔编：《作为文化批评的人类学：一个人文科学的实验时代》，王铭铭、蓝达居译，生活·读书·新知三联书店，1998。

② 参阅詹姆斯·克利福德、乔治·E. 尔库斯编：《写文化：民族志的诗学与政治学》，高丙中、吴晓黎、李霞等译，商务印书馆，2006。

③ Allison James, Jenny Hockey and Andrew Dawson. *After Writing Culture: Epistemology and Praxis in Contemporary Anthropology*. London & New York: Routledge, 1997.

质永恒不变的观念受到怀疑。（2）价值中立也受到质疑，作为知识分子的研究者自身的立场被凸现出来。（3）语言不单是一种自然现象，其自然属性遮盖了其中包含的差异性、阶级性。语言在塑造我们关于世界、文本和我们自身等各个方面，都具有极为重要的功能。（4）在人类学作品中并不存在明确的、大家一致认可的意义，而是受制于特定的语境。真理和意义都是相对的。意义与其说是作者赋予的，不如说是读者和作者对话的产物，是由两者互动的过程产生的。（5）由于持有文化相对主义的理念，人们不再追求总体性或一般性理论和宏大叙事，而热衷于小社区或案例式的叙事①。在后现代主义的学术环境下，以往那些描述异文化的学术权威在丧失，一度被认为是“客观”的文化描述受到质疑，一些人类学家试图通过对西方学者（尤其是在殖民时期）关于非西方文化的民族志描述进行重新评论和再次分析，以便获得对文化表述本质的深层次认识②。通过这些讨论，他们提出了一些变革和创新民族志创作的方式。人类学的后现代主义形成的学术特征包括：一是提倡民族志写作方式的多样化；二是反映被研究者个体的内心世界；三是包含着多种声音的对话模式；四是强调人类学的文化批评。

3. 人类学后现代主义对中国的可能影响。最近一些年，人类学后现代主义的一些主要著作被翻译成了中文，其主要学术观点也被中国学者作为时髦的学术潮流进行了介绍和评述③。2006 年，《写文化》中文版在中国的问世及该书编者之一的马尔库斯教授来华讲学，有助于推动我国人类学文化撰写研究的进一步深化和拓展。其中，本土民族志文化撰写实践及方法论研究的开展，将成为社会科学方法论讨论的重要推手④。在中国，一些后现代主义追随

---

① 吕俊彪、周大鸣：《实践、权力与文化的多样性阐释——人类学的后现代主义转向反思》，《广西民族大学学报》2009 年第 4 期。

② 马力罗：《时间与民族志：权威、授权与作者》，吴晓黎译，《民族研究》2014 年第 5 期。

③ 参阅黄剑波：《写文化之争：人类学中的后现代话语及研究转向》，《思想战线》2004 年第 4 期；瞿明安：《西方后现代主义人类学评述》，《民族研究》2009 年第 1 期。

④ 参阅高丙中：《民族志发展的三个时代》，《广西民族学院学报》2006 年第 3 期；阮云星：《民族志与社会科学方法论》，《浙江社会科学》2007 年第 2 期；龚德全：《后现代语境中的民族志生产：一个困惑的追求》，《广西民族研究》2010 年第 2 期。

者认为：在全球化和中国社会转型背景下，面临方法论危机的人类学民族学界，可以借助后现代主义，对现代中国人类学民族学进行反思，以推动整个学科的建设和发展。

（二）社会学的新制度主义

1. 新制度主义的兴起。长期以来，支配西方社会科学界对非西方国家（包括中国和曾经的苏联东欧等社会主义国家）分析思路的，主要有两种研究范式——现代化范式①和全能政体范式②。然而20世纪80年代以来，中国和苏联东欧发生的经济社会转型，使得这两种范式都出现了解释力的不足。

20世纪80年代以来，苏联、东欧和中国发生了一系列的重大经济变革，其重大变化就是从再分配经济（或称“计划经济”）向市场经济的转型，这极大地改变了这些社会主义国家的基本经济和社会格局，成为了国内外学者的研究热点，形成了与现代化和全能政体两种范式都不同的一种新的理论——“新制度主义”，被誉为社会科学界的另外一个灵感源泉。

2. 新制度主义的领军人物、代表理论及其主要观点。美国社会学者倪志伟（Victor Nee）1989年在《美国社会学评论》（10月号）上发表《市场转型理论：国家社会主义从再分配向市场的过渡》一文，提出了著名的“市场转型理论”，标志着社会学的“新制度主义”的诞生。倪志伟的主要内容和核心观点是：在市场机制逐步代替再分配机制的过程中，市场化改革创造了以

---

① 对于现代化范式，主要的观点认为，在社会主义革命以后，一旦政权得到巩固，社会主义社会就必然致力于经济发展。这种增长要求实现现代化和引进现代技术，而工业化和现代科学技术又要求有一套相应的现代价值观和制度，从而导致社会主义制度结构的变迁。现代化的过程将以自己的必然逻辑使社会主义国家按照西方发达国家的模式对自己进行重建。

② 魏昂德（Andrew G. Walder）认为，全能政体社会有两个非常特殊的特征：第一个特征涉及政党与其支持者之间纽带的性质。在作为资本主义另一极的全体主义看来，政党与支持者之间是一种事本主义的、意识形态性的，以意识形态为基础的关系。即使在革命成功以后，意识形态取向仍是社会动员的基本手段。第二个特征可以称为社会的原子化。这种社会不强调区别私人领域和公共领域的合法性，凡是直接妨碍执政目标实现的社会纽带均消失了。“原子化大众”的存在，不仅为维持权力所必须，而且可以确保毫无障碍地对群众进行总体性动员。参阅 Andrew G Walder. *Communist Neo - traditionalism: Work and Authority in Chinese Industry*. Berkeley: The University of California Press, 1986.

市场为中心的新的机会结构，传统的权力结构发生了变革，出现了再分配阶层的权力与特权开始向市场让渡，削弱了再分配部门的垄断地位，市场为非再分配部门获取经济利益提供了越来越多的机会，进而导致了社会阶层结构的重组。简言之，在市场化过程中，在再分配权力衰落的同时，市场带来了更多的平等化效应。

倪志伟开创的“新制度主义”这种范式，一方面弥补了现代化和全能政体两种旧范式忽视制度的缺陷，因为它的假设基础为：社会主义社会既不像全能政体范式论者所认为的那样是资本主义的另一极，也不像现代化理论所认为的那样其未来是与资本主义相趋同的，国家社会主义代表了一种独特的社会形态，这种社会拥有自己的制度逻辑和发展动力系统，其经济行为是嵌入非经济的社会关系之中的。另一方面，它不但与凡伯伦和康芒斯等人在20世纪早期倡导的制度主义有很大的不同，而且与整个社会科学中的新制度主义学派的形成与发展联系在一起①。因此，被统称为社会学的“新制度主义”范式。

国内外社会学界，有一批学者以新制度主义为理论基础对中国市场转型进行了有益的探讨，形成了一些有影响的观点和见解。譬如戴慕珍（Jean Oi）提出了“地方法团主义（Local State Corporatism）”理论，魏昂德（Andrew G. Walder）形成了“政府即厂商（Local Governments As Industrial Firms）”理论，林南（Nan Lin）提出了“地方市场社会主义（Local Market Socialism）理论，李培林提出了“社会结构转型”理论②等。

3. 中国学者在新制度主义中的贡献。我们应该如何认识自20世纪80年代改革开放以来，中国的市场转型与社会结构转型之间的关系？

---

① 最近几十年来，新制度主义对整个社会科学界都有着广泛而重要的影响。它起源于经济学以科斯为代表的新制度主义学派，其后扩展到政治学和社会学。事实上，对“制度”的研究一直就是社会学人类学的老本行。对社会学人类学来说，新制度主义的核心就是一个以“约束性的选择”为核心的分析框架。

② 李培林关于“社会结构转型理论”的基本命题主要体现在他被称为“社会结构转型三论”的三篇论文里：《“另一只看不见的手”——社会结构转型》，《中国社会科学》1992年第5期；《再论“另一只看不见的手”》，《社会学研究》1994年第1期；《中国社会结构转型对资源配置方式的影响》，《中国社会科学》1995年第1期。

早在1992年，李培林就提出了“社会结构转型”理论，或称“另一只看不见的手”理论。李培林认为，中国正处于一个社会结构的全面转型期，即从农业社会、乡村社会、封闭半封闭社会向工业社会、城镇社会和开放社会转型。社会结构具有相当大的空间和变动弹性。人们的风俗习惯、行为方式、道德伦理、价值观念以及社会上的利益格局和运行机制等在发生结构性变动时，会形成一种巨大的、潜在的力量。在中国快速的经济发展和社会转型时期，影响中国资源配置和经济发展的力量，除了一只有形之手——国家干预和一只无形之手——市场调节之外，还存在着第三只手，那就是另一只看不见的手——中国“社会结构转型”。这“另一只看不见的手”不仅推动着社会发展，而且会从深层次上影响着资源配置的实际方式、产业结构的调整方向和经济体制改革的方向①。这一理论命题的意义在于：跳出了在西方十分盛行的个体主义方法论解释模式的束缚，建立起一种新的解释框架，以说明中国经济体制改革和中国经济社会成长的过程。这一理论对中国社会科学界有很多影响②。

新制度主义范式要求我们的分析不仅要能充分重视社会主义国家中独特的制度安排，而且能将社会网络、风俗习惯、行为方式、道德伦理等诸多非正式制度作为其重要的范畴，纳入到研究视野的中心③。孙立平认为，“市场转型”理论以自上而下的视角，主要关注的是制度、结构、组织、精英转变的过程，而对普通人（特别是社会中的弱势群体）在这个转型过程中的位置和境遇以及他们在这个过程中的作用，却几乎完全没有关注。社会学上，这种关注底层社会的、自下而上的视角是不能忽视的。因此，我们应该采用“过程—事件分析”的研究策略，来分析社会现象，特别是深度的个案研究，通过将日常生活看作是“上”“下”两种力量交互作用的舞台，来综合“自

---

① 张继焦：《市场化中的非正式制度》，文物出版社，1999，第50—56页。

② 臧得顺：《中国社会结构转型：理论与实证对一个师承性学派研究成果的谱系考察》，《思想战线》2011年第4期。

③ 张继焦：《非正式制度、资源配置与制度变迁》，《社会科学战线》1999年第1期。

上而下”和“自下而上”两种视角①。

此外，洪银兴和曹勇对地方政府推动市场化的作用进行了全面的分析。他们指出，中国现今的市场体制尚处于功能不完全的状态，中国经济之所以能保持高速增长，其原因很大程度上在于地方政府对市场化过程的强有力推动，实际上，政府扮演了市场行动者的角色②。杨瑞龙从制度变迁的视角分析了地方政府在市场转型期的特殊功能和角色。他认为，一个中央集权型计划经济的国家，可以成功地向市场经济体制逐渐过渡的现实路径是，改革之初主导型制度变迁方式逐步向中间扩散型制度变迁方式转变，与之伴随而生的首先是排他性产权的逐步确立，接着出现与市场经济内在要求相一致的需求诱导型制度变迁方式，最后完成体制模式的转变③。笔者探讨了经济文化类型从“原生态型”到“市场型”的转变④。

三、对两大学术思潮比较分析：后现代主义，还是新制度主义？

中国的人类学民族学与国际水平还存在多大的差距？中国人类学民族学如何走出目前的边缘地位，变成一门显学？

2014 年 7 月，笔者被邀请去湖北恩施给“第四届中国人类学民族学中青年学者高级研修班”的学员讲课。临行前，我给 50 位朋友（绝大多数为人类学民族学同行，还有不到 10 位非人类学民族学专业的媒体朋友、老乡等）发

---

① 孙立平还认为，自 1990 年代以来，中国在资源重新分割的基本格局之下，一个具有相当规模的底层社会正在形成。这个底层社会主要是由贫困的农民、农民工和城市中以下岗失业人员为主体的城市贫困群体构成的。这个底层社会既是市场转型的产物，也是影响市场转型过程的一个重要因素。参阅孙立平：《社会主义研究中的新制度主义理论》，《战略与管理》1997 年第 5 期。

② 洪银兴、曹勇：《经济体制转轨时期的地方政府功能》，《经济研究》1996 年第 5 期。

③ 杨瑞龙：《我国制度变迁方式转换的三阶段论》，《经济研究》1998 年第 1 期。

④ 张继焦：《经济文化类型：从“原生态型”到“市场型”——对中国少数民族城市移民的新探讨》，《思想战线》2010 年第 1 期。

出了一个手机短信，问询他们我这次讲课的内容“该讲后现代主义，还是新制度主义?”这个非正式的调查显示：56%的受访者认为“新制度主义理论适合于研究当前中国社会的转型”，24%的受访者认为“后现代主义内容宏大，但把握起来相对困难”，还有20%的受访者不确定在二者之间如何选择。

从上文中，我们了解到当今社会科学界两个有相当影响力的学术思潮或流派：人类学的后现代主义和社会学的新制度主义。为了进一步推动中国人类学民族学的学科建设，为了进一步提高中国人类学民族学的学术影响力，通过比较分析人类学的后现代主义和社会学的新制度主义两者之间的异同，笔者有以下八点主要的感想或评述。

第一，很明显，人类学的后现代主义和社会学的新制度主义是两种完全不同的风格。人类学的后现代主义走的是反思的路线，使人类学越来越像人文科学，更具有文学色彩、理想或浪漫的情怀；社会学的新制度主义走的是实证的路线，使社会学越来越像社会科学，更具有科学研究色彩、现实主义的关怀。

第二，人类学的后现代主义和社会学的新制度主义有着不同的诉求和研究目的。人类学后现代主义的立场是反殖民的，强调研究者的独立性，不愿意为当政者服务；社会学的新制度主义的风格是关注经济社会转型的，体现研究者的现实情怀，愿意解剖当今社会，关注政府行为、政府的政策和措施。

第三，从国外研究者的角度来看，人类学的后现代主义与社会学的新制度主义对“发展”的关注度很不一样。当西方世界的发展到达“极限”、进入后现代社会之后，欧美人类学民族学已经很少考虑作为研究对象的“他者”当下的发展前途问题了，后现代主义人类学关注的“发展”是研究者自身的能力发挥和发展，而不是研究对象的经济社会发展。相反，社会学的新制度主义体现了西方学术界对非西方世界发展的高度关注，特别关注的是社会主义国家及前社会主义国家发展中面临的经济社会转型问题，很有现实意义和学术价值。

第四，从研究对象来看，后现代主义人类学和新制度主义社会学也是不同的，因此它们对中国学术界的影响也是不同的。后现代主义人类学的研究对象多是西方国家的前殖民地或现殖民地，并把研究对象当作持有不同于西方文化的“他者”，对研究对象有一种“见外”的感觉。在西方学术思潮影响下，中国的后现代主义人类学跟随者也把自己的研究对象——中国的少数民族称为“他者”①，使本国的人类学民族学研究者与本国的被研究者少数民族产生了一定的距离。其实，西方学者与其前殖民地或现殖民地的研究对象，身处不同国家，拥有不同文化，前者称后者为“他者”并无不当。但是，如果把这套思路生搬硬套到中国，就不太合适了。中国的56个民族，无论是人口众多的汉族，还是人口较少的少数民族，都身处一个国家之中，汉族与少数民族的关系是你中有我、我中有你。在这种情况下，如果中国学者把本国的少数民族称为“他者”，就未免有太见外、太生分的色彩。新制度主义社会学以中国、苏联、东欧等社会主义国家或前社会主义国家为研究对象，无论是中国学者，还是外国学者，都有类似的研究对象、类似的研究主题、类似的研究方法等。在这种情况之下，中国学者与外国学者的讨论、批评、对话等，是基于类似的共同学术语言的，两者之间的交流是平等的，两者的学术贡献也是可以共享的。

第五，从中国学者的参与度来看，他们在后现代主义人类学和新制度主义社会学中的地位和作用是不同的。在国际的后现代主义人类学中，中国人类学民族学学者的角色主要是翻译者、介绍者，因为个别中年学者成了“追随者”，带动了一批年轻学人也成了“跟风者”。在国际后现代主义人类学的学术舞台上，从某种意义上说，中国人类学民族学学者只是配角或跟班。在国际的新制度主义理论中，中国社会学者、经济学者虽然不是发起者和主导者，但是，一些中国学者和美国华裔学者也是主要的思想贡献者（如李培林、边燕杰）、批评者（如孙立平）、推动者（如李路路）等。总之，中国学者在新制度主义理论中有一定的学术贡献和应有的地位，其作用是不可忽视的。

第六，从学术理论在中国的适合度来看，人类学的后现代主义和社会学的新制度主义这两者是不同的，两者之间存在一定的差距。中国发达地区处

① 在费孝通看来，社会学和人类学、民族学是姊妹学科。他主张，社会学、人类学、民族学三科并列。但是，我国的学科分类中，社会学主要研究当代中国社会，人类学民族学侧重于调查研究中国的民族地区和少数民族。

于工业化后期社会，欠发达的民族地区还处于前工业的农业或牧业社会，如果生硬地把来自后工业、后现代的理论或思潮拿到中国使用，是超前的、非常不合适的。但是，中青年人类学民族学学者由于追求学术潮流，推崇后现代主义，使一些人类学民族学研究成果出现了将后工业、后现代理论与前工业的农业或牧业社会进行了不恰当的嫁接。相反，新制度主义理论关注中国的经济社会转型（特别是市场转型），由一批外国学者发起和参与，吸引了不少中国学者参与，提出了不少接中国“地气”的理论和分析框架，对中国社会科学界已产生很大的影响。

第七，从中国人类学民族学界的情况来看，后现代主义比新制度主义对中青年人类学民族学学者的影响要大得多，即人类学民族学中的文学或人文、浪漫或反思的色调越来越明显，由于强调研究者的独立性，不愿意为当政者服务，即使是对我国民族地区和少数民族的研究，也很难有真正的现实关怀和基于实证研究的对策建议。相反，新制度主义解剖当今社会，注重实证研究，关注政府行为，可以为现实服务。这正是中国人类学民族学很难走出目前的边缘地位变成一门显学的主要原因。

第八，笔者在调查中发现，一些搞民族工作的政府官员总觉得从人类学民族学那里吸收不到很多知识养分，这是什么原因呢？笔者认为，其原因固然是多方面的，但后现代主义近乎成为中国人类学民族学的主导思潮是主要原因之一，因为它强调的是研究者自身的看法，不强调为现实服务，不强调为政府服务。相反，新制度主义关注中国重大的经济社会问题，更多地考虑为现实政策服务，对政府的指导作用或启发意义更大。

旅游发展与边疆的去边缘化

孙九霞

一、问题的提出

1. 边疆的边缘化。按照全国科学技术名词审定委员会对边疆的定义来看，边疆为“两国间的政治分界线或一国之内定居区和无人定居区之间宽度不等的地带”。从广义来看，边疆意味着两种不同性质的区域（不同国别或不同社区）交界地带，边疆是一种相对的概念，不同的地域范围具备不同的边疆；狭义的边疆就是“直接与国界相关联的地区”①。本文探讨的主要是从国家话语体系出发的边疆，如北部边疆新疆、内蒙古，南部边疆云南、广西，西部边疆西藏，东北部边疆黑龙江等。我国边疆地区远离沿海，区域内山地和高原分布较多，自然条件相对恶劣，面积广大但人口稀少，边疆地区还是少数民族主要聚居地带。

除了地理区域上的特征外，边疆在政治、经济、社会、文化中也具有特定的含义。边疆在政治上意味着国家或地区在特定时期的势力范围，边疆稳定与否也成为一个国家政治和军事力量的直接写照，因此，“边疆治理成为各朝各代统治中影响全局稳定的重要举措”②。从古至今，边疆一直是国家政治生活中的焦点。新中国成立以来，边疆地区也因其在政治军事中的重要性受到国家的重视，边疆的稳定和发展对国家而言，具有重大的战略意义。

然而，从经济、社会、文化层面来看，“落后”“欠发达”“封闭”“遥

① 马大正：《中国古代边疆政策和当代边界问题研究刍议》，《思想战线》1991 年第 3 期。

② 马大正：《关于当代中国边疆研究中的几个问题》，《当代中国史研究》2004 年第 4 期。

远”“边缘”等表述和预设往往与“边疆”相伴而行。从发展经济的角度看，边疆地区意味着远离“物流最低原则”下的交通枢纽——码头及海岸线，又因处于二、三阶梯，陆路交通条件较差，因此意味着产业发展的高运输成本，对投资的吸引力相对较差。另外，由于人口密度的因素，产业发展的劳动力资源相对紧缺，边疆因此成为生产要素的匮乏地，经济发展的“落后”地区。从社会发展角度看，边疆地区多有少数民族聚居，遂令人产生“蛮荒之地”的联想，于是有“化外”之名，成为“发配”及“流放”地。于是，边疆地区总是与“封闭”和“落后”联系在一起。基于此，新中国成立后，国家通过一系列措施对边疆地区进行改造，帮助边疆地区从“旧社会”走向“新社会”，但边疆地区的社会发展状况仍有待改善。从文化及认识上看，边疆地区的少数族群文化往往被认为是“未开发的”“落后的”文化，边疆也变成存留“奇风异俗”“原始”“落后”文化的区域。

上述描述说明，人们对边疆的想象反映了边疆的边缘状态。“边缘”这一概念在研究发展中国家经济和社会变迁的“发展研究”（development study）中运用较多，也是在区域经济学①、政治经济学②、区域地理学③中有着较多讨论的术语。边缘状态则意味着某种主体在特定领域里的重要性不大，或影响力很小，从而在经济、社会、文化中处于被支配地位的状况。边疆的边缘化使边疆地区失去了许多适宜的发展机会。因此，边疆地区的去边缘化对区域发展和国家建设都具有重要意义。

2. 全球化与边疆发展。全球化进程不断改变着全球政治、经济、文化、地理格局，在消解边缘的同时，又拉大“核心”与“边缘”区域之间的差距。全球化的结果之一是，人们无论处在地球上的哪个方位都能同时享受到相同的信息。然而，由于资本的全球性流动，使得不同地区无法避免不同的命

---

① krugman P. Increasing Returns and Economic Geography. Journal of Political Economy, 1991, 99: 483—499. 杨云彦．中部崛起的理论与政策思考［J］．西部论坛，2010（1）．

② Immanuel Wallerstein. The Modern World System1. New York: Academic press, 1974.

③ 张鑫：《边缘性地区发展与规划研究——以鲁南苏北边缘性地区为例》，清华大学，硕士学位论文，2004。

运，“经济全球化带来的分工合作又使得地域之间潜在的差距越发巨大”①，“马太效应”因此在全球财富分配中一览无余。全球化正是借助着现代通信和媒介以及一系列的现代产业经济将世界不断地再造。对于少数民族聚居的边疆地区而言，在全球化、现代化大潮冲击下，不断出现各族青壮年劳力外流等问题，这对本已是“欠发展”的边疆地区更为不利。

作为影响国家政治稳定的重要区域，边疆地区近年来的发展已经在政策层面得到重视。政府先后出台了西部大开发、振兴东北老工业基地等多项促进边远和边疆地区发展的政策和策略，也相应实施了诸如对口经济援助及干部援助等实质性政策，但这种相对单一的经济、技术或干部支援，虽取得了一定成效，但边疆的边缘现状仍无法从根本上得以改变。

旅游业在经济发展中的作用与一般现代产业不同。旅游有利于减小东西部经济差距②，促进区域收入再分配的实现③，起到区域经济协调与平衡的作用。从国家到地方，各级政府也逐渐认识到旅游产业的巨大的经济杠杆作用，纷纷出台相关的政策和措施鼓励地方发展旅游。边疆地区的决策者们在发展旅游这一新兴产业上，积极性日益高涨。旅游业的强大带动性以及良好的就业吸纳力深受地方政府欢迎，并因为能带来实惠而受到边疆民众的积极响应。与大型工业不同，旅游业实现社区参与的技术门槛相对较低，是一种从根本上实现社区参与并走向富裕的有效途径。此外，社区参与旅游发展不仅能够从经济上富民，还能够在参与中促进社区能力提升和加强民众的地方自豪感，而频繁的主客互动更增加了边疆地区与外界的沟通与交流，有助于建构民众的全球性主体意识。相较于一般的现代产业，旅游对边疆发展的现实意义深远，而国家和边疆地区对旅游这一综合作用力缺乏足够重视和全面认知。旅游作为从经济到社会、文化多个层面弥合核心与边缘区域的差距的全球化力量，对边疆发展意义重大。

---

① 安东尼·吉登斯：《社会学》，赵旭东等译，北京大学出版社，2003，第 86 页。

② 付磊：《我国东、西部旅游发展差距与西部大开发战略》，《桂林旅游高等专科学院学报》2001 年第 1 期。

③ 克里斯·库珀，等：《旅游学：原理与实践》（第二版），张俐俐、蔡利平译，高等教育出版社，2004，第 139—166 页。

3. 旅游研究中边疆视角的缺失。在以往的研究中，早期关注旅游的经济影响。近来有不少学者从微观角度，从旅游对目的地居民、对目的地社会本身及对目的地社区文化几个具体方面，探讨旅游对目的地社会文化的影响。从旅游对目的地居民的影响看，具有下列影响：示范效应①、外语能力提升②和自身语言能力的衰落③、对外来者及旅游态度渐变④等。从旅游对目的地社会影响来看，旅游发展能促进目的地社会信息流通与开放，改变目的地社会性别分工，增加目的地就业机会，促进社区稳定⑤。从旅游对目的地文化影响来看，旅游发展导致目的地文化商品化，文化神圣性降低⑥。然而，却有增强目的地居民自我认同的积极作用⑦。旅游影响研究已经成为旅游研究中成果最为丰富的一个领域。

但是，已有研究较多从案例出发，挖掘旅游对目的地本身及其内部的影响，且对旅游影响的分析大多沿袭了 Geoffrey Wall（1982）《旅游：变化、影响和机遇》⑧ 一书中经济、环境、文化影响的研究框架或着重于其中的某一方面。也有不少学者跳出 Wall 的框架从其他学科角度就旅游对目的地的相关

---

① Mathieson，Wall. Tourism：economic，physical and social impacts. Harlow：Lonman，1982：174 - 177.

② 崔凤军：《风景旅游区的保护与管理》，中国旅游出版社，2001，第 44—48 页。

③ Ryan. Recreational tourism：a social science perspective. London：Routledge，1991：75 - 80.

④ Allen，Long，Perdue，et al. The impact of tourism development on residents′perceptions of community life. Journal of Travel Research，1998，27（1）.

⑤ 张波：《论旅游对接待地社会文化的积极影响》，《云南民族大学学报》2004 年第 4 期。URRY. The sociology of tourism，progress in tourism. Recreation and Hospitality Management，1987（3）. 周霄《人类学视野——论旅游的本质及其社会文化影响》.《湖北大学学报》2003 年第 5 期 . Boissevain J. The Impact of Tourism on a Dependent Island：Gozo，Malta. Annals ofTourism Research，1979（1）.

⑥ 罗贝尔·朗卡尔：《旅游和旅行社会学》，陈立春译，商务印书馆，1997，第 64—106 页。

⑦ 孙九霞：《社区参与旅游对民族传统文化保护的正效应》，《广西民族学院学报》2005 年第 7 期。李慧、苏勤：《古村落旅游发展的社会文化影响研究——以西递村为例》，《黄山学院学报》2007 年第 1 期。

⑧ G. 沃尔，A. 麦西森：《旅游：变化、影响与机遇》，肖贵蓉译，高等教育出版社，2007。

影响进行研究，如旅游地殖民化、旅游发展推动乡村都市化进程等①，新的旅游影响研究的视角开始出现。

笔者认为，关注旅游发展对边疆地区去边缘化的作用，有助于跳出传统的旅游影响研究框架，并从目的地内部影响的视角，探讨旅游发展对边疆目的地经济水平、居民社会心理、文化自觉与地方认同等多方面的影响；通过边疆民族与来自内地的游客之间的互动，促进不同地区民众之间的相互理解。因此，边疆的去边缘化这一命题，有助于丰富旅游影响相关理论和边疆研究的成果。

二、边疆发展道路与旅游发展条件分析

从自然资源和环境来看，边疆地区地貌资源丰富，生态环境良好。边疆地区分布着世界上著名的山脉和高原，如喜玛拉雅山脉、昆仑山脉、横断山脉、天山山脉、阿尔泰山山脉、大兴安岭、小兴安岭、长白山、帕米尔高原等，还分布着世界上著名的大沙漠塔克拉玛干沙漠和巴丹吉林沙漠②。由于聚集了众多的高山和山脉，高山融水也为形成江河创造了条件。著名的额尔齐斯河、怒江、澜沧江等都发源于边疆地区的高山山脉，且由于地势落差较大，孕育了丰富的水能资源。国内主要的草原也多分布在边疆地区，牧业成为很多边疆地区传统的生产方式。此外，由于人口稀少，又加上高山阻隔使得对外交流困难，边疆地区的自然资源较少受到人为破坏，保持了良好的生态本底。这为边疆地区发展旅游等特色产业奠定了良好的基础。

从人口特征看，边疆地区人口密度小，少数民族人口比例高。按照2000年全国人口普查结果看，我国人口密度133.8人/平方千米，而边疆省份除广西外均低于全国平均水平，西藏、新疆、内蒙古等地均在20人/平方千米以下。边疆的内蒙古、新疆、西藏、广西、云南等10个省级行政区集中了我国

---

① 丹尼森·纳什：《作为一种形式的帝国主义的旅游》，《加拿大遗产》1985年第1期。孙九霞、保继刚：《旅游发展与傣族园社区的乡村都市化》，《中南民族大学学报》2006年第2期。

② 钮仲勋、王守春、谢天涛：《中国边疆地理》，人民教育出版社，1990。

全部的省一级的自治区，90%的自治州和76%的自治县（旗）①。人口基数小不利于劳动密集型产业的发展，再加上边疆地区师资力量等方面均与核心地区存在一定差距，整体教育水平和技术力量相对薄弱。

边疆地区由于地域偏远、区位条件差，交通与信息状况落后，一直以来影响了其经济、社会、文化等方面与核心区域的交流。目前，随着国家西部大开发等一系列战略规划的实施，边疆地区的交通和通信条件得到较大的改善，可进入性大大增强。但与东部地区相比，在发展加工、制造业方面依然存在人力资源不足、交通成本高等多种劣势，由路径依赖决定了率先起步的东部地区已经形成一定的产业集群和市场规模。当产业化席卷全球经济时，由于交通等区位条件以及地缘条件的劣势，边疆地区成为国内经济相对滞后、物资相对匮乏的地区②。在制造业等产业竞争中边疆地区很难胜出，通过发展传统产业脱离边缘的可行性不高，若处理不当还会对边疆区域的生态环境造成不可逆转的破坏。因此，区位条件改善后的边疆地区应独辟蹊径，充分利用水能、环境、生态、文化等特色优势资源，通过发展旅游、休闲、观光、生态农牧业等绿色产业促进地区经济发展。

边疆地区发展旅游的比较优势明显。20世纪80年代开始，国内旅游业逐渐发展壮大，为边疆发展提供了新的机遇。在旅游产业中，边疆地区扭转一贯的劣势地位，以其切合旅游发展的资源和条件成为旅游业的重要发展区域。边疆地区独具特色且丰富的自然、人文资源，对来自东部发达地区的游客具有极大的吸引力，这成为边疆旅游发展中最坚实的基础。从中国的地理情况来看，边疆地区处于我国第二、第三阶梯，以山地和高原为主，河谷纵深，地质地貌资源丰富，自然环境受人类影响和改造的程度较弱，生态本底良好。良好的生态基础及独特的地质地貌成为城市及人口密度较高的东部及发达地区游客所向往的旅游目的地。此外，边疆地区所在的高原山地是我国少数民族分布最集中的地区。相对封闭的自然环境使得生活在边疆地区的族群文化

① 李志华：《中国民族地理》，上海教育出版社，1997，第6页。

② 郑长德：《新经济地理学与中国少数民族地区的经济发展》，《黑龙江民族丛刊》2009年第3期。

得以较好地保存，且从服饰、饮食、住宅、生活习惯等方面与汉族文化具有较大的差异性，独具特色的民族风情成为边疆地区对怀揣求新求异心理的游客的又一大吸引力。20世纪末以来，中国旅游业的迅速崛起使得生态良好、文化多样的边疆地区逐渐成长为热点旅游目的地。

同时，旅游发展所带来的经济社会效益也使各级政府对其日益重视。边疆各地政府对旅游发展都给予政策支持，鼓励立足本土、大力发展旅游业，如云南省出台“生态立省”发展战略，为当地旅游发展提供良好的资源、环境支持。新疆4个机场中50%为旅游专线机场，并不断扩展与其他省区的旅游合作项目。国家层面也日益重视旅游业发展对推动落后地区经济发展的作用，2009年12月国务院颁布的《关于加快发展旅游业的意见》中就明确提出，“要把旅游业培育成国民经济的战略性支柱产业”，旅游业发展已开始融入国家经济社会发展战略体系。国家旅游局局长邵琪伟在2010年初的二十国旅游部长会议上提到：“旅游发展的四大作用之一为消除贫困，中国乡村旅游收入超过3000亿元人民币，受益村（寨）超过2万个，直接受益农民超过2400万。”且边疆稳定发展是维持社会稳定、民族团结、巩固国防的重要体现，不断通过一系列扶贫与支边政策帮助包括边疆地区在内的落后地区加强基础设施建设，改善交通和通信状况，同时出台支持边疆、边远地区旅游业发展的相关政策，为边疆地区旅游业发展创造了良好的软件和硬件支撑。

旅游成为边疆面临的新的发展机遇，而大量涌入的游客为边疆地区带来的不仅仅是经济产业的转型，也为边疆地区提供了一个去边缘化的发展机会。下文将通过分析旅游对边疆地区经济条件、社会心理、文化自觉与地方认同等方面的影响，揭示旅游发展对边疆地区去边缘化的作用。

三、旅游发展与边疆的去边缘化

1999年黄金周休假制度实施①之后，国内旅游市场逐渐壮大。不断扩大

① 1999年9月，国务院公布了新的《全国年节及纪念日放假办法》，1999年十一长假是黄金周制度的开始。

的市场刺激旅游业发展，“藏在深闺人未识”的边疆旅游资源不断被游客造访，边疆很多省份就是在这一阶段跻身旅游业大省的，如云南、广西、西藏、新疆、内蒙古、甘肃等地。而今，边疆地区已经涌现出一批国内著名、国际知名的旅游目的地，如广西桂林，云南西双版纳、大理、丽江、香格里拉等，雪域高原西藏，新疆喀纳斯、天山，内蒙古大草原，东北的大小兴安岭、北极村漠河等。一直以来，经济水平处于后位的边疆省份则在旅游经济中脱颖而出，从2006—2008年各省市旅游收入统计①来看，经济总量相对落后的边疆省份的旅游收入水平往往能占据较前的位置，如年度人均GDP位于第27位的云南，旅游总收入跃居国内前10位；人均GDP处于第22位的广西在旅游收入排名中也能排到第14名；国内生产总值最少的西藏在旅游收入中也能摆脱末位。旅游对地方经济的拉动作用也日益明显，大多已经成为或有潜力成为边疆省份的支柱产业。如2009年，云南全省生产总值② 6168.23亿元，第三产业比重由2008年的39.0%增长为40.9%，而旅游业占第三产业的比重为32.13%，占国民生产总值的12.85%，成为云南省依托自身资源优势的五大支柱产业之一。且旅游产业发展门槛低，能有效实现社区真正参与，尤其是对边疆地区的乡村社区来讲，经营旅游小企业或其他形式的旅游服务业已经成为脱贫致富的最有效选择。旅游发展带来了丰厚的收入，原本贫困的部分边疆农村居民收入水平甚至赶超东部发达地区。如2007年，西双版纳傣族园的农家乐经营户年收入最高可达7—10万元，农户年平均收入也在1—3万元；这两年收入增加更快，汽车也开始进入不少傣族村民家③。旅游经济的发展帮助边疆地区的旅游村寨甩掉“贫困”的帽子，从经济水平上日渐脱离边缘。旅游发展不仅为边疆社区居民带来实实在在的收入提高，也因其旅游资源和市场需求而撕下了现代产业发展中一味的“劣势区位”的标签，成为旅游产业的优势发展区域。

---

① 资料来源：中华人民共和国国家旅游局网站2010年1—8月份国内各省市游客统计，2010年9月30日。

② 资料来源：云南省2009年国民经济和社会发展统计公报。

③ 本数据根据2008年3月笔者到西双版纳傣族园社区进行调研时傣族园公司所提供的资料整理而成。

旅游业带动作用大，产业关联度高，进一步促进边疆区域整体经济发展。旅游业在经济中的带动效应已经为学者广泛讨论①。旅游发展带动当地酒店、住宿、餐饮、纪念品制作及农副产品出售等一系列相关产业的发展。如新疆喀纳斯景区的民族绣毯生产、广西南宁的东盟博览会等，都成为这些边疆地区新的经济增长点，进一步促进地方经济发展和人民生活水平提高。旅游发展中不仅仅实现了资金和财富的转移，更重要的是离不开人的移动和信息的交流。游客与目的地居民之间不同程度的互动都对处于边疆地区相对边缘的社区产生较大的、全面而深入的影响。

旅游的人类学研究认为，凝视（gaze）是主客交往的第一步②，也是游客对目的地产生影响的第一个层次。边疆旅游发展过程中，社区居民首先面临的是外来游客的凝视。在凝视中，主客往往是一种“看”与“被看”式的交往。在此过程中，游客的示范作用对目的地产生影响。大多数学者认为，游客强势文化的示范效应导致了目的地社会文化的消极变迁。但辩证来看，在旅游发展初期，目的地居民学习和了解外来文化携带者的言行及观念，增加了对外面世界的认知，也在一定程度上减小了边疆与核心区域的社会文化差异。

游客和目的地居民的进一步互动交往，减弱了边疆地区族群心理上因“落后”和“边缘”而产生的疏离感。首先，边疆居民接触更多核心区域的游客后，其社会交往的圈层和范围随之扩大，他们已经不是封闭在边缘区内的边缘人。其次，游客对目的地居民的态度也影响了他们的自我认同与价值感知。例如游客经常会对生活在边疆地区的社区居民表现出羡慕的表情，流露出羡慕的话语：“你们一直生活在天堂，我们很羡慕你们！”这样的价值感逐渐投射到边疆居民的内心，内化成他们对自我文化的认知。同时，通过参与旅游，边疆民族文化纳入资本化进程，更加强化了边疆居民对自身文化价值的认知。在这种来自内部和外部的双重心理作用下，社区居民对边疆地区

---

① 克里斯·库珀，等：《旅游学：原理与实践》（第二版），张俐俐、蔡利平译，高等教育出版社，2004，第139—166页。

② J. 厄里：《旅游凝视》，杨慧、赵玉中、王庆玲译，广西师范大学出版社，2009。

的认同感逐渐增强，边疆居民地方依恋与文化自信日渐增强，这也是边疆社会从社会心理层面走出边缘化的表征。

经济增长是边疆地区社会文化及社会心理进一步去边缘化的现实基础。首先，旅游发展为社区居民提供多种致富途径，他们能够获得多种经济收益机会，其年收入有时甚至能赶超来自所谓中心发达地区的游客。经济上差距的缩小增加了边疆居民与游客交往时的底气，他们逐渐从经济财富上走出边缘的阴影。其次，旅游带来的经济收益为社区提供了更多的与外界沟通交流的机会，甚至还有不少居民走出边疆，走向核心地区旅游，实现与核心区域的文化、经济及信息对流，这在一定程度上意味着边疆地区居民与核心地区人们实现了空间流动权的对等。此外，文化商品化过程中也涌现出不少社区精英，其知名度及影响力已经超越社区空间，逐渐渗透到外延甚至核心区域。如云南西双版纳傣族园中，不少村民接受国内知名媒体专访，外来游客结为朋友，社会关系网络和社会影响力得以扩大①。这类居民在与游客交往中不仅不会感到曾经“落后”“边缘”对其社交的限制，甚至会怀有一种“边区”优越感。

这种社会认知心理的渐变同样发生在游客身上。有研究指出，游客对目的地社区初期的凝视往往是一种权力的运作②。游客在先期进入边疆旅游地时，面对长期处于“封闭”环境和“边远”“落后”区域的居民时，他们的凝视往往包含不平等的意味。随着主客交往的深入，游客对边疆目的地社会文化的认知也发生了变化，他们逐渐将边疆社会文化及其主人与自己所在的所谓核心区文化放在同一平台上，以一种反省的态度审视自我文化并尊重他者，如不少游客对边民社会中敬畏自然、与自然和谐相处的生活哲学表示认同，藏民们对雪山的崇敬和对神灵的虔诚成为很多游客在游记中赞美的对象。部分游客将边疆旅游地居民纳入自己的交际圈子，更有不少核心区游客因为对边疆旅游地的认同最终移民进入边疆旅游目的地，如移居香格里拉的上海

---

① 笔者长期跟踪调研的岩光家墙壁上悬挂了不少他与造访他家的名人的合影，他家的通讯录上也保留了许多游客的联系方式，相互建立起了友好的朋友关系，个别关系密切的，他和妻子甚至去回访。

② 王宁、刘丹萍、马凌，等：《旅游社会学》，南开大学出版社，2008，第212页。

夫妇，移居西藏的北京青年，移居丽江的都市人群等①。还有想从边疆旅游地获利的旅游经营者。这些逆向于传统移民的旅游移民越来越多地出现在边疆旅游地。这也证明边疆旅游地逐渐被核心区人们重视并认同，边疆向去边缘化方向发展。

一直以来，边疆区域发展与核心区域发展都是各自独立展开的，两者互不影响。早期除少数地理、人类学者对其予以关注外，边疆一般处于核心区视野之外，较少受到核心区人们关注，而旅游发展可以改变这种状况。边疆对游客的影响不仅体现在旅途过程中，而且在旅游结束之后也时时呈现出来。当游客离开目的地回到日常生活圈时，往往将目的地相关记忆加工生产为游记或纪念品、照片等，并通过将这些旅游记忆在网络、报纸等不同媒体发布，以传播体验并寻求认同。因此，核心区游客通过游记或口碑对边疆地区的宣传进一步增加了边疆地区在核心区域的知名度、影响力和社会认知性。从边疆区域本身来看，有旅游发展潜力的边疆区域日渐成为试图远离都市喧嚣者的圣地。在云南、西藏，经常可以看到不少来自内陆或者东部沿海地区者。他们因为各种原因移居边疆地区，这些来自内陆的人们在社会交往的广度和深度上都超越了边疆的范围，他们成为沟通边疆与内陆的桥梁，他们的存在有助于边疆的去边缘化。

随着旅游日益成为现代生活方式中必不可少的部分，各类媒体对旅游景区的报道也层出不穷，旅游资源丰富的边疆地区则成为各大网站和媒体报道的热点。当一些旅游区成为世界知名的旅游景区时，其发展优劣不仅成为影响区域产业发展的重要因素，更成为影响国家形象和国家新兴产业发展的标志。边疆地区往往在某些盛大的文化创意演出中胜出一筹，吸引全球视线。此外，旅游产业的经济带动作用也使得边疆地区对营销自身旅游产品较为重视，新疆、云南等边疆省份及其重点景区每年都定期到上海、北京、广州等其他发达区域做推介营销。随着旅游产业的发展及信息技术的进步，这些来

① 笔者在上述地区考察时遇到的人群：一对上海夫妇，他们为香格里拉的自然和人文环境所吸引，停薪留职后来到迪庆找到了新的工作并快乐地生活着；有个女孩放弃在北京的舒适生活，一个人到海拔较高的定日县工作；丽江古城聚集了一些从东部地区过来的年轻人，他们在此经营特色旅社或工艺品店，丽江的生活方式是其移居此地的主要动力。

自核心区域本身和外部的关于边疆旅游地的信息也越来越频繁地出现在核心区域人们的视野中，成为其生活中的一部分。

在旅游发展频繁的主客互动和全球化带来的信息高速交换过程中，边疆地区逐渐在社会文化方面摆脱边缘地位。边疆地区居民对以游客为代表的外来者的认知不断深化，并同时强化了对自身文化的认同感。而外界对边疆区域的关注、认同，以及跨时空的边疆信息获取和记忆的再生产也从外部不断消解核心与边缘的界线。而边疆地区旅游经济发展，旅游中的主客互动，以及边疆和核心区域信息、人口、资金双向流通，则使边疆地区的边缘色彩逐渐淡化。

四、结论

综上所述，本文讨论了旅游业的发展可能对边疆的发展与去边缘化具有积极的作用。笔者认为，从去边缘化的视角来看，以往学者提出的文化商品化、旅游地商业化以及文化变迁等往往是推动边疆社区走出封闭，脱离“边缘”的重要表征。旅游促进边疆经济发展及就业，推动边疆社区的人口集聚和城市化进程等积极影响同样也是推动边疆社区去边缘化的重要形式。从去边缘化的角度探讨旅游影响研究摆脱了一贯对旅游影响的二元对立的判断模式。在国际政治日益复杂的今天，边疆的稳定、发展和巩固可谓意义重大。从这个意义上讲，旅游不仅是一种帮助边疆去边缘化的工具，更是实现边疆去敏感化的区域发展方式。我国边境线绵长，新疆和西藏边界一直有潜在的国际争端，发展旅游能在一定程度上减弱边疆区域发生政治争端和文化冲突的机率，缓和边疆敏感性，促进边疆的稳定和发展。

边疆地区具备较好的发展旅游业的基础条件，因此，为通过旅游业实现自身的去边缘化提供了契机。边疆地区拥有丰富的自然和人文资源，具备旅游发展需要的良好的资源条件，这些特定优势可以改变当地在整个国家经济体中一直处于相对劣势的边缘性状况。当前国家对旅游发展、边疆脱贫的支持，边疆自身发展的需要，以及对旅游发展前景的认同，为边疆发展旅游创造了良好的环境和条件。由是观之，旅游发展对于边疆地区而言，其意义又不仅仅是一种经济发展的手段，也是一种社会、文化等多个方面融入中心、脱离边缘、实现“去边缘化”的重要动力。不同于一般的经济和技术援助，旅游对地区社会经济发展的作用是嵌入到整个目的地社会中的。旅游发展可以促进边疆与内陆各区域之间的信息、资金、人口等方面的双向流通。总之，建立和发展边疆地区旅游产业，可以推动边疆地区的去边缘化运动，消弭边疆与内陆之间的界线。旅游，为边疆地区的去边缘化提供了良好的平台。

人类学的生态文明观

尹绍亭

英国学者纳菲兹·摩萨迪克·艾哈迈德在其著作《文明的危机》里说道："今天，全球危机的范围几乎涵盖了社会、政治、经济、文化、道德和心理等人类活动的全部领域。"而其书着力讨论的焦点则集中于六种全球性危机——气候变化、能源短缺、粮食问题、经济危机、国际恐怖主义和军事化倾向——及其相互聚合的趋势①。六种危机中，他认为生态、资源危机是最主要的危机，是"因"，其他危机则是"果"。由此引出的问题，一是对工业社会的深刻反思，二是生态文明的重建。对此，有许多来自不同领域、不同学科的研究与探索。本文欲从人类学的角度，探讨生态文明的定义，梳理历史长河中不同文化类型的生态文明内涵，进而提出新时期生态文明的建设必须古今观照，尤其是必须重视和利用多样性文化中的传统知识的思路。

一、何为生态文明

谈生态文明，首先需了解文明的概念。在我国，"文明"最早见于古书《周易》"见龙在田，天下文明"之语。英文文明写作"civilization"，系出自拉丁语"civilis"，此词与"civis"（市民）和"civitas"（都市）关联，含有都市对文明形成具有重要作用之意。

英国考古学者柴尔德（G. Childe）认为，都市是文明的基本要素，他把农耕文化的演进称之为"都市革命"，在他看来，都市不仅是文明的特征，而且是文明的创造体②。恩格斯在《家庭、私有制和国家起源》一书中指出：

---

① 纳菲斯·摩萨迪克·艾哈迈德：《文明的危机》，谭春夏译，新华出版社，2012，第10—14页。

② 石川荣吉、梅绰忠夫，等：《文化人类学事典》，日本弘文堂，1994，第680页。

“国家是文明社会的概括，……文明时代的基础是一个阶级对另一个阶级的剥削。”我国学者宋蜀华和吴楚克据此认为：“国家的出现是原始社会的终结、文明社会的开端，可以说文明是较高的文化发展阶段。”①马塞尔·莫斯在其所著《论技术、记忆与文明》一书中对文明有专篇论述，他把文明看作是“一种超社会体系”，他指出，哲学家、语言学家、政治家对文明有不同的认知。有的人将文明视为一个完美的国家形态，有的认为人类文明是抽象的、未来的，有的则把西方文明视为唯一的文明②。

上述文明的解释，主要聚焦于古代文明的起源和特征，把文明看作是人类社会从原始、蒙昧、野蛮时代脱胎而出的后原始社会的都市和国家的文化形态。不过，在现实社会中通常所说的文明，大多与文明的古典意义相去甚远。例如“建设社会主义精神文明和物质文明”“提高全民的文明素质”“从农业文明到工业文明”等等，就是不同于古典文明定义的现代文明概念。如果从现实社会对文明概念的应用来看，笔者以为，理解文明大概有以下几点值得注意：其一，文明已经不再被完全视为某一特定历史阶段的唯一的特定的典型文化，而是在整个人类发展的历史中，在不同的时空中形成、更替的具有不同性质的典型的文化。其二，文明不是一个绝对的由低级向高级发展的进化的概念，文明可以随着社会进化而新生，也可以随着社会进化而颠覆、消亡和取代。其三，文明是一个相对的概念，是相对于“野蛮”“原始”“落后”“封闭”“愚昧”等的概念。其四，文明并非是大国家大民族或先进国家先进民族的“专利”，文明具有多样性，既有纵向的多样性，也有横向的多样性。各种文明之间存在着相互影响、相互交融的关系。其五，在当代社会生活中，文明被赋予了更多的世俗性，人们对它的理解和应用往往偏重于“道德修养和价值判断”③。

那么，什么是生态文明呢？人类生态学者周鸿在《走进生态文明》一书中是这样定义和解释生态文明的：“生态文明是创造新的生态文化与环境协同

---

① 吴楚克：《文明论纲》，内蒙古大学出版社，2003，第3页。

② 马塞尔·莫斯，等：《论技术、技艺与文明》，蒙养山人译，世界图书出版公司，2010，第72、73页。

③ 晏昌贵：《中国古代地域文明纵横谈》，湖北人民出版社，2000，第1页。

共进、和谐发展的社会文明形态，是人类摒弃了农业文明阶段不合理的土地利用方式和工业文明阶段以牺牲环境为代价的生产方式、生活方式和思维方式的人类高级文明。生态文明是社会文明与支撑文明的环境高度和谐的文明，是高效的循环经济、社会公正、生态和谐相统一的新型社会。在生态文明社会，人人享有生态民主、生态福利、生态公正、生态正义和生态义务，社会能提供可持续发展的生态安全保障。”①周鸿定义的生态文明，是指从农业社会和工业社会脱胎而出的“社会文明形态”“人类高级文明”和各种因素和谐统一的“新型社会”。周鸿的定义代表了许多学者的看法，目前社会提倡的生态文明，所指的多半就是这种理想的后工业社会的高度和谐、公正、安全、可持续的文明。

周鸿关于生态文明的定义，乃是对工业社会深刻反思后得出的生态文明观，是一种前瞻性的生态文明观。然而问题在于，生态文明是否完全是以往历史的“摒去”和未来社会的“创造”？不然。以人类学的观点观之，文化是人类在历史长河中不断适应、探索、创造、积累、传承的过程，是动态流变的事象。文化如此，文明自然也如此，作为人类文明组成部分的生态文明当然也无例外，它并非无源之水，而是源远流长。也即生态文明并非当代的发明，也不是后工业时代的专利，而是古已有之。有学者就认为：“自有人类文明史以来，一切文明的共同基础是生态文明。”② 在大约300万年漫长的石器时代人类赖以生存的狩猎采集经济里，在数千年青铜和铁器时代人类发明创造的农耕、畜牧、渔捞等生活方式中，就蕴含着丰富多样的生态文明。生态文明在不同的族群和不同的历史时空中不断地起源、生长、传承、演变和发展，周而复始，衍生进化，成为人类文明史的重要组成部分。因此，说生态文明，还需着眼于整个人类的历史，而从人类学的角度考虑，笔者以为生态文明可做如下定义：生态文明是人类文明的重要组成部分，是不同时代人类认知自然、适应和顺应自然规律、合理利用自然资源、维护人类与生态环境和谐共生的典型的文化生态体系。

---

① 周鸿：《走进生态文明》，云南大学出版社，2010，第3页。

② 姜春云：《中国生态演变与治理方略》，中国农业出版社，2004，第1页。

二、前工业社会的生态文明

人类学家朱利安·斯图尔德（J. Steward）认为文明是一个历史的过程，其形成经历了如下几个阶段：世界几大古代文明虽然发生于不同的地区和不同的时间，然而都经历了大致类似的发展阶段，那就是狩猎采集期、初期农耕期、形成期、地方开花期和征服期。人类随着农耕的开始而定居，生产剩余，人口增长，出现了制陶和纺织，由于财富的积累而产生贫富差距，形成了社会阶层，促进了职业分化，权利逐渐集中，都市随之形成①。世界文明的发展有阶段可寻，生态文明同样有多种演化形态。下文将对前工业社会的几类生态文明做一番简略的回顾，以加深我们对生态文明较为全面的理解。

在古典进化论者和文化中心主义者看来，前工业社会和所谓“未开化社会”是没有文明和生态文明可言的。然而人类学者的看法却大不一样，先不说农耕社会，就说采集狩猎社会。采集狩猎民巢居穴处，茹毛饮血，赤身裸体，原始野蛮，生存状态与动物没有多大区别。由于不会从事农业和畜牧业，食物直接从大自然掠夺、攫取，严重破坏自然，生存艰难而寿命极短——这曾经是人们对采集狩猎部落社会深信不疑的看法。然而这一近乎“天经地义”的观点却在30多年前被人类学家彻底颠覆。1965年，75位人类学家齐聚芝加哥，参加以“狩猎民”为题的研讨会。他们仔细检阅了当时对全球尚存的部落觅食者或狩猎采集者的研究结果，揭示出的事实表明他们生活稳定，满足于现状而且生态合理。部落觅食者一直控制着自然资源，健康状况相对较好，具有较长的寿命。同时，他们能使自己的需求维持在一定水平，这些需要能在不危害环境的前提下充分而持久地得到满足。马歇尔·萨林斯把这种文化称为“原初的丰裕社会”。在研讨会结束时，与会者一致认为，狩猎生活方式占了人类文化跨度的99%，是目前人类已经获取的最为成功和持久的适

① 石川荣吉、梅绰忠夫，等：《文化人类学事典》，日本弘文堂，1994，第680页。

应①。所谓“原初的丰裕社会”之说，当然不可能覆盖所有的采集狩猎民族的所有生活状况，不过却不失为真知灼见。中国西南少数民族的许多田野资料也能支持此说。在20世纪50年代，由国家组织进行调查并编辑出版的《中国少数民族社会历史调查资料丛刊》中，就不乏独龙族、布朗族、景颇族、拉祜族、佤族、黎族等民族丰富的采集狩猎生活的记录。笔者20世纪80年代初期对云南西南山地民族的田野调查，以及90年代杨六金对芒人的调查等都证实了这一结论的可靠性②。过去许多山地民族的肉食来源主要依赖狩猎，“吃野味”可谓家常便饭，采集食物的种类多达数百种，其丰富的程度是局外人难以想象的。采集狩猎社会为什么大都能够保持丰裕的状况？实行有效的适应策略无疑是重要的原因，他们的适应即使不算是“目前人类已经获取的最为成功和持久的适应”，也可以称为在特定的历史条件下比较“成功和持久的适应”。大量研究业已说明，采集狩猎民具有异常敏感的万物有灵观念，对于大自然极度地敬畏，视动植物为共生的生命体，在获取植物或动物的同时，他们会产生内疚和负罪感，面对各种异常的自然现象和灾害，会联想和自省自身的行为，而且频繁举行祭祀神灵的仪式，借以洗赎采集狩猎、残害动植物生命的“罪恶”。他们是人类迄今为止动植物知识最为丰富的群体，他们懂得如何有效地利用各种资源，而为了实现持续的利用和生存，他们取之有节，用之有度。他们经常迁徙，分散居住，均衡地利用资源。他们集体从事生计活动，平均分配食物，不过多获取和保存，不私占资源，没有贫富之分，权利均等，社会公平。因此，一向被认为“尚未跨出原始社会门栏”的采集狩猎民，其实是最亲近自然的具有朴素的生态文明的人类。

学者们通常认为，火耕经济是采集狩猎进化之后的人类社会发展阶段，火耕经济因此被认为是“人类征服自然过程中的一个大的飞跃”，它使得所谓“人类单纯地向大自然‘攫取’‘掠夺’转变为依赖自然的食物生产”。的确，火耕农业实现了植物的驯化和栽培，并由此带来了人类经验、知识和技术等

---

① 约翰·博德利：《人类学与当今人类问题》，周云水、史济纯、何晓荣译，北京大学出版社，2010，第6页。

② 尹绍亭：《人与森林——生态人类学视野中的刀耕火种》，云南教育出版社，2000。杨六金：《芒人》，云南民族出版社，2008。

的一系列的变化和革命，同时开创了人与自然关系的新纪元。千百年来火耕经济曾经在世界各地广泛流传，直到20世纪60年代，火耕经济在西方还是一个有争议的主题，有人指责它是“纵火的犯罪行径”，有人说它是“一种破坏性的不道德的行为”，还有人对其深恶痛绝，视其为“堕落”①。中国在20世纪70年代末期发生了巨大的变革，原先“狠抓阶级斗争”的国家政策短期内就被“以经济发展为中心”的政策所取代。人们从梦魇中醒来，开始把目光转向经济、生态和资源，突然注意到西南山地居然还盛行着“原始社会”的刀耕火种，于是大为震惊，结果引发了前所未有的热烈争议。说“争议”，其实是一边倒的讨伐之声，和20世纪60年代的西方一样，对火耕进行“原始”“落后”的指责并要求“立即禁止”“坚决取缔”的呼声组成了反对火耕的“大合唱”。在大合唱的强音中，自然也有与之不相协调的挑战、争议之声，不过极其稀少，笔者即为当时持不同意见的“另类”②。上文说过，30多年前人类学者们曾聚在一起，颠覆传统观点，为采集狩猎民彻底翻案。值得注意的是，火耕经济也得到了不少人类学家的理解。“1992年在芬兰的一个环境史大会上，一位澳大利亚国家公园的经理对他的美国同事大声疾呼，‘烧、烧、烧’。”芬兰经济学家也很自豪地向人们展现了一块他们曾经烧过而今又再一次长出绿芽的土地。早在20世纪初，芬兰民族历史学家Voionmaa就曾在卡莱利（Karelien）森林中致力于为火耕经济恢复名誉③。笔者对火耕的研究始于20世纪80年代初期，依据田野调查研究，笔者将火耕定性为“森林民族的成功和持久的适应”方式。需要指出的是，火耕并非是单纯的农业，而是兼顾采集、狩猎的整合体。笔者将这一整合体称为“火耕人类生态系统”，

① 约阿希姆·拉德卡：《自然与权力——世界环境史》，王国豫、付天海译，河北大学出版社，2004，第49页。

② 尹绍亭：《基诺族刀耕火种的民族生态学研究》，《农业考古》1988年第1期、第2期。尹绍亭：《一个充满争议的文化生态体系——云南刀耕火种研究》，云南人民出版社，1990。

③ 约阿希姆·拉德卡：《自然与权力——世界环境史》，王国豫、付天海译，河北大学出版社，2004，第52页。

并将该系统的多层结构用“生态系统树”予以形象、整体的表示①。从“火耕人类生态系统”的结构和功能不难看出，火耕经济具有远高于采集狩猎的适应性和生态文明。火耕经济的生态文明除了兼容了采集狩猎生态文明的全部内涵之外，还有如下诸多发展：一是自然观方面，在浓郁的自然崇拜之上，增加了一系列农耕神灵祭祀仪式。二是社会组织方面，产生了代表和体现部落民权益并进行有效管理的长老或头人制度。三是资源占有和公平方面，土地和自然资源为氏族或村寨公有，人们按需分配，利益均等，和谐互助。四是资源管理和可持续利用方面，实行轮歇耕作、轮作栽培、因地制宜、控制聚落规模等制度和措施，以实现对森林土地等资源的循环和可持续利用。五是信息交换方面，与低地灌溉农耕社会建立、保持着生态互补的物质能量的流动交换关系。

在人类发展史上，畜牧几乎是与火耕同时出现的“孪生兄弟”，采集孕育了农业，狩猎则进化出畜牧。在森林地带，畜牧始终伴随农业而发展，两者合而为一，畜牧产生的粪便和肉乳成为农耕社会坚实的不可或缺的能量支撑。在干旱草原地带，畜牧形成独立的经济形态，它的分布横跨东亚、中亚、西亚，东非、西非，以及西藏高原和南美安第斯山高地等地域，与森林农耕地带并列，是人类最重要的经济形态之一。早期的畜牧业，不论何地，皆为游牧形态。不幸的是，传统的游牧也与火耕一样，备受责难和争议。原因何在，就在于游牧实行“居无定所，逐水草而居”的畜牧方式。而在行家看来，游牧和火耕却有异曲同工之妙，游牧的“游”和火耕的轮歇本质相同：典型的火耕耕种一年，然后让林地休闲十余年，目的在于恢复森林；游牧移动于夏、冬季草场或更广阔的地域之间，目的在于恢复草场和躲避灾难。所以游牧乃为用养结合、张弛有度、循环仿生、平衡系统、顺应天道的十分高明的适应智慧。关于这一点，研究游牧者已有不少著述②。不过，对于游牧而言，仅看到其循环利用的生态意义还远远不够，游牧还有更多的内涵，例如牧民们对

---

① 尹绍亭：《人与森林——生态人类学视野中的刀耕火种》，云南教育出版社，2000，第8页。

② 王明柯：《游牧者的决策——面对汉帝国的北亚游牧部族》，广西师范大学出版社，2008。阿拉腾：《文化的变迁——一个嘎查的故事》，民族出版社，2006。

牲畜、草原、绿洲、沙漠、气候、水等的认知及其丰富的知识，将狩猎、采集、农作、贸易甚至掠夺作为辅助生计的策略，其部落社会极强的管理、协调、组织的机制和功能，萨满教、狼图腾等体现天人合一的观念，等等①。自然，游牧与火耕均为历史发展阶段的产物和历史发展的过程，它们的存在与持续需要特定的条件：人口和土地资源必须保持一定的比例，即必须有足够的土地以满足循环的需要，如果人口的增长打破了土地循环的秩序，那么系统的平衡就将受到破坏，就难以避免危机和衰亡。

在中国和世界许多地区，采集狩猎、火耕和游牧“原始”“野蛮”观点的形成，多半是对比和参照灌溉农业后得出的结论。灌溉农业社会无论在生产工具、生产技术、肥料、园艺、交通运输、谷物加工、食物制作等方面，还是在社会组织、政治制度、法律体系、宗教、艺术等方面，均有长足的创造。由于如此，进化论者常将灌溉农业社会作为火耕和游牧社会的进化阶段。然而，无可否认的大量事实业已证明，辉煌的灌溉农业文明的诞生，并非是人类主动自觉的选择，恰恰相反，而是在人口、资源、生存的压力下，为了缓解危机，被迫选择、发展的结果。以精耕细作闻名于世的中国江南的灌溉农业如此，堪称人间奇迹的云南哀牢山的壮伟梯田农业也同样，均为生态高压形成的文明。从笔者对采集狩猎民和火耕民的了解来看，在人与自然的关系中，人类不会想到要去征服自然，而总是积极地去顺应自然。只要人口稀少、聚落分散，只要资源富裕、环境容量阔绰，能采集狩猎就尽可能不从事农业，能实行免耕就尽可能不实行耕作，能进行刀耕就尽可能不进行锄耕和犁耕，能进行火耕就尽可能不进行灌溉，能粗放就尽可能不集约。这样做并非懒惰和无知，而是尽可能地减少对自然的干扰破坏，以求循环持续利用，同时，达到以最少投入换取较高产出的结果。然而，不可否认的是，多数社会的事例说明，人口的增长、聚落规模的扩大、外族的侵略、国家的整合等，往往是不可阻挡的趋势。在社会变革、人地关系改变的情况下，生态系统和人类利用系统必然会失去平衡，从而导致人类传统生计陷于困境，而为了消释压力、缓解危机、持续发展，人们往往不得不调整生存策略，适应新的环

① 李凤斌，等：《草原文化研究》，中央编译出版社，2008。

境，探索、创造新的生计形式。世界上不少采集狩猎民、火耕民和游牧民，就是在这样的生态、生存的危机中逐渐转化为灌溉农业民的。灌溉农业文明很大程度上传承着敬畏、顺应、维护自然的文化，同时，为了土地利用效益的最大化而积极作为，结果创造了由高度发达的水利系统、精耕细作的技术体系和农畜结合的互补高产系统组成的复合生计与崇尚天人合一共生的自然观相结合的独特的生态文明。

三、当代生态文明建设

从采集狩猎、火耕经济到灌溉农业经济，可以说是从火的文明向水的文明、从森林文明向土地文明、从粗放文明向集约文明、从部落文明向国家文明的转换和发展。这种转换和发展，有其内在的生态变迁的脉络，有着传承、嬗变、包容的“血缘”关系。遗憾的是，这种文明演替的“脉络”和“血缘”关系，却在工业社会的发展中断裂、淘汰和消解了。

最近30年来，针对工业社会的不可持续性，学界展开的关于生态文明的研究大致有四种取向。第一种可以称之为科学生态观。这是从科学技术以及相关的政治、政策、法律等的角度出发的研究和追求，基于工业社会高耗、高碳的特点，提倡建设“后工业时代”或“后碳时代”的生态文明。前述周鸿生态文明的论述即属此类，此亦为国家政策的主要导向，如胡锦涛在党的十七大报告中就指出：“建设生态文明，基本形成节约能源资源和保护生态环境的产业结构、增长方式、消费模式。循环经济形成较大规模，可再生产能源比重显著上升。主要污染物排放得到有效控制，生态环境质量得到明显改善。生态文明观念在全社会牢固树立。”第二种是历史生态观。其研究的目光不是投向未来的“后碳时代”，而是“前碳时代”，其探讨的不是“信息时代”的生态文明，而是前工业时代的生态文明。根据历史文献的记载，整理、研究农耕社会的天人合一观念以及相关生态实践，以期以史为鉴，古为今用。这方面的研究已经有不少成果，例如出自许多学科背景的“生态文化”研究①，此外，最近30年国内外兴起的环境史研究亦十分令人瞩目。第三种为宗教哲学生态观。和历史生态观一样，此亦为现实引发的历史生态研究，不过其关注的对象则集中于古代宗教、哲学。从宗教圣贤哲人的教义和学说中探寻关于人与自然的超凡脱俗、博大精深的思想精华，反观今日自然观之肤浅、庸俗和野蛮，发人深思，给人启迪，教化、借鉴意义不言而喻。此类研究发足于西方学界，基督教、伊斯兰教、佛教以及我国古代儒学和道家的世界观和生态观均深受国内外学者关注②。第四种是民族生态观或称传统知识生态观。此为生态人类学、民族生态学等学科的研究方向。学者们以世界各地的土著民族或世居民族的传统知识即生态认知、观念、智慧、行为、实践等作为研究对象，通过田野调查研究，发掘活生生存在于民间的丰富多彩的人与自然和谐共生的传统知识，彰显其宝贵的价值和功能，欲为当代生态危机开具独特的治理良方。

上述四种研究取向，相辅相成，殊途同归，目的在于当代生态文明的建设。第一种深刻反思现世弊端，它的实现有赖于政治、体制、制度、法律的变革完善以及科学技术的进步，任重道远，为长远追求的目标。第二种和第三种意在继承和发扬古代社会和宗教哲学的生态文化遗产，当代自然观和价值观的重建以及如何处理人与自然的关系，确有必要从古代闪光的生态哲理、思想、智慧和经验中汲取营养。第四种为不同地域、不同族群适应不同环境、承袭历史植根故土、因地制宜行之有效的传统知识研究，它既具学术性，又具应用性，尤其对于中国这样一个文化和生态多样性十分突出的国度，活态的传统知识的传承无疑更显重要。为了强调传统知识的重要性，下面略举几例加以说明。

其一，圣境文化。典型者如藏族的神山、神湖信仰，彝族撒尼人的密枝林（神林）信仰等。这些民族的每个区域、每个村寨，都有神山、神湖、神林的划分配置，因为神圣，所以严禁随便进入，更不敢有少许破坏，人们顶

① 王玉德、张全明，等：《中华五千年生态文化》，华中师范大学出版社，1999。

② 西方学界有《世界宗教与生态丛书》，江苏教育出版社翻译出版了其中的三种：由安乐哲主编、彭国祥执行主编的《儒学与生态》《佛教与生态》和《道教与生态》。

礼膜拜，敬畏有加，遵守禁忌，自觉保护，世代相传。这种由信仰、习惯法规和民众高度自律形成的圣境文化，充分体现了人们对自然的敬畏和热爱。此类“圣境”类似于当代的自然保护区，而其内涵又远非当代的自然保护区可以相提并论，实为应该珍视、维护和因地制宜地加以借鉴、活用、推广的生态文明的宝贵遗产。

其二，习惯法。在各民族各地域成文或不成文的习惯法中，环境和资源保护往往是其重要的内容。例如基诺族，昔日村寨周边除了神林之外还有水源林、护寨林和风景林，它们也和神林一样被严加保护。颇具特点的是，这些森林的监管保护不是由长老负责，而是由村寨中的少年组织负责。按照约定俗成的规定，不管是谁，哪怕只是折断森林中的一根树枝，也要处罚。处罚方式别具一格，根据破坏程度，使之缴纳不同野兽脚掌大小分量的烟、茶和米。折断树枝树叶便如此，如果随意砍伐树木那就不是烟茶酒米可以解决的问题了。基诺族从小便知法和执法，实属优良传统。基诺族等无文字民族有习惯法，有文字民族的记载就更为丰富了。例如，云南乡间虽然经历了不断的破坏，然而至今仍留存着不少护林护水等生态环境保护的石碑和文书①；贵州清水江流域现存明清时期侗族、苗族等森林保护和木材持续交易等的文书多达十余万份。法规起自民间，与今日自上而下的法律政策相比，自有其特殊的功效。

其三，资源认知。原住民最熟悉他们世世代代居住的自然环境，最懂得自然资源的利用和保护，这应是普通的常识。例如，菲律宾棉兰老岛的哈努诺族能识别1625个不同的植物种类，利用植物多达1524种，其中食用植物500余种，栽培和保护植物约500种，物质文化利用约750种，并有上千种被用于超自然的目的（信仰、药用等）②。20世纪80年代初，笔者等调查基诺族的采集植物，一个多月的时间，便收集到该族日常利用的野生植物400余种，栽培植物中陆稻一项就多达74种。最近有学者研究新平傣族的常用植物

---

① 唐立：《中国云南少数民族生态关连碑文集》，日本综合地球环境研究所，2008。

② 秋道智弥，等：《生态人类学》，范广融、尹绍亭译，云南大学出版社，2006，第62页。

（食物、物质和超自然利用），田野采集标本种类亦多达约400种①。不同地域原住民的自然资源知识及其保护利用的经验智慧，是远离自然的工业社会不可想象的，也是现代科学严重缺失的，如能加以重视利用，定能极大地丰富现有的生态科学知识。

其四，循环经济。循环经济作为挽救高耗高能不可持续的工业经济的一剂治理良方，时下受到普遍的推崇，乃至于被认为是现代科学技术的发现和发明。其实，循环经济古已盛行，农耕社会能够持续数千年，很大程度上就是得益于循环经济的认知和利用。前文说过，热带山地民族的刀耕火种和温带畜牧民族的游牧就是典型的循环经济。现在尚保留着传统农牧业的地区，其支撑的原理一定是资源的循环利用。例如，贵州西南侗族现行的传统稻作农业，靠的就是稻鱼鸭循环共生系统；闻名遐迩的云南元阳哈尼族等族的梯田农业，则是一种巧妙的水肥循环利用系统。此类民间世代传承的具有极高科学价值和生态效益的传统知识，并不需要高投入、高成本的实验开发，只需正确认识其价值，避免盲目取代破坏，精心维护适当改良即可。

其五，和谐共生。傣族谚语云“没有树就没有水、没有水就没有田、没有田就没有人”，侗族谚语云“无山就无树、无树就无水、无水就无田、无田不养人”，寥寥数语便揭示了人类与山和森林的共生关系。我国西南山地民族多呈垂直分布，高低地民族处于不同的生态位，适应不同的自然环境，利用不同的自然资源，经营不同的生计，共享公共资源，各自为生，互通有无。多民族何以能避免资源等的纷争而和谐相处？因为他们懂得只有人类的和谐才有人与自然的和谐，所以他们的人类起源传说大都有各民族是同祖同源弟兄的故事，例如云南许多民族崇拜葫芦，因为据说是葫芦孕育诞生了不同民族兄弟的缘故。无论过去、现在还是未来，人与人、人与自然的和谐共生都是终极追求的目标，所谓生态文明，其核心的内涵就在于此。

据上可知，在各地域、各民族的传统知识的宝库中，尚存在大量富有生命力的文化生态资源，其价值和效益是一般科学技术无法取代的，值得重视、

---

① 崔明昆：《象征与思维——新平傣族的植物世界》，云南人民出版社，2011，第34页。

挖掘、传承和开发。

四、结　语

生态文明建设，是在当代特殊的语境中产生的特殊的话语。这一特殊的话语今天之所以受到特殊的重视，是因为它关系到人类和地球的安全和生命。然而，所谓文明的建设，是传承和发展优良传统的结果，而不是凭空的创造和空中楼阁的憧憬。既然如此，所以当代生态文明的建设，不能只局限于现代科学技术的运用和相关政策法规的制定和实施，还需要学习人类上万年适应自然的历史，以正确认识人与自然的关系，同时还必须正视和包容现实世界文化的多样性，以汲取不同文化传统知识的精华，唯其如此，才是当代生态文明建设的可行之道。这就是人类学生态文明建设的视角，一种兼收并蓄、整体观照的生态文明观。

人水关系变迁与可持续发展
——云南大盈江畔一个傣族村的人类学考察

郑晓云　皮泓漪

在当代的发展过程中，水问题已成为一个影响到发展可持续性的关键问题，并且越来越多的新问题不断地凸显出来，然而水的相关问题恰恰也是在发展过程中被忽略的问题，尤其是在农村发展中。自2009年中国西南遭遇到百年大旱以来，中国西南这些传统的丰水区域也受到了缺水的巨大困扰。云南省作为一个拥有4条国际河流的边境省份，在河流水资源问题上和周边国家也产生了相关的争执。那么当代水问题的出现除了气候变化的原因以外，人类活动是否也产生着相关的影响，人类和水之间互动关系的变化对未来水的可持续利用将产生什么样的影响，这都是有价值的科学话题，并有必要进行微观的验证。本文以云南省大盈江畔一个傣族村寨作为研究的实例，来探讨人类和水之间互动关系的变化对当地农村发展以及区域性的水环境的影响。

一、研究点概况

大盈江古称太平江，其上游主支槟榔江发源于腾冲境内高黎贡山南麓，流入盈江坝子后在旧城区的下拉寨与南底河汇合后始称为大盈江。大盈江是一条中缅国际河流，流经盈江坝子后在八茂附近出国境流入缅甸，在八莫注入伊洛瓦底江。盈江县位于云南省西南部，其西、西北、西南三面与缅甸为邻。大盈江是盈江县境内最大的河流，县境内河道长145.5千米，径流面积2726.6平方千米，占全县土地总面积的63.25%①。大盈江支流众多，其流域

① 云南省水利厅：《云南省志·水利志》，云南人民出版社，1998。

内的居民占盈江县总人口的80%以上①。丰富的水资源滋润着流域内的万顷良田，深深影响着境内居民的生产生活。

本项研究的田野调查地点项棒寨是一个傣族村寨，是位于大盈江水系中的众多自然村之一，属平原镇兴和村。兴和村下辖14个自然村16个村民小组，项棒寨即是其中的一个自然村，距兴和村村委会约1千米，距县城约6千米。据2011年7月的统计，全寨有89户，共400人，其中傣族占97.5%，全寨村民信仰南传上座部佛教。当地生计以水稻、甘蔗及早冬蔬果的种植为主，辅以牛羊养殖。全寨共有水田650亩，其中稻谷500亩，甘蔗150亩。虽然二者的种植比例每年会有些许变化，但水稻的种植面积远远大于甘蔗，大面积的水田对灌溉的需求是巨大的。

项棒寨外有盏达河、木乃河、勐勇河三条河流，将寨子环绕于其中，项棒即位于盏达河与木乃河所形成的坝子中。盏达河源于勐弄乡风吹坡，由北而南流经项棒寨东边，过县城西侧，在太平区的磨洪寨前注入大盈江，其河道全长24.5千米，径流面积198.6平方千米，是大盈江主要的支流之一；木乃河源于簿刀岭岗，由西北向东南流经寨子，将寨子分成主体的大寨和另一只有十多户的小寨，在寨子东南角注入盏达河，河道长约20千米；勐勇河源于小尖峰，由西北向东南流经寨子北边，在寨子东北角注入盏达河，全长约14千米②。木乃河和勐勇河都是盏达河主要的支流，在项棒寨的东边汇入盏达河，两汇流处相距100多米。木乃河是村民日常生活用水的主要来源，平原镇的部分生活用水也来自于木乃河上游，而寨子的灌溉用水主要来源于勐勇河和盏达河。

二、河流与生计

作为一个三面环水的寨子，项棒有着丰富的水资源及良好的水环境；而

① 《德宏傣族景颇族自治州志》编纂委员会：《德宏州志》（综合卷），德宏民族出版社，1994。

② 《德宏傣族景颇族自治州志》编纂委员会：《德宏州志》（综合卷），德宏民族出版社，1994；盈江县水利电力局：《盈江县水利志》，盈江县水利电力局，1997。

作为一个沿江河而居的傣族寨子，在世代的居住过程中形成了他们自己对河流的利用和管理方式，构建起特殊的人水关系。人们的生产、生活乃至精神生活都与河流有着直接的关系，以河流为中心展开，人们利用河流获得生存资料，与此同时，河流的变迁也改变着人们的生活。河流与寨子村民生计的关系及人们对河流的利用与管理可以从以下几方面来进行考察。

1. 日常生活中对河流的利用。木乃河流经寨子的河段多位于开阔地段，较勐勇河宽阔，水流较大，而且两岸多有沙滩，距寨子最近，因此，日常生活中它与人们的关系最为密切。在20世纪六七十年代河水未被污染前，临河的村民都是直接从河里打水饮用，在河中淘米洗菜。现在水质虽不如以前，但人们依然充分利用河流延续着传统的生活方式。平时人们对水的需求也很大，女人做饭洗菜需要大量的水，从地里归来的男人在水龙头前捧水洗脸擦身子，炎热的午后，小孩在院子里直接拿水管往身上冲水洗澡。午后，女人们在河边寻一处平坦而有树荫的地方边洗衣服边聊天。天气炎热的时候，孩子们光着身子在河中嬉戏玩水。傍晚夜色降临的时候，男人和老人去河边洗澡，这不仅洗去了身上的污垢，也洗去了一天的劳累。河流在不同的时候不同的人群当中扮演着相同的角色：清洁、放松与交流。

河流也为当地村民提供了食物来源。在20世纪70年代以前，木乃河河水清澈，小花鱼、小飞鱼、挑手鱼、马刀鱼、小鲫鱼等各种鱼儿成群结队在水中游动。据村里老人描述："干季里，每当天气变化，或是太阳正烈时，站在河上的竹桥上可以看见河中鱼儿成群地游动，还不时地有小飞鱼跃出水面。"这些丰富的鱼类不仅体现出了当时自然环境的美，而且更为那时的人们提供了生活上的帮助。60年代，村民的生活水平比较差，肉类的限量供应使村民饭桌上肉类缺乏。村里的老人说，那时他们经常在木乃河上撒网捕鱼，一小时即可捕三四斤鱼。除了在河流中捕鱼外，村民还会在稻田边的沟渠中捕鱼。这些鱼在那个物质相对贫乏的年代不仅丰富了人们的餐桌，而且使人们的生活多了种乐趣，即便在今天，那些美好的回忆依然是人们自豪的谈资。

2. 水与人生礼仪及节庆。对傣族来说，水不仅仅是一种生产生活中不可或缺的自然资源，更是一种神圣的媒介物质。它在傣族人一生中的重要时刻扮演着重要的角色，最典型的就是人的出生与死亡之时。在当地，当小孩出生后，家中的老人都会从山上或水边采来一些草药，熬成水后给婴儿和母亲擦洗身体、进行洗礼，洗去污晦，以迎接新生命的到来并保佑母子平安。在人去世后（小孩夭折除外），也会用藿香叶等熬水给老人擦洗身体，意在将人在世间的一切烦恼与罪恶都洗净，干干净净地去西方极乐世界。出生与死亡时对水的利用，显示了水的圣洁性。水的圣洁性带给人们平安、健康与纯洁，同时，也寓意人来源于水，最终也将回归于水。

作为一个全民信仰南传上座部佛教的寨子，泼水节也是当地人的一个重要节日。每年 4 月 13—15 日的傣历新年时，项棒寨的村民都会聚集在木乃河边举行盛大的泼水节。之所以会选择在河边，是因为河边取水方便。节日的头一天，寨子里的青年男女会到山上去采摘树枝鲜花，采回来后由中老年男子制作成“水树”，竖立在河边。第二天早上，寨子的老人要在“水树”边念经、举行佛事活动，当佛事活动做完后，由佛爷用树枝向念经的老人身上洒清水，然后泼水活动开始，人们（尤其是年轻人和小孩）开始互相泼水。泼水活动不仅是侍佛的老人们举行佛事活动的重要环节，也是寨子成年劳动力在农忙时的放松，是孩子们相互嬉戏增进感情的纽带。

除了傣历新年外，在农历新年的第一天，当地的傣族人民还有抢新年第一桶水的习俗。在大年初一早上五六点钟天还没亮时，家里的男人都会早早起床，来到河边打第一桶新水。在打新水之前先得向土地公公及水神祭献，当地称为“买水”，其过程是：先将糯米粑粑及饵丝放在河边，点燃一对香、一支蜡烛及冥币，然后将一枚硬币扔入水中。在这个过程中人们会念一些祈祷平安与保佑的话语。当“买水”仪式结束后，便可以打水回家了。这一天，女人休息，而男人则取代了平日女人的角色。新水打回家后，男人便开始忙活着用新水为全家人准备美味的新年第一顿饭，以及家中猪、牛、鸡等牲口的喂养。人们认为吃过作为一家之主的男人用新水做的饭后，全家人一年四季都会平安幸福，家庭兴旺，而家中的牲畜在这一年中也会有很好的长势。现在人们虽然不再去河里打水吃，但打新年第一桶新水的习俗依然延续着，只是“买水”的地点从河边转移到了自家院子的井边或自来水龙头旁。

3. 农田灌溉。作为一个稻作民族，水稻种植对农田水利灌溉的要求很高，“有水无肥一半谷，有肥无水望天哭”的俚语形容了水对于水稻种植的重要性。在河床高时，人们开挖沟渠，沿河用竹石笼打坝截流，直接引河水灌溉农田。现在项棒寨的灌溉用水主要来源于勐勇河，极少部分间接取自于盏达河。坝区田地平坦，田间地头灌溉沟渠交织无数，只要有水稻的地方就会有灌溉沟渠。项棒寨现共有灌溉沟渠主干道15条，其支流具体数目不详。这些沟渠中有的是有着几百年历史的老灌溉沟，有的是近几年国家出资新建的，也有自然形成或村民自己开挖的。除了国家修建的外，其他的村民都很难分清楚哪些是谁修建的，是什么时候修建的。

虽然项棒寨及其所属农田有充足的灌溉水源，但在项棒所属的整个盈江坝子，河流分布不均，有些远离河流的农田灌溉困难，而盈江坝是重要的产粮区，为了解决灌溉问题，兴建了盏达河西沟引水灌溉工程——西大沟。近些年来，国家对当地的农田灌溉给予了大力支持。除了西大沟外，从1997年开始，国家在当地推行农田水利改造项目，投资修建主灌溉沟渠。2010年，兴和村就利用国家专项资金修建了3条主要的灌溉沟渠，每条花费40万元。

项棒寨所处地理位置的特殊性，使寨子的水资源特别丰富，外加上各种灌溉沟渠的作用，在这里没有过干旱的困扰，即使在2010年西南大旱时，项棒寨的农作物也没有受到什么影响，反而旱冬蔬果都获得了大丰收，只有种植在山地的甘蔗受到了些许影响。

4. 水能利用。傣族以稻米为主食，在电力出现以前，谷子都是用水碾、水碓、水磨来加工。20世纪60年代以前，河床水位高，人们直接在河边开挖沟渠，用竹石笼堵水，将水引进寨子，作为碾房的动力能源。寨子以前有两座以水为动力的水碾碾米坊，一座为土司后代思家独家经营，直接用石笼堵水将木乃河水引入寨内做石碾子的动力；一座在村外，由村里的龚家人合资，引勐勇河与盏达河河水做动力。据相关统计，在50年代时，整个盈江县仅水碾就有150多个。因为水碾加工粮食的效率高，一昼夜可加工400—500公斤，在1960年以前，粮管所、粮店的大部分粮食都是委托农户加工的。当时都是粮食加工好后，再由村民运到粮店。20世纪60年代末70年代初，由于河床的下降，引水困难，加之农村电力的发展、新动力能源的出现，人们开始使用水电加工，碾坊逐渐退出了历史舞台。

三、河流的管理

1. 河段管理。在河流的管理方面，人们一直沿用历史上“河流流经哪个寨子，该河段就由哪个寨子管理”的不成文规定。但在20世纪80年代以前，河流是由寨子统一管理的，本寨子的人只能在所属河段中捡石头自用，多拿则会被罚，其他寨子的人则不能在该河段采石，即使要采也必须经得所属寨同意。若是盗采，一经发现后，河流所属寨可以将盗者家中的猪和鸡等捉走，供全寨人一起吃，而盗采者不能有任何反抗。据老村长说，合作社时期，若人们从河里捡石头卖，则每年需向寨子缴纳20元钱。随着80年代的包产到户，河流的管理也发生了变化，管理者由寨子转向了个人，即河流流经谁家的田地，该河段就由谁管理；若是河流两边均有农田，则该段一分为二，各家一半。各家对自家所属河段的沙石享有决定权，在别人的河段采石须经由所属人同意。针对这种分法，在盏达河的一段十多米的河道中就有一起因为河道权属问题而产生的纠纷，至今未解：河西岸一直是龚家的稻田，而2010年另一村民则在相对的河东岸新开了一块稻田，由此新开地者认为他也应享有该河段一半的权属，但龚家因为他是新垦地，拒不承认。

2. 灌溉管理。傣族是一个稻作民族，水稻这种需要精耕细作的农作物对灌溉有着极高的要求。云南各地的傣族都形成了各具特色的灌溉方式，并由此而形成了一套严密而实用的灌溉管理方法。项棒寨也不例外。

在20世纪50年代以前，盈江地区大多采取的是“谁修建谁管理”的灌溉管理制度。由沟渠的修建者共同推举出一位“沟头”来负责灌溉管理。“沟头”主要负责每年沟渠岁修的组织，通水日期的安排，分水水口水平的设置；汛期沟渠的巡视和小事故的排除维修，重大险情时通知用户抢修；出工清算以及水费的交纳；等等。“沟头”的报酬是由受益农户筹集稻谷或者是分部分田地给他种植，而不需承担任何义务工。灌溉用水户每年集会一次，确定来年的管理人员及处罚偷放水或拒不出工的农户。处罚的办法是：“沟头”及受益农民一起到违约者家中抓鸡、捉猪、拉牛马折款，请所有人吃一顿饭，严重者还会加倍处罚。这些沟渠管理多为民间自发组织，也有部分为封建把头所操纵。

从50年代农业合作社开始，直到1982年分田到户前，项棒寨的灌溉沟渠由合作社指定专人管理。当时项棒寨指定了5人，一般选年龄较长者（其原因有二：一是因为这活相对较轻松，所以照顾年长者；二是因为年长者更了解各田地的情况）。但这些人并不完全脱离劳动，只是在插秧到割谷这段时间内负责全寨的稻田灌溉，决定哪块地该什么时候放水，放多少水，以及沟渠的清理维护等。每人每天记11—11.5个工分，而当时成年男劳动力每天最高可得12个工分。同时，根据管理成效决定继任或更换。另外，若是哪块土地需要新建沟渠，则由寨子全体成员一起去修建。

80年代田地分到各户后，灌溉沟渠的管理按照“谁受益，谁管理”的原则，由村民共同引水，共同灌溉，共同管理。即此条沟渠灌溉了哪些农田，就由这些农田所属村民共同管理，沟渠的维护以及放水的具体情况都由村民自己协商。在每年插秧的前后几天，受益户会一起相约去清理灌溉沟渠。在稻田需要放水灌溉时，人们在田间地头碰见了打一下招呼即可，若没有碰见则不用特意去说，只需按照自己稻田的需水量来自行决定放水口的大小，谁都不会多放或不顾及其他农户的稻田情况。在调查中，当谈及这种不成文规定会不会导致放水不均而产生矛盾冲突时，村长说“人们都是按良心来做事的”，所以在灌溉上村民间不会有什么大的冲突，即使有也只是小矛盾，村民自己就可协商解决。村里老人也说，至今还没有人因为灌溉用水而闹大矛盾打架的。

3. 汛期治理。大盈江水系水患自古即存在，一直危害着流域内各族人民的生产生活。江河洪泛年年发生，而且都发生在5~10月的雨季。在河流洪泛面前，人们采取了各种积极有效的措施来治理河流，防范洪灾。据史料记载，大盈江干流及主要支流盏达河、南底河等的防洪治理，始于清朝后期。清末民初在防洪治理上采取的是农户自防，以田围埂，水来土掩，岸垮打坝的方式。据《盈江县水利志》及《云南省志·水利志》的相关记载，在20世纪30年代到1952年前，当地的防洪一直采取以土司下设的衙门或村寨与几户农户筑堤联防，责任到江河岸边田的方式。冬春修缮、加土培堤、雨季防洪堵决口都由耕种江边农田的农户包干，堤决罚款。虽然采取的是责任到村或户的严厉的防洪措施，但由于当时的技术原因及农户经济原因，所修建的防洪设施都不牢固，而且都是临时的治标工程，因此，“十年防洪九成灾”在当时就成为常事，小灾基本年年有，大灾十多年则可能有一次。

新中国成立后，当地政府对大盈江的水患开始了有规划的治理。1952 年，提出了“以治标为主，坚持防（洪）重于抢（险）”的治理方针。1966 年，提出了“上堵、中筑、下排”的全面治理办法，但是，这些治理都只是针对大盈江干流及主要支流南底河及盏达河的，而对于项棒寨外围的木乃河、勐勇河这样的次级支流，依然采取的是村寨或几户联防的方式，以“水来方堵”的治标方法为主。现年 69 岁的老村长形容项棒寨雨季的防洪是“年年冲，年年堵”，“插完秧后，男人们就都去堵水”。在 50 年代到 70 年代末的农业合作社时期，每逢雨季河流涨水危及两岸时，全寨的男人都要去堵决口，以防洪水冲毁堤岸，淹没农田。堵水时采用的都是竹石笼竹梢工程与竹桩竹梢工程相结合的技术，其主要方法是：等洪峰过后，人们先在决口处打下竹桩，然后竹梢垫于竹桩后的底部（将竹梢垫于底部既可以保护其上的竹笼，又可在一定程度上削减水的冲击力，稳固竹石笼），再在竹梢上放置编织好的竹笼，最后往竹笼中装入大的河石，以堵住缺口。这种就地取材的方法很好地适应了当地人、财、物力缺乏的实际情况，因此，这种传统的治水方式便得到了很好的应用。

1982 年包产到户后，河流的权属关系随着农村农业合作社的解体而发生了变化，由村寨管理变成了个人管理，坚持“谁受益谁负担”的原则，即河流流经谁家的农田处就由谁负责治理，若是几户共有农田则由那几户共同承担防洪任务。这种方式一直持续到今天，采用的依然是传统的竹石笼竹梢工程。竹石笼不仅可以起到堵决口护堤岸的作用，而且可以起到顺水导流的作用。制作工艺简单，就地取材，方便而且经济实用，是竹石笼一直沿用至今的原因。但由于竹制石笼底部浸泡于水中，常年受水流的冲击及沙石的磨损，而露出水面的部分又常年受风吹日晒雨淋，很容易腐蚀损坏，这不仅影响到防洪的成效，而且损坏的竹石笼每年都得重置，加重了防洪的工作量。后来在县政府“自力更生，勤俭防洪”政策的指导下，采取群众自筹为主、国家补助为辅的办法，由政府提供一定数量的铁丝或钢筋，由村民自编铁丝笼，以取代传统竹笼，弥补其易损坏的缺点，延长了使用寿命，提高了防洪成效。

除了汛期的水利工程治理外，人们越来越注重生物治理，重视从源头上去解决问题。河头水源林大多被划归为国有林而保护起来。而且已被开垦为甘蔗地的山地近几年也有部分被种上了各种经济林木，在一定程度上对水土保持起到了作用。寨子周围开始栽种大叶柳、凤尾竹、黑竹等，这些对于水土保持都有很好的作用。大叶柳为嗜水性乔木，其枝条易于自行繁殖，易成活，生长快，生长于江河岸边，可以很好地固定水土。而凤尾竹和黑竹等竹子，根系发达，易于栽种，七年即可成林，能够固结土壤，保护河岸，防止雨水的剥蚀，对于堤岸的维护起到很好的作用。生物工程与水利工程相结合不仅提高了防洪管理的效率，而且提高了植被覆盖率，改善了寨子的环境。

四、人水关系的变化

本文所考察的人水关系的变化重点在20世纪80年代以来。这是因为这一时期随着农村生产责任制的推行，农村生产关系发生了较大的变化，以家庭为生产主体的出现，也同时影响到了人水关系的变化。下面笔者从几个典型的方面来加以考察。

1. 河流的污染与资源退化。清澈的河水，成群的小鱼，与当时傣族人民的生活习惯有着直接的关系。20世纪60年代以前，傣族人民依靠自然，过着一种很环保的生活，日常生活中的很多用品都是取之于自然，如用芭蕉叶以及其他的树叶来包装东西，拿竹篾当绳子拴东西，这些天然的枝叶，使用完后不管弃于何处，都可以很快地腐烂分解。那时河中漂过的大多只是树叶水草，而田地里使用的肥料都是农家肥或者庄稼收获后的枯枝，加之人口较少，这样的生活方式对当时环境造成的污染很小。因此，那时河水很清澈很干净，人们直接从河里打水饮用，在河边淘米洗菜，沐浴洗衣。

60年代末期，随着化肥农药及各种塑料包装袋的出现，河流逐渐受到了污染。特别是改革开放近30年来，随着现代农业的发展，化肥农药被大量使用，不仅造成土壤的板结、地力的下降和植物抗病虫害能力的降低，而且对地表水造成了很大污染，并逐渐渗透至地下污染地下水。随着人口的增长及现代生活方式逐渐为农村群众所接受，包括塑料袋在内的各种难以降解的现代生活垃圾越来越多，由于农村发展的滞后，基础设施的不完善，无法及时有效地处理越来越多的垃圾。在农村，人们仍旧沿用传统农业社会对垃圾的处理方式，或焚烧，或随地倾倒，甚至就近直接丢入江河，由此，在村寨中随处可见垃圾，河水也被污染。项棒寨的桥头就堆满了垃圾，各种颜色的塑料袋混杂其中，河中也不时会漂来各种塑料袋。面对污染日益严重的河水，人们再也不可能直接从河里打水饮用了，而是每家都在院子里挖井，取井水饮用。

河流污染严重破坏了传统的人与自然和谐的局面。河流水环境的变化使鱼失去了良好的生存环境，加之各种不合理的捕鱼方式，使鱼的数量急剧减少，已趋于没有。以前人们用渔网或渔篓捕鱼，但是后来人们用土炮炸鱼，甚至将生石灰撒入沟中，再后来，电捕鱼器盛行，以电击鱼。虽然这些方法较之于传统的渔网和渔篓对鱼的捕捞量要大得多，但破坏性也极大，因此河中的鱼越来越少，从河中捕鱼来做菜已经成为了大多数村民的回忆。村里早几年前也有关于“不准炸鱼”的乡规民约，但无人遵守。如今“河中鱼儿成群”的美景早已不复存在。不仅仅是鱼类，其他的生物也一样，沟渠中的田螺、黄鳝都只停留在人们的记忆当中。傣族喜食的水生植物，如水芹、水香菜、藓类等等，在今天项棒人的餐桌上已经很难见到，不仅是因为数量的减少，更是因为河流水质的污染，让人们不再放心地去食用。

2. 河道资源的过度利用与河道的破坏。随着社会经济的发展和河流权属关系的变化，人们开始积极地去发掘河流的各种附加价值，使河流能最大限度地满足人们的经济需求。20 世纪 80 年代以前，人们并没有发现河石河沙的经济价值，只是按需取用，后来当意识到河石河沙所带来的利润时，人们便开始向河流无止境地索取。

80 年代后期，河中挖沙采石现象逐渐增多，并随着拖拉机等运输工具的出现，挖沙现象越来越严重。挖沙的河段主要集中于木乃河与盏达河的交汇处以及勐勇河与盏达河的交汇处，以盏达河的情况最为严重。下游的挖沙不仅使所挖河段河床下降，而且由于流水的冲刷作用，河中上游的河床也会随之下降。据目测，木乃河的河床在近 20 年来下降了 3—4 米。寨子原来的老石桥就是由于河床下降，使桥墩失去坚硬的基底而坍塌的。由于前车之鉴，现在河流上每一座桥，不论石桥还是水泥桥，也不论大小，在距离桥 10—20 米的下游，人们会用石笼在河中筑起一道坝，防止该段沙石被冲走，维持坝以上的河床高度，以保护桥梁。

兴和村村委会从 2000 年开始就对河流挖沙现象进行了治理，制定了“不准在河中大量采石挖沙”等规定，但由于河流一直由所属自然村各自管辖，因此执行效果很差，河两岸依然有人在挖取沙石。针对这种有乡规民约却无人遵守的情况，老人们的解释是：包产到户后，河流也分属个人，人们都忙于自家生产，以小家的利益为重，集体性减弱，不服从管理，也无人敢管。

对河流沙石的疯狂挖掘，给河道造成了严重破坏，成为一个不可逆转的事实。据盏达河边一位 30 多岁的村民描述：在他小时候，也就是 20 多年前，盏达河河床高，河面很宽。雨季涨水时，河面宽度可达 10 米，两岸的稻田经常会被淹没，河水最深处可达到 2 米，湍急的河水经常会在河中形成漩涡，使人畜不敢靠近。而今天的盏达河则是另一番景象：大多河面宽度不超过 3 米，河中无大的河石，水流平缓，河两岸则是大片的干枯的沙石，高低不等，河床高度下降了至少 1 米。河面的下降，使原本是河道的很多地方现在被开垦成了新的农田。在 20 世纪 80 年代以前，项棒寨所属的稻田直接引用盏达河灌溉的有 60 多亩，而今由于水位下降，这些稻田全是从其他寨子的稻田引水灌溉。

河床下降，导致水位下降，无形中对人们的生活产生了影响，其中最明显的是井水的变化。传统的项棒人有在院中打井取水的习惯，以前的井只需打 1 米多深就会有清水溢出，后来深至 2 米多才有水溢出，现在 2 米多的井已干枯弃用，而 3 米多深的井在旱季时也经常干枯。水位的下降还对当地植物产生了一定影响。傣族喜竹，每个寨子周围都会种有许多竹子，人们用它来围田围地。据老人说，以前这些竹子一年四季都是绿色葱葱，但由于河水降低，两岸养分减少，现在每到旱季，部分竹叶还会枯黄。水位的下降对当地人产生的最直接也是最重要的影响就是农田的灌溉问题，在旱季，水源不好的田地由于土地底部水缺乏，只能靠天吃饭。传统的灌溉方式也深受影响，河床高时，人们直接从河岸挖缺口，用石笼堵水，挖沟将水引进农田。当河床下降得越来越深时，这种简单的堵水挖沟方法不能将河水引出，因此以前用这种方式从盏达河引水灌溉的农田，现在也都改用其他灌溉水源了。据老人说，木乃河南边的壮丁寨有一块地为沼泽地，水量丰富，淤泥深，人畜均不敢进入，但随着木乃河水位的降低，这块天然湿地现在已经变成水田了。

面对河道挖沙采石日益加剧、河道破坏的现象，项棒人民开始关注与保护河流，尤其是在对勐勇河的管理上，不仅不在河中挖沙，还在中游和上游筑坝，以保护桥和水头。在项棒寨所属山地的山脚下、勐勇河上游，有这样一块小石碑："告示：项棒寨，拉屯散（河边项棒寨的一块水田的名字）田头，第一水头严禁采石拉沙，如造成水头塌方，由采石拉沙者负全部责任。由此界碑上 200 米，下 300 米，如有违者罚款 500—1000 元，望予合作。2011 年 7 月"虽然这块石碑所立时间不长，但却清楚地反映出村民对河流的保护意识。在河流上游筑坝，当地人称为"打水头"，即在上游的河中用石笼筑起一道小坝，在雨季可以防止中下游河水太大，而在旱季时又可以决坝用于灌溉，其作用类似于一个小水库，可以起到一定的蓄水防洪抗旱的作用。项棒寨"打"的这个水头不仅起到了保护水头的作用，而且对勐勇河流经地区的稻田起到很好的灌溉作用。

3. 引水工程发展与用水方式的变化。河流环境与村民的关系最为密切的方面主要体现在日常生活用水中，而发生变迁最显著的也是这方面。在河流未被污染前，人们直接从河中打水作为日常生活所用，后又改用井水，洗衣洗澡依然在河中。但由于河水水位的下降，旱季时部分水井会出现干枯现象，使村民饮水极不方便。为了解决村民的饮水问题，兴和村在 2007 年开始了人蓄饮用水工程建设，在距村委会约 3 公里的木乃河上游，采取村民集资与国家补助、县财政补贴相结合的办法，筹集资金 180 万元，兴建了饮水工程，将木乃河上游未污染的河水用管道引入各村寨。从 2008 年起，项棒寨全寨都用上了自来水，水井已成了备不时之需，有的村民家的井甚至已弃用。饮水工程建好后，采取有偿使用的原则，按用量收取水费，专项专支，并于 2009 年成立了"人饮工程用水户协会"，制定了相关管理章程，由用水村民共同管理，聘请懂相关技术、有责任心的当地村民做维护员，对引水管道进行维护。

自来水管进村后，不仅方便了人们的生活，更在一定程度上影响了人们的传统生活方式。以前很多需要在河边进行的日常活动，现在大多都在院子里进行，妇女在家中淘米洗菜，小孩在院子里用水管冲凉。而太阳能热水器的使用，使更多的人在家中沐浴，尤其是妇女和年轻人，傍晚在河中沐浴的人群大多是老人和男人。河流作为一个沟通与交流的场所，正在慢慢丧失它以往的功能。

五、结　论

通过以上的分析可以看到，在过去的50年中，当地的人水关系发生了较大的变化。这个村子由于地处三条河流之间，拥有较好的水环境，为当地人们提供了生活的便利和生存的资源，包括农业灌溉和日常生活所需的水资源，同时，人们也可以从河流中获取鱼类等食物资源。当人类和水环境的关系处于一种良好的平衡状态时，河流为当地人们的生计提供了有力的支撑。

然而在过去的50年间，尤其是20世纪80年代以来，由于生产关系的变化，人类和水之间的关系也发生了较大的变化，直接导致了河流状态的变化。在20世纪60～80年代间，由于生产的需要而过度砍伐了对河流生态环境有重要平衡作用的河岸森林，导致了河流生态平衡被破坏。与此同时，在这一个时期，由于生产关系的变化，河流相关的资源，包括农业灌溉水资源的管理由民众的传统管理方式过渡到了政府管理，农民对水管理的参与权也逐步丧失。更为严重的是20世纪80年代以来，随着农村生产责任制的推行，家庭联产承包责任制代替了过去的集体化生产方式，在这一过程中也使得当地民众对水资源管理的责任和权力模糊化，取而代之的是对河流资源的过度开发和对河流的非友好行为的扩大，包括大量开采河沙，破坏河道，化肥、农药的大量使用及垃圾的倾倒，污染河流。同时，现代水利工程的建设，包括供水设施的建设，也使得人们从观念到行为上与河流的关系逐渐疏远，导致了人水关系的巨大变化。因此可以说，当地民众的思想观念、生产关系、经济利益、行为的变化是河流生态安全最大的影响力，人水关系的天平已经偏向于人类活动，人类活动的结果直接对河流产生了不良影响，今天的人水关系趋向于非良性的关系。

历史上，人们利用河流相关的资源，包括水资源、食物资源、森林资源等的过程中，已经形成了相应的文化关系。人们治理河流的同时，利用河流资源获取生计、提升生活的品质，两者平衡的时候，人类和河流之间保持一种平稳的关系，在这种关系上形成了相应的文化，这就是水文化。水文化包括了人们对水的观念，水和人们的日常生活、宗教生活、农业生产、节庆活动相关的社会习俗、社会规范、管理制度、治理水的技术等文化现象。这些水文化的内容在笔者研究的地区非常丰富，对于平衡人水关系起到了积极的作用。然而令人遗憾的是，当今这种文化资源正在逐渐丧失，导致人水关系的失衡。

在研究过程中发现的另一个现象是，今天随着现代水利工程的发展，很多当地的民众往往会认为河流和自己的生计关系在疏远，甚至河流的状态和自己的生计并没有关系，尤其是青年一代对于河流和当地人类生计生活关系的理解变得越来越模糊，在人水关系之间更注重从经济利益的角度向河流无度索取。这种现象导致了人水关系的进一步失衡，将不利于当地的可持续发展。事实上，人水关系的失衡已经带来了一系列不良的后果，那就是频繁的洪水灾害、河流资源的退化、水资源短缺等现象。如果河道受到进一步破坏，那么将导致更严重的洪涝及对农业灌溉的影响，直接影响到当地民众的生计与生存，这都是可以预见的直观后果。因此，有必要继承传统的水文化，维持平衡友好的人水关系，才能实现当地的可持续发展。本项研究虽然只是大盈江这条国际河流流域上的一个局部，但是它也具有普遍性。如何构建起良好的人水关系，是涉及当地民众的可持续生计乃至于这条大江河未来良好的生态状况的一个关键环节。